W0257994

Springer

Berlin
Heidelberg
New York
Barcelona
Budapest
Hongkong
London
Mailand
Paris
Santa Clara
Singapur
Tokio

Refresher Course

Aktuelles Wissen für Anästhesisten

Nr. 22   Juni 1996, Nürnberg

Herausgegeben von der
Deutschen Akademie für Anästhesiologische Fortbildung

Springer

Professor Dr. R. Purschke
Abteilung für Anästhesiologie
und operative Intensivmedizin
St. Johannes-Hospital Dortmund
Johannesstraße 11
44137 Dortmund

Mit 23 Abbildungen

ISBN-13:978-3-540-60951-3

Die Deutsche Bibliothek – CIP-Einheitsaufnahme
Aktuelles Wissen für Anästhesisten : refresher course / hrsg. von der Deutschen Akademie für Anäs-
thesiologische Fortbildung. – Berlin; Heidelberg; New York; Barcelona; Budapest; Hongkong; London;
Mailand; Paris; Santa Clara; Singapur; Tokio : Springer
Früher im Verl. Stemmler, Kerpen
NE: Deutsche Akademie für Anästhesiologische Fortbildung <Dortmund>
Nr. 22. Juni 1996, Nürnberg. – 1996
   ISBN-13:978-3-540-60951-3   e-ISBN-13:978-3-642-80155-6
   DOI: 10.1007/978-3-642-80155-6

Satz: RTS, Wiesenbach
SPIN : 10515382   19/3133 – 5 4 3 2 1 0 – Gedruckt auf säurefreiem Papier

Geleitwort

In bewährter Form wird auch in diesem Jahr von der Deutschen Akademie für Anästhesiologische Fortbildung (DAAF) ein Refresher Course während des Deutschen Anästhesiekongresses (DAK) durchgeführt. Erstmals finden die Veranstaltungen während des ganzen DAK statt und nicht wie sonst am Anfang oder am Ende. Wir versprechen uns hiervon unter anderem ein optimaleres zeitliches Angebot und weniger Irritationen durch Auf- und Abbau im Bereich der Ausstellungsflächen.

Themen und Referenten sind vielen von Ihnen bekannt, Ziel ist jeweils ein up-date, zumal das Wissen in der Medizin und damit die therapeutischen Ansätze einem raschen Wandel unterliegen.

Herrn Prof. Dr. Purschke und seinem Arbeitskreis sei an dieser Stelle wieder herzlich für die vorbereitenden Maßnahmen gedankt. Ihnen, den Teilnehmern, wünsche ich einen ergiebigen und diskussionsfreudigen Refresher Course.

Gleichzeitig möchte ich mich von Ihnen als langjähriger Präsident der DAAF verabschieden und mich für das entgegengebrachte Vertrauen bedanken. Neue Aufgaben fordern ihren Tribut – Zeit.

Univ.-Prof. Dr. med. GUNTER HEMPELMANN
Präsident der Deutschen Akademie für
Anästhesiologische Fortbildung

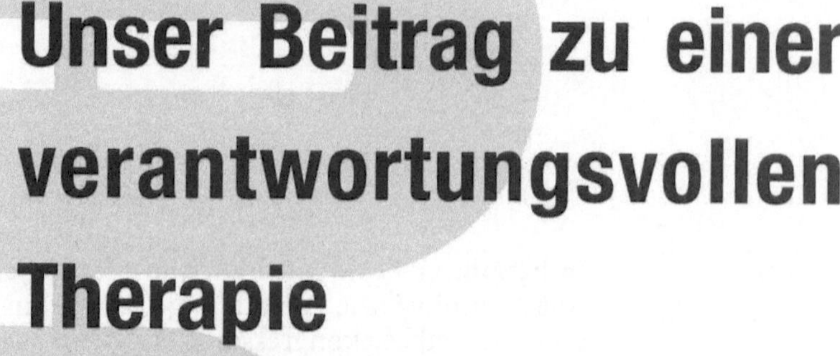

Unser Beitrag zu einer verantwortungsvollen Therapie

Mit unseren Produkten und Serviceleistungen für die klinische Versorgung übernehmen wir eine besondere Verantwortung gegenüber Patienten, Ärzten, Pflegekräften und Verwaltungspersonal.

Ohmeda wird dieser Herausforderung gerecht und bietet gesicherte Qualität, technologisch ausgereifte Standards und internationale Kompetenz. Unser Name steht für engagierte Mitarbeiter, zuverlässigen Kundendienst, kompetente Beratung und innovative Produkte.

Venflon® – das Original von Viggo
der Standard in der peripheren Venenpunktion

R 87 Infusionsgeräte
Sicherheit und Wirtschaftlichkeit durch Qualität

Hydrocath®
Zentralvenenkatheter mit Hydromerbeschichtung zur Multilumen-Therapie

Gabarith®
Zertifizierte Meßgenauigkeit für die invasive Druckmessung

OxyTip®
Langzeitsensor für präzise, arterielle Sauerstoffmessung

Excel 210 SE
Innovatives Anästhesiesystem, mit einer Vielzahl von Monitoring-Optionen

Wir freuen uns auf das Gespräch mit Ihnen.

Ohmeda GmbH & Co. KG
Langemarckplatz 3
D-91054 Erlangen

Inhaltsverzeichnis

VIII

Verzeichnis der erstgenannten Autoren

ADAMS, H.-A., Prof. Dr.
Abt. für Anästhesie und operative Intensivmedizin
Marienkrankenhaus Trier
August-Antz-Str. 22, 54293 Trier-Ehrang

BACHMANN-MENENGA B., Priv.-Doz. Dr.
Institut für Anästhesiologie, Klinkum Minden
Friedrichstr. 17, 32390 Minden

BEUSHAUSEN T., Priv-Doz. Dr.
Abt. für Kinderanästhesie, Kinderkrankenhaus Aufschlag der Bult
Jansz-Korczak-Allee 12, 30173 Hannover

BIERMANN, E., Dr.
Justitiar der DGAI und BDA
Roritzerstr. 27, 90419 Nürnberg

BORMANN VON, B., Prof. Dr.
Abt. für Anästhesiologie und Operative Intensivmedizin
St. Johannes-Hospital,
An der Abtei 7–11, 47166 Duisburg

BUSSE C., Dr.
Abt. für Anästhesiologie, Hafenkrankenhaus,
Zirkusweg 11, 20359 Hamburg

FREYE, E., Prof. Dr.
Abt. für Gefäßchirurgie und Nierentransplantation, Operatives Zentrum
Heinrich-Heine-Universität Düsseldorf
Moorenstr. 5, 40225 Düsseldorf

JANTZEN, J.-P.A.H., Prof. Dr., DEAA
Klinik für Anästhesiologie und operative Intensivmedizin,
Krankenhaus Nordstadt
Haltenhoffstr. 41, 30167 Hannover

LÖNNECKER, S., Dr.
Abt. für Anästhesiologie und operative Intensivmedizin
Berufsgenossenschaftliches Unfallkrankenhaus
Bergedorfer Str. 10, 21033 Hamburg

MAIER, C., Priv.-Doz., Dr.
Abt. für Anästhesiologie und Operative Intensicmedizin
Christian-Albrechts-Universität
Schwanenweg 21, 24105 Kiel

MAINZER, B., Dr.
Zentrum für Anästhesiologie und operative Intensivmedizin,
Heinrich-Heine Univesität,
Moorenstr. 5, 40225 Düsseldorf

MANG, H., Priv.-Doz., Dr.
Institut für Anästhesiologie und operative Intensivmedizin,
Universität Erlangen,
Krankenhausstr. 12, 91054 Erlangen

RATHGEBER, J., Dr. med.
Zentrum für Anästhesiologie, Rettungs- und Intensivmedizin,
Georg-August-Universität,
Robert-Koch-Str. 40, 37075 Göttingen

SCHERER, R., Priv.-Doz. Dr.
Zentrum für Anästhesiologie und operative Intensivmedizin,
Universitätsklinikum Essen,
Hufelandstr. 55, 45122 Essen

SCHIROP, THEA, Dr.
Intensivstation der Medizinischen Klinik,
Klinikum R. Virchow der Humbold-Universität,
Augustenburger Platz 1, 13344 Berlin

SCHWILDEN, H., Prof. Dr. Dr.
Klinik und Poliklinik für Anästhesiologie und spezielle Intensivmedizin,
Rheinische Friedrich-Wilhelms-Universität,
Sigmund-Freud-Str. 25, 53105 Bonn

STRIEBEL, H.W., Priv.-Doz. Dr.
Institut für Anästhesiologie und operative Intensivmedizin,
Universitätsklinikum Benjamin Franklin,
Hindenburgdamm 30, 12200 Berlin

TROBISCH, H., Prof. Dr.
Königstr. 53, 47051 Duisburg

ZIELMANN, S., Dr.
Zentrum Anästhesiologie, Rettungs- und Intensivmedizin,
Georg-August-Universität,
Robert-Koch-Str. 40, 37075 Göttingen

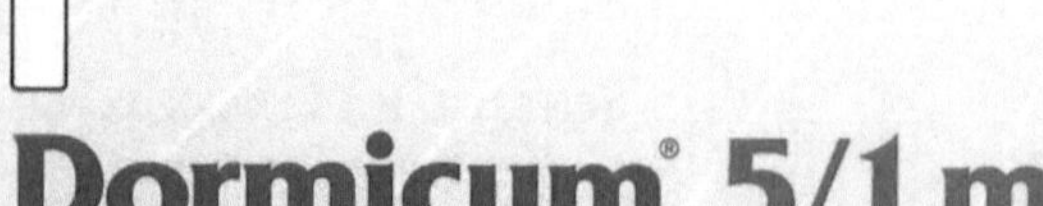

Dormicum® V 5/5 ml

Prämedikation:
Diagnostische und
therapeutische Eingriffe

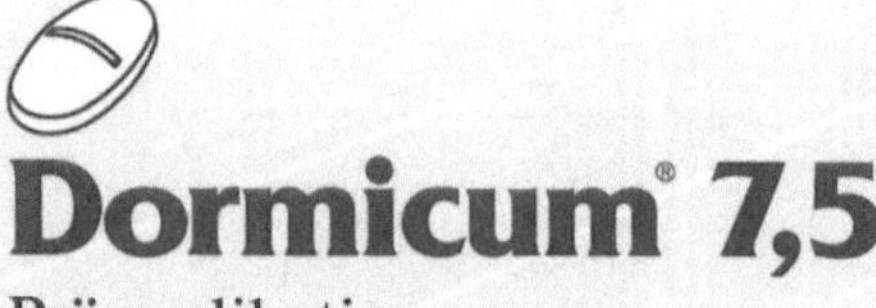

Dormicum® 7,5

Prämedikation

Dormicum® 5/1 ml

Prämedikation
Basissedation

Dormicum® 15/3 ml

Narkose

Midazolam

Dormicum®

Kurzwirksames Hypnotikum

Zusammensetzung: 1 Ampulle Dormicum 5/1 ml, Dormicum 15/3 ml, Dormicum V 5/5 ml enthält als Wirkstoff 5 mg, 15 mg, 5 mg Midazolam in 1 ml, 3 ml, 5 ml. 1 Lacktablette enthält als Wirkstoff 7,5 mg Midazolam. **Anwendungsgebiete: Ampullen/Lacktablette:** Prämedikation vor operativen oder diagnostischen Eingriffen. Ampullen: Narkoseeinleitung und -aufrechterhaltung. In Kombination mit Ketamin zur Ataranalgesie. Status epilepticus. **Gegenanzeigen:** Benzodiazepin-Überempfindlichkeit, Myasthenia gravis. Akute Intoxikation mit Schlafmitteln, Alkohol, Neuroleptika, Antidepressiva, Lithium. Erstes Trimenon der Schwangerschaft, Stillzeit, Geburt. Bei Psychosen und bei Schlafapnoe besondere Vorsicht. Hypovolämie vor Applikation ausgleichen. Bei respiratorischer Insuffizienz Anwendung nur in Notfallbereitschaft. Bei älteren Patienten, Herzinsuffizienz, Nierenversagen, verminderter Leberdurchblutung, Leberfunktionsstörung, Adipositas, einigen Intensivpatienten, Patienten in schlechtem Allgemeinzustand oder mit hirnorganischen Veränderungen ist eine verlängerte Wirkung zu erwarten (Dosisreduktion). **Nebenwirkungen:** Blutdruckabfall bei Anstieg der Pulsfrequenz, Rhythmusstörungen, Atemdepression (cave Atemstillstand), Laryngo- und Bronchospasmus. Paradoxe Reaktionen, Übelkeit, Erbrechen, Singultus, Hypersalivation, Kopfschmerzen, Schwindel, Somnambulismus, Muskelschwäche. Unerwünscht starke Sedation (cave mechanische Verlegung der Atemwege). Vereinzelt bei Frühgeborenen cerebrale Krampfanfälle. Patienten über die Möglichkeit anterograder Amnesie aufklären. Abnahme des Reaktionsvermögens, Gangunsicherheit. Beeinträchtigung der Fähigkeit zur Teilnahme am Straßenverkehr, zum Bedienen von Maschinen. Patienten nicht früher als 3 Stunden nach der Gabe von Dormicum und nur in Begleitung entlassen. **Warnhinweis:** Bei rascher und hochdosierter Injektion, insbesondere bei älteren Patienten und bei solchen mit respiratorischer Insuffizienz ist eine Atemdepression möglich (cave Atemstillstand). Bei Applikation Notfallbereitschaft erforderlich. Risikopatienten entsprechend überwachen. Intraarterielle Injektion vermeiden. **Wechselwirkungen:** Verstärkung der zentral-sedativen und atemdepressiven Wirkung von Hypnotika, Anästhetika, Analgetika, Neuroleptika, Tranquilizer, Antidepressiva, Antikonvulsiva, auch von Alkohol. Verstärkte Blutdrucksenkung bei Begleitmedikation mit Antihypertonika bzw. Vasodilatantien möglich, insbesondere bei Volumenmangel. Wirkungsverstärkung und -verlängerung von Midazolam, z.B. durch Cimetidin, Ranitidin, Erythromycin, Verapamil, Diltiazem, Fluconazol, Itraconazol. **Packungen:** 5 Ampullen Dormicum 5/1 ml, Dormicum 15/3 ml, Dormicum V 5/5 ml. 25 Ampullen Dormicum 5/1 ml. 10 Lacktabletten, 20 Lacktabletten. Packungen für Krankenhausbedarf. Preise und weitere Informationen auf Anfrage. Verschreibungspflichtig. Stand Januar 1995.

Perioperative Anämie – wo sind die Grenzen für Hämoglobingehalt und Hämatokrit?

B. von Bormann, S. Aulich

Wenn zur Vermeidung von Fremdblutrisiken auf die Transfusion von homologen Blutkonserven verzichtet wird, erfordert dies auch die Bereitschaft, das Absinken des Hb-Wertes in subnormale Bereiche zu tolerieren. Dieses Risiko durch eine Anämie ist nur dann zu rechtfertigen, wenn es dem Transfusionsrisiko nach jeweiligem Kenntnisstand nicht äquivalent ist und klinisch kalkulierbar bleibt. Fundierte Suggestionen, wie im Einzelfall vorzugehen ist, sind möglich; unmöglich jedoch ist es, generelle Richtlinien auszugeben.

Eigene Untersuchungen [6] konnten zeigen, daß es v.a. bei älteren Patienten nach großen operativen Eingriffen über Tage zu einem sukzessiven Abfall der Hb-Konzentration kommt. Dieser Hb-Abfall war weder von meßbaren Blutverlusten begleitet, noch zeigten sich reaktive Mechanismen der Erythropoese: Trotz teilweise erheblicher Anämie (HB-Wert < 7 g/dl) stiegen die Erythropoetinspiegel im Plasma nicht an. Eine erythropoetische Kompensation zeigte sich in der Regel ab dem 5. postoperativen Tag durch eine deutliche Vermehrung der Retikulozyten.

Akute normovolämische Hämodilution

Die Anwendung der sog. akuten normovolämischen Hämodilution (ANH) hat wesentlich zum besseren Verständnis von Physiologie und Klinik der Anämie beigetragen. Durch die unmittelbar präoperative Entnahme von Vollblut (500–1500 ml beim Erwachsenen) und adäquaten Volumenersatz wird eine akute Anämie erzeugt. Der blutsparende Effekt der Methode ist umstritten, soll aber nicht Gegenstand dieser Betrachtungen sein. Die Art des Vorgehens bei der ANH hat die generelle Diskussion um den niedrigsten akut tolerablen („kritischen") Hämatokrit (Hkt) entzündet. Mit zunehmender Dauer der wissenschaftlichen Auseinandersetzung ist auch die postoperative Phase mehr und mehr ins Blickfeld gerückt, da die Patienten gerade während dieser Zeitspanne noch Bluttransfusionen bekommen. Die Gründe dafür liegen auf der Hand: Zum einen tritt der bereits beschriebene postoperative Hb-Abfall auf. Andererseits ist der postoperative Patient nicht so engmaschig überwacht wie vor, während und unmittelbar nach einer Operation, weshalb die Therapeuten unter einem nachvollziehbaren Sicherheitsbedürfnis die Bluttransfusion großzügiger handhaben.

Die kardiozirkulatorischen Veränderungen unter Hämodilution sind sehr gut untersucht. In Abhängigkeit vom Ausmaß der Blutverdünnung kommt es, als Folge der herabgesetzten Blutviskosität, zu einer deutlichen kardialen Nachlastsenkung mit konsekutivem Anstieg der linksventrikulären Ejektionsfraktion (EF). Daraus resultiert ein erhöhtes Schlagvolumen, welches wiederum einen Anstieg des Herzzeitvolumens zur Folge hat [32]. Es handelt sich demnach kreislaufphysiologisch nicht um einen HZV-Anstieg als Folge erhöhter Vorlast (PCWP) im Sinne des Frank-Starling-Mechanismus, sondern um ein reines Nachlastphänomen, bewirkt

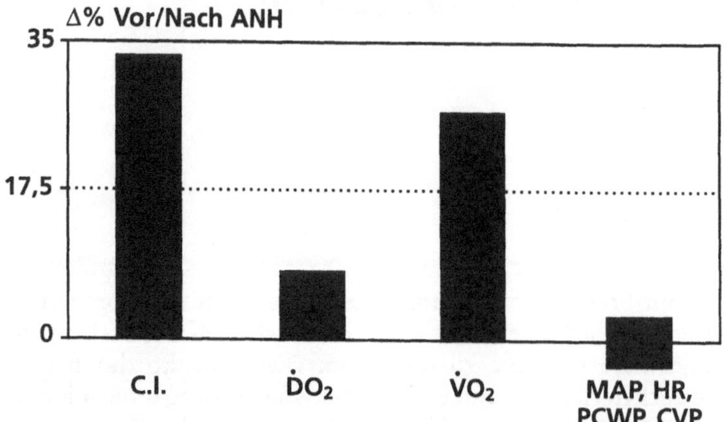

Abb. 1. Veränderungen der Hämodynamik und des O_2-Transportes unter normovolämischer Hämodilution am Patienten (nach [32]). Herzzeitvolumen (*C.I.*), O_2-Angebot (*DO₂*) und -verbrauch (*VO₂*) steigen an. Blutdruck, Herzfrequenz sowie rechts- und linksventrikuläre Vorlast (*CVP, PCWP*) bleiben unverändert

durch einen Abfall der Blutviskosität und damit des systemischen Gefäßwiderstandes (Abb. 1).

Auf die Bedeutung der pharmakospezifischen rheologischen Eigenschaften des gewählten kolloidalen Volumenersatzes haben Goto et al. [17] hingewiesen: sie hatten im aufwendigen Flußmodell das (venöse) Niederdrucksystem simuliert und unter sukzessiver Verdünnung mit künstlichen Kolloiden die beste Viskositätssenkung mit einer mittelmolekularen Hydroxyäthylstärke erreicht.

In jedem Fall scheint der Anstieg des Herzzeitvolumens aus theoretischen Überlegungen heraus sinnvoll: Definiert man das globale O_2-Angebot als Produkt aus Herzzeitvolumen und O_2-Konzentration im arteriellen Blut, so kann der Abfall der einen Größe (Hb/O_2-Gehalt) durch den Anstieg der zweiten Größe (Herzzeitvolumen, HZV) kompensiert werden. Allerdings gibt es, wie oben ausgeführt, keinen unmittelbaren Zusammenhang zwischen relativer Hypoxämie und HZV-Anstieg. Äußerst bedeutsam ist die Aufrechterhaltung eines stabilen Blutvolumens im Sinne einer Normovolämie [32].

Den überragenden Anteil des Arbeitsaufwands, der die kardiozirkulatorischen Veränderungen unter normovolämischer Anämie bewirkt, leistet das Herz. Dennoch ist der Mehrbedarf an Energie für das Myokard eher gering, wie dies von Kettler et al. [21] im Tierexperiment eindrucksvoll bewiesen wurde. Die geringe energetische Belastung wird verständlich, da das Herz ebenfalls von der Nachlastsenkung profitiert und die Wandspannung nicht ansteigt.

Veränderungen der Mikrozirkulation durch normovolämische Blutverdünnung (ANH)

Im Gegensatz zur Kontroverse um die Risiken der Hämodilution können legitimerweise auch günstige therapeutisch Effekte diskutiert werden. Die Frage der zerebralen Protektion wird nach wie vor uneinheitlich beurteilt. In neueren Tierversuchen konnte ein relevanter Effekt unter zerebraler Ischämie nachgewiesen werden. Yamashita et al. [37] haben Katzen normovolämisch diluiert und den Hämatokrit von 36% auf 24% gesenkt. Als Kontrolle diente eine Vergleichsgruppe ohne Dilu-

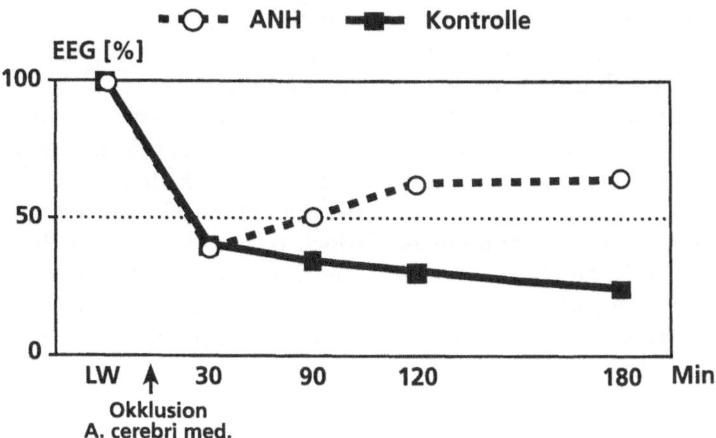

Abb. 2. EEG-Veränderungen von hämodiluierten Katzen vor und nach Okklusion der A. cerebri media. (Nach [37])

tion bei sonst identischem Protokoll. Nach Okklusion der A. cerebri media resultierten bei allen Versuchstieren zunächst ein dramatischer Abfall des zerebralen Blutflusses und der EEG-Aktivität. Während diese Veränderungen in der Kontrollgruppe persistierten, kam es bei den diluierten Tieren nach 60 (EEG) bzw. 120 (CBF) min zu einer deutlichen Erholung (Abb. 2). Ein solcher Nachweis, auch bezüglich eines therapeutischen Effekts nach Hirninfarkt, ist für die Klinik v. a. deshalb (noch) nicht erbracht, da sämtlichen klinischen Studien adäquate hämodynamische Daten zum Nachweis einer Normovolämie bei den untersuchten Patienten fehlen.

Sehr viel besser sind die Untersuchungen zur Frage der renalen Protektion durch ANH. Welch et al. [36] haben in einer klinischen Studie an Patienten mit suprarenaler Aortenabklemmung eindrucksvoll zeigen können, wie eine normovolämische Absenkung des Hb-Wertes auf 8 g/dl (i.v. zu 12 g/dl) die Nierenleistung während und nach aortalem Crossclamping verbessert.

Perioperative Anämie

Anämie allein kann, v. a. bei dringlicher operativer Indikation, nicht als anaesthesiologische Kontraindikation geltend gemacht werden. Bereits 1970 haben Graves und Allen [18] über die Narkoseführung bei Patienten mit ausgeprägter Anämie (Hb-Wert < 5 g/dl) berichtet. Ein determinierter Hb-Wert als „Transfusionstrigger" ist nicht akzeptiert. Dabei vertreten die Verfechter einer kontrollierten Anämie teilweise erheblich kontroverse Positionen gegenüber den Verfechtern von Normalwerten. Dick et al. [13] beispielsweise fordern für den vollständig kompensierten Patienten einen Hkt nicht unter 30%, für signifikant Kranke (kardiopulmonal) Normalwerte (Hkt 38–45%); lediglich für gänzlich gesunde Patienten sehen die Autoren einen Abfall bis 25% (Hb 8 g/dl) als unbedenklich an. Mehrkens [27] und v. Bormann [5] plädieren für Hkt-Werte zwischen 18–30% (Hb 6–10 g/dl) und Levine et al. [23] sehen für einen Großteil der Patienten erst bei einem Hkt < 20% (Hb 6,5 g/dl) eine Transfusionsnotwendigkeit.

Als „kritische" Hb-Konzentration gilt in der klinischen Diskussion der Wert, unter dem der O_2-Bedarf aller Organe gedeckt ist und darüber hinaus noch eine Sicherheitsreserve besteht. Immerhin werden die stillen Myokardischämien mangels klinischer Auffälligkeiten nicht bemerkt [10]. Aufsehen erregte die Mitteilung von Brown et al. [8] über einen Zusammenhang zwischen Anämie und perioperativem Visusverlust. Allerdings waren bei sämtlichen Patienten zusätzlich längere Phasen mit erheblicher Hypotonie aufgetreten, weshalb die Autoren zu keinen nachvollziehbaren kausalen Schlußfolgerungen kommen konnten.

Nelson et al. [29] haben den Zusammenhang zwischen postoperativer Anämie und kardialer Morbidität bei Hochrisikopatienten nach gefäßchirurgischen Eingriffen untersucht. Bei Hkt-Werten $<25\%$ zeigte sich in 100% der Fälle eine Ischämie im EKG mit klinischen Symptomen bei 60% der Patienten. Oberhalb eines Hkt $= 28\%$ traten keine klinischen Symptome auf, jedoch waren bei 20% der Patienten Ischämiezeichen im EKG zu registrieren, was allerdings in gleichem Umfang für Patienten mit Hkt $>34\%$ zutraf. Keinerlei Symptome (EKG, Klinik) wiesen Patienten mit einem Hkt $31-34\%$ auf. Damit stehen auch diese Autoren mit ihrer eher vorsichtigen Einschätzung in deutlichem Widerspruch zu den Forderungen von Dick et al. [13], die für Patienten aus Hochrisikogruppen „normale" Hb-/Hkt-Werte verlangen.

Vielfältige Beobachtungen und Studien aus der Klinik stützen die These, daß Hkt-Werte $>30\%$ für keine Art von Patienten essentiell sind. Eine Konsensuskonferenz auf Initiative der amerikanischen Gesundheitsbehörde [31] hat einen Hkt von 30% (Hb 10 g/dl) als maximalen Transfusionstrigger bewertet. Carson et al. [11] konnten belegen, daß der Schweregrad einer prä-, intra- und postoperativen Anämie die postoperative Morbidität und Mortalität nur dann signifikant beeinflußte, wenn der Hb-Wert dauerhaft unter 8,5 g/dl gelegen hatte. Mehrkens [27] berichtete über postoperative Anämien nach Hüftendoprothetik mit Hb-Werten $<6,5$ g/dl, ohne daß ein Zusammenhang zwischen Anämie und postoperativem Verlauf inklusive Dauer der Krankenhausaufenthaltes herzustellen war. Eigene klinische Untersuchungen haben zeigen können, daß der kritische Hkt bei Patienten ohne relevante pulmonale und kardiale Störungen auch während der postoperativen Phase zwischen 7,0 und 8,0 g/dl anzunehmen ist [6].

O₂-Transport beim kritisch Kranken

Bei Schwerkranken auf der Intensivstation gilt es unter anderem den O_2-Transport (-angebot, -verbrauch) zu optimieren. Bei diesen vital gefährdeten Patienten (Sepsis, MOV) scheint der „normale" keineswegs der „optimale" Hb-Wert zu sein. Dietrich et al. [14] haben eine Studie an Patienten mit septischem und solchen mit kardiogenem Schock vorgenommen. Alle diese Patienten mußten im Rahmen von Reanimationsmaßnahmen volumenstabilisiert werden; der mittlere Hb-Wert betrug 8,5 g/dl und wurde durch Bluttransfusionen um 2g/dl auf 10,5 g/dl angehoben. Obgleich das O_2-Angebot anstieg, änderte sich der O_2-Verbrauch in keiner der untersuchten Patientengruppen. Ähnliche Daten sind bekannt bei Patienten mit hämorrhagischem Schock [15], mit ARDS [25] und Sepsis, sowohl bei Kindern [28] als auch bei Erwachsenen [26, 35]. Böhler et al. [3] haben Frühgeborene in sonst gesundem Zustand wegen protrahierter Anämie transfundiert. Obwohl das O_2-Angebot deutlich anstieg zeigte sich kein Einfluß dieser Maßnahme auf klinische Parameter wie O_2-Verbrauch und Gewichtszunahme. Wir halten eine Hämoglobinkonzentration von 9,0–10,5 g/dl (Hkt $27-32\%$) beim kritisch kranken Patienten für optimal.

4

O$_2$-Physiologie

Zander [38] hat versucht, den minimalen O$_2$-Bedarf, also die kritische O$_2$-Konzentration einiger wesentlicher Organsysteme mit Hilfe der arteriovenösen O$_2$-Gehaltsdifferenz (AVDO$_2$) zu definieren. Danach ist das Herz mit der höchsten AVDO$_2$ das kritischste Organ. Andererseits kann das Herz auch unter eingeschränkter koronarer Reserve seine eigene Durchblutung selektiv über autoregulative Mechanismen steigern. Hinzu kommt, daß das Myokard den angebotenen Sauerstoff fast vollständig utilisieren kann: Baer et al. [2] haben den myokardialen O$_2$-Transport von entbluteten (Anämie) und übertransfundierten (Polyzythämie) Hunden untersucht. Es fand sich bei Werten zwischen 12% und 80% kein Einfluß des Hkt auf den Sauerstoffverbrauch des Herzens.

Steigen das HZV um 50% und die Koronardurchblutung um 100%, so resultiert eine myokardiale AVDO$_2$ (Mindest-O$_2$-Bedarf des Herzens) von 6 ml/dl, was etwa einem Hb-Wert von 4,3 g/dl unter Raumluftbedingungen entspricht [38]. Dies ist theoretisch unter Ruhebedingungen der kritische Wert, den zu unterschreiten mit erheblichen Risiken für die Organintegrität verbunden sein müßte. Daß es im Einzelfall jedoch eine theoretische Größe bleibt, zeigt ein inzwischen umfangreiches und vielfältiges Schrifttum über Patienten, die den Zeugen Jehovas angehören, darunter Kasuistiken über Patienten mit hämorrhagischem Schock [7, 24] oder Sepsis [1], die Hb-Werte von <1,5 g/dl ohne Transfusion überlebt haben. Erklärbar sind diese Verläufe nur mit einem im Einzelfall erheblich niedrigeren „kritischen" Hb-Wert. Die Koronardurchblutung kann beim Gesunden immerhin auf 500% gesteigert werden [21]. Die Aufrechterhaltung eines normalen zirkulierenden Blutvolumens ist unter (zunehmender) Anämie essentiell, da sonst der konsekutiv zu Nachlastsenkung und vermehrter linksventrikulärer Auswurfleistung erhöhte venöse Rückstrom ausbleibt [32].

Zeugen Jehovas

Zeugen Jehovas lehnen die Transfusion homologer Blut- und Plasmapräparate generell ab. Dies gilt auch für den Notfall: Die Patienten sind bereit, für diese Diktion ihr Leben zu riskieren [12]. Wer dennoch Blut transfundiert, handelt illegal, zumindest bei erwachsenen Patienten. Die Erfahrungen mit Zeugen Jehovas haben die Diskussion um den tolerablen Hb-Wert nachhaltig bereichert. Die Publikationen aus der operativen Medizin berichten längst nicht mehr nur von exotischen Einzelfällen. Zeugen Jehovas werden, auch elektiv, allen großen Eingriffen unterzogen, wie der Transplantation des Herzens [9] oder der Niere [20]. Gut dokumentierte Daten liegen aus der Gynäkologie und Geburtshilfe [4], der Orthopädie [29, 33], der Allgemein- [19], Unfall- [11] und Herzchirurgie [16, 34] vor. Die aktuelle Übersicht von Kitchens [22] hat solche Berichte, die zwischen 1983 und 1990 mit einer Patientenzahl nicht unter n=9 veröffentlicht wurden, ausgewertet. Es fanden sich 16 Publikationen über Eingriffe, für die typischerweise zwischen 2 und 6 Einheiten Blut transfundiert werden. In keinem Fall wurde Blut gegeben. Lediglich in der Kardiochirurgie gab es einen fraglichen Zusammenhang zwischen Anämie und Letalität. Wenngleich randomisierte Studien bei Zeugen Jehovas naturgemäß nicht möglich sind, gibt es Untersuchungen mit hohem statistischen Wert. Nelson u. Bowen [30] haben 2 Gruppen à 100 konsekutive Patienten mit Hüftendoprothetik verglichen: Zeugen Jehovas vs. Patienten ohne dieses Glaubensbekenntnis. In der ersten Gruppe (ZJ) wurde kein Blut transfundiert, in der zweiten 200 Einheiten EK, also im Mittel 2E/Patient. Die Gruppen waren unter biometrischen Kriterien und auch in bezug auf Diagnose und Operation vergleichbar; es operierte in allen 200

Fällen das identische Chirurgenteam. Der mittlere Hb-Wert war bei den Zeugen Jehovas während der gesamten postoperativen Phase mit 8 g/dl um 2 g/dl niedriger als in der Vergleichsgruppe. Weitere Unterschiede (Morbidität, Dauer des Krankenhausaufenthalts, operatives Ergebnis) gab es nicht. Kein Patient verstarb. Das, wenn auch retrospektive, Fazit dieser Untersuchung: Den transfundierten Patienten wurde, ohne nachweisbaren therapeutischen Benefit, durch das transfusionsimmanente Risiko potentiell geschadet.

Ausblick

Patienten fragen heute mehr als früher nach den Risiken einer Bluttransfusion und wie man sie vermeiden kann. Während solcher Diskussionen sollten die Therapeuten die Erfahrungen mit Zeugen Jehovas im Hinterkopf haben. Statt reflektorisch Blut als Reaktion auf veränderte Laborparameter zu geben, muß die Indikation zur Transfusion in gleicher Weise nach der Nutzen-Risiko-Relation überprüft werden wie jede andere medikamentöse Maßnahme.

Die Diskussion wird weiter anhalten. Die als sicher erachtete untere Hb-Grenze wird nach unserer Einschätzung im Laufe der nächsten Zeit mit 8,5 g/dl oder weniger akzeptiert werden.

Therapeutische Möglichkeiten, die eine Diskussion um kritische Hb-Werte überflüssig machen könnten, liegen auf der Hand:

1. Herstellung nebenwirkungsfreier Blutprodukte: dies ist derzeit nicht abzusehen;
2. Entwicklung synthetischer, O_2-transportierender Infusionslösungen: künstliches Hb, Fluosole;
3. vermehrter Einsatz von rekombiniertem Erythropoetin, sowohl zur Unterstützung der präoperativen Eigenblutgewinnung als auch zur Behandlung von chronisch anämischen (Tumor)patienten und Patienten mit postoperativer Anämie.

Unabhängig davon sind wir alle aufgefordert, ideologiefrei mit gut dokumentierten Daten zur Lösung dieses wichtigen klinischen Problems beizutragen.

Literatur

1. Akingbola OA, Custer JR, Bunchman TE, Sedman AE (1994) Management of severe anemia without transfusion in a pediatric Jehovah's witness patient. Crit Care Med 22: 524–528
2. Baer RW, Vlahakes GJ, Uhlig PN, Hoffman JIE (1987) Maximum myocardial oxygen transport during anemia and polycythemia in dogs. Am J Physiol 252: H1086-1095
3. Böhler T, Janecke A, Linderkamp O (1994) Blood transfusion in late anemia of prematurity: Effect on oxygen consumption, heart rate, and weight gain in otherwise healthy infants. Infusionsther Transfusionsmed 21: 376–379
4. Bonakdar MI, Eckhous AW, Bacher BJ, Tabbilos RH, Peisner DB (1982) Major gynecologic and obstetric surgery in Jehovah's witnesses. Obstet Gynecol 60: 587–90
5. Bormann B von (1988) Akzeptanz einer normovolämischen Anämie zur Einsparung von Fremdbluttransfusionen. Perfusion 1: 83–90
6. Bormann B von, Weidler B, Schwanen N, Ratthey K, Hempelmann G (1990) Perioperative Anämie und Erythropoese. Chirurg 61: 124–128
7. Brimacombe J, Skippen P, Talbutt P (1991) Acute anaemia to a haemoglobin of 14 g/l with survival. Anaesth Intens Care 19: 581–583
8. Brown RH, Schauble JF, Miller NR (1994) Anemia and hypotension as contributors to perioperative loss of vision. Anesthesiology 80: 222–226
9. Burnett CM, Duncan JM, Vega JD, Lonquist JL, Sweeney MS, Frazier OH (1990) Heart transplantation in Jehovah's witnesses. An initial experience and follow up. Arch Surg 125: 1430–1433

10. Campbell St (1988) Silent myocardial ischaemia. BMJ 297: 751–752
11. Carson JL, Spence RK, Poses RM, Bonavita G (1988) Severity of anaemia and operative mortality and morbidity. Lancet I: 727–729
12. Cooper JR (1990) Perioperative considerations in Jehovah's witnesses. Int Anesth Clin 28: 210–215
13. Dick W, Baur Chr, Reiff K (1992) Welche Faktoren bestimmen den kritischen Hämatokrit bei der Indikationsstellung zur Transfusion? Anaesthesist 41: 1–14
14. Dietrich KA, Conrad StA, Herbert CA, Levy GL, Romero MD (1990) Cardiovascular and metabolic response to red blood cell transfusion in critically ill volume - resuscitated nonsurgical patients. Crit Care Med 18: 940–944
15. Fortune JB, Feustel PJ, Saifi J, Stratton HH, Newell JC, Shah DM (1987) Influence of hematocrit on cardiopulmonary function after acute hemorrhage. J Trauma 27: 243–249
16. Gombotz H, Rigler B, Matzer Ch, Metzler H, Winkler G, Tschellissnigg KH (1989) 10 Jahre Herzoperationen bei Zeugen Jehovas. Anaesthesist 38: 385–390
17. Goto Y, Sakakura S, Hatta M, Sukiura Y, Kato T (1985) Hemorheological effects of colloidal plasma substitutes infusion. A comparative study. Acta Anaesth Scand 29: 217–225
18. Graves CL, Allen RM (1970) Anesthesia in the presence of severe anemia. Rocky Mt Med J 67: 35–40
19. Kambouris AA (1987) Major abdominal operations on Jehovah's witnesses. Am Surg 53: 350–356
20. Kaufman DB, Sutherland DE, Fryd DS, Ascher NL, Simmons RL, Najarian JS (1988) A single center experience of renal transplantation in thirteen Jehovah's witnesses. Transplantation 45: 1045–1049
21. Kettler D, Hellberg H, Klaess D, Kontokollias JS, Loos W, de Vievie R (1976) Hämodynamik, Sauerstoffbedarf und Sauerstoffversorgung des Herzens unter isovolämischer Hämodilution. Anaesthesist 25: 131–136
22. Kitchens C (1993) Are transfusions overrated? Surgical outcome of Jehovah's witnesses. Am J Med 94: 117–119
23. Levine E, Rosen A, Sehgal L, Gould S, Sehgal H, Moss G (1990) Physiologic effects of acute anemia: implications for a reduced transfusion trigger. Transfusion 30: 11–14
24. Lichtenstein A, Eckhart W, Swanson KJ, Vacanti ChA, Zapol WM (1988) Unplanned intraoperative and postoperative hemodilution: Oxygen transport and consumption during severe anemia. Anesthesiology 69: 119–122
25. Lorente JA, Renes E, Gomez-Aguinaga MA, Landin L, Morena JL Liste D (1991) Oxygen delivery dependent oxygen consumption in acute respiratory failure. Crit Care Med 19: 770–775
26. Maetani S, Nishikawa T, Hirakawa A, Tobe T (1986) Role of blood transfusion in organ system failure following major abdominal surgery. Ann Surg 203: 275–281
27. Mehrkens HH (1991) Der kritische Hämatokrit aus klinischer Sicht. Beitr Anaesth Intens Notfallmed 39: 125–131
28. Mink RB, Pollack MM (1990) Effect of blood transfusion on oxygen consumption in pediatric septic shock. Crit Care Med 18: 1087–1091
29. Nelson AH, Fleisher LA, Rosenbaum SH (1993) Relationship between postoperative anemia and cardiac morbidity in high-risk vascular patients in the intensive care unit. Crit Care Med 21: 860–866
30. Nelson CL, Bowen WS (1986) Total hip arthroplasty in Jehovah's witnesses without blood transfusion. J Bone Joint Surg Am 68: 350–353
31. Office of Medical Applications of Research. National Institutes of Health (1988) Consensus Conference. Perioperative red cell transfusion. JAMA 260: 2700–2703
32. Shah MD, Richard MN, Newell JC, Karmody AM, Scovill EA, Powers SR (1980) Increased cardiac output and oxygen transport after intraoperative isovolemic hemodilution. Arch Surg 115: 597–600
33. Singbartl G, Schleinzer W, Frankenberg C, Maleszka H (1993) Extreme normovolämische Hämodilution als fremdblutsparende Maßnahme bei homologer Transfusionsverweigerung. In: Schleinzer W, Singbartl G (Hrsg): Fremdblutsparende Maßnahmen in der operativen Medizin. Karger, Basel, S 81–96
34. Spence RK, Alexander J, DelRossi AJ, Cernaianu AD, Cilley J, Pello MJ, Atabek U, Camishion RC, Vertrees RA (1992) Transfusion guidelines for cardiovascular surgery: lessons learned from operations in Jehovah's witnesses. J Vasc Surg 16: 825–831
35. Steffes ChP, Bender JS, Levison MA (1991) Blood transfusion and oxygen consumption in surgical sepsis. Crit Care Med 19: 512–517
36. Welch M, Knight DG, Carr HMH, Smyth JV, Walker MG (1993) The preservation of renal function by isovolemic hemodilution during aortic operations. J Vasc Surg 18: 856–866

37. Yamashita K, Kobayashi, Yamaguchi, Tsunematsu T (1989) Effect of haemodilution on experimental cerebral ischaemia. Clin Exp Neurol 26: 23–31
38. Zander R (1988) Sauerstoff-Konzentration und Säure-Basen-Status des arteriellen Blutes als limitierende Faktoren einer Hämodilution. Klin Wochenschr 66: 2–7

Opioide und NSAIDs in der Schmerztherapie

E. FREYE

Schmerz ist der häufigste Anlaß für einen Patienten, den Arzt zu konsultieren, denn der Schmerz wird stets als unangenehm empfunden und ist mit einem allgemeinen Krankheitsgefühl verbunden. Für die Bewältigung des Schmerzes sind immer noch Opioidabkömmlinge die wirkungsvollsten Medikamente; sie stellen den Grundpfeiler jeglicher therapeutischen Bemühungen dar. Dies erscheint umso mehr von Bedeutung, als bei unzureichender Blockade nozizeptiver Afferenzen, der Schmerz sich vom eigentlichen Auslöser abkoppelt und zu einer Krankheit sui generis mit chronischem Charakter, der Schmerzkrankheit, werden kann. Auch während einer Narkose steht die ausreichende Analgesie im Mittelpunkt jeglicher anästhesiologischen Maßnahmen, damit Streßreaktionen hormoneller und immunologischer Natur, sowie die Ausbildung eines Schmerzgedächtnisses vermieden werden, die sonst in einer verzögerten Heilung, einer erhöhten Infektanfälligkeit und einer chronischen Schmerzsymptomatik münden (Abb. 1).

Nozizeption und Wind-up

Die obigen Überlegungen sind insofern von Bedeutung, als schon im Rückenmark eine Modulation eintreffender nozizeptiver Afferenzen stattfindet. Am Ort der Umschaltung vom ersten afferenten Neuron auf das zweite Neuron, der Substantia gelatinosa, erfolgt über eine Freisetzung von Substanz P und von sog. pronozizeptiven, exzitatorischen Transmittern (Glutamat, Glycin, Aspartat, Neurokinine; s. Abb. 2) eine Aktivierung der Hinterhornneurone im Tractus spinothalamicus [1]. Ungebremst eintreffende nozizeptive Afferenzen führen dann zu einer langanhaltenden und gesteigerten Erregung über den eigentlichen Zeitpunkt des nozizeptiven Inputs hinaus (Wind-up) [2]. Es kommt anschließend, über einen vermehrten Ca^{2+}-Einstrom in die neuronale Zelle, zur Aktivierung der genetischen c-fos-Expression mit Ausbildung neuer, zusätzlicher Bindestellen für exzitatorische Neurotransmitter, die klinisch in das Bild der Hypersensitivierung und Chronizität münden, mit einer Hyperalgesie im Gebiet der Schädigung und den umgebenden nicht beschädigten Hautarealen mit anhaltenden postoperativen Schmerzen.

Dem NMDA- (N-Methyl-D-Asparatat-)Rezeptor kommt hierbei eine besondere Bedeutung zu, weil über ihn Ionenkanäle geöffnet werden, die den Einstrom von Na^+- und Ca^{2+}-Ionen in und den Ausstrom von K^+-Ionen aus der Zelle regulieren. Er hat eine verstärkende Wirkung auf die exzitatorischen Aminosäuren Glycin und Glutamat, so daß schon eine geringe Besetzung des Rezeptors zu einer großen Folgereaktion führt [4]. Der NMDA-Rezeptor ist somit am Wind-up-Phänomen maßgeblich beteiligt, indem die wiederholte Auslösung gleichbleibender nozizeptiver Stimuli zu immer stärkeren Reaktionen führt. Da NMDA-Rezeptorstimulation aber auch einen vermehrten Einstrom von Ca^{2+}-Ionen über spannungsabhängige Ionenkanäle bewirkt, sowie eine Verringerung der Mg-abhängigen NMDA-Rezeptorblockade auslöst, wird diesem „second messenger" eine entscheidende Rolle bei den genetischen Veränderungen innerhalb der Zelle des Hinterhorns zu-

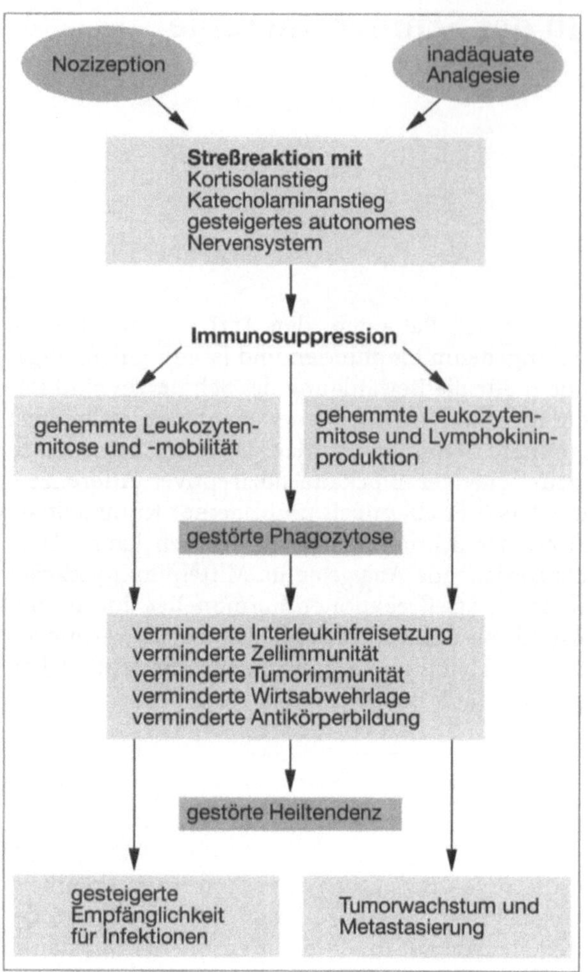

Abb. 1. Das Ineinandergreifen von ungenügender Analgesie und deren Folgezuständen im Immunsystem

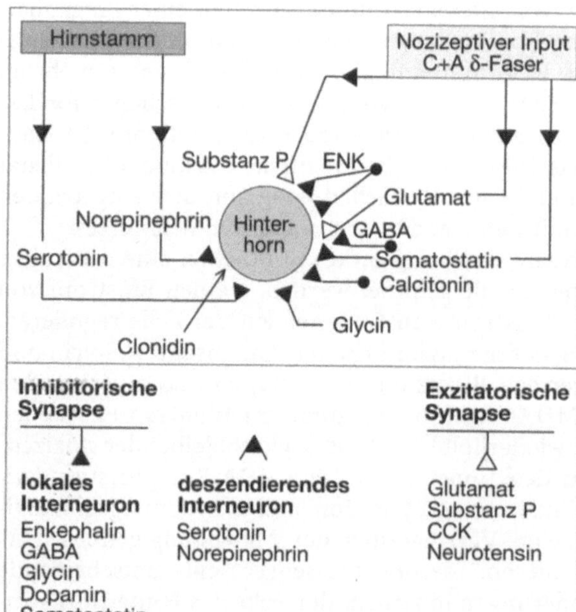

Abb. 2. Schematische Darstellung der Schmerzverarbeitung am Hinterhorn des Rückenmarks und die daran beteiligten Transmittersysteme mit sowohl hemmenden als auch pronozizeptiven Eigenschaften. (Nach [3])

teil. Am NMDA-Rezeptor wirkt der PCP- (Phencyclidin-)Rezeptor als sog. Modulationseinheit indem der rezeptorabhängige Ionenkanal blockiert wird. Über diesen Mechanismus wird die Wirkung sog. dissoziativer Anästhetika wie z.B. PCP (Phencyclidin) und Ketamin erklärt [5].

Ziel jeglicher Schmerztherapie ist es deshalb, schon vor der Ausbildung eines Wind-up, präemptiv therapeutische Maßnahmen zu ergreifen, nicht erst dann, wenn der Patient Schmerzen bewußt wahrnimmt, sondern schon intraoperativ mit dem Einsatz wirkstarker Analgetika [6]. Hierfür stehen u.a. zentral angreifende Analgetika, die Opioide und sog. periphere Analgetika vom Typ der sauren antiphlogistischen, antipyretischen Analgetika (NSAIDs, „non-steroidal anti-inflammatory drugs") zur Verfügung.

Opioide und Antinozizeption

Die zentral angreifende Analgetika sind dadurch charakterisiert, daß sie über spezifische Bindestellen, die Rezeptoren, die Weiterleitung und Weiterverarbeitung von Schmerzafferenzen in sämtlichen Bereichen des nozizeptiven Systems im zentralen Nervensystem hemmen. Diese Hemmung beginnt schon im Hinterhorn des Rückenmarks, wo das erste Neuron auf das zweite Neuron umgeschaltet wird. Eine weitere Dämpfung erfährt der nozizeptive Input im zentralen Höhlengrau und schließlich in den spezifischen und nichtspezifischen Thalamuskernen, die Kollaterale zum limbischen System abgeben. Dort wird der nozizeptive Input als Schmerz dekodiert. Gleichzeitig erhält er auch dort das negative Vorzeichen, das den brennenden, stechenden sowie dysphorischen Charakter einer Nozizeption ausmacht. Es ist deshalb auch nicht verwunderlich, daß speziell im limbischen System Opiatrezeptoren anzutreffen sind und nach einem Opioid der dysphorische Charakter des Schmerzes verloren geht. Andererseits ist der Schmerz durch eine Reihe von Faktoren bewußt zu beeinflussen, der Schmerz ist immer ein höchst subjektives Erlebnis und mit nichts kommuniziert das Großhirn so intensiv wie

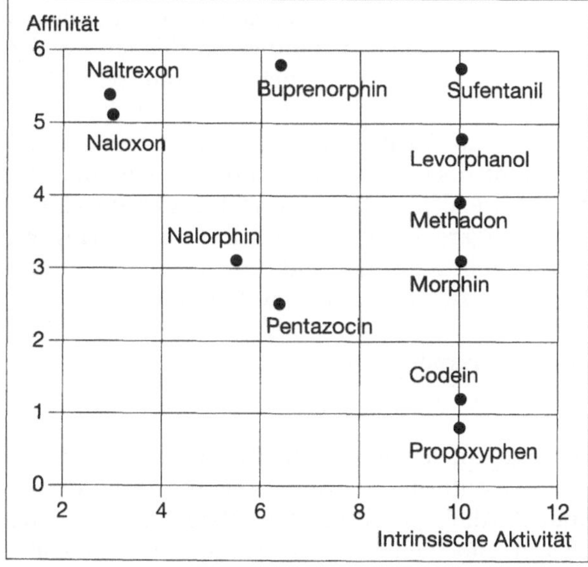

Abb. 3. Schematische Darstellung von intrinsischer Aktivität und Affinität verschiedener Opioide untereinander. (Nach [3])

Tabelle 1. Analgetische Potenz verschiedener Opioide Aufschlag mg-Basis im Vergleich zu Morphin = 1. (Mod. nach [3])

Analgesie	Opioid	Wirkstärke
Sehr stark	Sufentanil	1000
	Fentanyl	100–300
	Remifentanil	200
	Alfentanil	40–50
	Buprenorphin	10–40
	Oxymorphon	12–15
Stark	Butorphanol	8–11
	Hydromorphon	7–10
	Diamorphin	1–5
	Dextromoramid	2–4
	Racemorphan	2,5
	Levomethadon	2
	Methadon	1,5
	Properidin	1
	Morphin	1
	Piritramid	0,7
Schwach	Nalbuphin	0,5–0,8
	Hydrocodon	0,35
	Pentazocin	0,3
	Codein	0,2
	Pethidin	0,1
Sehr schwach	Levallorphan	0,07–0,1
	Tilidin	0,07
	Tramadol	0,05–0,09

mit dem limbischen System. Denn dort wird die einlaufende Afferenz ausgewertet und bewertet und erhält ihre ganz individuelle Färbung.

Grundsätzlich unterscheidet man bei den Opioiden, nach ihrem klinischen Wirkbild, die reinen Agonisten (Morphin, Piritramid, Fentanyl, Alfentanil, Remifentanil, Sufentanil), die gemischtwirkenden Agonisten/Antagonisten (Butorphanol, Pentazocin, Nalbuphin) und die reinen Antagonisten (Naloxon, Naltrexon, Nalmefene). So hat jedes Opioid aufgrund einer ihm eigenen unterschiedlichen Affinität zum Rezeptor und einer durch ihn ausgelösten unterschiedlichen Konformationsänderung des Rezeptors (intrinsische Aktivität) auch eine unterschiedliche Wirkstärke (Abb. 3).

Je nach Affinität zum Rezeptor und dem Ausmaß der Konformationsänderung des Rezeptors, ist die Analgesie unterschiedlich stark. Sufentanil z. B. hat eine hohe Affinität und intrinsische Aktivität, während das Opioid Morphin sich durch eine hohe intrinsische Aktivität , jedoch geringere Affinität und damit einer geringeren Analgesie auszeichnet. Mit zunehmender Affinität und intrinsischer Aktivität kommt es zu einer gesteigerten Wirkpotenz, wobei folgende Beziehung besteht:

Pethidin < Piritramid < Morphin < Buprenorphin
Alfentanil < Fentanyl < Sufentanil < (s. Tabelle 1).

Ein Antagonist wie z.B. Naloxon dagegen, hat eine gute Paßform am Rezeptor (hohe Affinität). Seine Fähigkeit, eine Konformationsänderung am Rezeptor auszulösen, ist jedoch sehr gering (Abb. 3). Allein verabreicht, ist Naloxon nicht in der Lage, Analgesie zu induzieren. Es kann jedoch einen bereits am Rezeptor sitzenden

12

Agonisten, aufgrund der ihm höheren Affinität, verdrängen und die durch den Agonisten ausgelösten Effekte umkehren (kompetitiver Antagonismus). Die sichtbaren klinischen Effekte, die ein Opioid auslöst, sind somit abhängig von:

1. der Affinität zum Rezeptor (der Paßform),
2. der intrinsischen Aktivität am Rezeptor (der Konformaionsänderung) und
3. der Konzentration der jeweiligen Substanz am Rezeptor.

Ein Agonist/Antagonist dagegen beinhaltet sowohl analgetische als auch verdrängende, antagonistische Eigenschaften. Diese eigentlich gegensätzlichen Wirkeffekte können durch die Interaktion mit sog. Rezeptorsubpopulationen erklärt werden. Während der Agonist/Antagonist am µ-Rezeptor ein antagonistisches Wirkprofil aufweist, wird die ihm eigene analgetische-agonistische Wirkung über den κ-Rezeptor vermittelt. Agonistische und antagonistische Stärke dieser gemischtwirkenden Opioide sind recht unterschiedlich. Diese duale Wirkung macht verständlich, warum Agonisten/Antagonisten sowohl für eine postoperative Analgesie als auch zur Umkehr einer durch einen wirkstarken Agonisten ausgelösten Atemdepression eingesetzt werden können. Auch weisen sie, im Gegensatz zu den reinen Agonisten, bei steigender Dosierung einen Ceilingeffekt, was Analgesie und Atemdepression betrifft, auf (Tabelle 2). Jeder Agonist/Antagonist hat hierbei einen für ihn charakteristischen und optimalen Dosierungsbereich. Wird dieser überschritten, nimmt nicht die Analgesie, sondern die Rate an Nebenwirkungen, insbesondere eine über den nichtopioidspezifischen σ-Rezeptor ausgelöste Dysphorie, sowie an kardiovaskulären Nebenwirkungen mit Blutdruck- und Herzfrequenzanstieg, zu [7].

Buprenorphin und Meptazinol werden auch als partielle Agonisten eingestuft, d.h. nach Verdrängung eines Liganden vom µ-Rezeptor induzieren sie über den gleichen Rezeptor eine ihnen eigene analgetische Wirkung. Meptazinol soll zusätzlich über eine Zunahme zentralcholinerger Aktivitäten analgetisch wirksam sein.

Bei jeglicher Schmerztherapie ist die gleichzeitige Gabe von einem Agonisten und einem Agonisten/Antagonisten zu vermeiden, da hierdurch eine Verringerung der analgetischen Wirkung erreicht wird und Schmerzen provoziert werden.

Bei der Schmerztherapie mit Opioiden dürfen Substanzen beider Gruppen nicht abwechselnd verabreicht oder sogar gemischt werden!

Während Sucht- und Abhängigkeitsentwicklung bei akuten und chronischen Schmerzen keine Kontraindikation für die Verabreichung ausreichender Mengen eines Opioids darstellen [8], so wird immer noch, insbesondere bei der Therapie akuter Schmerzen und postoperativ, nach vorangegangener Applikation wirkstarker Opioide (Fentanyl, Sufentanil), die Atemdepression als gefürchtete Nebenwirkung angesehen. Die von jedem Opioid ausgehende Atemdepression scheint direkt proportional der analgetischen Potenz des jeweiligen Opioids zu sein und von den schwachen Opioiden (Tramadol, Tilidin) geht eine zu vernachlässigende Atemdepression aus. Da der Schmerz jedoch der physiologische Antagonist für eine zentral

Tabelle 2. Vergleichende analgetische, antagonistische und Ceilingeffekte verschiedener gemischtwirkender Agonisten/Antagonisten. (Mod. nach [3])

Produkt	Wirkpotenz	Analgetischer Ceilingeffekt mg/70 kg	Äquianalgetische Dosis mg/70 kg
Buprenorphin	30–40	> 1,2	0,3
Nalbuphin	0,8	240	20–40
Pentazocin	0,4	90	30–60
Butorphanol	5–8	10	2–4
Meptazinol	0,09	400	100

tral sich entwickelnde Atemdepression darstellt, ist bei vorliegenden Schmerzen eine Atemdepression nicht zu erwarten. Das Analgetikum ist in solchen Fällen titriert, gegen den Schmerz des Patienten, zu verabreichen, wobei die PCA (patientenkontrollierte Analgesie) eine Möglichkeit der individuellen Titration darstellt. Vorzugsweise kommen hierbei Opioide mit geringem atemdepressorischen Potential und einer langen Wirkdauer (d.h. Morphin, Piritramid) in Frage. Zusätzliche Sedativagaben sind zu vermeiden, da diese nur einer Atemdepression Vorschub leisten und in das eigentliche Schmerzgeschehen nicht eingreifen.

Um eine postoperativ auftretende Atemdepression zu vermeiden, jedoch gleichzeitig intraoperativ eine ausreichende präemptive Analgesie zu erreichen, sollte:

a) intraoperativ kein Benzodiazepin verwendet werden,
b) zu Beginn einer Narkose eine ausreichend hohe Opioiddosis gegeben werden (sog. Sättigungsdosis). Hierdurch wird zum einen eine ausreichende Blockade von nozizeptiven Afferenzen garantiert; zum anderen wird das periphere Gewebekompartiment (Haut, Muskulatur, Fettgewebe, innere Organe) nicht mit jeder neuen Injektion aufgesättigt, aus dem es sonst, in der postoperativen Phase, zu einer Rückverteilung mit erhöhten Plasmaspiegeln kommen kann [9],
c) intraoperativ die intermittierende Gabe kleiner Opioiddosen zur Potenzierung vermieden werden (Aufsättigung des Gewebekompartimentes mit Gefahr einer späten Remorphinisierung),
d) in den letzten 45 min einer Narkose kein Opioid gegeben werden.

Ist jedoch eine Potenzierung der Analgesie notwendig, so kann zusätzlich:

a) ein volatiles Anästhetikum verabreicht werden,
b) eine On-top-Gabe des kurzwirkenden Opioids Alfentanil (0,5–1,0 mg) wirkungsvoll sein [10],
c) der α_2-Agonist Clonidin (100–500 µg/kg KG) verwendet werden [11]. Eine Verlängerung der atemdepressorischen Wirkung des Opioids ist hiermit nicht zu erwarten [12].

Liegt postoperativ jedoch ein überhängender Opioideffekt vor, so kann:

1. Nalbuphin titriert (10/10 mg) als Alternative zu Naloxon gegeben werden, da es eine fast doppelt so lange Halbwertszeit wie der reine Antagonist aufweist, eine analgetische Wirkung über den κ-Rezeptor vermittelt wird [13] und seine antagonistische Wirkung nicht so abrupt ist,
2. der bis zu 4h anhaltende antagonistische Effekt des reinen Antagonisten Nalmefene (Revex, Fa. Ohmeda, USA) nutzbar gemacht werden (0,1–1,0 µg/kg)[14]. Dieser Antagonist ist bisher in Deutschland nicht verfügbar.

Obgleich eine relevante Hypoxie bei Patienten nach einer Opioidnarkose möglich ist, ist diese Gefahr bei Patienten, die Opioide wegen chronischer Schmerzen bekommen, zu vernachlässigen. Denn bei ihnen besteht ein grundlegender Unterschied:

1. Die Patienten haben schon seit einiger Zeit eine schwaches Opioid eingenommen, d.h. sie sind nicht mehr opioid-naiv.
2. Chronische Schmerzpatienten nehmen die Opioide oral auf. Im Vergleich zur intravenösen Injektion ist die Resorption langsamer mit geringeren Plasmaspitzenkonzentrationen.
3. Die für den Schmerzpatienten individuell ermittelte Dosis wird gewöhnlich gegen den Schmerz titriert, so daß die Möglichkeit einer Überdosierung unwahrscheinlich wird.

Ist bei Tumorschmerz mit retardiertem Morphin oder sublingualem Buprenorphin eine bis zu 8 h anhaltende Schmerzkontrolle zu erreichen, so kann mit dem neuen transdermalen therapeutischen System (TTS) Fentanyl (Durogesic) diese schmerzfreie Zeitspanne bis zu 72 h verlängert werden. Da ein Anfluten aus dem Pflaster bis zur vollen Wirkung erst nach 12–24 h zu erwarten ist, wird die stationäre Einstellung bei gleichzeitiger Überwachung gefordert, wobei sich die Pflastergröße zur adäquaten Dosierung an dem vorangegangenen Morphinbedarf anhand einer empirisch ermittelten Äquivalenztabelle orientiert [15]. Um die Diffusionsrate durch die Haut zu erhöhen, d.h. die Anschlagzeit von TTS zu verkürzen, befindet sich ein iontophoretisch transdermales therapeutisches System (ETS, „electrical transdermal system") in der Entwicklung [16].

Grundsätzlich gilt, daß bei allen starken bis stärksten Schmerzen Opioide die einzige Gruppe von Pharmaka darstellen, die eine ausreichende Analgesie garantieren. Ein neues therapeutisches Prinzip, mit intraoperativ ausreichender Analgesie und fehlender postoperativer Atemdepression, scheint mit der Gruppe esterasemetabolisierter Opioide (EMO) erreicht zu sein. Es liegen bis jetzt für das Remifentanil, einem Abkömmling der 4-Anilino-piperidine, erste klinische Ergebnisse vor. Auf mg-Basis entspricht es der Wirkstärke von Fentanyl [17], es weist einen dem Alfentanil ähnliche raschen Wirkanstieg auf und hat alle sonstigen charakteristischen Eigenschaften der über den μ-Rezeptor wirkenden Opioide (Miosis, Bradykardie, Rigidität, Atemdepression, hämodynamische Stabilität, antitussive Wirkung) [18]. Es wird jedoch, im Gegensatz zu Alfentanil, Sufentanil oder Fentanyl, über unspezifische Gewebe- und Blutesterasen abgebaut, so daß auch bei Leber- und Nierenerkrankungen ein rascher Wirkverlust vorliegt. Nach Abstellen einer Infusion geht die Wirkung innerhalb weniger Minuten verloren, wobei der Metabolit nur 1/4000 der Wirkung der Muttersubstanz hat. Überhängende Effekte, insbesondere eine Atemdepression, sind selbst bei einer langandauernden Infusion nicht zu erwarten. Solch ein ultrakurz wirkendes Opioid erscheint besonders für ambulante und kurzfristige sehr schmerzhafte Eingriffe vielversprechend zu sein, da sich das analgetische Niveau den jeweiligen klinischen Gegebenheiten über die Titration von Remifentanil anpassen läßt. Jedoch erfordert dieses Opioid, aufgrund des raschen Wirkverlustes, eine komplette Umstellung im anästhesiologischen Regime. Insbesondere muß die postoperative Analgesie rechtzeitig durch ein zusätzliches, langwirkendes Analgetikum garantiert werden.

NSAIDs und Antinozizeption

Die sauren antiphlogistischen antipyretischen Analgetika oder NSAIDs sind die Schmerzmittel der Wahl bei allen auf einer entzündlichen Grundlage beruhenden Erkrankungen wie z.B. Kopfschmerzen, Zahnschmerzen, Dysmenorrhö, chronischer Polyarthritis, Metastasenschmerzen, Wundschmerzen bei operativen Eingriffen am Knochen oder Schmerzen nach Bagatallverletzungen. Als Langzeittherapeutikum bei degenerativen Gelenkveränderungen sind sie jedoch nicht indiziert [19]. Alle NSAIDs wie z.B. Salicylsäure, Indomethacin, Diclofenac und Phenylbutazon bewirken eine Hemmung des Enzyms Cyclooxygenase, wodurch die Synthese der Eicosanoide Prostaglandin, Prostacyclin und Thromboxan verhindert wird (Abb. 4)

Insbesondere die Prostaglandine sind maßgeblich am Dauerschmerz beteiligt. Sie erregen die Nozizeptoren jedoch nicht direkt, sondern sensibilisieren sie, so daß andere durch die Noxe freigesetzten Mediatoren wie Histamin, Acetylcholin, Bradykinin, Serotonin, H^+- und K^+-Ionen auf die empfindlichen Endorgane einfacher Nervenendigungen peripherer Afferenzen verstärkt einwirken. Insbesondere führt die Unterdrückung der Prostaglandinsynthese zu einer antiphlogistischen

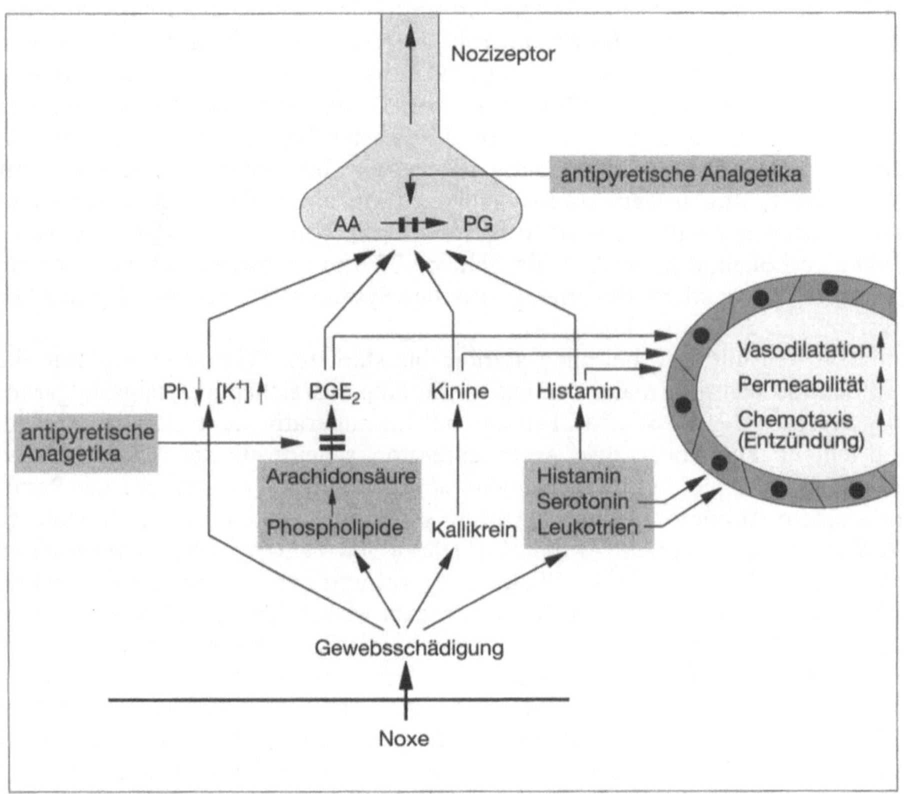

Abb. 4. Schematische Darstellung der peripheren Nozizeptoren und der Wirkungsweise antipyretischer Analgetika. (Nach [3])

Wirkung mit folgender Schmerzverringerung, so daß diese Gruppe von Analgetika immer dann erfolgreich eingesetzt werden kann, wenn eine Entzündung die Ursache des Schmerzgeschehens ist. Neben diesem peripheren Wirkmechanismus weisen jedoch tierexperimentelle Ergebnisse auch auf ein zentrale Wirkung im Sinne einer dosisabhängigen Hemmung der über C-Fasern eintreffenden Afferenzen im dorsomedialen Teil des ventralen Thalamuskerns hin, die bis zu 60 % betragen kann [20]. Ursächlich ist auch hier einen zentrale Hemmung der Prostaglandinsynthese anzunehmen.

Eine Indikation für NSAIDs besteht somit bei allen durch Noxen wie Quetschung, Zerrung, Entzündung sowie thermische oder elektrische Schädigung hervorgerufenen Schmerzen, wo die analgetischen Substanzen auf freie Nervenendigungen treffen.

Als einziges NSAID hat die Acetylsäure eine über Tage anhaltende Hemmung der Blutplättchenaggregation zur Folge, so daß ihre Einnahme vor einer Operation mit einer vermehrten Blutungsneigung einhergeht. Andererseits ist jedoch die prophylaktische Einnahme zur Verringerung eines postoperativen Thromboserisikos, bei Karotisstenose und zur Vorbeugung eines Myokardinfarkts angezeigt. Die Inzidenz lebensbedrohlicher gastrointestinaler Blutungen kann durch den gelegentlichen Gebrauch von NSAIDs, insbesondere bei Ulkusanamnese, verzehnfacht werden [21]. Eine nach nichtsauren antipyretischen Analgetika, insbesondere Metamizol, auftretende allergische Hauterkrankung, ein Lyell-Syndrom oder eine pseudoallergische bzw. anaphylaktoide Reaktion nach Salicylaten mit Schocksypomatik und Bronchospasmus sind eher selten. Da hierbei, im Gegensatz zur echten Allergie, keine Antikörper nachgewiesen werden konnten, wird ursächlich eine durch die Cyclooxygenasehemmung verbundene Zunahme der Leukotriene, Mediator pseudoallergischer Reaktionen, diskutiert [22].

Da bei chronischer Irritation periphere Nervenendigungen die Eigenschaft von Rezeptoren annehmen (schlafende Nozizeptoren), kann u. a. der periphere Wirkmechanimus der sonst nur zentral angreifenden Opioide [23] erklärt werden. Voraussetzung für die periphere Wirkung von Opioiden mit peripheren Rezeptoren scheint immer die langfristig vorausgehende Entzündung zu sein, die nicht nur einen direkten axonalen Transport von Rezeptoren aus den Spinalganglien in die Peripherie induziert, sondern auch eine lokale Aktivierung sog. schlafender spezifischer Bindestellen bewirkt. Der Nachweis endogener Opioide (Proenkephalin Prodynorphin) aus entzündungsspezifischen Immunzellen (T- und B-Lymphozyten, Monozyten, Makrophagen), sowie die fehlende Analgesie bei Immunosuppression mit Cyclosporin A stützen diese Vermutungen [24]. Die klinische Bedeutung der peripheren Applikation von Opioiden zur Schmerzminderung ist nicht eindeutig geklärt.

Aufgrund der grundsätzlich differierenden Angriffspunkte von Opioiden und NSAIDs ist die letzte Gruppe insbesondere in der postoperativen Phase nach Knochenoperationen indiziert. In der chronischen Schmerztherapie, speziell bei tumorbedingten Schmerzen, stellen sie die Basistherapie im Rahmen eines Stufenplanes dar. Da sie hinsichtlich der analgetischen Wirkung jedoch einen Ceilingeffekt aufweisen, soll bei unzureichender Wirkung zusätzlich immer ein Opioid gegeben werden [25].

Zusammenfassung

Eine unzureichende Blockade nozizeptiver Afferenzen führt zur Ausbildung von „Wind-up", einem „Schmerzgedächtnis" im Rückenmark mit Hypersensitivierung und chronischer Schmerzsymptomatik. Wirkungsvollste Analgetika sind die Opioide, die über spezifische Bindestellen im Bereich des zentralen Nervensystems ihre Wirkung vermitteln. Hierbei sollen, wegen der unterschiedlichen Rezeptorbeteiligung grundsätzlich Agonisten nicht mit Agonisten/Antagonisten kombiniert werden.

Die NSAIDs bewirken eine Hemmung der Synthese von Eicosanoiden, so daß periphere Nervenendigungen für die durch die Noxe freigesetzten algetischen Substanzen desensibilisiert werden. Als Basistherapie beim chronischen Schmerz, insbesondere wenn er auf dem Boden eines Tumors entsteht, stellen sie eine wichtige Gruppe in der Schmerztherapie dar, die bei Bedarf mit Opioiden kombiniert werden kann.

Literatur

1. Mantyh PW, DeMaster E, Malhotra A et al. (1995) Receptor endocytosis and dendrite reshaping in spinal neurons after somatosensory stimulation. Science 268: 1629–1632
2. Wall PD, Woolf CJ (1986) The brief and prolonged facilatory effect of unmyelinated afferent input on the rat spinal cord are independently influenced by peripheral nerve section. Neuroscience 17: 1199–1205
3. Freye E (1994) Opioide in der Medizin, 3. Aufl. Springer, Berlin Heidelberg New York Tokyo
4. Kleckner NW, Dingledine R (1988) Requirement of glycine in ativation of NMDA receptors expressed in Xenoptus oocytes. Science 241: 835–837
5. Klepstad P, Maurset A, Moberg ER, Oye I (1990) Evidence of a role for NMDA receptors in pain perception. Eur J Pharmacol 187: 513–518

6. Katz J, Kavanagh BP, Sandler AN (1992) Preemptive analgesia: clinical evidence of neuroplasticity contributing to postoperative pain. Anesthesiology 77: 439–446

7. Zola EM, MacLeod DC (1983) Comparative effects and analgesic efficacy of the agonist-antagonist opioids. Drug Intell Clin Pharm 17: 411–417

8. Porter J, Hick H (1980) Addiction rate in patients treated with narcotics. New Engl J Med 302: 123–126

9. Hug CCJ (1984) Pharmacokinetics of new synthetic narcotic analgesics. In: Estafanous FG (ed) Opioids in anesthesia. Butterworth, Boston, pp 50–60

10. Freye E (1991) Das ultra-kurzwirkende Opioid Alfentanil für den „on-top"-Einsatz in der Anästhesie. Anästh Intensivmed 32: 135–141

11. Flacke JW, Bloor BC, Flacke WE et al. (1987) Reduced narcotic requirement by clonidine with improved hemodynamic and adrenergic stability in patients undergoing coronary bypass surgery. Anesthesiology 67: 11–19

12. Jarvis DA, Duncan SR, Segal IS, Maze M (1992) Ventilatory effects of clonidine alone and in the presence of alfentanil, in human volunteers. Anesthesiology 76: 899–905

13. Schmidt WK, Tam SW, Shotzberger GS, Smith DH, Clark R, Vernier VG (1985) Nalbuphine. Drug Alcohol Depend 14: 339–362

14. Gal TJ, DiFazio CA (1986) Prolonged antagonism of opioid action with intravenous nalmefene in man. Anesthesiology 64: 175–180

15. Zech DFJ, Grond SUA, Lynch J, Dauer HG, Stollenwerk B, Lehmann KA (1992) Transdermal fentanyl and initial dose-finding with patient-controlled analgesia in cancer pain. A pilot study with 20 terminally ill cancer patients. Pain 50: 293–301

16. Thysman S, Préat V (1993) In vivo iontophoresis of fentanyl and sufentanil in rats: pharmacokinetics and acute antinociceptive effects. Anesth Analg 77: 61–66

17. Westmoreland C, Sebel PS, Hug Jr CC, Hoke JF, Muir KT (1993) Histamine levels and hemodynamic responses following remifentanil. Anesthesiology 79 (3A): A111

18. Randel GI, Fragen RJ, Libroro ES, Jamereson BD, Gupta S (1994) Remifentanil blood concentration effect relationship at intubation and skin incision in surgical patients compared to alfenanil. Anesthesiology 81: A375

19. Rashad S, Revell P, Hemingway A, Lar F, Rainsford K, Walter F (1989) Effect of non-steroidal anti-inflamatory drugs on the course of osteoarthritis. Lancet II: 519–522

20. Jurna I (1992) Acetylsalicylic acid and related compounds depress nociception activity in the thalamus by a central action: indication for the involvement of prostaglandins. In: Jurna I, Yaksh TL (eds) Central analgesic action of acetylsalicylic acid and related compounds. Progr Pharm Clin Pharmacol

21. Laporte JR, Carne X, Vidal X, Moreno V, Juan J (1991) Upper gastrointestinal bleeding in relation to previous use of analgesics and non-steriodal anti-inflammmatory drugs. Lancet 337: 85–89

22. Schlumberger HD (1980) Drug-induced pseudo-allergic syndrome as exemplified by acetylsalicylic acid intolerance. In: Dukor P, Kallos P, Schlumberger HD, West GB (eds) Pseudo-allergic reactions. Involvement of drugs and chemicals. Karger, Basel München Paris, pp 125–203

23. Stein C (1993) Periphere Opiatrezeptoren und ihre Bedeutung für die postoperative Schmerztherapie. Der Schmerz 7: 4–7

24. Stein C (1993) Peripheral mechanism of opioid analgesia. Anaesth Analg 76: 182–191

25. Cherny NI, Portenoy RK, Raber M, Zenz M (1994) Medikamentöse Therapie von Tumorschmerzen. Teil 1: Eigenschaften von Nichtopioiden und Opioiden. Der Schmerz 8: 195–209

Anästhesie bei Patienten mit Schädel-Hirn-Trauma

J.-P. A. H. JANTZEN

In Deutschland ist per annum mit annähernd 300 000 Schädel-Hirn-Verletzten zu rechnen, von denen ein großer Teil der chirurgischen Versorgung bedarf. Die Mehrzahl der operativen Eingriffe betrifft allerdings nicht das zentrale Nervensystem (Gehirn und Rückenmark), sondern extrakranielle Begleitverletzungen und wird in Krankenhäusern ohne neurochirurgische Abteilung durchgeführt. Die Aufgaben des Anästhesisten im Rahmen der Versorgung des Patienten mit Schädel-Hirn-Trauma umfassen die notärztliche Versorgung am Unfallort und während des Transportes, die Aufrechterhaltung der Vitalfunktionen während der Diagnostik in der Notaufnahme und ggf. in der Neuroradiologie, die Anästhesie für die chirurgische Versorgung sowie die postoperative Behandlung im Aufwachraum oder auf der Intensivstation. Weil die Mehrzahl neurotraumatisierter Patienten primär in Krankenhäuser ohne neurochirurgische Abteilung eingeliefert wird, obliegt die Versorgung in der Regel einem nicht in erster Linie neurologisch orientierten Anästhesisten. Trotzdem müssen die Grundsätze der Neuroanästhesie bei der Primärversorgung und der Narkoseführung berücksichtigt werden. Dies erfordert Kenntnisse der Physiologie des Gehirns, der Wirkungen der Anästhetika auf das Gehirn sowie der Spezifika intrakranieller Eingriffe:

- Die zerebrale Ischämietoleranz ist *der* limitierende Faktor aller lebenserhaltenden Maßnahmen.
- Der Schädel bildet einen Starling-Widerstand.
- Der intrakranielle Druck ist eine Determinante des zerebralen Perfusionsdruckes.
- Die Undehnbarkeit der Dura mater bewirkt eine hohe Elastance.
- Autoregulation der zerebralen Durchblutung.
- CO_2-Reagibilität der intrakraniellen Gefäße.

Anästhesist und Chirurg arbeiten am selben Zielorgan!

Ziele der Neuroanästhesie
- Erhöhung der zerebralen Ischämietoleranz (Neuroprotektion);
- Senkung des zerebralen Sauerstoffverbrauchs ($CMRO_2$);
- Senkung des zerebralen Blutflusses (CBF);
- Senkung des intrakraniellen Blutvolumens (CBV);
- Senkung des intrakraniellen Druckes (ICP);
- Erhaltung der Autoregulation des CBF;
- Erhaltung der CO_2-Reagibilität der zerebralen Gefäße;
- Erhaltung der evozierten Potentiale;
- kurze Aufwachphase ohne Atemdepression, arterielle Hypertomie und postnarkotisches Zittern.

Während aller Phasen der Versorgung müssen Energiekrisen des Gehirns verhindert und – soweit möglich – neuroprotektive Maßnahmen durchgeführt werden. Die Möglichkeiten der Neuroprotektion sind begrenzt, zeitabhängig und müssen

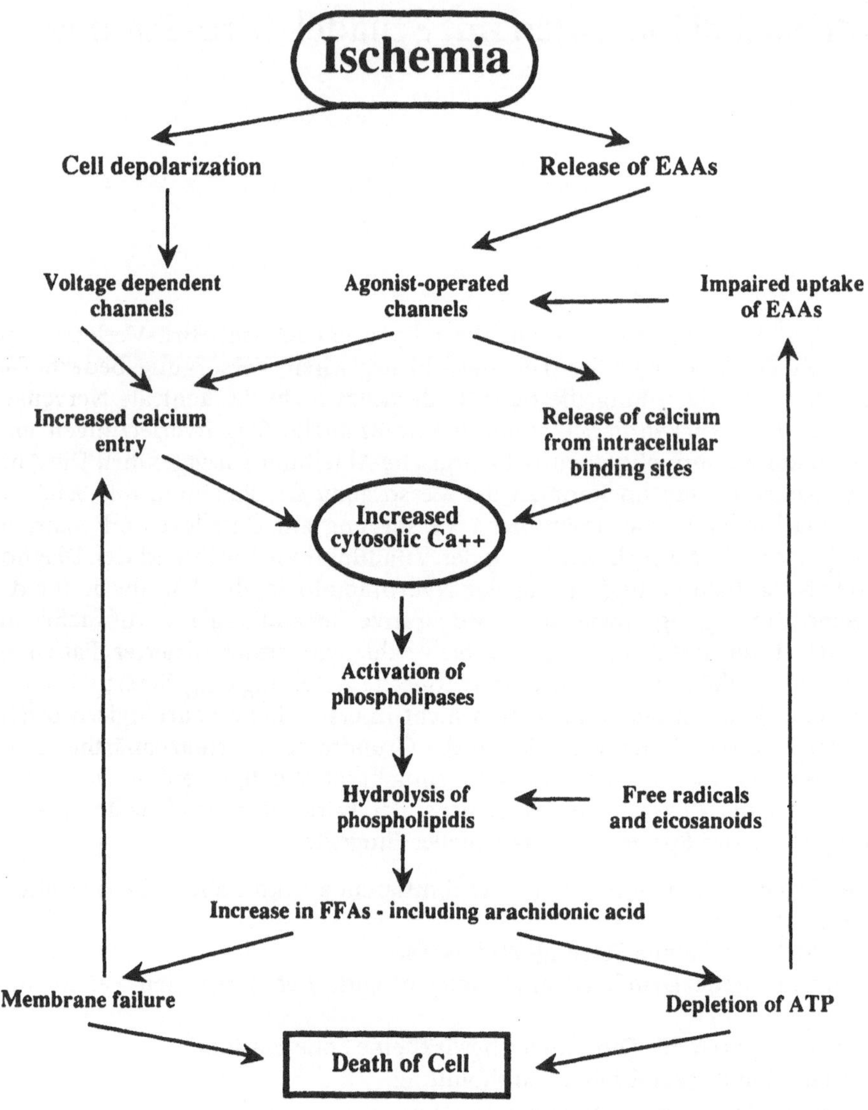

Abb. 1. Pathophysiologie der zerebralen Thanatogenese. (Aus: Jantzen J.-P.: Cerebral protection: fact or fallacy? Turk J Anesth Rean 22:4–9, 1994)

an die aus der Pathophysiologie des Schädel-Hirn-Traumas (Abb. 1) resultierenden Stadien der zerebralen Thanatogenese angepaßt sein:

— Ischämie: Unterbrechung der Durchblutung/der O_2-Versorgung;
— Zusammenbruch der Energieversorgung, Abbau energiereicher Phosphate;
— Laktazidose;
— Aktivierung spezifischer Transmittersysteme: neuronale Exzitation;
— Reperfusionsschaden: Lipidperoxidation durch freie O_2-Radikale.

Die Vorgehensweise vom Unfallort bis auf die Intensivstation ist im Anhang (am Ende dieses Beitrags) tabellarisch dargestellt.

Fortschritt in Silikon

Das neue Beatmungsprogramm für die Anästhesie

**Patientenfreundlich
Innovativ
Wirtschaftlich**

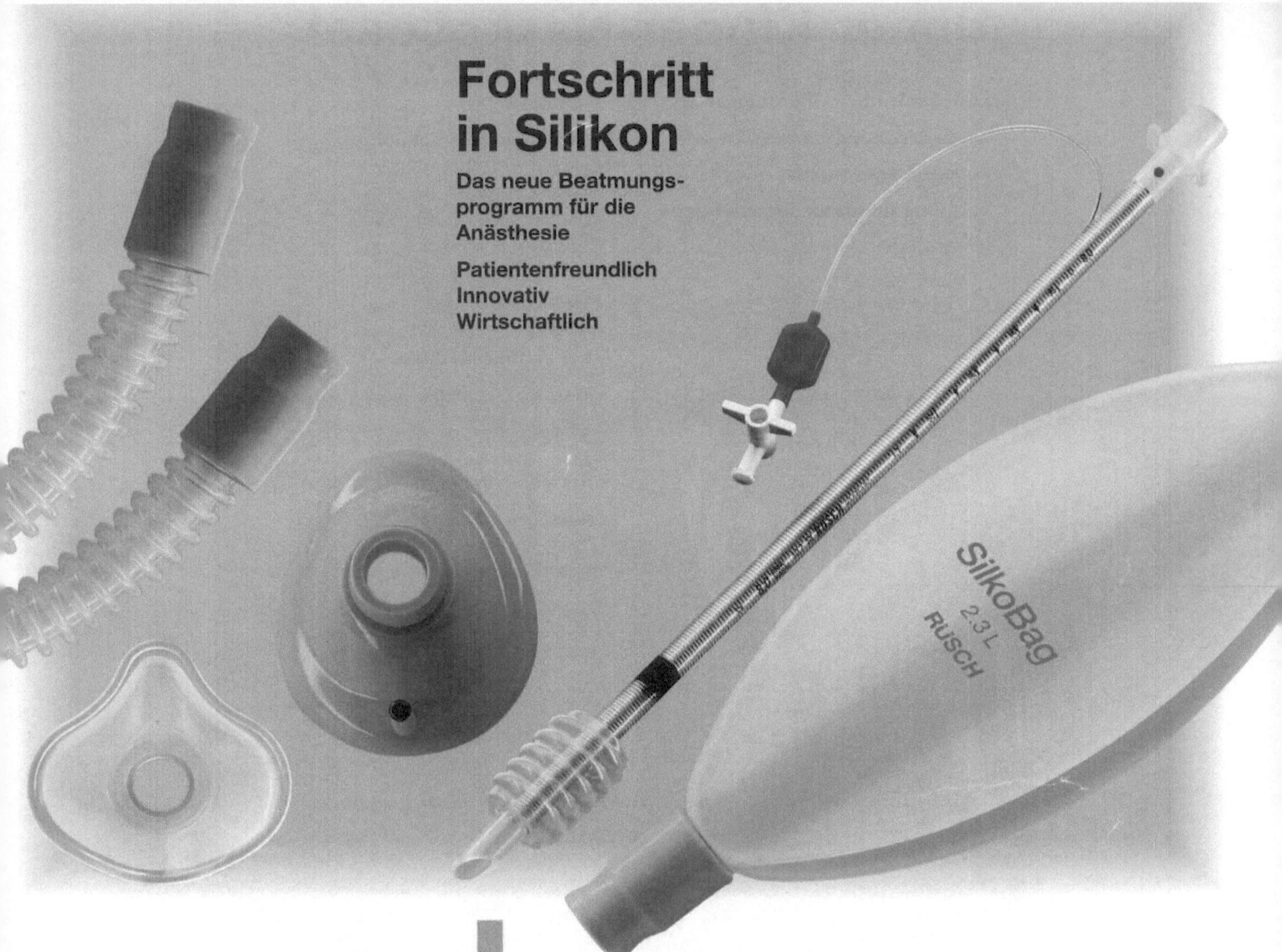

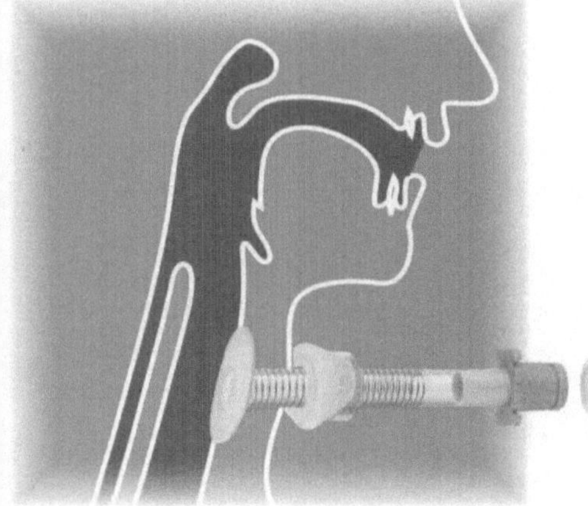

Der Tracheostoma-Platzhalter aus SILKOMED® (100% Silikon) verkürzt die Entwöhnungsphase von tracheotomierten Patienten.

Umfangreiche Versuchsreihen im Labor und Erprobungen im klinischen Einsatz zeigen, daß Silikon für die Bedürfnisse von Patienten und Anästhesisten die besten Voraussetzungen bietet!

Wir verwenden für das neue RÜSCH-Beatmungs-Programm nur 100% reines Silikon unter dem Markennamen SILKOMED®. Also eine Silikonqualität, die medizinischen Erfordernissen voll entspricht.

SILKOMED®-Vorteile

- *Haut- und schleimhautverträglich*
- *Langlebig/alterungsbeständig*
- *Gleichbleibend elastisch von -100°C bis + 250°C*

- *Nicht toxisch*
- *Allergiefrei*
- *Resterilisierbar in Dampf bei 134°C über 5 Minuten bei ca. 2 bar*
- *Verbrennbar ohne umweltbelastende Rückstände*

Bitte fordern Sie ausführliche Informationen an unter 96A27

WILLY RÜSCH AG · P.O.Box 1180 · 71385 Kernen · Tel. (07151) 406-0 · Fax (07151) 40 61 50

Ulmer Kinder-Narkoseset

**Zum sicheren und problem-
losen Anschluß an alle Erwach-
senen-Kreissysteme, minimaler
Totraum, niedriger Exspirations-
widerstand.**

Bitte fordern Sie ausführliche
Informationen an unter 96A28

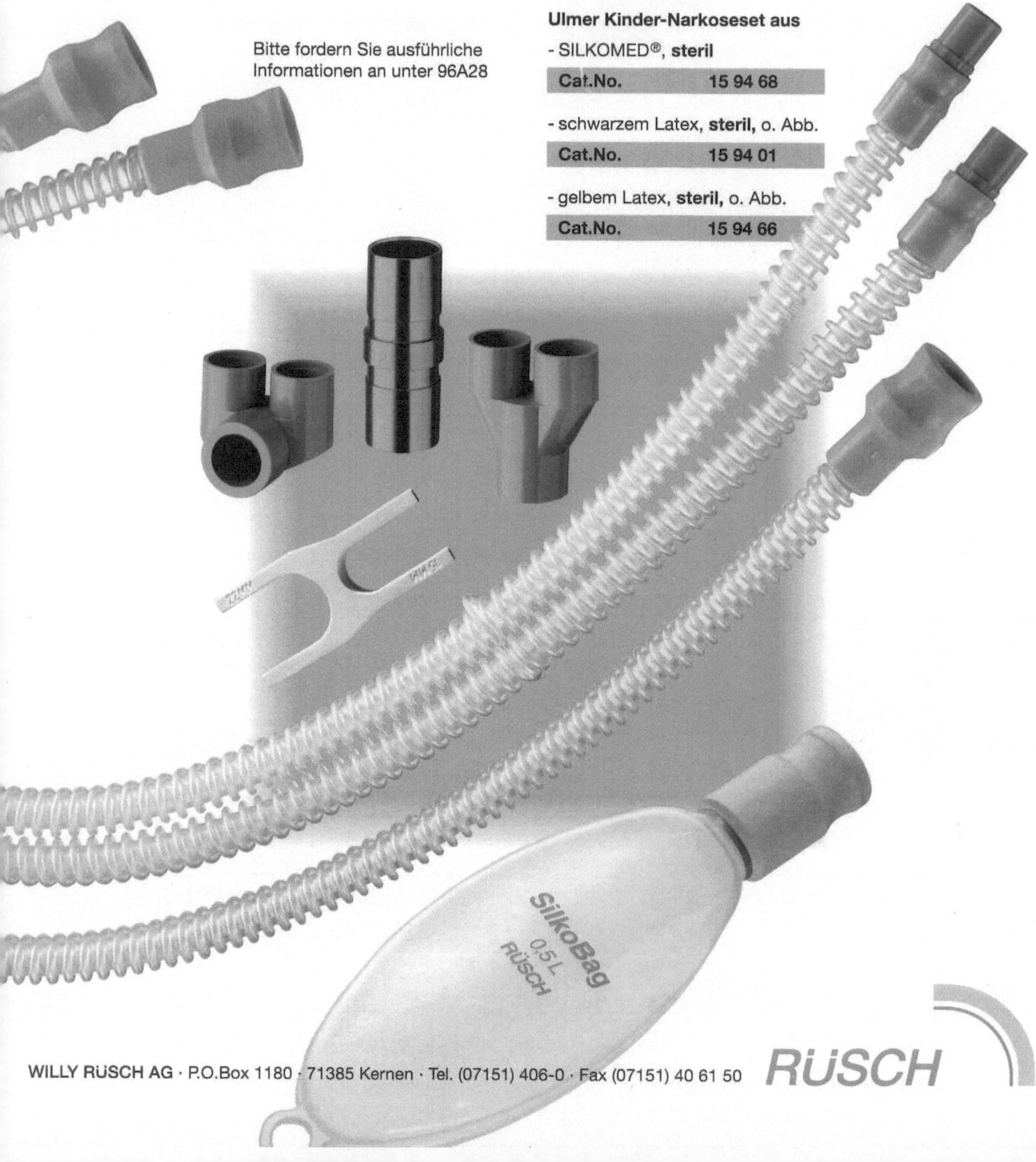

Bestandteile

- 2 Spiralschläuche mit aufge-
  stecktem Normkonnektor
- 1 Spiralschlauch
- 1 SilkoBag Atembeutel 0,5 l
- 1 Y-Verbindungsstück
- 1 Winkelverbindungsstück
- 1 Verbindungsstück
- 1 Konnektorschlüssel

Ulmer Kinder-Narkoseset aus

- SILKOMED®, **steril**

Cat.No.	15 94 68

- schwarzem Latex, **steril,** o. Abb.

Cat.No.	15 94 01

- gelbem Latex, **steril,** o. Abb.

Cat.No.	15 94 66

Primärversorgung

Patienten der neurochirurgischen Notaufnahme bedürfen der anästhesiologischen Primärversorgung, wenn ihre vitalen Funktionen beeinträchtigt sind. Bei raumfordernder intrakranieller Blutung ist die frühzeitige endotracheale Intubation mit kontrollierter Beatmung angezeigt; Ziel ist die Vermeidung von Hypoxämie und Hyperkapnie; die Bedeutung der prophylaktischen Hyperventilation wird häufig überschätzt. Neben diesen klinischen Aufgaben kommen dem Anästhesisten Koordinationsaufgaben zu, den Ablauf diagnostischer und therapeutischer Maßnahmen betreffend. Erste Priorität bei der Versorgung des Patienten mit Schädel-Hirn-Trauma hat die orientierende klinische Untersuchung (Verletzungsmuster, Schock, Pneumothorax). Ist der Patient noch nicht intubiert, wird vor der Intubation die Stabilität der Halswirbelsäule beurteilt. Bei fraglicher Instabilität erfolgt die Intubation fiberendoskopisch nasotracheal, bei Gesichtsschädelverletzung mit Beteiligung der Nebenhöhlen orotracheal.

Zweite Priorität hat die Versorgung akuter Blutungen; bei Verdacht auf eine intraabdominelle Blutung kann die Lavage indiziert sein. Als dritte Priorität schließt sich die zerebrale Diagnostik an; sie hat Vorrang vor differenzierter radiologischer Extremitätendiagnostik. Obligat ist bei Neurotraumen die zerebrale native Computer-Tomographie (CT; dies muß bei der Auswahl des anzufahrenden Krankenhauses berücksichtigt werden). Ergibt die zerebrale Diagnostik einen negativen Befund, schließen sich die übrige Notfalldiagnostik sowie ggf. Operation und Intensivtherapie an.

Die anästhesiologische Versorgung muß unterschiedlichen Zielen Rechnung tragen:

1) Anästhesie für die Computer-Tomographie;
2) Stabilisierung des „milieu intracranien";
3) Transportmonitoring;
4) fakultativ Vorbereitung für eine Kraniotomie.

Die Betreuung des „unkooperativen" Patienten mit leichtem Schädel-Hirn-Trauma für die CT, als *Standby* oder *Analgosedierung,* ist grundsätzlich die undankbarere Aufgabe. Die Überwachung kann in der Regel nicht durch das Sichtfenster des CT-Steuerraumes erfolgen, sondern zwingt zum Aufenthalt im Bereich der Strahlung. Die Unzahl von Empfehlungen zur Analgosedierung belegt, daß ein optimales Regime aussteht; im eigenen Arbeitsbereich wird bei Erwachsenen Propofol per infusionem verabreicht.

Die Immobilisierung des Patienten mit schwerem Schädel-Hirn-Trauma für die Computer-Tomographie erfolgt durch Allgemeinanästhesie. Zur Sicherung der Atemwege ist ein Magill-Tubus zu verwenden. Wenn mit einer Beatmungsdauer ≥ 24 h gerechnet wird, ist die primär nasotracheale Intubation vorteilhaft. Der nasale Zugang erleichtert die Fixierung des Tubus, die während der CT von besonderer Bedeutung ist. Um einer wesentlichen Komplikation der Anästhesie während der CT, der akzidentellen Extubation, vorzubeugen, kommen „Gänsegurgeln" und Verlängerungsschläuche zur Anwendung. Wird ein Kontrastmittel (KM) verabreicht, besteht – auch in Allgemeinanästhesie und bei Verwendung nichtionischer KM – das Risiko einer Unverträglichkeitsreaktion. Risikopatienten können mangels Anamneseerhebung nicht identifiziert werden; bei Verwendung nichtionischer KM ist von einer Inzidenz von 1:15000 auszugehen, die Inzidenz in Allgemeinanästhesie ist unbekannt.

Wenn sich ein chirurgischer Eingriff anschließt oder die Durchführung der diagnostischen Maßnahmen eine Allgemeinanästhesie erfordert, muß die Narkose gemäß den Prinzipien der Neuroanästhesie geführt werden. Nach Auffassung des

Arbeitskreises Neuroanästhesie der DGAI ist bei Patienten mit schwerem Schädel-Hirn-Trauma der total intravenösen Anästhesie (TIVA) der Vorzug zu geben (s. unten). Besteht kein Anhalt für einen erhöhten intrakraniellen Druck oder den Ausfall von Regelmechanismen der zerebralen Perfusion, kann auch eine Inhalationsanästhesie durchgeführt werden. Dabei ist jedoch auf die Verabreichung des Stickoxiduls zu verzichten; die Verwendung der volatilen Anästhetika Halothan und Enfluran ist nicht angezeigt, die Dosierung des Isoflurans ist auf ≤ 1 MAC zu begrenzen. Weitere Maßnahmen zur Stabilisierung des *„milieu intracranien"* beinhalten die korrekte Lagerung und Beatmung. Die Oberkörperhochlagerung ist – z.B. während der CT – nicht immer durchführbar; wesentlich ist, Torsion oder Flexion des Kopfes zu vermeiden. Die kontrollierte Beatmung gehört zu den wesentlichsten Komponenten der zerebralen Präservation: Hypoventilation steigert über die vasodilatationsinduzierte Zunahme des zerebralen Blutvolumens den ICP. Exzessive Hyperventilation kann den zerebralen Blutfluß in unerwünschtem Ausmaß senken und verschlechtert das pulmonale Ventilations-Perfusions-Verhältnis. Geeignet für die Ziele der Neuroprotektion ist die *kontrollierte Normoventilation auf niedrigem Niveau* (p_aCO_2 32–36 mm Hg). Hinsichtlich der Infusionstherapie ist auf glukose- und glutamathaltige Lösungen zu verzichten. Eine Hyperglykämie (Blutzucker 150 mg/dl) ist mit Insulin zu korrigieren. Vor Einleitung einer Osmotherapie sollte die Serumosmolalität – als therapeutischer Ausgangspunkt – bestimmt werden. Für den Einsatz hypertoner Kochsalzlösungen läßt sich derzeit keine Empfehlung geben. Zur Beurteilung des zu verabreichenden Volumens sind primär die systemisch hämodynamischen Befunde heranzuziehen, erst sekundär die intrakranielle Situation. Von richtungweisender Bedeutung ist die Aufrechterhaltung eines zerebralen Perfusionsdruckes (CPP = MAP-ICP) von ≥ 70 mm Hg. Wird ein intrakranieller Druck von 20 mm Hg angenommen, muß ein arterieller Mitteldruck von > 90 mm Hg angestrebt werden (entsprechend einem Blutdruck von ca. 120/80 mmHg). Die Anhebung des Blutdruckes erfolgt mit Infusionslösungen und/oder Katecholaminen. Die Senkung eines erhöhten Blutdruckes ist in der Regel nicht angezeigt und unter Berücksichtigung des Cushing-Reflexes (des reflektorischen Anstiegs des arteriellen Blutdruckes zum Erhalt des CPP bei Zunahme des ICP) möglicherweise gefährlich.

Kennzeichnend für das Monitoring im Rettungsdienst ist, daß dem instabilsten Patienten die schlechteste Überwachung zuteil wird. Im Interesse der zerebralen Präservation ist vor dem Transport des Notfallpatienten zur CT die apparative Überwachung zu initiieren. Zeitgemäße und auch während des Transportes durchführbare Überwachungsverfahren umfassen die Elektrokardiographie, Blutdruckoszillometrie, Pulsoxymetrie und Kapnometrie. Nur wenn der Zustand des Patienten die damit einhergehende Verzögerung der neuroradiologischen Diagnostik gestattet, ist die Instrumentierung mit arterieller Kanüle (p_aCO_2), zentralem Venenkatheter (ZVD, Verabreichung hyperosmolarer Lösungen), Blasenkatheter (Osmotherapie, KM-Reaktion, Transfusion) und Thermometer (neuroprotektive „milde Hypothermie") zu erwägen. Im Rahmen der radiologischen Diagnostik ist die Lagekontrolle eines zentralen Katheters ohne zusätzlichen Aufwand möglich.

Ein in dieser Weise koordiniertes Vorgehen ermöglicht es, den Notfallpatienten mit Schädel-Hirn-Trauma bereits während der Diagnostik in einen Zustand zu bringen, der sowohl der zügigen Versorgung als auch den Erfordernissen der Neuroprotektion genügt.

Zerebrale Wirkungen der Anästhetika

Sowohl die Inhalationsanästhesie als auch die total intravenöse Anästhesie (TIVA) sind bewährte Verfahren in der Neurochirurgie; die Überlegenheit eines dieser Verfahren bei intrakraniellen Eingriffen konnte bisher nicht bewiesen werden.

Die Neuroleptanalgesie verdrängte von Mitte der 6oer Jahre an die zuvor für neurochirurgische Eingriffe bevorzugte Halothannarkose. Die Kombination eines Hypnoanalgetikums mit einem Neuroleptikum erwies sich als geeignet für eine Allgemeinanästhesie ohne die unerwünschten Wirkungen des Halothans auf den zerebralen Blutfluß (CBF) und den intrakraniellen Druck (ICP). Als weitere Vorteile galten die ausgeprägtere Streßprotektion, die kürzere Aufwachphase und das Fehlen einer Myokardepression. 1977 wurde das Medikamentenspektrum durch Etomidat ergänzt, das zur Einleitung einer Neuroleptanalgesie und intraoperativ zur „Zerebroprotektion" verwendet wurde. Mit zunehmender Verbreitung der intravenösen Anästhesie in der Neurochirurgie zeigten sich auch Nachteile: Bei Eingriffen von ungleichmäßiger Schmerzintensiät erwies sich die Steuerbarkeit als mangelhaft mit der Folge unerwünschter Blutdruckschwankungen; nach hohen Fentanyldosen kam es zur postoperativen Atemdepression, die einer Frühextubation entgegenstand; die Verwendung des Etomidats ging aufgrund des Auftretens von Myoklonien und der Diskussion über die Hemmung der Cortisolsynthese zurück. Diese Unzulänglichkeiten und der Mangel an geeigneten Geräten für die kontrollierte Verabreichung führten mit der Einführung des Isoflurans Anfang der 8oer Jahre zu einer Renaissance der Inhalationsanästhesie, auch bei Patienten mit Schädel-Hirn-Trauma.

Die Eignung einer Medikamentenkombination für die Ziele der Neuroanästhesie (s. Übersicht zu Beginn des Beitrags) ergibt sich aus ihrer Wirkung auf die intrakranielle Dynamik (Pharmakodynamik), die Anflutungs- und Abklinggeschwindigkeit (Pharmakokinetik) und den Zustand des Patienten in der intra- und postoperativen Phase (Klinik). Aufgrund dieser Kriterien muß eine Bewertung der Einzelsubstanzen vorgenommen werden; die Möglichkeit von Interferenzen muß bei der Beurteilung definierter Medikamentenkombinationen berücksichtigt werden.

Im folgenden werden die Wirkungen zuerst der Inhalationsanästhetika und der intravenösen Anästhetika auf das Gehirn dargestellt. Wegen der Ähnlichkeit der volatilen Inhalationsanästhetika hinsichtlich deren Pharmakodynamik erfolgt die Gliederung nach zerebralen Wirkungen. Die intravenösen Anästhetika sind wegen ihrer Heterogenität nach Substanzgruppen gegliedert.

Inhalationsanästhetika

Die Eignung der Inhalationsanästhetika für die Ziele der Neuroanästhesie ist nach der zerebralen Phamakodynamik zu beurteilen. Es ist die Wirkung auf den zerebralen Blutfluß (CBF), das zerebrale Blutvolumen (CBV), den zerebralen Perfusionsdruck (CPP), die Liquorbilanz und die intrakranielle Elastance (ΔP:ΔV) zu berücksichtigen; darüber hinaus sind die Auswirkungen auf den Metabolismus und die elektrische Aktivität des Zentralnervensystems (ZNS) von Bedeutung. Dabei muß bedacht werden, daß das Inhalationsanästhetikum unter klinischen Bedingungen in der Regel nicht allein, sondern in Kombination mit weiteren Pharmaka und unter ungleichen Bedingungen (Lagerung, Beatmung u. a.) verabreicht wird. CBF, CBV und ICP sind keine unabhängigen Variablen, sondern beeinflussen sich gegenseitig. Eine Zunahme des CBV führt bei erhöhter intrakranieller Elastance zum Anstieg des ICP; ein primärer Anstieg des ICP dagegen muß – bei intakter Autoregulation – zur Erhaltung des CBF eine zerebrovaskuläre Dilatation bewirken, in deren Folge das CBV zunimmt. Die Beurteilung eines Inhalationsanästhetikums aufgrund seiner erwünschten und unerwünschten Wirkung auf *eine* Variable ist nicht zulässig.

Intrakranielle Dynamik

Das Gehirn ist in die unnachgiebige Schädelkapsel eingeschlossen; eine intrakranielle Substanzzunahme führt daher zum Anstieg des intrakraniellen Druckes (ICP). Komponenten des intrakraniellen Volumens sind das Hirnparenchym (80%), das Blut (12%) und der Liquor cerebrospinalis (8%). Jede Volumenänderung einer Komponente führt kompensatorisch zu einer entgegengesetzten Änderung einer oder beider anderen Komponenten, damit der ICP konstant bleibt (Munro-Kellie-Doktrin). Eine Zunahme des „Parenchymvolumens" (Hirnödem, Massenblutung) führt zur Liquorverschiebung in extrakranielle Räume. Der Verbrauch intrakranieller Reserveräume läßt die Elastance ansteigen; eine weitergehende Raumforderung führt zur Massenverschiebung des Gehirns in Richtung auf das Foramen magnum. Die Massenverschiebung kommt am Tentoriumsschlitz unter dem Bild der „Einklemmung" zum Stillstand.

Zerebraler Blutfluß

Grundsätzlich steigern alle Inhalationsanästhetika konzentrationsabhängig den globalen zerebralen Blutfluß (CBF); bei Stickoxidul ist dieser Effekt ausgeprägter als bei volatilen Anästhetika. Am Tiermodell ist die Zunahme des CBF zeitabhängig und hält selten länger als $2^1/_2$ h an. Der Zunahme des CBF liegt eine – regional unterschiedliche – zerebrovaskuläre Dilatation zugrunde; deshalb kann durch Hyperventilation dem anästhetikainduzierten Anstieg des CBF vorgebeugt werden.

Bezogen auf die MAC ist die Zunahme des CBF bei Verwendung des Halothans am ausgeprägtesten, bei Verwendung des Isoflurans am geringsten. Ursächlich dafür ist die unterschiedliche Beeinflussung des zerebralen O_2-Verbrauches ($CMRO_2$), der physiologischen Determinante des CBF. Während alle volatilen Anästhetika den zerebralen Metabolismus konzentrationsabhängig senken, ist eine Reduktion auf den strukturellen Erhaltungsbedarf nur mit Isofluran erreichbar; oberhalb 2 MAC Isofluran wird das EEG isoelektrisch. Bei Enfluran treten oberhalb dieser Konzentration im EEG Spike-wave-Aktivitäten auf, die allgemein als Krampfäquivalente angesehen werden; Halothan senkt den zerebralen Perfusionsdruck konzentrationsabhängig infolge myokardialer Depression.

Unklar ist, warum die Senkung der $CMRO_2$ durch volatile Anästhetika mit einer Zunahme des CBF einhergeht; es wurde hierin eine Abweichung von dem Prinzip *„function drives metabolism, metabolism drives flow"* gesehen. Möglicherweise handelt es sich jedoch nicht um eine Entkopplung des CBF von der $CMRO_2$, sondern um eine überlagernde Wirkung des Stickstoffmonoxids (NO).

Zerebrales Blutvolumen

Ein Anstieg des zerebralen Blutflusses (CBF), dem die Dilatation zerebraler Gefäße zugrunde liegt, geht mit einer Zunahme des zerebralen Blutvolumens (CBV) einher. Demzufolge läßt die Verabreichung des Halothans die größte, die des Isoflurans die geringste Zunahme des CBV erwarten.

Bei intakter CO_2-Reagibilität des zerebralen Gefäßsystems kann der Zunahme des CBV durch eine induzierte Hypokapnie entgegengewirkt werden.

24

Während eines intrakraniellen Eingriffs bei Schädel-Hirn-Trauma sind die Zunahme des CBV und der konsekutive Anstieg des ICP unerwünscht; dies muß bei der Auswahl des Anästhetikums berücksichtigt werden.

Intrakranieller Druck

Bei Patienten mit Schädel-Hirn-Trauma muß grundsätzlich eine erhöhte intrakranielle Elastance angenommen werden, ebenso bei allen Patienten mit akuter intrakranieller Blutung oder Liquorabflußstörung. Das anästhesiologische Vorgehen muß der erhöhten Elastance Rechnung tragen und darauf ausgerichtet sein, die Volumenzunahme intrakranieller Komponenten zu vermeiden.

Bei normokapnischer Beatmung steigern Inhalationsanästhetika konzentrationsabhängig den ICP. Diesem Anstieg liegen die Wirkungen der Anästhetika auf das zerebrale Blut- und Liquorvolumen zugrunde. Bei hypokapnischer Beatmung beeinflußt Isofluran den normalen ICP nicht, ein erhöhter ICP wird gesenkt. Damit die Auswirkungen anästhesiologischer Maßnahmen nicht überschätzt werden, sei darauf hingewiesen, daß ein vorübergehender Anstieg des ICP auf 25–30 mm Hg in aller Regel unbedenklich ist. Deletäre Folgen einer Zunahme des ICP, wie Hirnstammeinklemmung oder relevanter Abfall des zerebralen Blutflusses, sind von 30 mm Hg an zu befürchten. Ein Anstieg des ICP, der den zerebralen Perfusionsdruck (CPP) beeinträchtigt, löst den Cushing-Reflex aus, der über eine Zunahme des arteriellen Blutdruckes den CPP wiederherstellt. Werden in diesem Fall Inhalationsanästhetika in myokarddeprimierender oder vasodilatierender Dosierung verabreicht, ist die zerebrale Perfusion akut gefährdet.

Intrakranielle Regelmechanismen

Autoregulation

Schädel-Hirn-Traumen, intrakranielle Raumforderungen und operative Eingriffe können die Autoregulation regional außer Kraft setzen. Eine durch Inhalationsanästhetika induzierte Vasodilatation intakter Bereiche könnte einen *Steal-Effekt* zuungunsten vasoparalytischer Bereiche bewirken. Ob diesem Effekt eine klinische Bedeutung zukommt, ist jedoch fraglich. Inhalationsanästhetika in klinisch üblicher Dosierung schränken die Autoregulation ein, setzen sie jedoch nicht außer Kraft.

CO_2-Reagibilität

Unter physiologischen Bedingungen ermöglicht die CO_2-Reagibilität der zerebralen Gefäße eine Kopplung des rCBF an die $rCMRO_2$ und auf diese Weise die regionale Verteilung des Blutflusses. Erhöhte Hirnaktivität führt über gesteigerten aeroben Metabolismus zur vermehrten CO_2-Produktion der aktiven Areale mit der Folge einer regionalen Dilatation zerebraler Gefäße. Eine iatrogene Umkehr von Ursache und Wirkung, die kontrollierte Hyperventilation, reduziert infolge Vasokonstriktion das zerebrale Blutvolumen (CBV). Durch Inhalationsanästhetika wird die CO_2-Reagibilität des zerebralen Gefäßsystems nicht gedämpft. Infolgedessen können Inhalationsanästhetika auch dann angewandt werden, wenn intraoperativ eine Steuerung der zerebralen Perfusion durch induzierte Hypo- oder Hyperkapnie beabsichtigt ist. Bei Ausfall der Reagibilität in geschädigten Hirnarealen könnte die kontrollierte Hyperventilation eine Umverteilung des Blutflusses zugunsten geschädigter Areale bewirken („Robin-Hood-Effekt").

Zerebroprotektion

Die Beobachtung, daß volatile Anästhetika den zerebralen O_2-Verbrauch (CMRO$_2$) senken, den zerebralen Blutfluß (CBF) jedoch erhöhen und somit eine Luxusperfusion bewirken, ließ vermuten, diese Substanzgruppe könne zur zerebralen Protektion vor ischämiebedingten Schädigungen angewandt werden. Die bisher häufig vertretene Auffassung ging von einer Senkung der CMRO$_2$ als Grundlage der Zerebroprotektion aus; dieser Zusammenhang ist in Frage zu stellen. Neuere Ergebnisse von Untersuchungen am Rattenmodell weisen darauf hin, daß die zerebroprotektive Wirkung volatiler Anästhetika möglicherweise über eine Hemmung der während der Ischämie gesteigerten Katecholaminaktivität vermittelt wird. Anfangs wurde die Vermutung einer Zerebroprotektion mit volatilen Anästhetika durch experimentelle Befunde, unter anderem am Hundemodell, gestützt. In der Folgezeit wurden weitere experimentelle Studien an unterschiedlichen Spezies und retrospektiv klinische Analysen durchgeführt – mit zum Teil widersprüchlichen Ergebnissen.

In biochemischen Untersuchungen ischämischen Hirngewebes „ohne Protektion" und „mit Protektion" (Halothan, Isofluran oder Thiopental) wurde die *„energy charge"* (EC) als Parameter des aeroben zerebralen Energiestoffwechsels ermittelt:

$$EC = (ATP + \tfrac{1}{2}\,ADP) : (ATP + ADP + AMP)$$

Es zeigte sich in der Isoflurangruppe ein intakter Energiestatus, der dem nach einer Zerebroprotektion mit Thiopental entsprach; im Gegensatz dazu fanden sich in der Halothangruppe Hinweise auf anaeroben Stoffwechsel. Die Wirkungen des Desflurans entsprechen in dieser Hinsicht denen des Isoflurans. Klinische Studien, in denen Isofluran mit Thiopental verglichen wird, liegen nicht vor. Als Erklärungsversuch einer gegenüber Isofluran umfassenderen Protektion mit Thiopental bei inkompletter regionaler Ischämie wird der *„Robin-Hood-Effekt"* angeführt, dem zufolge die thiopentalinduzierte Vasokonstriktion reagibler zerebraler Gefäßareale eine Umverteilung des CBF zugunsten vasoparalytischer Bezirke bewirken soll. Einen klinischen Beweis für diesen Effekt gibt es allerdings ebenso wenig wie für einen isofluraninduzierten *Steal-Effekt.*

Outcome-Studien kontrollierter ischämischer Schädigungen an Ratten, Hunden und Primaten haben zu gegensätzlichen Schlußfolgerungen Anlaß gegeben; am Primatenmodell wurde eine zerebroprotektive Wirkung des Isoflurans sowohl bewiesen als auch widerlegt. Eine Metaanalyse publizierter Daten spricht eher gegen eine zerebroprotektive Wirkung volatiler Inhalationsanästhetika; zutreffend beschrieben wird die derzeitige Unklarheit mit der von Arthur Lam gewählten Formulierung:

„Isoflurane and brain protection: lack of clear cut evidence is not clear cut evidence of lack".

Intravenöse Anästhetika

Pharmakologie

Sedativa

Benzodiazepine

Benzodiazepine senken den zerebralen O_2-Verbrauch ($CMRO_2$) und den zerebralen Blutfluß (CBF); der Ceiling-Effekt reflektiert möglicherweise die Absättigung zentraler Benzodiazepinrezeptoren. Wegen der langen Halbwertszeit, die auch beim „kurzwirkenden" Midazolam über 2 h beträgt, werden die Benzodiazepine bei der Narkoseführung in der Neurochirurgie nicht allein, sondern zur Supplementierung einer intravenösen oder einer Inhalationsanästhesie verwendet; dadurch läßt sich eine Stabilisierung des intraoperativen Kreislaufverhaltens erreichen. Wenn Benzodiazepine intraoperativ verabreicht werden, müssen ihre Wirkungen bei der Interpretation des elektroneurophysiologischen Monitorings berücksichtigt werden: Die Aktivitätszunahme im β-Spektrum verschiebt die spektrale Eckfrequenz in den höherfrequenten Bereich und täuscht damit ein Abflachen der Narkosetiefe vor.

Neuroleptika

Dehydrobenzperidol oder Haloperidol werden in Kombination mit Fentanyl und Stickoxidul bei der Neuroleptanalgesie angewendet. In niedriger Dosis senken diese Neuroleptika den CBF, von α-blockierend wirkender Dosis an steigt der CBF. Die relativ lange Wirkungsdauer und das Auftreten extrapyramidaler Begleitsymptome in der postoperativen Phase führten zu einem Rückgang ihrer Anwendung zugunsten der Benzodiazepine („modifizierte Neuroleptanalgesie"). Eine Indikation zur Verabreichung eines Neuroleptikums in antiemetisch wirkender Dosis ist in der frühen postoperativen Phase gegeben, weil der Anstieg des intrakraniellen Druckes infolge Erbrechens besonders bei Patienten mit Schädel-Hirn-Trauma unerwünscht ist.

Hypnotika

Barbiturate

Barbiturate werden seit Einführung in die Klinik für die Einleitung von Allgemeinanästhesien in der Neurochirurgie angewandt; sie gelten als Standard zur Beurteilung einer medikamentösen Zerebroprotektion. Barbiturate senken dosisabhängig den zerebralen Funktionsstoffwechsel. Er fällt im „Barbituratkoma" auf Null ab, so daß der globale zerebrale O_2-Verbrauch ($CMRO_2$) – dem Strukturerhaltungsstoffwechsel entsprechend – auf 40 % gesenkt wird. Weil die Kopplung des zerebralen Blutflusses (CBF) an die $CMRO_2$ während Barbituratanästhesie erhalten bleibt, nimmt der CBF ab; infolge der Abnahme des zerebralen Bluvolumens (CBV) sinkt der intrakranielle Druck (ICP). Während Barbituratanästhesie bleibt die Autoregulation der zerebralen Perfusion erhalten, die CO_2-Reagibilität zerebraler Gefäße wird gedämpft. Kennzeichnend für die Pharmakodynamik der Barbiturate ist die Myokarddepression, für die Pharmakokinetik die Kumulation, so daß eine Verabreichung per infusionem für intrakranielle Langzeiteingriffe nicht indiziert ist.

Etomidat

Etomidat senkt den zerebralen Sauerstoffverbrauch in ähnlichem Ausmaß wie Barbiturate. Myokarddepression und Kumulation sind auch bei kontinuierlicher Verabreichung deutlich geringer. Diese Eigenschaften prädestinierten das Etomidat zur Anwendung in der Neuroanästhesie; über den erfolgreichen Einsatz zur Zerebroprotektion während Resektion großer Aneurysmen mit vorübergehender Abklemmung gehirnversorgender Arterien ist berichtet worden. Eine unerwünschte Wirkung sind Myoklonien, die auftreten, wenn Etomidat zur Narkoseeinleitung ohne Vorgabe von Opioiden oder Benzodiazepinen verabreicht wird. In ihrer Bedeutung für den Patienten mit Schädel-Hirn-Trauma unklar ist die Hemmung der Kortisol-Synthese durch Etomidat.

Propofol

Die zerebrale Pharmakodynamik des Propofols ist durch Abnahme der $CMRO_2$, des CBF und des ICP gekennzeichnet. Die zerebrale Autoregulation und die CO_2-Reagibilität bleiben erhalten. Am Rattenmodell wurde eine zerebroprotektive Wirkung des Propofols im Vergleich zu N_2O gezeigt. Die Verabreichung als Bolus bereitet Injektionsschmerzen, sie führt zum Abfall des zerebralen Perfusionsdruckkes und des Herzzeitvolumens; die langsame Verabreichung, am günstigsten mit einer programmierbaren Spritzenpumpe, läßt dies vermeiden.

Uneinheitlich sind die Angaben zur Iktogenität des Propofols. Es wurde sowohl zur Behandlung von Krampfanfällen als auch zur Provokation fokaler Krämpfe erfolgreich eingesetzt. Über die Propofolanästhesie zur Elektrokrampfbehandlung wurde ebenfalls berichtet. In der Produktinformation sind epileptiforme Anfälle und Opisthotonus als Nebenwirkungen aufgeführt (*Rote Liste*); dem britischen *Committee for the Safety of Medicines* lagen 1988 63 Berichte über Konvulsionen vor, die mit der Verabreichung des Propofols in Zusammenhang gebracht worden waren; der *Arzneimittelkommission der Deutschen Ärzteschaft* liegen bisher 2 Berichte über Krampfanfälle und ein Bericht über extrapyramidale Symptome vor. Als ursächlich für die Iktogenität wird eine Interaktion des Propofols mit Rezeptoren exzitatorischer Aminosäuren diskutiert. Trotzdem hat die kontinuierliche Verabreichung des Propofols – in der Regel in Kombination mit Opioiden – zur Anästhesie bei intrakraniellen Eingriffen große Verbreitung gefunden. Die auch bei Langzeitverabreichung vernachlässigbare Kumulation des Propofols ist besonders dann vorteilhaft, wenn ein Patient mit Schädel-Hirn-Trauma nach einem intrakraniellen Eingriff zur neurologischen Beurteilung frühzeitig extubiert werden soll.

Analgetika

Opioide

Für die Anästhesie stehen die reinen Opiatrezeptoragonisten Fentanyl, Alfentanil und Sufentanil zur Verfügung, für die postoperative Analgesie Agonisten (z.B. Piritramid) und partielle Agonisten (z.B. Pentazocin). Wenn die Basisanästhesie Stickoxidul einschließt, wirken Fentanyl, Alfentanil und Sufentanil zerebrovasokonstriktorisch und senken somit den CBF. Die Wirkung auf die $CMRO_2$ ist geringer als die der unspezifisch angreifenden i.v. Anästhetika; ein Ceiling-Effekt tritt mit Besetzung der zerebralen Opiatrezeptoren ein.

Wenn Fentanyl, Alfentanil oder Sufentanil Patienten mit erhöhter intrakranieller Elastance verabreicht werden, muß mit einem potentiell bedrohlichen Anstieg des ICP gerechnet werden; ob dieser Befund Rückschlüsse auf ein gleichgerichtetes Verhalten des ICP bei Verabreichung per infusionem zuläßt, ist ungewiß. Hinsichtlich der Pharmakokinetik bietet Alfentanil gewisse Vorteile wegen seiner kürzeren Halbwertszeit, und weil es während einer TIVA die Pharmakokinetik des Propofols nicht beeinflußt. Hinsichtlich der für die Ziele der Neuroanästhesie relevanten pharmakodynamischen Eigenschaften ist davon auszugehen, daß die Unterschiede zwischen Fentanyl, Alfentanil und Sufentanil unerheblich sind.

Ketamin

Bereits bei Einführung in die Klinik war bekannt, daß Ketamin den ICP erhöht und deswegen in der Neuroanästhesie nicht indiziert ist. Diese Auffassung mußte überdacht werden, nachdem tierexperimentell gezeigt worden war, daß Ketamin den ICP nicht steigert, wenn es unter kontrolliert normokapnischen Bedingungen verabreicht wird. Weiter belebt wurde die Diskussion über den Stellenwert des Ketamins in der Neuroanästhesie durch die Entdeckung, daß Ketamin den N-Methyl-D-Aspartatrezeptor zu blockieren vermag. Die aufgrund dieser In-vitro-Untersuchungen gehegte Erwartung, Ketamin könnte zerebroprotektiv wirken, ließ sich im Ganztierversuch nicht überzeugend bestätigen. Nach dem gegenwärtigen Wissensstand ist davon auszugehen, daß Ketamin keine klinisch nutzbare zerebroprotektive Potenz besitzt.

Muskelrelaxanzien

Eine neuromuskuläre Blockade über die Anästhesieeinleitung hinaus ist bei intrakraniellen Eingriffen nicht erforderlich; zur Relaxierung für die endotracheale Intubation wird bevorzugt ein nichtdepolarisierendes Relaxans verwendet.

Bei der Hofmann-Elimination des mittellangwirkenden Muskelrelaxans Atracurium (Tracrium) entsteht das potentiell iktogene Laudanosin. Es ist jedoch unwahrscheinlich, daß die auch während eines längeren intrakraniellen Eingriffs erreichte Konzentration im Plasma klinisch bedeutsam ist. Wenn eine Relaxierung beabsichtigt ist, bietet die kontinuierliche Verabreichung des Atracuriums in Hinblick auf Hämodynamik und Kumulation Vorteile.

Schlußfolgerungen

Die intravenöse Anästhesie ist für intrakranielle Eingriffe eine gleichwertige Alternative zur Inhalationsnarkose. Entscheidungsrelevante Unterschiede, den intraoperativen Verlauf betreffend, ließen sich in prospektiven klinischen Studien nicht sichern.

In Übereinstimmung mit dem *Arbeitskreis Neuroanästhesie der DGAI* empfiehlt sich folgendes Vorgehen: Für intrakranielle elektive Eingriffe sind die intravenöse und die Inhalationsanästhesie gleichermaßen bewährte Verfahren. Wenn eine Beeinträchtigung der Regelmechanismen des CBF oder eine erhebliche Zunahme der intrakranielle Elastance angenommen werden muß, ist in erster Linie von der Verabreichung des Stickoxiduls abzusehen; die Dosierung volatiler Anästhetika ist auf ≤ 1 MAC zu begrenzen. Bei dekompensierter intrakranieller Hypertonie, Verlust der Autoregulation des CBF oder Verdacht auf Schädigung der Blut-Hirn-Schranke, wie beim schweren Schädel-Hirn-Trauma, ist die Verabreichung von Inhalationsanästhetika nicht indiziert. Ungleich bedeutsamer als die Auswahl der Anästhetika ist die Vermeidung von Hyperkapnie, Hyperglykämie, Hyperthermie und arterieller Hypotonie. Klinisch nutzbare Verfahren zur pharmakologischen Neuroprotektion gibt es derzeit nicht; wirksam ist dagegen die „milde Hypothermie" (Kerntemperatur 33–35°C). Diese darf jedoch nicht mit einer von sympathoadrenerger Gegenregulation und Muskelzittern begleiteten Auskühlung des Patienten verwechselt werden.

Anhang: Ablauf der Primärversorgung

- **Präklinisch**
  1. *Beurteilung am Unfallort:*
     Vitalfunktionen, Begleitverletzungen, orientierender Neurostatus (Pupillen-
     weite und -reaktion, Extremitätenmotorik, Schmerzreaktion), Glasgow Coma
     Scale (GCS); Dokumentation.
  2. *Bei schwerem Schädel-Hirn-Trauma (bewußtloser Patient; GCS < 8):*
     endotracheale Intubation (bei Verdacht auf Begleitverletzung der HWS unter
     bimanueller longitudinaler Stabilisierung der HWS). Medikation zur Laryn-
     goskopie: Opioide und Etomidat. Sedierung für den Transport: Opioide und
     Midazolam.
     - Beatmung: volumenkontrolliert, wenn möglich kapnometrisch überwacht
       normoventilieren. Infusionstherapie: isotone Kristalloidlösung (z.B. Rin-
       ger-Lösung; **Cave:** Ringer-Laktat ist hypoosmolar (273 mosm/L); bei Volu-
       menmangel Stärkelösung.
     - Überwachung: EKG, RR, Pulsoxymetrie, Kapnometrie.
  3. *Lagerung:*
     - Kreislaufstabiler Patient: Rückenlage mit $\leq 30°$ erhöhtem Oberkörper;
     - Kreislaufinstabiler Patient: Rückenlage flach.
     - **Cave:** kraniozervikale Achse weder kippen noch drehen.

- **Klinisch**
  4. *Primärdiagnostik in der Notaufnahme:*
     Vitalfunktionen, Neurostatus, neurologisches/neurochirurgisches Konsil,
     Schädel-, Thorax- und HWS-Röntgen, CCT.
  5. *Behandlung:*
     Bei raumforderndem Hämatom operative Entlastung. Anästhesie ohne N_2O,
     vorzugsweise als TIVA. Bei neurotraumabedingter Bewußtlosigkeit ICP-Son-
     de und Bulbus-venae-jugularis-Katheter erwägen. Intensivbehandlung.
  6. *Intensivmedizinische Behandlung/Pflege:*
     Nasotracheale Umintubation erwägen. Kontrollierte normokapnische Beat-
     mung (p_aCO_2 36–38 mm Hg); das Beatmungsmuster ist auf einen nied-
     rigstmöglichen Atemswegmitteldruck auszurichten. Azidose und Alkalose
     vermeiden. Arterielle Druckmessung (Nullpunktabgleich auf Höhe des Cir-
     culus arteriosus Willisii, des äußeren Gehörgangs). Lagerung wie unter 3. bei
     Beachtung des CPP; keine Flachlagerung bei ZVD-Messung. Temperaturkon-
     trolle: milde Hypothermie ($T_{rektal} \leq 35\,°C$); Hyperthermie und Kältezittern un-
     bedingt verhindern! Thermosensorische Deafferenzierung durch Handschu-
     he und Fußwickel herbeiführen; ggf Zentralisation aufheben. Vor Durchfüh-
     rung sympathomimetisch wirksamer Maßnahmen (z.B. endotrachealem Ab-
     saugen): Thiopental oder Lidocain i.v. (0,5–1 mg/kg KG, Cave: CPP).
  7. *Infusionstherapie:*
     Zielgrößen sind arterielle Normotonie (CPP > 70 mm Hg; **Cave:** Cushing-
     Response). Normoglykämie (Blutzucker 70–150 mg/dl); Normovolämie (ZVD
     5–10 mm Hg + endexspiratorischer Druck); Normoosmolarität (285–
     295 mosm/L) [und normaler kolloidosmotischer Druck (KOD (20–25 mm Hg)];
     keine Glukoselösungen (freies Wasser), kein Ringer-Laktat (ist hypoosmo-
     lar). Bei parenteraler Ernährung kann auf glutamathaltige Eiweißlösungen
     verzichtet werden; die Ernährung erfolgt aufbauend adaptiert mit dem Ziel,
     eine Hyperglykämie zu vermeiden. Unter Messung von Menge und Na-Ge-
     halt des Urins auf Symptome der *inadäquaten ADH-Sekretion (SIADH)* und
     des *zerebralen Salzverlustsyndroms* achten.

8. *Medikamentöse Behandlung:*
   Sedierung (Barbiturate, Benzodiazepine, Propofol); Analgesie (Opioide), Relaxierung (Pancuronium) nur, falls erforderlich; bei Krampfanamnese Antikonvulsiva; keine Kortikosteroide.

9. *Vorgehen bei intrakranieller Hypertonie (ICP > 20 mm Hg):*
   Diagnostik! Spezifische Diagnose (z. B. Blutung) → spezifische Therapie (z. B. Evakuation);
   Unspezifische Behandlung (nur *therapeutisch*, nicht *prophylaktisch!*):
   - OK-Hochlagerung (≤ 30°; unter Überwachung des CPP);
   - Osmotherapie/Diurese: Mannitol 0,5–2,0 g/kg KG (Kurzinfusion ≥ 10 min) + Furosemid 0,5–1,0 mg/kg KG, ggf. wiederholt; Zielgrößen: Normonatriämie und kontrollierte Hyperosmolarität (≤ 320 mosm/L); Natrium im Serum (und ggf. Osmolarität) werden täglich mehrmals sowie nach jeder Mannitgabe bestimmt;
   - Hyperventilation ($paCO_2$ ≥ 28 mm Hg);
   - Thiopental (2–3 mg/kg KG bei Verdacht auf zerebrale Hyperämie; CPP beachten!);
   - *In therapierefraktären Fällen:* Tris-Puffer (versuchsweise 1 mval/kg KG über 10 min).

10. *Monitoring:*
   - *Kontinuierlich:* arterieller Blutdruck, intrakranieller Druck, Temperatur (Thermo-BK oder suprapubischer Thermokatheter), Pulsoxymetrie, ggf. Kapnometrie; zerebrales metabolisches Monitoring erwägen (z. B. $S_{vj}O_2$);
   - *diskontinuierlich:* Klinik, Bewußtseinszustand, Neurostatus, Urinausscheidung, ZVD;
   - *Laborchemisch:* Blutbild, Elektrolyte im Serum und Urin, BGA, Blutzucker (4stündlich), Serumosmolarität, Laktat (systemisch und ggf. jugularvenös), Liquordiagnostik (bei Ventrikeldrainage 2tägig), KOD;
   - *Apparativ:* CT (Kontroll-CT 24 h nach Aufnahme obligat), Röntgen, TCD, EEG, EP (fakultativ).

Anästhesie für gefäßchirurgische Eingriffe

B. MAINZER

Die anästhesiologische Versorgung gefäßchirurgischer Patienten ist – mehr als in anderen operativen Bereichen – durch eine Reihe besonderer Ausgangsvoraussetzungen und Anforderungen gekennzeichnet [2, 6, 14]:

1) Die Mehrzahl der Patienten ist aufgrund der *Atherosklerose* (KHK, generalisierte AVK), der *Lungenerkrankungen* (COPD, Emphysem) sowie sonstiger, altersbedingter Begleiterkrankungen als multimorbide einzustufen, worin (selektionsabhängig) bereits alleinig eine im Vergleich zum Gesamtkollektiv erhöhte intra- und perioperative Letalität begründet ist.
2) Die *hämodynamischen Veränderungen* in der Gefäßchirurgie sind u. a. aufgrund der häufig vorbestehenden Hypertonie, der oft eingeschränkten Pumpfunktion des Herzens sowie der operationsbedingten pathophysiologischen Kreislaufänderungen (Aortenabklemmung, Blutung) stärker ausgeprägt, treten wesentlich abrupter als in anderen operativen Disziplinen auf und haben direkten Einfluß auch auf die operative Komplikationsrate (Organperfusion, z. B. Karotischirurgie).
3) Gefäßchirurgische Patienten sind im Gegensatz zu herzchirurgischen Patienten während und nach dem Eingriff bezüglich ihrer *Koronarperfusion nicht gebessert* (hohe Ischämie- und Infarktinzidenz), woraus auch bei relativ kleinen Eingriffen (z.B. wegen pAVK) eine nicht unerhebliche perioperative Letalität resultiert.
4) Zunehmender Kostendruck und mangelnde intensivmedizinische Kapazitäten erfordern trotz Multimorbidität eine *auf ein sinnvolles Maß beschränkte präoperative Diagnostik* (erweiterte invasive Diagnostik bleibt meist ohne Konsequenzen), ein *effizientes intraoperatives Monitoring* und die *Anwendung prognostischer Kriterien* zur Beurteilung der Notwendigkeit einer intensivmedizinischen Überwachung.

Aufgrund der in den vergangenen Jahren zunehmenden Verbreitung gefäßchirurgischer Abteilungen und Teilbereiche auch an Krankenhäusern mittlerer Größenordnung sollen im folgenden die besonderen Aspekte der anästhesiologischen Versorgung für die häufigsten gefäßchirurgischen Eingriffe zusammengefaßt werden.

Allgemeine Diagnostik und Vorbereitung

Neben der alters- und krankheitsstatusgemäßen Untersuchung sind bei gefäßchirurgischen Eingriffen aufgrund der eingangs dargestellten Implikationen folgende Befunde von besonderem Interesse:
1) *Herz-/Kreislauffunktion* unter möglichst genauer (i. allg. jedoch nicht invasiver) Erfassung des Koronarstatus (Art und Ausmaß der KHK, AP, vorbestehende Infarkte und EKG-Veränderungen einschließlich Lokalisation), Myokardstatus (LV-Funktion, Insuffizienzzeichen, frühere Dekompensation etc.), Klappenvitien (Aorten- und Mitralklappe) sowie Erfassung des Blutdruckverhaltens (minimale/typische/maximale Werte, etwaige Seitendifferenzen links/rechts).

Hierbei kommt dem *Koronarstatus* (etwa 10 % der Gefäßpatienten trifft mit Zeichen einer Myokardischämie im OP ein, bei weiteren 40 % treten intraoperativ Ischämien auf [20]) vor allem Bedeutung für das intra- und postoperative Auftreten von Herzinfarkten zu (Häufigkeitsmaximum um 3. Tag [8]), welche den bei weitem höchsten Anteil an der Gesamtletalität (eingriffsabhängig bis über 1 %) ausmachen. Eine (zusätzlich) kompromittierte Myokardfunktion (präoperative Echokardiographie) ist in erster Linie bei hämodynamisch belastenden Eingriffen (Aortenabklemmung, hoher Blutverlust) von Bedeutung und kann in diesem Fall ein invasiveres (intraoperatives) Monitoring indizieren (s. unten). *Klappenvitien* führen im Falle einer Insuffizienz bei hämodynamisch belastenden Eingriffen zu vermehrten (stauungsbedingten) pulmonalen und kardialen Komplikationen, im Falle einer (strömungsrelevanten) Stenose können sie auch postoperativ bei Auftreten von Blutdruckabfall und/oder Rhythmusstörungen zu einer kritischen Koronarperfusion führen (einschließlich „unerklärlichem" plötzlichen Herztod). Schließlich ist die Orientierung an einem *repräsentativen Blutdruckwert* als Maßstab für die intraoperative Blutdrucksteuerung wichtig (z. B. ± 20 %), einerseits um Klarheit über temporär tolerable „Hypotensionen" zu haben (chirurgischerseits meist unerwünscht), andererseits um das myokardiale Risiko durch unnötige Erhöhung des O_2-Bedarfs zu begrenzen (überwiegend iatrogen durch *tachykarde* und *hypertensive* Zustände einschließlich *Nachlasterhöhung*, z. B. inadäquate Katecholaminapplikation).

2) *Lungenfunktion* unter besonderer Berücksichtigung der Möglichkeit einer präoperativen Besserung der Lungenfunktion bei obstruktiver Störung, wichtig vor allem *bei Eingriffen mit medianer Laparotomie.*
Abgesehen von Beeinträchtigungen durch eine kardial bedingte Lungenstauung führen *obstruktive Erkrankungen (COPD/COLD)* einerseits zu Problemen bei der frühzeitigen Extubation (ggf. in tabula) bzw. baldestmöglichen Entwöhnung, andererseits ist gerade bei diesen Patienten eine längerdauernde Beatmung nicht erwünscht. Aufgrund der multifaktoriellen Verschlechterung der Lungenfunktion bei medianer Laparotomie (insbesondere Abnahme der FRC) ergibt sich die Notwendigkeit für eine präoperative Optimierung der Medikation; im Einzelfall kann u. E. bei Elektiveingriffen eine 1- bis 2wöchige pulmologische Vorbehandlung erforderlich sein.

3) Genaue Kenntnis *der Gefäßversorgung im Operationsbereich;* dies beinhaltet Art und Ausmaß der Gefäßerkrankung (dilatative vs. okklusive Erkrankung, ggf. Stenosegrad, evtl. Dissektion), Lokalisation der Erkrankung („Abklemmhöhe" einschließlich ausgeschalteter Gefäßabgänge) und etwaiges Vorliegen einer Kollateralisation (bei langfristigen okklusiven Prozessen).

Bei Aortenchirurgie muß Klarheit über die *Art der Gefäßerkrankung* (ggf. Gefahr einer Aneurysmaruptur) und die *Lokalisation* (infra-/suprarenal, viszeral mit jeweiliger Organischämie) bestehen. Bei der Karotischirurgie ist neben der klinischen Symptomatik (TIA/PRIND, evtl. präoperativ neurologisches Defizit) die genaue Kenntnis des *Stenosegrades* und des Zustandes der *Kollateralversorgung* wichtig (kontralaterale A.-carotis-Stenose/-Verschluß, Funktionaliät der Aa. vertebrales und des Circulus Willisii, ggf. nachgeschaltete intrakranielle Stenosen).

Aufgrund der relativ hohen perioperativen Morbidität und Letalität [15], verursacht durch die kardialen Begleiterkrankungen der Patienten *und* die teilweise perakuten eingriffsbedingten kardiozirkulatorischen Veränderungen, ergibt sich die *Notwendigkeit einer subtilen und invasiven intraoperativen Überwachung* bei nahezu allen gefäßchirurgischen Eingriffen wegen Atherosklerose.

Zum Monitoring gehören im Normalfall ein Mehrkanal-EKG, vorteilhaft mit integrierter *ST-Segment-Analyse,* sowie eine *invasive Druckmeßeinrichtung* mit mindestens 2, besser 3 Kanälen (AP, CVP, ggf. PAP/PAOP). Bereits die Auswertung des ST-Steckenverlaufs der Ableitungen II und vorzugsweise V 5 zeigt bis zu etwa 90 % aller im EKG erfaßbaren Ischämien [7,11,22]. Unter Berücksichtigung der Tatsache, daß (Gefäß)patienten, die bereits vor Anästhesieeinleitung Ischämiezeichen aufweisen, ein bis zu 4fach höheres Infarktrisiko haben, kommt der intraoperativen Interpretation von EKG-Veränderungen und frühestmöglichen Behandlung etwaiger Ischämien größte Bedeutung zu. Darüber hinaus liefern pathologische Kurvenverläufe des arteriellen Drucks und des CVP bzw. PAOP (z.B. v-Welle > 5 mm Hg als Insuffizienzzeichen) weitere diagnostische Kriterien zur Einschätzung der momentanen Herz-Kreislauf-Funktion [16] und Notwendigkeit einer erweiterten postoperativen Überwachung (Intensivbehandlung).

Demgegenüber muß nach anfänglicher Euphorie inzwischen davon ausgegangen werden, daß die wesentlich aufwendigere und erheblich von der Erfahrung des Untersuchers abhängige *intraoperative Echokardiographie* (z.B. mittels TEE) keinen Einfluß auf die Komplikationsrate bei gefäßchirurgischen Patienten hat, zumal hiermit nachweisbare regionale Kontraktilitätsstörungen bei bis zu 80 % dieser Patienten vorliegen, in nahezu der Hälfte aller Fälle nicht mit operationsbedingten hämodynamischen Veränderungen korrelieren und auch keine späteren Komplikationen vorhersagen lassen. Im Normalfall ebenfalls nicht „outcome"-relevant erscheinen die Variablen Herzzeitvolumen (einschließlich abgeleiteter Größen, kontinuierlicher Messung) und/oder die gemischtvenöse O_2-Sättigung.

Indikationen zum *Einsatz von PA-Kathetern* (primär nur zur Druckmessung!) bestehen u.E. lediglich im Falle erwarteter relevanter hämodynamischer Veränderungen (Aortenabklemmung, Blutung/Massentransfusion) und gleichzeitig vorbestehender erheblicher kardialer Limitierung [KHK mit akuter AP-Symptomatik oder Infarkt innerhalb des letzten (halben) Jahres, Herzinsuffizienz mit akuter Belastungs- oder Ruheinsuffizenz oder Zustand nach Dekompensation sowie Klappenvitien ab Grad III (v.a. bei Insuffizienz) sowie generell bei thorakoabdominellen Gefäßeingriffen (Ausklemmung von mehr als 50 % des Stromgebietes)].

Anästhesie bei Karotischirurgie

Operationen an den hirnversorgenden Gefäßen gehören zu den am häufigsten durchgeführten gefäßchirurgischen Operationen, wenngleich sie bezüglich Operationsindikation (z.B. asymptomatische Stenose < 80 %), neurologischer Komplikationsrate (größenordnungsmäßig 2,5 %) sowie Gesamtletalität (aufgrund hoher KHK-Inzidenz) nicht unumstritten sind. Darüber hinaus werden chirurgischerseits die Ätiologie intraoperativ entstandener Defizite (Minderdurchblutung vs. Embolisation), etwaige Vorteile von Simultanoperationen (einzeitig mit koronarer Bypassoperation), die Notwendigkeit der temporären intraluminären Shunteinlage sowie die Wertigkeit einer intraoperativen Flußmessung und des Neuromonitorings diskutiert. Vereinzelt wird sogar eine Operation in Lokal- oder Regionalanästhesie befürwortet, wobei dem Vorteil der direkten neurologischen Beurteilbarkeit jedoch u. a. eine größere hämodynamische Instabilität (v.a. Hypertension) gegenübersteht und die Morbidität und Letalität nicht geringer sind.

Im Normalfall werden supraaortale Eingriffe in Allgemeinanästhesie und mit hinreichendem hämodynamischem Monitoring (AP, CVP) durchgeführt; neben einer guten kardialen (antiischämischen) Protektion gehört zu den besonderen anästhesiologischen Anforderungen v.a. die *Optimierung der zerebralen O_2-Versorgung bzw. -bilanz.* Hierbei ergeben sich im wesentlichen die folgenden Ansätze:

1) *Hinreichende Stabilisierung des Systemkreislaufs* („makrozirkulatorisches Angebot"); ausgehend von einem repräsentativen Ausgangsdruck sollte, soweit nicht

aus kardialen Gründen limitiert, ein für den Patienten *„hoch-normaler" System-druck bei Normofrequenz* angestrebt werden. Sowohl Bradykardien als auch gerade die Kombination von Bradykardie und Hypotonie führen zu einer erhöhten Inzidenz neurologischer Defizite, hierbei kommt nicht nur der Abklemmphase (ohne Shunt), sondern auch dem Verlauf nach Einleitung (Vasodilatation bei Hypertonikern mit relativer Hypovolämie) sowie bei Präparation (nicht selten vagale Reaktion, v.a. bei flacher Narkose!) erhebliche Bedeutung zu. Beim atherosklerotischen Patienten i. allg. und dem Vorliegen einer Karotisstenose im speziellen kann nicht von einer Autoregulationsgrenze des Hirnkreislaufs bei etwa 60 mm Hg Mitteldruck ausgegangen werden, u.U. ist von einer *druckproportionalen Flußabnahme bereits bei arteriellen Mitteldrücken unterhalb von etwa 90 mm Hg auszugehen!*

2) *Vermeidung zerebraler Vasokonstriktion/inadäquater Vasodilatation* („mikrozirkulatorisches Angebot"); häufigster Fehler, der seit Einführung der Kapnometrie sicher vermeidbar ist, ist die akzidentelle Hyperventilation der Patienten, welche zu einer ausgeprägten zerebralen Minderperfusion führt. Da andererseits nicht ausgeschlossen werden kann, daß eine Hypoventilation zur Entstehung von „steel"-Phänomenen führt, ist eine *Normoventilation (oberer Normbereich)* zu gewährleisten. Darüberhinaus sollte eine *Normoxie* angestrebt werden (Voraussetzung fortlaufende pulsoxymetrische Überwachung), da tierexperimentelle Arbeiten eine hyperoxisch induzierte Vasokonstriktion nahelegen.

3) *Reduzierung des zerebralen O_2-Verbrauchs* (zusätzliche Verbesserung der Nettobilanz); neben einer *hinreichend tiefen Narkose* ist hier die *Vermeidung von Lachgas* zu nennen, wodurch nach experimentellen Arbeiten eine Reduktion des O_2-Verbrauchs (bis zu 10 %) möglich ist. Weitere pharmakologische Ansätze zur Stoffwechselreduktion scheitern entweder an mangelnder Praktikabilität (z. B. hochdosierte Barbiturat- oder Lidocaintherapie wegen systemischer Kreislaufnebenwirkungen gerade bei gefäßchirurgischen Patienten, Hypothermie) oder sind in ihrer Wirkung nicht hinreichend gesichert (einschließlich Propofolanwendung).

Als in ihrer klinischen Wirksamkeit unterschiedlich eingeschätzte pharmakologische *Protektion auf zellulärer Ebene* (bei lokal embolisationsbedingten wie auch global minderperfusionsbedingten Ischämien) können zusätzlich wahrscheinlich folgende Mechanismen greifen [10]:

4) *Vermeidung einer Hyperglykämie* (ggf. Insulin), Reduktion der Zellpermeabilität (Kortison), O_2-Radikalbindung (SOD und diverse Substanzen), Inhibierung lokaler Konzentrationsanstiege von Prostaglandinen, Ca^{2+} (Kalziumantagonisten) und Glutamat (neuere Substanzen in klinischer Erprobung); Ischämietoleranzerhöhung durch präoperative ischämische „Konditionierung" (erste Hinweise).

Ungeachtet der dargestellten prohylaktischen Ansätze muß darauf hingewiesen werden, daß der *größere Teil der neurologischen Defizite embolisationsbedingt* ist (u. a. Präparationsphase vor Abklemmung, Shunteinlage!) und von seiten der Anästhesie kaum zu beeinflussen ist und daß Zuflußstörungen auch primär operationsbedingt sein können (Dissektionen v.a. bei Shunteinlage, „Kinking" nach Elongation durch Patchplastik, Frühverschluß etc.). Ferner gilt eine Operation bei manifester Blut-Hirn-Schrankenstörung als kontraindiziert.

Problematisch ist die Wertung der diagnostischen Möglichkeiten durch ein *intraoperatives Neuromonitoring*. Das *EEG* erweist sich in der Praxis als technisch störanfällig, narkosetiefenabhängig und erlaubt nur eine begrenzte Aussage über die Funktionen der obersten Schichten des Kortex (hieran ändert auch eine Aufbereitung in Form der Spektralanalyse nichts). Das *SSEP* ist vergleichsweise robust gegen elektrische Störungen, vergleichsweise narkosetiefenunabhängig und repräsentiert auch tiefere Hirnareale; Änderungen sind quantifizierbar und v.a. im Seitenvergleich leicht interpretierbar. Die *transkranielle Dopplerflußmessung* erlaubt (vorzugsweise im Seitenvergleich) direkte Aussagen über die Perfusion (nicht aber die Neurofunktion) und somit ohne Verzögerung die Beurteilung des Einflusses systemischer Kreislaufänderungen (z.B. Druckerhöhung); problematisch und gelegentlich zeitaufwendig oder gar unmöglich (bis zu 10 % der Patienten) ist jedoch das Auffinden eines ausreichenden Knochenfensters. Die Kombination aller 3 Verfahren besitzt bei genügender Übung eine sehr hohe Sensitivität und Spezifität (jeweils bis 99 %) zur Erkennung einer neurologischen Gefährdung (i. allg. mit der Folge der Shunteinlage, sofern bei kontralateraler Stenosierung nicht bereits prophylaktisch erfolgt).

Die *transkranielle Gewebesättigungsmessung* per Infrarotspektroskopie, welche in der Paxis relativ einfach durchführbar und kaum latenzbehaftet ist, ist bezüglich ihrer Aussagekraft wegen möglicher Fehlmessung u.a. durch die extrakranielle Gewebedurchblutung sehr umstritten. Die *invasive venöse O_2-Sättigungsmessung* mittels Fiberoptikkatheter im (ipsilateralen) Jugularvenenbulbus ist u.E. sehr artefaktanfällig (wandständiger Katheter) und erscheint im Rahmen der Karotischirurgie kaum routinemäßig durchführbar. Ist keinerlei zerebrales Monitoring verfügbar, kann der Befund eines mangelhaften Rückflusses aus dem Karotisstumpf (nicht Stumpfdruck) einen Hinweis auf eine unzureichende Perfusion geben (Indikation zur Erhöhung des Systemdrucks).

Besonderheiten der *Ausleitungs- und Aufwachphase* sind das Vermeiden von starken Kopfbewegungen und Hypertensionen (Cave: Venenpatch), eine optimale Oxygenierung (lokal erhöhter zerebraler O_2-Verbrauch), die frühzeitige grob orientierende neurologische Untersuchung (einschließlich Hirnnerven, u.a. Schluckstörungen nach Schädigung des N. hypoglossus) und Prüfung der Vigilanz sowie deren engmaschige Verlaufskontrolle.

Der Vollständigkeit halber ist noch zu erwähnen, daß eine postoperative *Karotisblutung* einen perakuten, lebensbedrohlichen Notfall darstellt, bei dem die höchste Priorität im Sichern der Atemwege vor immanentem Zuschwellen der Luftwege und drohender Asphyxie besteht. Sollte infolgedessen keine Intubation (ausreichende Präoxygenierung!) möglich sein, sind anatomisch bessere Voraussetzungen durch eine sofortige Hämatomentlastung nach außen durch Eröffnen der Operationswunde zu schaffen.

Anästhesie bei Aortenchirurgie

Aufgrund der unvorhersehbaren Perforationsgefahr von Aortenaneurysmen (schlechte Korrelation mit Größe und/oder Größenzunahme) ist bei hinreichender chirurgischer und anästhesiologischer Erfahrung die in den letzten Jahren zu beobachtende großzügige Indikationsstellung zur elektiven Operation (ab 4–5 cm Durchmesser) ohne Rücksicht auf das Patientenalter vertretbar. Trotz der in zunehmendem Maße kardiopulmonal vorerkrankten Patienten sollte eine perioperative Letalität für abdominelle Aortenaneurysmen in der Größenordnung von 1 % für Elektiveingriffe erreichbar sein (zum Vergleich: Patienten mit Symptomen einschließlich penetrierendem Aneurysma etwa 5 %, bei Ruptur – sofern noch Restkreislauf bei Eintreffen im OP – über 30 % perioperative Letalität) [19].

Die wesentlichste anästhesiologische Anforderung stellt die *adäquate Kompensation der perakuten abklemmbedingten sowie u. U. blutverlustbedingten hämodynamischen Veränderungen* dar, dies um so mehr, als aufgrund der Vorerkrankungen intra- und perioperative Myokardinfarkte die Haupttodesursache (bis 70 %) darstellen [13]. Hieraus resultiert die Notwendigkeit zur sicheren Einschätzung der erwarteten Nachlastveränderung und Volumenverschiebung [1]. Auf Besonderheiten bei thorako-abdominellen Aortenoperationen (u.a. Rückenmarkischämie [17, 18]) kann hier nicht eingangen werden.

Das Ausmaß der hämodynamischen Veränderungen bei Aortenoperationen hängt im wesentlichen von folgenden Faktoren ab:

1) *Art der Erkrankung;* bei *dilatativen Erkrankungen* (Aneurysmen, BAA) erfolgt mit Abklemmung die Unterbrechung eines uneingeschränkten Flusses, weshalb auch keine wesentliche Kollateralisation über die Beckenstrombahn vorliegt, zudem ist meist der Grad einer peripheren AVK weniger ausgeprägt – der (gegenzuregulierende) Druckanstieg beim „Crossclamping" ist also stark ausgeprägt, ebenso der Druckabfall bei Wiedereröffnung und Reperfusion der ischämischen Extremitäten.

   Vergleichsweise geringer ausgeprägt sind die Kreislaufänderungen bei *okklusiven Erkrankungen* (Aorten- und Bifurkationsstenosen), bei denen sich oft über Jahre eine Kollateralisation gebildet hat, häufiger nachgeschaltete Stenosen bestehen und je nach operativem Vorgehen (häufig Bifurkationsprothese als AIB oder AFB) auch eine zeitversetzte Freigabe der Extremitätendurchblutung erfolgt.

2) *Abklemmhöhe;* während bei *infrarenaler Abklemmung* das Ausmaß der Nachlasterhöhung durch Fortfall der Extremitäten- und Beckendurchblutung noch relativ begrenzt ist, ändert sich der Kreislaufeffekt erheblich bei *suprarenaler Abklemmung* (ca. 25 % der HZV) sowie ggf. zusätzlicher *Unterbrechung weiterer Viszeralversorgung* (Truncus coeliacus, A. mesenterica superior, Leberversorgung).

   Für den Fall einer *alleinigen* Viszeralarterienerkrankung ist vor Abklemmung abzuklären, ob evtl. lediglich eine *tangentiale* Aortenausklemmung erfolgt (meist keine Gegenregulation notwendig); *bei Organischämie mögliche Protektionsmechanismen* sind zu erwägen (z.B. vor Nierenischämie Erzielung einer Normurie durch Flüssigkeitszufuhr und Schleifendiuretikum, während Abklemmung Ischämietoleranzverlängerung durch *lokale* kalte Perfusion und Prostaglandingabe [?], ferner O_2-Radikalbindung u.a. durch Mannitol, nach Freigabe Schleifendiuretikum, Bikarbonatdiurese, ausreichender Reperfusionsdruck, evtl. Dopamin in „Nierendosis" (lokaler Perfusionsanstieg umstritten) [12]. Darüber hinaus sind die Folgen der jeweiligen Organischämie zu berücksichtigen (z.B. bei Leberischämie mangelnder Zitratstoffwechsel mit der Folge der vermehrten Kalziumbindung, Substitution!).

3) *Volumenstatus und zeitgerechter Volumenersatz;* aufgrund der nicht unerheblichen Volumenverschiebungen und des häufig präoperativ bestehenden Volumenmangels (Alter, Hypertonus, Medikamententherapie aufgrund von Hypertonus, Herzinsuffizienz, Niereninsuffizienz) ist einerseits eine maßvolle intraoperative Hydratation von Vorteil, darf andererseits aber nicht zu einer kardial und/oder abklemmungsbedingten pulmonalen Stauung und interstitiellem Ödem führen, weshalb bei diesen Patienten die Zufuhr kristalloider Lösungen zu begrenzen ist und *nicht* zum Ersatz intraoperativer Blutverluste geeignet ist.

Dennoch ist auch bei *meist* moderatem *intraoperativem Blutverlust* (typisch < 500 ml bei infrarenalen Aneurysmen, *große* Aneurysmen bluten aufgrund der Teilthrombosierung kaum mehr, Vorsicht jedoch bei offenen Desobliterationen!) eine intraoperative Volumengabe notwendig (geeignete Plasmaersatzmittel). Die für eine Volumenverschiebung relevanten Phasen sind die Vorlastsenkung durch *Eventeration* (mechanische und durch vasoaktive Polypeptide bedingte Abnahme des venösen Rückflusses), die *Aortotomie* unmittelbar nach Abklemmung (Blutverlust durch retrograde Blutung aus Kollateralgefäßen, evtl. noch überschießende Vasodilatation unmittelbar nach Abklemmung) sowie die *abschnittsweise oder komplette Wiederfreigabe der Strombahn* (verminderter venöser Rückstrom durch vasodilatiertes ischämisches Gefäßareal und reaktive Hyperämie, systemische Wirkung vasoaktiver Substanzen einschließlich kardial depressiver Substanzen [?], etwaiger Blutverlust im Anastomosenbereich, evtl. noch bestehende Restwirkung des Vasodilatators).

Insgesamt sollte bei Cellsavereinsatz in über 90% aller infrarenalen Aneurysmaoperationen ohne Fremdblutgabe auszukommen sein, im Vordergrund steht die zeitgerechte Volumengabe und Überbrückung etwaiger Latenzzeiten bis zur maschinellen Eigenblutaufbereitung (Cave: kardiopulmonale Komplikationen durch *Über*kompensation zuvor eingegangener Defizite und/oder hohe *Katecholamin-*/Vasopressordosen zur Behandlung einer Hypovolämie).

Aufgrund der abklemmungsbedingten Nachlasterhöhung stellt sich die Frage nach einem geeigneten Vasodilatator; dieser sollte möglichst potent sein, überwiegend auf der arteriellen Seite des Gefäßsystems angreifen und gut steuerbar sein (kurze Halbwertszeit). Würde die möglichst *synchrone* Nachlastsenkung zum Zeitpunkt der Abklemmung unterbleiben, käme es mit dem abrupten Anstieg des peripheren Widerstandes (Ausnahme massiver Volumenmangel, z.B. nach Blutung) zu einem Anstieg des linksventrikulären enddiastolischen Druckes und Abfall der myokardialen Kontraktilität, des Schlag- und Minutenvolumens (bis 35%) sowie einem vermehrten Auftreten (zusätzlicher) myokardialer Ischämien.

Entgegen einer Reihe von Mitteilungen und Fallberichten aus dem angloamerikanischen Raum erscheint aufgrund der o.a. Kriterien die *Anwendung von Natriumnitroprussid während der Aortenabklemmung* unter direkter Überwachung weiter indiziert (Halbwertszeit ca. 2–5 min), andere Vasodilatatoren (Nifedipin, Urapidil, Clonidin, hochdosiertes Nitroglycerin etc.) haben sich in unserer Klinik v. a. aufgrund ihrer unzureichenden Steuerbarkeit nicht bewährt. Voraussetzung für die Applikation von NNP (Dosierung narkose- und volumenabhängig typisch 0,25–1 g/kg KG/min) ist jedoch die Wahl einer nicht zu hoch konzentrierten Medikamentenlösung (Cave: Bolusinjektion) und ein technisch einwandfreier Infusionsapparat [bei Infusionspumpen unbedingt automatische Schlauchklemme und kompensierte (Linear)peristaltik, bei Spritzenpumpen minimales Spiel zwischen Spritzenkolben und Antrieb].

Die gelegentlich zu beobachtenden tachykarden Nebenwirkungen von NNP (einschließlich Reboundphänomenen) lassen sich, sofern nicht volumenmangelbedingt, mittels β-Rezeptorenblockern in niedriger Dosierung vermeiden (simultane Reduktion der NNP-Dosis!), sie treten im übrigen auch bei anderen Vasodilatatoren in äquipotenter Dosierung auf. Weitere Einwände (Cyanidionenbelastung, Verschlechterung der nutritiven Versorgung etc.) sind bei der zeitlich begrenzten NNP-Anwendung im Rahmen der Aortenabklemmung irrelevant.

Aufgrund unserer Erfahrung erscheint die *Wahl der Anästhetika von nur untergeordneter Bedeutung* für das „Outcome", vorausgesetzt, es erfolgt eine hinreichende Analgesie und vegetative Blockade [Cave: Aneurysmaruptur durch Blutdruckspitzen bei Einleitung oder Hautschnitt (Zeit bis Wirkungseintritt beachten!), Myokardischämien/-infarkte durch tachykarde und hypertone Kreislaufreaktion]. Zudem sollte das Anästhetikum nicht primär zur Blutdrucksteuerung während der Abklemmphase eingesetzt werden (Nebenwirkungen, mangelnde Steuerbarkeit).

Die *Kombination von Allgemein- und Regionalanästhesie* (Lokalanästhetika, vorzugsweise in Kombination mit Opiat) ist zwar möglich, führt u.E. jedoch zu wesentlich schwerer beurteilbaren, u.U. instabilen intraoperativen Kreislaufverhältnissen (v.a. bei latenter Hypovolämie) und häufigeren postoperativen Hypotonien durch Hypovolämie (u.a. wegen nur begrenzter intravasaler Verweildauer von Plasmaersatzlösungen, Hämatombildung, forcierter Diurese). Vereinfacht dargestellt sehen wir im Rahmen der Aortenchirurgie nur *bei erheblich pulmonal vorerkrankten Patienten,* unter keinen Umständen jedoch bei kardialen Risikopatienten eine Indikation zur Anwendung der Regionalanästhesie. Zwar ist die mediane Laparotomie eine der atemmechanisch am meisten beeinträchtigenden und schmerzhaftesten operativen Zugänge (und die postoperative Analgesiequalität bei Regionalanästhesie fraglich am höchsten), jedoch stehen zur postoperativen Schmerztherapie auch andere effektive Verfahren zur Verfügung (u.a. PCA). Auch ist u.E. die *Frühextubation* nach abdominellen gefäßchirurgischen Eingriffen *nicht* von der Anwendung der Regionalanästhesie abhängig (z.Z. werden etwa 75 % aller Patienten bei Operationsende extubiert), wichtig sind jedoch gute Oxygenierung, ausgeglichener Volumenstatus, baldige Normothermie und optimale Analgesie zur Vermeidung postoperativer Streßreaktionen (Cave: „stille" postoperative Myokardischämien und Infarkte [9, 21]). In diesem Zusammenhang erwähnenswert ist, daß der chirurgische Ansatz, die mediane Laparotomie durch einen seitlichen, retroperitonealen Aortenzugang zu vermeiden, teilweise wegen mangelnder Zugangsmöglichkeit und erhöhten Komplikationsraten wieder verlassen wurde (u.a. erhöhte Inzidenz von Darmischämien, Zug am Mesenterialstiel, V.-cava-Kompression).

Bei der Anästhesie von *symptomatischen Aortenaneurysmen* gibt es kaum Besonderheiten, mit der Ausnahme, daß hier wegen der immanenten Rupturgefahr (Eingriff mit allenfalls aufgeschobener Dringlichkeit, auch ohne vollständige präoperative Diagnostik zu vertreten) zu jedem Zeitpunkt besonders großer Wert auf eine *Normotonie,* evtl. sogar milde kontrollierte Blutdrucksenkung zu legen ist *(subtiles Vorgehen bei Einleitung!).*

Demgebenüber ändern sich die Vorbereitung und das Vorgehen bei *Vorliegen einer Aneurysmaruptur* vollständig: bei Eintreffen des Patienten im Volumenmangelschock hat ausschließlich die Volumenzufuhr und das Legen einer ausreichenden Anzahl großlumiger venöser Zugänge Vorrang, bei hinreichender Übung kann dies am schnellsten und sichersten durch Legen eines großlumigen zentralvenösen Katheters (7 F-Einführungsbesteck oder 12 F-Triple-Lumen/Dialysekatheter) erfolgen (Oxygenierung, ggf. Lokalanästhesie und minimale Sedierung). Sofern noch nicht während des Transportes zwingend erforderlich, sollte die *Intubation erst im OP* nach Desinfektion und mit operationsbereitem Chirurgen erfolgen (Cave: Druckabfall, *Vermeidung von Muskelrelaxanzien* zur Erhaltung einer blutungsbegrenzenden Bauchdeckenspannung wahrscheinlich vorteilhaft); meist kann innerhalb von weniger als 5 min eine initial *subdiaphragmale* Aortenabklemmung erfolgen (arterieller Druckanstieg ermöglicht *jetzt* einfachere arterielle Kanülierung). Zwar läßt sich mit geeignetem intraoperativem Management die intraoperative Letaliät auf unter 10 % senken, limitierend wirkt sich jedoch im allgemeinen die Dauer des präoperativ bestehenden Schockgeschehens auf den postoperativen Verlauf aus (singuläres bzw. Multiorganversagen).

Anästhesie bei peripherer Gefäßchirurgie

Auch infraoartale, periphere gefäßchirurgische Eingriffe weisen einige Besonderheiten auf, deren Kenntnis für den Anästhesisten von Bedeutung ist. Hierbei muß zunächst darauf hingewiesen werden, daß die *Letalität* dieser, den Systemkreislauf vergleichsweise wenig belastenden Eingriffe *keinesfalls niedriger* als bei den vorgenannten Operationen ist (Hauptursache ebenfalls Myokardinfarkt [4]). Dies liegt bei progredienter Atherosklerose einerseits an der präoperativ subjektiv wie objektiv nur schwer einschätzbaren myokardialen Belastbarkeit (Gehstrecke u.U. deutlich unter 100 m, oft Ergometrie wegen peripherer Minderdurchblutung abgebrochen) und der dann postoperativ mit plötzlich gegebener Mobilität nicht vorhandenen kardialen Leistungsreserve (Cave: hohe Inzidenz v.a. postoperativer, klinisch „stummer" Ischämien!).

Bei den operativen Techniken bei pAVK kann vereinfachend zwischen (Reversal-)Venenbypässen (V. saphena magna, parva oder Armvene), In-situ-Venenbypässen und im Einzelfall Kunststoffbypässen unterschieden werden. Je nach Stadium der AVK häufiger auftretende Frühverschlüsse des Bypass sind auf Zustrom- und/oder Abstromprobleme zurückzuführen, letztere neben Grenzen der technischen Anastomosierbarkeit häufig aufgrund eines rarefizierten, diffus verkalkten distalen Stromgebietes. Bei In-situ-Bypässen können zusätzlich ein Kollateralabstrom durch nicht unterbundene Kollateralen (funktionell jetzt AV-Fisteln) oder unvollständig zerstörte Venenklappen zur Stase führen; sofern eine endoskopische Inspektion der Vene erfolgt, ist die in den Systemkreislauf gelangende NaCl-Spüllösung (u.U. über 1 l) zu bilanzieren (ggf. Diuretika). Für den Fall einer bereits präoperativ länger bestehenden Extremitätenischämie (oft nachfolgende Faszienspaltung) ist wegen des Anfalls von Zellzerfallsprodukten eine intra- und postoperative forcierte Diurese angeraten.

Sehr kontrovers beurteilt werden Vor- und Nachteile der Anwendung der Regionalanästhesie [3]. Hier ist, auch nach dem Stand der Literatur, keine allgemeinverbindliche Empfehlung möglich. Intraoperativ und postoperativ erscheinen uns folgende Aspekte beachtenswert:

1) Durch die lokalanästhetikainduzierte *systemische Vasodilatation* kommt es zu einem mäßigen Blutdruckabfall, ohne daß im (passiv druckdilatierten) Venensegment eine (weitere) Widerstandssenkung zu einer Flußkonstanz oder -erhöhung führt, fraglich könnte sogar ein Steal-Phänomen auftreten; eine Perfusionszunahme unter Regionalanästhesie ist bei verbesserter peripherer Durchblutung distal des Bypasses (vgl. oben) zu erwarten.

2) Gelegentlich gibt es intraoperativ *Probleme bei Ausweitung des Operationsgebietes und erhöhtem Blutverlust* (z.B. V.-iliaca-Desobliteration bei mangelhaftem Zustrom); Vorsicht ist bei größerer Volumenzufuhr zur Erzielung eines hinreichenden Blutdrucks und (postoperativ) nachlassender Regionalanästhesie geboten (Volumenumverteilung, bei eingeschränkter LV-Funktion Gefahr von Lungenödem und globaler Dekompensation).

3) *Lange Operationszeiten, Auskühlen und häufige Rückenschmerzen der Patienten* sowie eine u. U. unvollständige motorische Blockade erfordern nicht selten die adjuvante (Analgo)sedierung der Patienten (Cave: bei Gefäßpatienten häufiger paradoxe Reaktionen).

4) Altersbedingt erschwerte lumbale Punktionen bei *erhöhtem intra- und postoperativen Blutungsrisiko* (intermittierende, nachfolgend kontinuierliche intravenöse Heparinapplikation, evtl. Restwirkung oder erneute perioperative Gabe von Cumarinen, ASS, Prostaglandinen etc.); Notwendigkeit der Katheterentfernung unter nicht vollständig abzusetzender Antikoagulation, bei Unruhe auch häufig akzidentelles Entfernen des Katheters.

5) Bei hinreichender Durchblutung mäßige postoperativer Schmerzintensität (hinreichende Alternativen, insbesondere unter Berücksichtigung der Risiko/Nutzen-Abwägung), umstrittene Erschwernis der rechtzeitigen und eindeutigen Diagnostizierbarkeit postoperativer Minderdurchblutung/Bypassverschlüsse – demgegenüber jedoch *bessere Analgesie bei Ischämie sowie bis zur (wiederholten) Revision,* wahrscheinlich geringere Schmerzbahnung und im Falle der Amputation *geringere Inzidenz von Phantomschmerzen.*

Die in neueren Untersuchungen (zum wiederholten Mal) *angenommene erhöhte Offenheitsrate nach Bypassoperationen* (evtl. auch aufgrund gerinnungsphysiologischer Unterschiede zwischen Regionalanästhesie und Allgemeinanästhesie) ist u.E. nicht hinreichend belegt; zu berücksichtigen sind hier die Vielzahl von Einflußgrößen (Ausmaß der AVK/pAVK, Venenstatus, operative Techniken einschließlich Läsionen, perioperative Antikoagulation etc.), welche bei kaum hinreichender Erfassung dieser Variablen immense Fallzahlen zur Sicherung etwaiger Aussagen erfordern würden (vgl. methodische Bedenken/Kontroversen zur Verringerung des postspinalen Kopfschmerzes).

Anästhesie bei Thrombektomie tiefer Venenthrombosen

Patientengut und perioperative Komplikationen sind bei diesem gefäßchirurgischen Eingriff grundlegend anderer Natur, letztere aber nicht minder vital bedrohlich, weshalb abschließend auch auf diesen Eingriff eingegangen werden soll.

Bei den vergleichsweise jungen, vorwiegend weiblichen Patienten steht bei bekannter Ätiologie (Antikonzeptiva, Rauchen, Adipositas, Trauma, Immobilisation, ggf. unzureichende postoperative Heparinisierung) die Frage einer *präoperativ aufgetretenen Lungenembolie* (klinische Anamnese, Angiographie, Szintigraphie) sowie der *intraoperativen Embolisationsgefahr* (bei Eingriff proximal des Leistenbandes) im Vordergrund. In beiden Fällen sehen wir aus diagnostischen und potentiell therapeutischen Gründen die Indikation zur Anlage eines PA-Katheters gegeben.

Entsprechend der *permanenten* Embolisationsgefahr sind eine äußerst vorsichtige Vorgehensweise angezeigt (kein aktives Bewegen der betroffenen Extremität, keine Anheben über Herzhöhe) und *Maßnahmen zur Verminderung des venösen Rückstroms* (Anti-Trendelenburg-Lage, hoher PEEP) wahrscheinlich von prohylaktischem Nutzen (soweit bekannt wissenschaftlich nicht hinreichend belegt).

Intraoperativ sind die folgenden Besonderheiten und (differential)diagnostischen Erwägungen zu beachten:

1) Bei proximal der Inzision bestehender Thrombose wird mit dem i. allg. eingeführten Blockadekatheter der *venöse Rückfluß zum Herzen erheblich reduziert* (V.-cava-Okklusion), wodurch ein akuter *exspiratorischer CO_2-Abfall* eintritt, der *nicht* als Zeichen einer Lungenembolie fehlinterpretiert werden darf!
2) Durch den *häufig perakuten Blutverlust* während des (mit einem zweiten Katheter durchgeführten) Thrombektomiemanövers kommt es bei ohnehin schon kompromittiertem venösem Rückstrom (s. oben) oft zu einem erheblichen, temporär auch behandlungspflichtigen Blutdruckabfall (Volumen- und ggf. Vasopressorgabe).
3) In dieser tachykarden, hypotonen und hypokapnischen Situation ist die sichere Diagnose selbst einer ausgeprägten Lungenembolie (z.B. Thrombembolie bei Vorschieben des Blockadekatheters, unzureichende Okklusionswirkung, Embolisation adhärenter Thromben nach Entfernen des Blockadekatheters) nur mit großer Erfahrung möglich; *Hinweise auf eine Lungenembolie* sind ein sich *nicht* proportional zur Systemkreislaufdepression verhaltender Pulmonalarteriendruck (eindeutig bei *PAP-Anstieg/PAOP-Abfall* (!), demgegenüber *CVP-Erhöhung erst bei deutlicher Rechtsherzbelastung/-dekompensation;* Cave: Fehlinterpretation bei Änderungen durch Vasopressorgabe), ein (nach Steady state) *abfallender arterieller pO_2 sowie SpO_2, letztere Variable ist allerdings nur bei normoxischen Gasgemischen hinreichend empfindlich,* sowie schließlich eine Zunahme des arteriell-alveolären pCO_2-Gradienten (u. U. einsetzende Spontanatmung des Patienten bei endexspiratorischer „Normoventilation"). *Unspezifische Zeichen* einer Lungenembolie können das Auftreten von v-Wellen auf der Venendruckkurve, Rhythmusstörungen, Rechtsherzbelastungs- und bei fluminanter Embolie Ischämiezeichen im EKG sein (s. unten).

4) Nach Thrombektomie und Freigabe des venösen Rückflusses sowie in der postoperativen Phase muß neben etwaigen Zeichen einer Embolie von Restthromben zusätzlich auf Anhaltspunkte eines *(bilanzmäßig) unklaren Volumenmangels durch innere Blutung* geachtet werden (v. a. retroperitoneale Blutung durch Perforation V. iliaca, V. cava oder Abgänge).

Insgesamt sollen bei bis zu 10 % aller Thrombektomien postoperativ neue Lungenembolien nachweisbar sein (größte Empfindlichkeit hat die Ventilations-Perfusions-Szintigraphie), von denen jedoch nur ein geringer Anteil hämodynamisch erkennbar ist. Sollte dennoch aufgrund der aufgetretenen klinischen Symptome oder deren Progredienz Sicherheit über eine stattgehabte, massive Lungenembolie bestehen [4], so sind folgende Maßnahmen einzuleiten:

1) *Vorrang hat die ausreichende Oxygenierung sowie die Verbesserung der pulmonalen und koronaren Zirkulation;* aufgrund der bei fulminanten Embolien (Verlegung >70 % des pulmonalen Gefäßsystems) maximalen rechtsventrikulären Druckanstiege *bei gleichzeitig* eingeschränktem linksventrikulärem Auswurf ist die Koronarperfusion des ohnehin nicht ausreichend druckadaptierten rechten Herzens vital gefährdet (unzureichender Druckgradient Aorta-RV), weshalb die *Gefahr eines perakuten, in dieser Situation u. U. innerhalb von Minuten letalen Rechtsherzinfarktes* besteht (Rhythmusstörungen, Ischämiezeichen, s. oben). Erstes Ziel ist daher die *Anhebung des aortalen Mitteldrucks,* die bei fulminanter Lungenembolie *keinesfalls* durch Volumengabe, sondern durch hochdosierte Vasopressorgabe erfolgen sollte; hierbei hat sich ausschließlich die *Anwendung von Noradrenalin* als hinreichend wirksam und prognostisch günstig erwiesen.

2) Sollte auf diese Weise nicht innerhalb weniger Minuten eine ausreichende Koronarperfusion zu erreichen sein *[Abschätzung anhand der pulmonalen Druckwerte bzw. Differenz AP-RVP(PAP), Rückbildung Ischämiezeichen],* sind *verschiedene Versuche zur partiellen Rekanalisierung* (proximaler PA-Abschnitte) durch Verschiebung und/oder Verkleinerung der Thrombusmasse indiziert: *extrakorporale Herzmassage* (aufgrund des überfüllten rechten Ventrikels relativ effektiv), *Katheterfragmentierung* mit speziellen Angiographiekathetern (unter Bildwandlerkontrolle) sowie letztlich auch eine *pulmonale Embolektomie* (Operation nach Trendelenburg). Wichtig ist, daß derartige Maßnahmen frühzeitig vor Auftreten eines Rechtsherzinfarktes einsetzen; sie greifen synergistisch durch rechtsventrikuläre Nachlastsenkung und nachfolgend linksventrikuläre Auswurferhöhung, hierdurch werden zusätzlich Thrombusanteile in die Peripherie gepreßt und proximale pulmonale Stromabschnitte freigegeben (auch nach alleiniger Druckerhöhung durch Noradrenalin beobachtet).

3) *Einleitung einer Lysebehandlung* (nach Absprache mit dem Operateur), sofern keine absolute Kontraindikation oder mangelnde Aussicht auf Erfolg besteht (alte bzw. überwiegend alte Thrombusanteile, Tumormasse mit nur partieller Thrombusanlagerung, z.B. Hypernephrom); Problem ist, daß die Lyse erst nach einer *Latenzzeit von über einer Stunde* hämodynamisch wirksam wird und bis zu diesem Zeitpunkt auf o.a. Art und Weise Kreislauf und Oxygenierung aufrechterhalten werden müssen. Erfahrungen mit rekombinantem Gewebeplasminogenaktivator (rt-PA) haben gezeigt, daß eine effektive intraoperative Lyse lebensbedrohlicher Lungenembolien möglich ist (Thrombus nicht älter als 10–14 Tage) *und bei moderaten Dosen das Blutungsrisiko vertretbar bleibt* (derzeitige Empfehlung zur Dosierung von rt-PA: Bolus <10 mg, Erhaltungsdosis <10 mg/h bis Eintritt einer pulmonalarteriellen Drucksenkung [!], Latenzzeit kaum dosisabhängig; ausreichende Heparinisierung beachten [5]).

4) Nach ausgeprägten präoperativen Embolien (Cave: bei bereits deutlich erhöhten PA-Drücken minimale Toleranz gegenüber zusätzlicher intraoperativer Emboli-

sation) sowie bei intraoperativ weniger fulminant abgelaufen Embolisationen muß bei der Indikationsstellung zur Lyse auch berücksichtigt werden, daß *chronisch* deutlich erhöhte rechtsventrikuläre Drucke – trotz chirurgischer Sanierung der Embolisationquelle – zu einer signifikanten Verkürzung der Lebenserwartung der Patienten führen.

Zusammenfassend kann für alle dargestellten gefäßchirurgischen Eingriffe gelten, daß die besonderen Anforderungen an die anästhesiologische Versorgung mehr als in anderen operativen Bereichen durch die Anzahl und das Ausmaß der nicht selten unzureichend vorbehandelten Begleiterkrankungen sowie die perakuten intraoperativen hämodynamischen Änderungen gekennzeichnet sind; letztere führen zur *gegenseitigen* Beeinflussung der operativen wie auch anästhesiologischen Maßnahmen zuzuordnenden Morbidität und Letalität.

Literatur

1. Biebuyck JF (1995) The pathophysiology of aortic cross-clamping and unclamping. Anesthesiology 82: 1026–1060
2. Cunningham AJ (1992) Aortic disease, carotid artery disease, and peripheral arterial disease. Curr Opin Anesthesiol 5: 34–48
3. Gelman S (1993) General versus regional anesthesia for peripheral vascular surgery (editorial). Anesthesiology 79: 415–418
4. Hopf HB, Tarnow J (1992) Deep vein thrombosis and pulmonary embolism. Curr Opin Anesthesiol 5: 49–52
5. Hopf HB, Floßdorf T, Breulmann M (1992) Rekombinanter Gewebeplasminogenaktivator (rt-PA) zur Thrombolyse lebensbedrohlicher Lungenembolien in der perioperativen Phase. Intensivmed Notfallmed 29: 281–287
6. Kaplan JA (1991) (ed) Vascular anesthesia. Churchill Livingstone, New York Edinburgh
7. Knight AA, Hollenberg M, London MJ, Tubau J, Verrier E, Browner W, Mangano DT and the SPI Research Group (1988) Perioperative myocardial ischemia: importance of the preoperative ischemic pattern. Anesthesiology 68: 681–688
8. Maille JG, Boulanger M, Dyrda I, Tremblay N (1986) Anaesthesia and myocardial infarction. Can Anaesth Soc J 33: 808–819
9. Mainzer B, Stühmeier KD (1994) Anästhesia for aortic aneurysm repair – review of current practice and outlook. VIIIth European Congress for Vascular Surgery. Eur J Vasc Surg (in press)
10. Murdoch J, Hall R (1990) Brain protection: physiological and pharmacological considerations. Part I & II: the physiology of brain injury. Can J Anaesth 37: 663–671, 762–777
11. Mangano DT, Browner WS, Hollenberg M, Londen MJ, Tubman JF, Tateo IM and the SPI Research Group. (1990) Association of perioperative myocardial ischemia with cardiac mortality and morbidity in men undergoing non-cardiac surgery. N Engl J Med 327: 1781–1788
12. Novis BK, Roizen MF, Solomon A, Thisted RA (1994) Association of preoperative risk factors with postoperative acute renal failure. Anesth Analg 78: 143–149
13. Raby KE, Goldman L, Creager MA, Cook EF, Wasberg MC, Whittemore AD, Selwyn N (1989) Correlation between preoperative ischemia and major cardiac events after peripheral vascular surgery. N Engl J Med 321: 1296–1300
14. Roizen MF (1990) (ed) Anesthesia for vascular surgery. Churchill Livingstone, New York Edinburgh
15. Roizen MF (1991) Can the anesthesiologist reduce myocardial morbidity after vascular surgery? (Editorial). J Cardiothorac Vasc Anesth 5: 424
16. Sanchez R, Wee M (1991) Perioperative myocardial ischemia: early diagnosis using the pulmonary catheter. J Cardiothorac Vasc Anesth 5: 604–607
17. Shenaq SA (1992) Anesthesia for throracic aortic aneurysms. Curr Opin Anesthesiol 5: 62–67
18. Shenaq SA, Svensson LG (1993) Paraplegia following aortic surgery. J Cardiothorac Vasc Anesth 7: 81–94
19. Stühmeier KD, Mainzer B, Poppelen R van, Rossaint R, Kniemeyer HW, Sandmann W (1987) Bauchaortenaneurysma – ist eine konservative Haltung noch gerechtfertigt? Dtsch Med Wochenschr 112: 1930–1935

20. Stühmeier KD, Mainzer B, Sandmann W, Tarnow J (1992) Isoflurane does not increase the incidence of intraoperative myocardial ischaemia compared to Halothane during vascular surgery. Br J Anaesth 69: 602–606

21. Stühmeier KD, Beckmann J, Buhl RW (1992) Inzidenz und potentielle Ursachen von Myokardischämien in der frühen postoperativen Phase nach Aorteneingriffen. Anaesthesist 41[Suppl I]: 196

22. Pasternack PF, Grossi EA, Baumann FG et al. (1989) The value of silent myocardial ischemia monitoring in the prediction of perioperative myocardial infarction in patients undergoing peripheral vascular surgery. J Vasc Surg 10: 617–625

Intraoperative pulmonale Komplikationen

H. Mang

Häufigkeit

Im Gegensatz zur Einleitungs- und Aufwachphase sind intraoperative pulmonale Komplikationen selten [1, 2, 14]. Ihre Inzidenz wird mit 1:100,000 [3, 5] bis 1:100 [4] angegeben. Die allgemeine Verfügbarkeit von Pulsoxymetern hat dazu geführt, daß pulmonale Komplikationen heute früher und damit auch häufiger diagnostiziert werden [11]. Andererseits sind Komplikationen aufgrund von Gerätefehlfunktionen und menschlichem Versagen seltener geworden [6, 7]. Die Gründe dafür liegen in den immer ausgereifteren Konstruktionen der Narkose- und Überwachungsgeräte und wohl auch in den verbesserten Arbeitsbedingungen für Anästhesisten.

Definition

Komplikationen sind unerwartete und unerwünschte Ereignisse, die zu therapeutischen Maßnahmen führen und Morbidität oder Mortalität verursachen oder verursachen können. Pulmonale Komplikationen lassen sich relativ einfach vom Ergebnis her definieren als Hypoxämie (arterielle O_2-Sättigung des Hämoglobins ($<90\%$) oder Hypoventilation (arterieller CO_2-Partialdruck $>45\,mm\,Hg$ oder $>50\,mm\,Hg$) [10, 12].

Diagnostik

Eine Reihe von Problemen, die von der Respiratorfehlfunktion über eine ungenügende Narkosetiefe oder Relaxation bis zur Atemwegsobstruktion reicht, läßt sich mittels Handbeatmung erkennen. Probleme mit der Ventilation des Patienten lassen sich mit Ausnahme banaler Fälle, in denen der klinische Blick genügt (offensichtliche Diskonnektion oder Tubusabknickung), am sichersten mit dem Stethoskop, der Kapnographie und einer Blutgasanalyse (in dieser Reihenfolge!) abklären. Oxygenierungsprobleme werden zwar mit dem Pulsoxymeter schnell erkannt, sind aber differentialdiagnostisch schwieriger einzukreisen und müssen deshalb oft zunächst mit einer Erhöhung der inspiratorischen O_2-Konzentration und des mittleren Atemwegsdrucks symptomatisch behandelt werden [9]. Die korrekte Lage des Trachealtubus sollte mit dem Laryngoskop („tief genug?") und dem flexiblen Bronchoskop („zu tief?") kontrolliert werden.

Aspiration, Bronchospasmus und Permeabilitätslungenödem

Intraoperativ kommen Regurgitation und pulmonale Aspiration von Mageninhalt relativ selten vor. Prinzipiell ist dies bei Maskennarkosen am leichtesten möglich, aber auch intubierte Patienten sind dieser Gefahr ausgesetzt. Zum einen sind dies Patienten mit ungeblocktem Trachealtubus (meist Kinder) und zum anderen diejenigen, die bei tiefer Inspiration regurgitierten oder erbrochenen Mageninhalt am geblockten Tubus vorbei in die Lunge saugen.

Der gesamte Respirationstrakt ist mit Epithel ausgekleidet, die Atemwege überwiegend mit Flimmerepithel, die Alveolen mit dem von den Pneumozyten I gebildeten Alveolarepithel. Die Aspiration von saurem oder nichtsaurem Magensaft mit oder ohne feste saure oder nichtsaure Bestandteile schädigt sowohl die Bronchialschleimhaut als auch die alveolokapilläre Membran. Der pH-Wert und die Menge des Aspirats beeinflussen die Schwere des Krankheitsbildes und unter Umständen auch den Verlauf. Die schädigende Wirkung betrifft prinzipiell immer die 3 Strukturen Bronchien, Alveolen und Lungenkapillaren. Daraus ergibt sich die klinische Symptomatik mit Bronchospasmus und Permeabilitäts-Lungenödem.

Unmittelbare Folgen sind Atelektasen und eine Verschlechterung des Gasaustausches innerhalb weniger Minuten. Die Sequestration von Flüssigkeit in das Lungeninterstitium und eine akute pulmonale Hypertonie können zu Schock und Kreislaufversagen führen. Da die Verteilung flüssigen Aspirats in der Lunge in 10–20 s abgeschlossen ist, ergibt sich kein Vorteil für die bronchoskopische Absaugung gegenüber der blinden Absaugung. Die Bronchoskopie ist jedoch indiziert, wenn es um die Lokalisation und Entfernung fester Partikel aus dem Tracheobronchialbaum geht. Eine kontrollierte Beatmung mit Sauerstoff, PEEP und einem definierten Atemmuster ist selbstverständlich.

Wegen des wesentlich geringeren kompressiblen Volumens und höherer Inspirationsflows sind manchmal Respiratoren vom Intensivtyp mit Gasmischer und Verdampfer (z.B. Siemens Servo Ventilator 900 D) bei schwer zu beatmenden Patienten notwendig. Bis zur Stabilisierung von Gasaustausch und Kreislauf sollte man den Patienten narkotisieren und relaxieren, um die Lunge ungestört von einer Atmung gegen den Respirator rekrutieren zu können. Eine negative Flüssigkeitsbilanz, die Minimierung des pulmonalarteriellen Verschlußdrucks und ein möglichst niedriger Wert für das extravaskuläre Lungenwasser sind Faktoren, die erwiesenermaßen das Outcome beim Permeabilitätslungenödem verbessern.

Bronchospasmolytika der ersten Wahl sind β_2-Mimetika per inhalationem. Problematisch sind weithin fehlende Applikationshilfen für den Einsatz von Dosieraerosolen bei intubierten Patienten. Deshalb werden häufig primär eingesetzt:

– Bricanyl (Terbutalin) 1–4 mal 0,25 mg s.c.
– Bronchospasmin (Reproterol) 1 mal 0,09 mg langsam i.v.
– Salbulair (Salbutamol) 0,5 mg i.m. oder 0,25 mg i.v. und
  als Perfusor mit 0,3 bis 1,5 mg/h
– Bronchoparat (Theophyllin) 3 mg/kg KG i.v. und als
  Perfusor mit 10 mg/kg KG/d (Cave Herzrhythmusstörungen im
  Zusammenhang mit Halothaninhalation!)
– Ketamin als Perfusor mit 20 µg/kg KG/min

Barotrauma, Pneumothorax und Spannungspneumothorax

Die Inzidenz des iatrogenen Pneumothorax hat in den letzten Jahrzehnten aufgrund invasiver Techniken wie Subklaviakatheter, maschinelle Beatmung und Laparoskopie zugenommen. Unter Lachgasinhalation und Beatmung entsteht aus einem Pneumothorax leicht ein Spannungspneumothorax, der unbehandelt rasch zum tödlichen Herz-Kreislauf-Versagen führt. Die Kenntnis und das Verständnis der Pathophysiologie des Pneumothorax erlauben eine rechtzeitige und aggressive Therapie dieser potentiell letalen Komplikation.

Grundsätzlich lassen sich 3 Entstehungsweisen eines Pneumothorax unterscheiden [8]:

- Intrapulmonale Ruptur einer Alveole, perivaskuläre Dissektion zum Lungenhilus und Ruptur der mediastinalen Pleura, z.B. Barotrauma, Lungenemphysem, einschmelzende Pneumonie, Husten gegen verschlossenen Atemweg;
- Ruptur der viszeralen Pleura, z.B. Mediastinoskopie, Tracheotomie, Plexus-brachialis-Blockade, Subklaviakatheter, Stellatumblockade, ventrikulo-peritonealer Shunt, Ruptur einer subpleuralen Emphysemblase, Rippenfraktur, Interkostalblockade, Lungen-, Leber-, Nierenbiopsie, Adrenalektomie, Nephrektomie, Splenektomie, Laparoskopie;
- Ruptur der parietalen Pleura, z.B. Ösophagusperforation oder -ruptur, Hypopharynxverletzung bei der Laryngoskopie, radikale Neck-dissection, Tracheotomie, Thyreoidektomie, penetrierendes Thoraxtrauma, offene Thoraxdrainage, offene Pleurapunktion, Laparoskopie und Pneumoperitoneum, Adrenalektomie, Nephrektomie, Splenektomie.

Sobald sich der Verdacht auf einen Pneumothorax ergibt, soll der Patient Sauerstoff erhalten. Sauerstoff ist nicht nur das Medikament zur Behandlung einer Hypoxämie, er verkleinert auch extraalveoläre Gasansammlungen durch Auswaschung von Lachgas und Luftstickstoff. Außerdem wird Sauerstoff im Gewebe leichter resorbiert als Lachgas oder Stickstoff. Im übrigen werden alle Pneumothoraces, die klinische Symptome verursachen, mit Saugungen drainiert.

Hydrostatisches Lungenödem und Lungenembolie

Nach schneller Entlastung eines großen oder länger als ein paar Tagen bestehenden Pneumothorax kommt es gelegentlich zu einem Lungenödem, dem sog. Reexpansionslungenödem [16]. Das hydrostatische Lungenödem ist eine wichtige Differentialdiagnose zum Bronchospasmus, weil der Anstieg des Atemwegswiderstands und der Auskultationsbefund ähnlich sein können, die Therapie aber durchaus entgegengesetzt ist: Während beim hydrostatischen Lungenödem Diuretika helfen, benötigt der bronchospastische Patient oft Flüssigkeit zur Auffüllung seines Intravasalraumes.

Intraoperative Embolien in die pulmonalarterielle Strombahn können aus Thromben, Fett, Luft, Tumorgewebe, Fremdkörpern usw. bestehen. Eine Lungenembolie ist natürlich keine rein pulmonale Komplikation mehr, sondern eine kardiopulmonale, die zu Hypoxämie, Hyperkapnie und akuter Rechtsherzbelastung führt. Neben dem Versuch, die Embolisation zu stoppen, werden reiner Sauerstoff und α-mimetische Katecholamine zur Steigerung des rechtsventrikulären koronaren Perfusionsdrucks gegeben [15]. Bei neurochirurgischen Eingriffen im Sitzen und bei Nephrektomien mit Tumorausbreitung in die V. renalis oder V. cava wird man mit einer Lungenembolie rechnen und u.U. sogar mit einem transösophagealen Echokardiographiegerät gerüstet sein. Regelmäßig sind Luftembolien bei den häufig durchgeführten Totalendoprothesen des Hüftgelenks und Strumektomien zu beobachten. Hier hat sich als Frühwarnsystem die bei den meisten intraoperativen pulmonalen Komplikationen nützliche Kapnographie bewährt [13].

Literatur

1. Caplan RA, Posner KL, Ward RJ, Cheney FW (1990) Adverse respiratory events in anesthesia: A closed claims analysis. Anesthesiology 72: 828–833
2. Cheney FW, Posner KL, Caplan RA (1991) Adverse respiratory events infrequently leading to malpractice suits. Anesthesiology 75: 932–939
3. Chopra V, Bovill JG, Spierdijk J (1990) Accidents, near accidents and complications during anaesthesia. A retrospective analysis of a 10-year period in a teaching hospital. Anaesthesia 45: 3–6
4. Cohen MM, Duncan PG, Pope WDB, Wolkenstein C (1986) A survey of 112,000 anaesthetics at one teaching hospital (1975–83). Can Anaesth Soc J 33: 22–31
5. Cooper AL, Leigh JM, Tring IC (1989) Admissions to the intensive care unit after complications of anaesthetic techniques over 10 years. Anaesthesia 44: 953–958
6. Cooper JB, Newbower RS, Kitz RJ (1984) An analysis of major errors and equipment failures in anesthesia management: Considerations for prevention and detection. Anesthesiology 60: 34–42
7. Craig J, Wilson ME (1981) A survey of anaesthetic misadventures. Anaesthesia 36: 933–936
8. Denlinger KJ (1996) Pneumothorax. In: Gravenstein N, Kirby RR (eds) Complications in anesthesiology, 2nd edn. Lippincott, Philadelphia/PA und Raven, New York, pp 241–250
9. Don H (1996) Hypoxemia and hypercapnia during and after anesthesia. In: Gravenstein N, Kirby RR (eds) Complications in anesthesiology, 2nd edn. Lippincott, Philadelphia/PA und Raven, New York, pp 251–270
10. Moller JT, Pedersen T, Rasmussen LS, Jensen PF et al. (1993) Randomized evaluation of pulse oximetry in 20,802 patients: I. Perioperative events and postoperative complications. Anesthesiology 78: 436–444
11. Moller JT, Johanessen NW, Espersen K, Ravlo O et al. (1993) Randomized evaluation of pulse oximetry in 20,802 patients: II. Perioperative events and postoperative complications. Anesthesiology 78: 445–453
12. Rose DK, Cohen MM, Wigglesworth DF, DeBoer DP (1994) Critical respiratory events in the postanesthesia care unit. Anesthesiology 81: 410–418
13. Tinker JH, Dull DL, Caplan RA, Ward RJ, Cheney FW (1989) Role of monitoring devices in prevention of anesthetic mishaps: A closed claims analysis. Anesthesiology 71: 541–546
14. Tiret L, Hatton F (1986) Complications associated with anaesthesia – a prospective survey in France. Can Anaesth Soc J 33: 336–344
15. Vlahakes GJ, Turlez K, Hoffman JIE (1981) The pathophysiology of failure in acute right ventricular hypertension: Hemodynamic and biochemical correlations. Circulation 63: 87–95
16. Waqaruddin M, Bernstein A (1975) Re-expansion pulmonary oedema. Thorax 30: 54–60

Nutzen und Gefahren des Pulmonalarterienkatheters

J. RATHGEBER

Seit seiner Einführung in die klinische Routine Anfang der 70er Jahre durch Swan u. Ganz besitzt der Pulmonalarterienkatheter (PA-Katheter) bei der Überwachung kardiocirkulatorischer Parameter einen festen Stellenwert. Die hierdurch eröffneten Möglichkeiten des erweiterten hämodynamischen Monitorings werden inzwischen sowohl im anästhesiologischen als auch im intensivmedizinischen Bereich in einem Maße genutzt, daß kritische Stimmen – auch angesichts des zunehmenden Kostendrucks – vor einem allzu leichtfertigen und geradezu kultischem Gebrauch warnen, zumal der wissenschaftliche Nachweis aussteht, daß durch den Einsatz des PA-Katheters eine Senkung der Morbidität oder Letalität („outcome") erzielt werden kann [12, 15, 18]. Inwieweit ein Meßverfahren diese Ziele überhaupt erfüllen kann, bleibt allerdings fraglich, zumal es wohl sicher ist, daß ein entsprechender Beweis aus statistischen, ethischen und medizinischen Gründen kaum vorgelegt werden kann. Unbestritten ist jedoch, daß die Interpretation pathophysiologischer Veränderungen des kardiorespiratorischen Systems und damit die Diagnose und Therapie kritisch kranker Patienten durch die Bestimmung zusätzlicher hämodynamischer Parameter erleichtert wird (Übersicht bei [16]). Unbestritten ist auch, daß die routinemäßige Verwendung von PA-Kathetern bei kritisch Kranken einen erheblichen pathophysiologischen Kenntnisgewinn mit sich bringt, von dem der erfahrene Kliniker auch ohne das Einlegen eines Katheters profitiert.

In den letzten Jahren hat der PA-Katheter zahlreiche Verbesserungen und Erweiterungen erfahren. Neben dem kontinuierlichen Druckmonitoring (pulmonalarterieller und zentralvenöser Druck) sind heute die kontinuierliche Überwachung der gemischtvenösen Sättigung SvO_2 und des Herzzeitvolumens HZV, die Bestimmung der rechtsventrikulären Ejektionsfraktion (RVEF) sowie externes Pacing möglich [1, 2, 6].

Herzzeitvolumenbestimmung

Die vom Herzen ausgeworfene Blutmenge ist eine der wichtigsten kreislaufphysiologischen Meßgrößen. Mit Hilfe der heute üblichen Thermistorkatheter kann nach Injektion eines Kältebolus definierter Menge das Herzzeitvolumen nach der Indikatorverdünnungsmethode mit einem Meßfehler von im Mittel 10 % ermittelt werden, so daß die Thermodilutionsmethode immer noch als das zuverlässigste Verfahren zur Messung des Herzzeitvolumens gilt:

$$HZV = k\ V_I\ (T_B - T_I) / \int T_B\ (t)\ dt,$$

wobei k die Systemkonstante ist, V_I das Injektatvolumen, T_B die Bluttemperatur vor Injektion, T_I die Injektattemperatur. Im Nenner steht das Flächenintegral der durch den Kältebolus hervorgerufenen Temperaturänderung des Blutvolumens. Der Meßfehler ist vergleichsweise gering gegenüber den Meßwertschwankungen von ± 25 % aufgrund atemabhängiger zyklischer Veränderungen des Herzzeitvolumens [7]. Einzelmessungen oder atemsynchrone repetitive Messungen haben demnach u.U. eine erhebliche Fehleinschätzung des Herzzeitvolumens zur Folge. So weisen endexspiratorische Messungen zwar die geringste Streuung auf, führen jedoch beim beatmeten Patienten zur Überschätzung des Herzzeitvolumens [21, 21]. Zur Vermeidung systematischer Fehler hat sich in der klinischen Praxis die Mittelung von 3 willkürlich innerhalb des Atemzyklus durchgeführten HZV-Messungen durchgesetzt. Die Berechnung und korrekte Interpretation des HZV und der daraus abgeleiteten Größen setzt darüber hinaus stabile Bedingungen voraus, die bei bestimmten Bedingungen nicht erfüllt sind (s. nachfolgende Übersicht).

- *Technische Ursachen*
    - Injektatverlust, z. B. Undichtigkeiten im System,
    - zu geringer Signal-Rausch-Abstand durch zu warmes Injektat,
    - zu langsame Injektionsgeschwindigkeit,
    - inhomogene Injektion,
    - falsche Katheterlage,
    - zu geringe Zahl von Einzelmessungen.
- *Kardiale Ursachen*
    - Regurgitation bei Klappeninsuffizienz (keine gerichtete Indikatorverteilung),
    - intrakardiale Shunts (Indikatorverlust),
    - Tachyarrhythmia absoluta (keine homogene Indikatormischung),
    - Sinustachykardie 140/min (unzureichende Indikatormischung).

Neueste Entwicklung bei PA-Kathetern eröffnen die Möglichkeit zur kontinuierlichen Messung des HZV. Über ein integriertes Heizelement wird Wärme abgegeben, die Temperaturdifferenz wird distal erfaßt und als eine modifizierte Indikatorverdünnungsmethode computergestützt als HZV erfaßt. Neben den Vorteilen der On-line-Registrierung des HZV entfallen methodische sowie anwenderbedingte Probleme der Single-shot-Messung, so daß dieses Verfahren für die Zukunft sehr vielversprechend erscheint.

Rechtsventrikuläre Ejektionsfraktion

Durch Verwendung von neuartigen PA-Kathetern mit Thermistoren mit schneller Ansprechzeit (50–100 ms gegenüber ca. 1000 ms herkömmlicher Thermistoren) ist die Bestimmung der Auswurffraktion des rechten Herzens (RVEF) und damit eine Aussage über die rechtsventrikuläre Funktion möglich. Voraussetzung ist, daß die diastolischen Plateaus der exponentiell verlaufenden Kälteverdünnungskurve erfaßt werden:

RVEF = EDV – ESV / EDV = SV / EDV
(*EDV* enddiastolisches Ventrikelvolumen, *ESV* endsystolisches Ventrikelvolumen, *SV* Schlagvolumen)

Die Validität dieser Methode im Vergleich zu anderen Verfahren, wie z.B. der Angiographie oder nuklearmedizinischen Techniken, ist ausreichend belegt, sofern keine Trikuspidalinsuffizienz oder Rhythmusstörungen vorliegen. RVEF-Werte zwischen 40 und 50 % können hierbei noch als normal angesehen werden, während Werte unterhalb von 35 % als Zeichen der eingeschränkten rechtsventrikulären Funktion gedeutet werden müssen. Wichtig ist, daß Änderungen und Trends über einen längeren Beobachtungszeitraum von erheblich größerer Bedeutung sind als Absolutwerte von Einzelmessungen.

Ob sich die Methode in der klinischen Routine durchsetzen wird, bleibt abzuwarten. Zur Zeit ist die Durchführung der Messungen nur mit Hilfe eines zusätzlichen Monitors möglich.

Druckmonitoring

Der PA-Katheter erfaßt neben dem zentralvenösen Druck (CVP) die Drücke im rechten Ventrikel (RV), in der Pulmonalarterie (PA) sowie den pulmonalarteriellen („pulmonalkapillären") Okklusionsdruck (PAOP) oder „Wedgedruck" (PCWP). Hieraus können weitere Aussagen über die Funktion des linken Herzen abgeleitet werden (Tabelle 1).

Tabelle 1. Normwerte beim PA-Kathetermonitoring (beatmete Patienten). Index: Werte bezogen auf die Körperoberfläche (BSA). Bei normaler Hämodynamik gelten folgende Verknüpfungen ($\approx$ näherungsweise, ∞ proportional, $=$ identisch):

$CVP \approx LAP \approx PCWP \approx PA_{diast}$
$PA_{diast} \approx PCWP$
$LAP \approx LVEDP$
$LVDEP \infty LVEDV$
$LV\ output = RV\ output$

	Formel	Bereich
ZVD/CVP (zentraler Venendruck)		1–10 mm Hg
RAP (rechter Vorhofdruck)		–1–+8 mm Hg
$RV_{syst/diast}$ (rechtsventrikulärer Druck syst./diast.)		15–30/0–8 mm Hg
$PA_{syst/diast}$ (systolischer/diastolischer pulmonal arterieller Druck)		15–30/5–15 mm Hg
PA_{mean} (pulmonalarterieller Mitteldruck)		10–25 mm Hg
PCWP/PAOP (pulmonalkapillärer Okklusionsdruck)		5–15 mm Hg
LAP (linker Vorhofdruck)		4–12 mm Hg
LVEDP (linksventrikulärer enddiastolischer Druck		4–12 mm Hg
HZV/CO (Herzzeitvolumen/cardiac output) (70 kgKG, m)		5–7 l/min
CI (cardiac index)	CO/BSA	2,8–4,2 l/min/m^2
SV (Schlagvolumen)	CO/HF	60–90 ml
SI (Schlagvolumenindex)	SV/BSA	40–65 ml
intrapulmonaler Rechts-links-Shunt (Qs/Qt)		< 10 %
SvO_2 (gemischtvenöse O_2-Sättigung)		>70/< 80 %
SVR (peripherer Gefäßwiderstand)	SVR = (MAP – CVP)/HZV · 80	900–1500 dyn · s · cm^{-5}
PVR (pulmonalvaskulärer Widerstand)	PVR = (PAP – PCWP)/HZV · 80	150–250 dyn · s · cm^{-5}
RVSWI (rechtsventrikulärer Schlagarbeitsindex)	(1,36 PAP – CVP)/100 · SI	8–12 g · m/m^2
LVSWI (linksventrikulärer Schlagarbeitsindex)	(1,36 AP – PCWP)/100 · SI	50–80 g · m/m^2

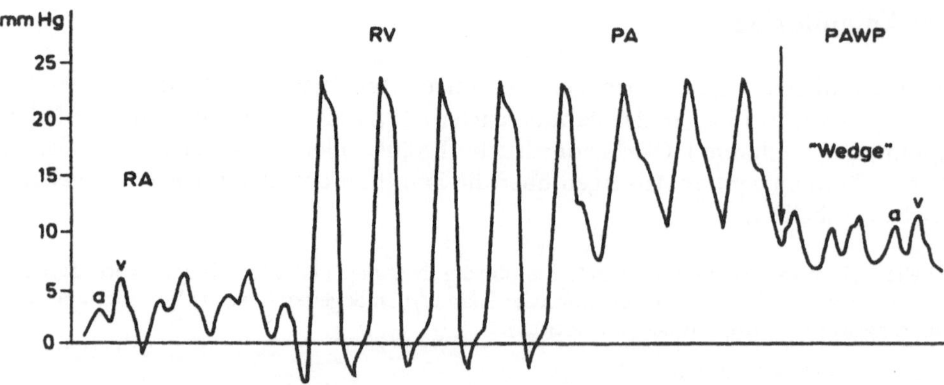

Abb. 1. Veränderungen des Druckkurvenprofils beim Einschwemmen des Pulmonalarterienkatheters (Druckregistrierung am distalen Lumen). *RA* rechter Vorhof, *RV* rechter Ventrikel, *PA* Pulmonalarterie, *PAWP* pulmonalarterieller Okklusions(wedge)druck, *a* a-Welle, *v* v-Welle

Anhand der Druckkurven beim Einschwemmen des PA-Katheters bei normaler Herz-Kreislauf- und Lungenfunktion (Abb. 1) wird deutlich, daß der enddiastolische rechtsventrikuläre Druck annähernd dem zentralvenösen Druck und der systolische RV-Druck dem systolischen PA-Druck entspricht.

Ein größerer Druckgradient zwischen systolischem RV- und PA-Druck weist auf Stenosen im Bereich der pulmonalen Ausflußbahn bzw. der Pulmonalklappe selbst hin. Der Pulmonalarterienmitteldruck ist beim Gesunden stets höher als der mittlere RV-Druck. Geringe Druckdifferenzen zwischen rechtsventrikulärem und pulmonalarteriellem Mitteldruck können bei entsprechender Klinik Ausdruck einer massiven Rechtsherzinsuffizienz sein [11, 16].

Beim Gesunden bleibt der mittlere PA-Druck auch bei Steigerung des HZV praktisch konstant, da das pulmonale Gefäßbett – anders als der Systemkreislauf – dem Blutstrom nur einen geringen Widerstand entgegensetzt. Die Höhe des Pulmonalarteriendrucks wird somit durch die Füllung des Pulmonalkreislaufs mit Blut, also durch das intrapulmonale Blutvolumen, bestimmt. Änderungen der Blutvolumenverteilung im Körper (Vasokonstriktion, Vasodilatation etc.) beeinflussen somit neben dem CVP auch den PA-Druck.

Insufflation („wedgen") des Ballons am distalen Ende des PA-Katheters schwemmt die Katheterspitze mit dem Blutstrom in Richtung Lungenperipherie bis zur Okklusion eines kleineren Pulmonalarterienastes, so daß sich der Druck in der nachgeschalteten Strombahn weitgehend unbeeinflußt vom rechten Ventrikel messen läßt. Dieser pulmonalarterielle Okklusionsdruck repräsentiert näherungsweise den linken Vorhofdruck (LAP) bzw. den enddiastolischen linksventrikulären Druck (LVEDP), da der pulmonalvaskuläre Druckgradient zum linken Vorhof und zum linken Ventrikel (in der Diastole bei geöffneter Mitralklappe) beim Gesunden nur minimal ist. Im Zweifelsfall kann die korrekte Lage der Katheterspitze in Wedge-Position durch eine Blutprobe, die arterialisiertes Blut zeigt, bestätigt werden.

Aufgrund der geringen pulmonalen Strömungswiderstände erlaubt auch der diastolische PA-Druck Aussagen zur linksventrikulären Vorlast: beim Gesunden und normaler Kreislauffunktion ist er nur geringfügig höher ist als der pulmonalarterielle Okklusions- bzw. der linke Vorhofdruck. Liegen dagegen pathologisch erhöhte pulmonalvaskuläre Widerstände vor, wie z.B. bei Patienten mit primärer pulmonaler Hypertonie, ausgeprägter COPD, ARDS, Sepsis, Lungenembolie, bei denen die Lungenstrombahn eingeengt bzw. rarefiziert ist, sind diese Voraussetzungen nicht mehr erfüllt. Der PA-Druck ist nunmehr nicht nur von der Blutfüllung abhängig, sondern auch vom pulmonalen Blutfluß. Nimmt bei diesen Patien-

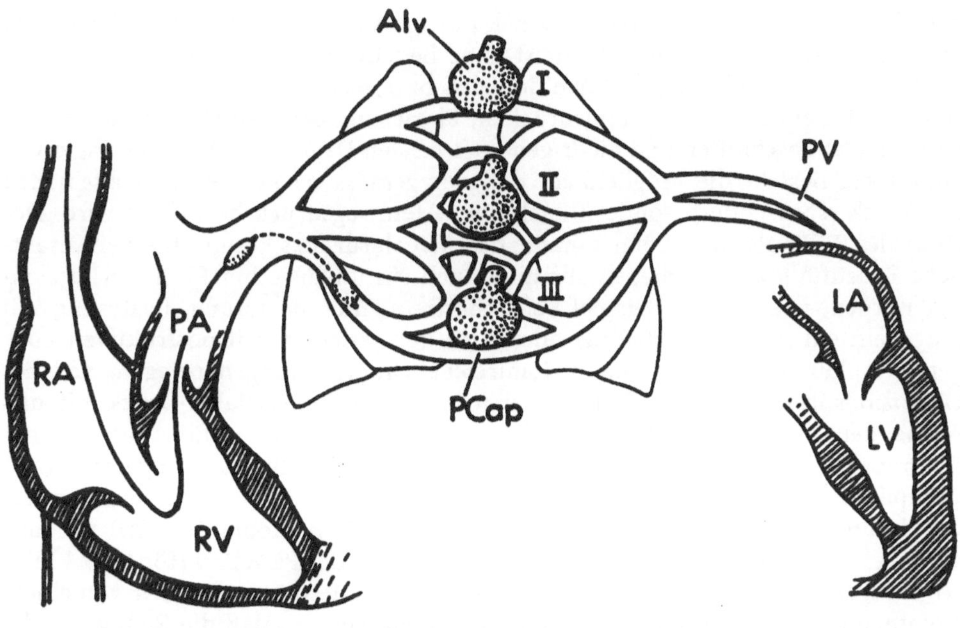

Abb. 2. Die Westsche Zoneneinteilung (Zone I bis III) zeigt die Bedeutung der Atemwegsdrücke bei der Interpretation der Meßwerte. Danach wird die Beziehung zwischen pulmonalarteriellem Druck (*PA*) und pulmonalvenösem Druck (*PV*) durch den Druck in den Alveolen (*Alv*) mit beeinflußt. *RA* rechter Vorhof, *RV* rechter Ventrikel, *PA* Pulmonalarterie, *PV* Pulmonalvene, *LA* linker Vorhof, *LV* linker Ventrikel; *PAEDP* pulmonalarterieller enddiastolischer Druck, *PAWP* pulmonalarterieller Okklusions(wedge)druck, *PVP* pulmonalvenöser Druck, *LAP* linksatrialer Druck, *LVEDP* linksventrikulärer enddiastolischer Druck.

ten das Herzminutenvolumen zu, so kann dies innerhalb weniger Sekunden zu einem starken Anstieg des PA-Mitteldrucks führen. Als Ausdruck des erhöhten pulmonalen Gefäßwiderstands zeigt sich ein ausgeprägter Druckgradient zwischen diastolischem PA-Druck und PCWP. Die Validität des Okklusionsdrucks als Parameter des pulmonalvenösen Drucks wird dagegen durch die pulmonale Hypertonie nicht beeinflußt: Da während der Messung kein Blut fließt, bleiben prä- oder postkapilläre Stenosen bedeutungslos.

Kommt es bei bestehender Rechtsherzbelastung, z.B. bei einer schweren Lungenembolie, zu einer Abnahme des PA-Drucks, so ist dies als ein Zeichen des reduzierten Herzzeitvolumens durch zunehmende Rechtsherzdekompensation zu werten und darf nicht als Besserung der kardiopulmonalen Symptomatik fehlinterpretiert werden.

Zweck der Registrierung des Okklusionsdrucks ist die Beurteilung des linksventrikulären Preload durch (indirekte) Erfassung des LVEDP. Idealerweise erfolgt die Messung des PCWP in der Zone 3 nach West (Abb. 2): nur hier liegt der Alveolardruck niedriger als der pulmonalvenöse Druck, nur hier erfolgt eine kontinuierliche Perfusion, und nur hier entspricht der Okklusionsdruck dem pulmonalvenösen bzw. linksatrialen Druck. Bereits in der Zone 2 ist der alveoläre Druck höher als der pulmonalvenöse, jedoch kleiner als der pulmonalarterielle, und in der Zone 1 schließlich ist der alveoläre Druck höher als pulmonalvenöser und pulmonalarterieller Druck.

Allerdings kann der durch PCWP-Messung in Zone 1 und 2 bedingte Fehler durch endexspiratorische Messungen weitgehend minimiert werden. Auch im ungünstigsten Fall wird der korrekte Druck nur um wenige mm Hg überschätzt, was unter klinischen Bedingungen zumeist ohne Bedeutung ist; ohnehin werden beim Einschwemmvorgang die günstigen dorsalen bzw. basalen Gefäßabschnitte bevorzugt. Auch bei hohen Beatmungsdrücken, Plazierung des Katheters in anterioren Lungengefäßabschnitten und niedrigen intravasalen Drücken, d.h. bei geringer Gefäßfüllung, besteht die Möglichkeit, daß der gemessene PCWP nicht allein den LA-Druck repräsentiert, sondern auch vom Atemwegsdruck beeinflußt wird. Der Höhe des PEEP als einer Determinante des Alveolardrucks kommt hierbei wesentliche Bedeutung zu. Gegebenenfalls muß auch ein intrinsischer PEEP berücksichtigt werden, wie er zum Beispiel bei höherfrequenter Beatmung, Beatmung mit umgekehrtem Atemzeitverhältnis oder auch bei Patienten mit obstruktiven Lungenerkrankungen auftreten kann. Zahlreiche Untersuchungen belegen, daß der Okklusionsdruck bei einem PEEP unter 10 mbar den linksatrialen Druck mit ausreichender Genauigkeit reflektiert: Selbst ein PEEP von 10 mbar führt nur zu einer Diskrepanz zwischen PCWP und LAP von 2 mm Hg. Selbst bei eingeschränkter Compliance bei ARDS bestand bei einem PEEP von 16–20 mbar kein nennenswerter Unterschied zwischen beiden gemessenen Drücken, wobei der LAP im Falle einer Fehlmessung überschätzt wird [10, 14, 17]. Liegt der PCWP in Höhe des PEEP-Niveaus, erscheint die Messung hinreichend valide; allerdings muß hier von einem Volumenmangel ausgegangen werden. Erwähnenswert ist, daß die Reduktion des PEEP oder die Diskonnektion des Patienten vom Respirator zur Okklusionsmessung problematisch ist: zum einen steigt die Vorlast vor dem rechten Herzen sprunghaft an, zum anderen resultieren Werte, die für die aktuelle Beatmungssituation des Patienten nicht repräsentativ sind.

Errechnete Größen: peripherer und pulmonalvaskulärer Widerstand

Der periphere (systemische) Widerstand (SVR, „systemic vascular resistance") als Ausdruck der Nachlast des linken Herzens kann in Analogie zum Ohmschen Gesetz aus den gemessenen Kreislaufgrößen errechnet werden:

$$SVR = (MAP - CVP) / HZV \cdot 80$$

Dabei wird vereinfachend davon ausgegangen, daß Auswurfleistung des linken Herzens und SVR in enger Korrelation stehen. Dies ist jedoch nicht notwendigerweise der Fall. Da in der Formel das HZV im Nenner steht, besteht eine Scheinkorrelation durch mathematische Verknüpfung voneinander abhängiger Größen (Abb. 3).

Tatsächlich berücksichtigt der periphere Widerstand nur einen Aspekt der Nachlast des Herzens. Diese wird bei gleichzeitigen Veränderungen von Kontraktilität und Tonus der peripheren Widerstandsgefäße, z.B. durch Katecholamine, durch die Berechnung des peripheren Widerstandes allein nicht ausreichend beschrieben. Die tatsächliche Nachlast wird besser definiert als endsystolische Wandspannung („wall stress"), in die Druck, Ventrikeldurchmesser und Wanddicke mit eingehen. So führt beispielsweise Dobutamin zu einem Anstieg des HZV durch Steigerung der Kontraktilität bei gleichzeitiger Abnahme des peripheren Gefäßwiderstands, was rechnerisch als erhebliche Nachlastsenkung (Abfall des SVR) imponiert. Bei grundsätzlich korrekter Korrelation wird hierbei lediglich das Ausmaß der Nachlastsenkung falsch hoch eingeschätzt. Noradrenalin dagegen führt rechnerisch zu einer erheblichen Nachlaststeigerung, obwohl durch Bestimmungen des endsystolischen „wall stress" gezeigt werden konnte, daß die tatsächliche Nachlaststeigerung unter Umständen nur gering war oder sogar eine Nachlastsenkung resultierte [16].

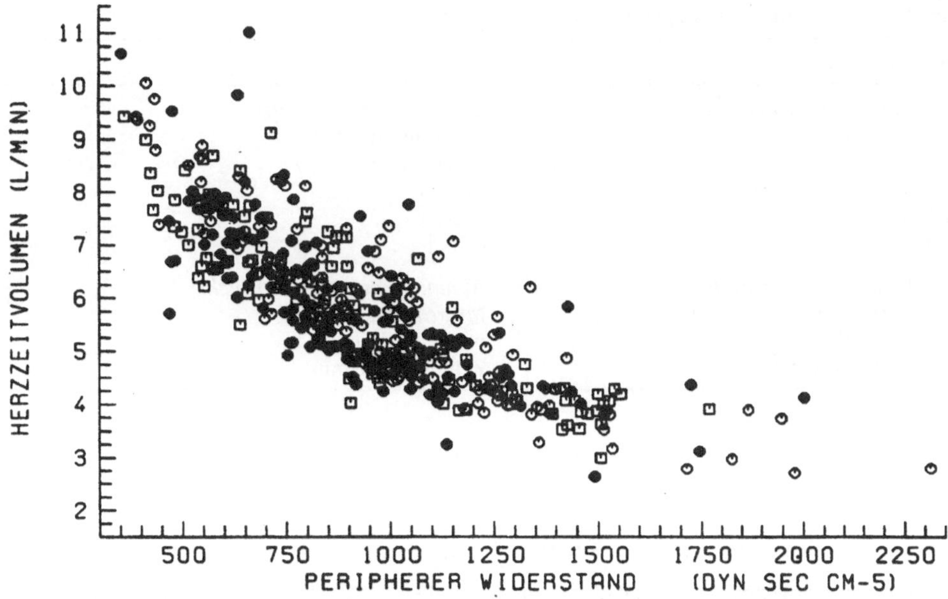

Abb. 3. Veränderungen des peripheren Widerstandes in Abhängigkeit vom Herzzeitvolumen bei Patienten nach Herzoperationen (ACB-Operationen, Aorten- und Mitralklappenersatz). (Aus [16])

Die Bestimmung des pulmonalvaskulären Widerstands (pulmonary vascular resistance)

$$PVR = (PAP - PCWP) / HZV \cdot 80$$

als Maß für die rechtsventrikuläre Nachlast und den Gefäßwiderstand in der Lungenstrombahn ist nicht weniger problematisch [20], da die Voraussetzungen zur Anwendung des Ohmschen Gesetzes nicht erfüllt sind. Zur Charakterisierung des pulmonalen Strömungswiderstands ist die Erstellung individueller Fluß-Druck-Kurven notwendig, was in der Klinik nicht durchgeführt werden kann. Die fehlerhafte Bewertung der tatsächlichen Widerstandsverhältnisse in der Lunge wird daran deutlich, daß die errechnete Reduktion des PVR durch Noradrenalin bei Lungenembolie in Wirklichkeit ausschließlich auf der positiv inotropen Wirkung und Anhebung des myokardialen Perfusionsdrucks durch Noradrenalin beruht. Der PA-Druck erscheint zur Abschätzung der rechtsventrikulären Nachlast daher besser geeignet als der PVR. Eine Abnahme des PVR kann dann angenommen werden, wenn eine Zunahme des HZV ohne einen Anstieg des PA-Drucks einhergeht bzw. bei gleichbleibendem HZV der PA-Druck abnimmt.

Gemischtvenöse Sauerstoffsättigung

Durch Bestimmung der gemischtvenösen O_2-Sättigung SvO_2 ist die Beurteilung der Auswurfleistung des Herzens in Relation zum globalen O_2-Verbrauch ($\dot{V}O_2$) möglich. Grundlage ist die Ficksche Gleichung

$$\dot{V}O_2 = 1{,}39 \cdot Hb \, (SaO_2 - SvO_2) \cdot HZV$$

Normalerweise nimmt das Herzzeitvolumen parallel zum O_2-Verbrauch zu, die SvO_2 bleibt – ausreichende arterielle Oxygenierung vorausgesetzt – konstant. Die

Tabelle 2. Determinanten des gemischtvenösen O_2-Status

cvO_2-Abnahme	cvO_2-Zunahme
Abnahme des O_2-Angebots	*Zunahme des O_2-Angebots*
Abnahme des HZV	Zunahme des HZV
Abnahme des caO_2	Zunahme des $caO2$
paO_2 ↓	paO_2 ↑
SaO_2 ↓	SaO_2 ↑
cHb ↓	cHb ↑
Zunahme des O_2-Verbrauchs	*Abnahme des O_2-Verbrauchs*
Mikrozirkulation ↑	Mikrozirkulation ↓
peripherer Shunt ↓	peripherer Shunt ↑
Zellmetabolismus ↑	Zellmetabolismus ↓

Tabelle 3. Mittels Pulmonaliskatheter erfaßbare metabolische Parameter

		Formel	Norm
CaO_2	O_2-Gehalt des arteriellen Blutes	$SaO_2 \cdot 1{,}39 \cdot cHb \cdot HZV^*$	19 ± 1 ml/dl
$avDO_2$	arteriovenöse O_2-Gehaltsdifferenz	$CaO_2 - CvO_2^{**}$	$4{,}6 \pm 0{,}4$ ml/dl
$\dot{D}O_2$	arterielles O_2-Angebot	$CaO_2 \cdot HZV$	600–1200 ml/min
$\dot{V}O_2$	O_2-Verbrauch	$(CaO2 - CvO2) \cdot HZV$	150–300 ml/min
O_2-extr.	O_2-Extraktion	$\dot{V}O_2/\dot{D}O_2$	15–30 %

* Unter Vernachlässigung des physikalisch gelösten Sauerstoffs.
** Die $avDO2$ ist ein Maß dafür, ob das HZV in der aktuellen Situation adäquat ist.

Höhe der SvO_2 erlaubt somit gewisse Rückschlüsse auf die Hämodynamik: eine erniedrigte SvO_2 ist nicht nur Ausdruck des Mißverhältnis zwischen Angebot und Nachfrage, sondern zeigt gleichzeitig die mangelnde kardiale Kompensationsfähigkeit. Steigt in diesem Fall die Sättigung nach Gabe von inotropen oder vasodilatierenden Substanzen an, ist eine Zunahme des Herzzeitvolumens anzunehmen. Eine Normalisierung der SvO_2 kann bei unzureichender Hämodynamik auch durch Steigerung des O_2-Angebots durch Zufuhr von O_2-Trägern, z.B. bei anämischen Patienten mit eingeschränkter myokardialer Reserve, oder durch Senkung des Sauerstoffverbrauchs (Sedierung/Analgesie, kontrollierte Hypothermie) erreicht werden.

Bei fortbestehendem Mißverhältnis zwischen O_2-Angebot und -ausschöpfung treten unterhalb einer kritischen Schwelle metabolische Veränderungen auf, die zu Laktatanstieg und Azidose führen. Diese Veränderungen können jedoch auch bei normaler oder sogar erhöhter SvO_2 auftreten: so weisen Patienten in der hyperdynamen Phase des septischen Schocks häufig Laktatanstiege als Zeichen des O_2-Defizits auf, obwohl SvO_2-Werte von teilweise weit über 80 % gemessen werden (Tabelle 2).

Unter Zuhilfenahme von HZV und arterieller Blutgasanalyse ist das zusätzliche Monitoring metabolischer Parameter möglich (Tabelle 3). Neuere, allerdings auch vergleichsweise teure PA-Katheter mit einem zusätzlichen fiberoptischen Kanal erlauben darüber hinaus die kontinuierliche Bestimmung und Registrierung der SvO_2. Die Hoffnung, hiermit ein zuverlässiges Instrument zur kontinuierlichen Abschätzung des HZV zu erhalten, erfüllte sich zwar nicht. Unstrittig ist allerdings, daß die kontinuierlich erfaßten Veränderungen der SvO_2 im Sinne eines Trendmonitorings von größerem diagnostischen Wert sind als Einzelmessungen aus intermittierend aus der Pulmonalarterie entnommenem Blut.

Indikationen, Interpretation der Parameter und Grenzen der Methode

In der Praxis wird die Bestimmung des PCWP neben der Diagnostik vor allem zur Steuerung der Volumentherapie sowie der medikamentösen Unterstützung der Herzfunktion bei kardiopulmonal eingeschränkten Patienten verwendet, bei denen die Bedeutung des zentralen Venendrucks (CVP) als diagnostischer Parameter eingeschränkt ist: anders als beim Herzgesunden besteht bei Patienten mit gestörter linksventrikulärer Funktion keine lineare Korrelation zwischen CVP und LVEDP. Dagegen zeigt sich in weiten Bereichen eine gute Übereinstimmung zwischen PCWP und mittlerem LA-Druck bzw. LVEDP [4, 9]. Inwieweit der PCWP allerdings die eigentliche Vorlast, nämlich das linksventrikuläre Volumen, repräsentiert, muß im Einzelfall entschieden werden. Bei der Interpretation der Meßergebnisse muß immer berücksichtigt werden, daß schon aufgrund der interindividuell unterschiedlichen und im Verlauf von Operation oder intensivmedizinischer Behandlung wechselnden Compliance des Ventrikels einem bestimmten Füllungsdruck kein definiertes enddiastolisches Volumen zugeordnet werden kann. In diesem Fall ist z. B. der linksventrikuläre enddiastolische Ventrikeldruck LVEDP nicht mehr dem enddiastolischen Volumen LVEDV proportional („Druck ist nicht mehr gleich Volumen"). Umgekehrt kann ein Füllungsdruck, der ein normales Herz an die Grenze der Überdehnung bringt, für einen hypertrophen steifen Ventrikel eine zu geringe Vorlast darstellen.

Da die Frank-Starling-Beziehung zur Charakterisierung der Herzfunktion auf Volumenänderungen beruht, ist somit die alleinige Erfassung von Drücken zur Steuerung der Volumentherapie bei vielen Patienten unzureichend. Zudem ist die Nullpunktfestsetzung bei der rechtsventrikulären Druckmessung oft fehlerhaft und unterscheidet sich von Meßzeitpunkt zu Meßzeitpunkt. Eine Verbesserung des Volumenmonitorings scheint durch die zusätzliche Bestimmung rechtsventrikulärer Volumina mit Hilfe neuer, schnellansprechender Thermistoren möglich zu sein (s. oben), obgleich sich diese Katheter in der klinischen Praxis bisher nicht durchsetzen konnten.

Trotz aller Einschränkungen zeigen sich die mittels Pulmonaliskatheter erhobenen Meßparameter bei der Beurteilung des linksventrikulären Preload allen anderen gängigen klinischen Parametern überlegen [1, 5, 13]. So wird die exakte Differenzierung der Ursachen des Low-cardiac-output-Syndroms erst durch Einlegen eines Pulmonaliskatheters möglich, wobei sich die – vergleichsweise zuverlässige Steuerung der Therapie – an den Veränderungen der einzelnen Parameter orientiert (Tabelle 4). Die besten Resultate werden häufig durch die Kombination aus einer inotropen Substanz und einem Vasodilatator erzielt. Darüber hinaus ist der Okklusionsdruck ein Maß für den effektiven pulmonalen Kapillardruck, der eine wesentliche Determinante des transmembranösen Flüssigkeitsrefluxes darstellt.

Tabelle 4. Charakteristische Veränderungen der gemessenen Drücke bei der Differentialdiagnose des Low-output-Syndroms

	CVP	PCWP	PA$_{diast}$ vs. PCWP
Hypovolämie	↓	↓	=
Linksherzinsuffizienz	→↑	↑	=
Rechtsherzinsuffizienz	↑	→↓	(=)
Lungenembolie	↑	→↓	>
Pulmonale Hypertonie	↑	→(↑)	>
Perikardtamponade	↑	↑	=

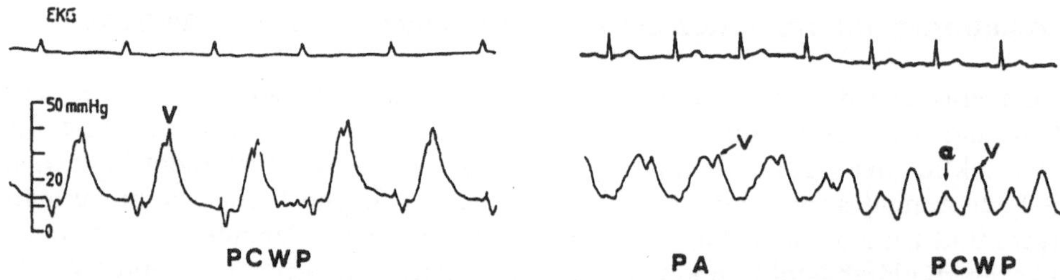

Abb. 4. Pathologische v-Wellen in der Okklusionskurve bei Mitralinsuffizienz (*links*) bzw. eingeschränkter Ventrikelfunktion bei KHK (*rechts*). Die v-Wellen erreichen ihr Maximum erst nach dem pulmonalarteriellen Gipfel (*a* atriale Welle, *v* ventrikuläre Welle). (Aus [16])

Beachtet werden muß, daß der LA-Druck den enddiastolische Ventrikeldruck bei Mitralklappeninsuffizienz erheblich übersteigen kann. In der PCWP-Kurve ist dies an hohen v-Wellen (Regurgitationswelle) erkennbar. Die v-Welle erreicht ihr Maximum etwas später als die pulmonalarterielle Kurve, kann aber die Differenzierung zwischen PA- und Wedgeposition erheblich erschweren (Abb. 4).

Pathologische v-Wellen sind nur in ca. 66 % der Fälle Folge einer Mitralinsuffizienz. Weitere Ursachen sind Erkrankungen mit pulmonalvenöser Stauung und Überdehnung des linken Vorhofs, z.B. eine Mitralstenose, ein Ventrikelseptumdefekt oder eine ausgeprägte Linksherzinsuffizienz. Liegen pathologische v-Wellen vor, orientiert man sich eher am diastolischen als am mittleren Okklusionsdruck.

Bei Aortenklappeninsuffizienz dagegen kann der enddiastolische Ventrikeldruck den LA-Druck erheblich überschreiten, da sich die Mitralklappe zwar regelrecht schließt, der Ventrikel jedoch aus der Aorta noch weiter gefüllt wird.

Bekannt ist auch die vergleichsweise schlechte Korrelation von PCWP und LVEDP während und im Anschluß an herzchirurgische Operationen und bei Patienten mit schwerem ARDS [6], so daß Einzelmessungen hier nur von begrenzter Aussagekraft sind. Dennoch werden in vielen herzchirurgischen Zentren Pulmonaliskatheter routinemäßig zur Verlaufskontrolle und Optimierung der perioperativen Therapie eingesetzt. Als Hauptindikationen gelten eingeschränkte linksventrikuläre Funktion (Auswurffraktion <40 %), instabile AP, Hauptstammstenose, diffuse KHK, kombinierte und komplexe Eingriffe (z.B. Klappenersatz und Revaskularisation) sowie pulmonale Hypertonie (s. folgende Übersicht). Die intermittierende Messung des PCWP-Drucks wird gelegentlich auch zur perioperativen Ischämiediagnostik eingesetzt: ein akuter Anstieg des PCWP und das Auftreten überhöhter v-Wellen können Frühzeichen einer Ischämie sein, das Fehlen von Änderungen des PCWP schließt allerdings eine manifeste Ischämie nicht aus [3, 8].

Indikationen für PA-Katheter
- Diagnose und Therapie der Linksherzinsuffizienz,
- unklare Katecholaminbedürftigkeit,
- schwere und therapierefraktäre Hypotension,
- Sepsis mit und ohne Kreislaufinstabilität,
- Organversagen / Multiorganversagen,
- ARDS,
- Polytrauma,
- ausgedehnte Verbrennung,
- Lungenembolie,
- akute pulmonale Hypertonie.

Fehler und Gefahren

Die wesentlichen Risiken des PA-Katheters resultieren aus Fehlinterpretationen der Daten aufgrund unzureichender (patho)physiologischer Kenntnisse oder Erfahrung [19]. Davon abgesehen ist die Komplikationsrate, zumindest in der Hand des Erfahrenen, äußerst gering. Dennoch sollte im Einzelfall das Risiko schwerwiegender Komplikationen vor dem Hintergrund des zu erwartenden Informationsgewinns abgeschätzt werden.

Herzrhythmusstörungen

Sie treten in 13–78 % während des Einschwemmvorgangs auf und bedürfen meist keiner Therapie. Kammerflimmern tritt zwar nur in 0–3 % der Fälle auf, dennoch ist das Vorhandensein eines Defibrillators obligat. Nicht gesichert ist die prophylaktische Gabe von Lidocain. AV-Blockierungen und Asystolie sind extrem selten. Bei Vorliegen eines Linksschenkelblocks oder eines bifaszikulären Blocks sollte die Möglichkeit des internen oder zumindest externen Pacings bestehen. Gegebenfalls sollte das Einschwemmen eines Paceportkatheters erwogen werden: er ermöglicht externes Pacing nach Einbringen einer Schrittmachersonde in den rechten Ventrikel durch einen zusätzlichen Arbeitskanal. (Übersicht bei [16]).

Lungeninfarkt

Die Häufigkeit von Lungeninfarkten kann durch kontinuierliche Überwachung der Druckkurve und damit Erkennen von Spontan-wedge-Situationen deutlich verringert werden. Während in früheren Jahren die Inzidenz mit mehr als 5 % angegeben wurde, konnte sie durch adäquates Monitoring sowie den Einsatz verbesserter Kathetermaterialien auf weniger als 1,3 % gesenkt werden. In jedem Fall ist die Heparindauerspülung zu empfehlen. Zur Vermeidung von Spontan-wedge-Positionen sollten Schleifenbildungen (besonders bei dilatierten Ventrikeln!) frühzeitig korrigiert werden. (Übersicht bei [16]).

Thrombose

Gefäßthrombosen sind wie bei zentralen Venenkathetern zwar häufig, ihre klinische Bedeutung ist jedoch letztlich unklar. In seltenen Fällen wurden Thromben im rechten Herzen auf PA-Katheter zurückgeführt. Ungeklärt ist, ob das Thromboserisiko mit der Verweildauer des Katheters zunimmt. (Übersicht bei [16]).

Infektionsrisiko

Das Kontaminations- und Infektionsrisiko nimmt nach 72–96 h signifikant zu. Durch katheterbedingte Mikroläsionen im Gefäßsystem sowie am Endokard wird die Keimbesiedlung erleichtert, wobei die Pulmonalklappe besonders häufig betroffen ist. Da eine Keimbesiedlung des Katheters bzw. des Gefäßes bereits nach kurzer Liegezeit nicht ausgeschlossen werden kann, erscheint ein Austausch des Katheters über den gleichen Gefäßzugang grundsätzlich bedenklich. (Übersicht bei [16]).

Technische Probleme

Sie müssen rechtzeitig erkannt und beseitigt werden, da sie unter Umständen Gefahren für den Patienten bergen: Fibrinauflagerungen und Kontamination der Lumina mit Blut führen zur Signaldämpfung, so daß die pulmonalarterielle Druckkurve optisch kaum mehr von der PCWP-Kurve unterschieden werden kann. Kann durch Spülung des Katheters eine Wedge-Position nicht ausgeschlossen werden, muß die Lage des Katheters sofort korrigiert werden, um einem iatrogenen Lungeninfarkt vorzubeugen. Niemals darf der Ballon in dieser Situation aufgeblasen werden: es besteht die Gefahr der akut lebensbedrohlichen Pulmonalarterienruptur (Häufigkeit bis 0,2 %, Letalität >50 %)! Im Zweifel muß der Katheter einige Zentimeter zurückgezogen und neu eingeschwemmt werden. Zur Minimierung des Risikos der Pulmonalarterienruptur darf der Ballon *nur unter ständiger Monitorbeobachtung* und *langsam* aufgeblasen werden, ohne das erlaubte Ballonvolumen zu überschreiten. Die Dauer der Okklusionsdruckmessung muß hierbei auf ein Minimum begrenzt werden. Bei Husten des Patienten ist der Ballon sofort zu entblocken (Übersicht bei [16]).

Literatur

Anmerkung: Ausführliche Literaturübersicht bei [16].

1. Beique F, Ramsay JG (1994) The pulmonary artery catheter: a new look. Semin Anesth 13: 14–25
2. Boldt J, Heesen M, Müller M, Hempelmann G (1995) Erweitertes Monitoring des kritisch Kranken mittels weiterentwickelter Pulmonalarterienkatheter. Anaesthesist 44: 423–428
3. Damen J, Bolton D (1986) A prospective analysis of 1400 pulmonary artery catheterizations in patients undergoing cardiac surgery. Acta Anaesthesiol Scand 30: 369–392
4. Flores ED, Lange RA, Hillis LD (1990) Relation of mean pulmonary arterial wedge pressure and left ventricular end-diastolic pressure. Am J Cardiol 66: 1532–1533
5. Friesinger GC, Williams SV, and the ACP/ACC/AHA Task Force on Clinical Privileges in Cardiology (1990) Clinical competence in hemodynamic monitoring. Circulation 81: 2036–2040
6. Hansen RM, Viquerat CE, Matthay MA (1986) Poor correlation between pulmonary arterial wedge pressure and left ventricular end-diastolic volume after coronary artery bypass graft surgery. Anesthesiology 64: 764–770
7. Jansen JRV, Versprille A (1986) Improvement of cardiac output estimation by the thermodilution method during mechanical ventilation. Intensive Care Med 12: 71–76
8. Mangano DT (1980) Monitoring pulmonary arterial pressure in coronary-artery disease. Anesthesiology 53: 364–368
9. O'Quinn R, Marini JJ (1983) Pulmonary artery occlusion pressure: clinical physiology, measurement, and interpretation. Am Rev Resp Dis 128: 319–326
10. Pepe PE, Marini JJ (1982) Occult positive end-expiratory pressure in mechanically ventilated patients with airflow obstruction. The auto-PEEP effect. Am Rev Resp 126: 166–169
11. Peters J (1995) Die invasive Messung arterieller, venöser und pulmonalvaskulärer Blutdrükke. In: List WF, Metzler H, Pasch T (Hrsg) Monitoring in Anästhesie und Intensivmedizin. Springer, Berlin Heidelberg New York Tokyo, S 204–249
12. Robin ED (1985) The cult of the Swan-Ganz catheter. Overuse and abuse of pulmonary flow catheters. Ann Intern Med 103: 445–449
13. Roizen MF, and the American Society of Anesthesiologists Task Force on pulmonary artery catheterization (1993) Practice guidelines for pulmonary artery catheterization. Anesthesiology 78: 380–394
14. Sharkey SW (1987) Beyond the wedge: clinical physiology and the Swan-Ganz catheter. Am J Med 83: 111–122
15. Shoemaker WC, Appel PL, Kram HB, Waxmann K, Lee TS (1988) Prospective trial of supranormal values of survivors as therapeutic goals in high-risk surgical patients. Chest 94: 1176–1186

16. Sold M (1990) Der Stellenwert des Pulmonaliskatheters in Anästhesie und Intensivmedizin. Anästhesiol Intensivmed 31: 159–169, 198–204
17. Teboul JN, Zapol WM, Brun-Buisson C, Abrouk F, Rauss A, Lemaire F (1989) A comparison of pulmonary artery occlusion pressure and left ventricular end-diastolic pressure during mechanical ventilation with PEEP in patients with severe ARDS. Anesthesiology 70: 261–266
18. Tuman KJ (1988) Does pulmonary artery catheterization improve outcome in high risk cardiac surgery patients? Anesth Analg 67: S 237
19. Tuman KJ, Carroll GC, Ivankowitch AD (1989) Pitfalls in the interpretation of pulmonary artery catheter data. J Cardiothorac Anesth 3: 625–641
20. Versprille A (1984) Pulmonary vascular resistance. A meaningless variable. Intensive Care Med 10: 51–55
21. Versprille A (1989) Reliability of cardiac output estimation by thermodilution. Intensive Care Med 15: 144–149
22. Vincent JL, Reuse C (1988) Thermodilution for measurement of cardiac output during artificial ventilation. Intensive Care Med 14: 253–257

Perioperative Regionalanalgesie – Stellenwert, Differentialindikation, Durchführung

C. MAIER

Allgemeine Gesichtspunkte

Die Verfahren der Regionalanästhesie (Spinal- und Epiduralanästhesie, Plexus- und Nervenblockaden) sind seit langem Bestandteil des anästhesiologischen Fachgebietes. Indikationen für ihren intraoperativen Einsatz sind:

1) logistisch-organisatorische Gesichtspunkte wie die verkürzte Überwachungszeit oder die Möglichkeit einer rascheren Entlassung;
2) erhöhter Komfort für den Patienten, um ihm für einen lokal begrenzten Eingriff die Unannehmlichkeiten einer Allgemeinnarkose mit späterer Übelkeit und mentaler Beeinträchtigung zu ersparen;
3) Patienten mit kardiopulmonalen Risikofaktoren.
   Angesichts der heutigen Möglichkeiten der Anästhesiologie ist der letzte Gesichtspunkt nur noch von untergeordneter Bedeutung. Statt dessen hat sich ein anderer Gesichtspunkt in den Vordergrund geschoben:
4) die Ausnutzung der Regionalanästhesie für die Schmerztherapie in der perioperativen Phase.
   Für diese Indikation ist jedoch, zumindest von der Intention her, weniger eine Anästhesie als eine Analgesie gewünscht, so daß hierfür sinnvollerweise der Begriff „Regionalanalgesie" verwendet wird. Denn das Ziel der Schmerztherapie ist, wie bei der systemischen Opioidgabe, nicht Schmerzfreiheit oder gar eine Empfindungslosigkeit, sondern Symptomlinderung. Schmerzfreiheit kann nur zum Preis erhöhter Risiken und schwerer Nebenwirkungen erkauft werden. Sie wird auch vom Patienten nicht erwartet. Eine komplette Aufhebung der Sensibilität wäre sogar unerwünscht und könnte beispielsweise operative Komplikationen kaschieren. Motorische Blockaden behindern eine rasche Mobilisierung des Patienten und die aktive Krankengymnastik.

Vorteile regionalanalgetischer Verfahren

Qualität der Analgesie

Präemptive Analgesie

Neurophysiologische Untersuchungen zeigen, daß die Intensität posttraumatischer Schmerzen nicht nur vom Ausmaß des Traumas abhängen, sondern auch durch sekundäre neuroplastische Veränderungen im zentralen Nervensystem ausgelöst werden. Diese zentrale Sensibilisierung kann durch einen kompletten afferenten Block besser vermindert werden als durch symstemisch applizierte Analgetika (Übersichten in [3, 36]). Hiervon wurde das Konzept der sog. präemptiven (engl. „preemptive") Analgesie entwickelt, in dem postuliert wird, daß eine Verhinderung des nozizeptiven Reizeinstroms ins ZNS durch eine *vor* dem Trauma einsetzende Analgesie eine weitgehende und zudem länger anhaltende posttraumatische Schmerzlinderung erzeugt, als es die Wirkdauer der verwendeten Analgetika oder Lokalanästhetika erklären kann. Die Bedeutung dieses Konzepts für die Klinik kann trotz einer inzwischen beachtlichen Zahl diesbezüglicher Studien bislang nicht endgültig abgeschätzt werden. Hierzu trugen u.a. inadäquate Studiendesigns bei, weil nicht der Effekt einer präoperativen mit dem der gleichen postoperativen Maßnahme verglichen wurde [4, 13]. Zehn Studien mit besserem Design ergaben auch nur in 3 Fällen Hinweise für die Existenz einer präemptiven Analgesie (je einmal nach Wundinfiltration, nach epiduraler Gabe von Bupivacain und Fentanyl [8, 12, 14]). Fünf Studien zeigten keinen Unterschied zwischen dem Effekt einer prä- oder postoperativen Regionalanalgesie, in 2 Fällen war die Schmerzlinderung, bzw. die schmerzarme Phase bis zur Anforderung des 1. Analgetikums sogar besser bzw. länger in der erst postoperativ behandelten Gruppe [11, 25]. Dennoch bleibt festzuhalten, daß präemptive Effekte, wenn überhaupt, nur durch Verfahren der Regionalanalgesie erreicht wurden, während ähnlich angelegte Untersuchungen mit systemischen Analgetika keine Überlegenheit der prätraumatischen Applikation ergaben [35].

Prophylaxe chronischer Schmerzsyndrome

Die Verminderung des nozizeptiven Einstroms durch eine Regionalanästhesie wird von den meisten Arbeitsgruppen jedoch als entscheidend für eine Prävention chronischer postoperativer Schmerzsyndrome angesehen. Auch dieses Konzept ist bislang überwiegend tierexperimentell belegt. Allerdings gibt es einige ermutigende klinische Daten, aus denen z. B. eine verringerte Inzidenz von Phantomschmerzen nach rückenmarknaher Analgesie oder nach kontinuierlicher Nervenblockade hervorgeht [1, 10, 28]. Andere Autoren konnten dieses Resultat allerdings nicht bestätigen [9]. Ob eine Reflexdystrophie nach handchirurgischen Operationen in Regionalanästhesie seltener auftritt, wird zwar postuliert [34], ist aber nicht gesichert. Auch nach anderen Eingriffen sprechen jedoch einige Daten für eine Prävention lang anhaltender Beschwerden. Ein Beispiel ist die Vasektomie, nach der persistierende Hodenbeschwerden auftreten können, deren Häufigkeit aber noch Monate später im Vergleich zu einer Kontrollgruppe verringert war, wenn der Eingriff in Lokalanästhesie erfolgte [24].

Schmerzprophylaxe

Schwere und Dauer postoperativer Schmerzen sind eng korreliert mit der Intensität der unmittelbar postoperativ wahrgenommenen Schmerzen. Von daher sind alle Maßnahmen, die die Intensität dieses Primärschmerzes lindern, ein wesentlicher Beitrag zur Analgesie, zur Verringerung des Analgetikatagesbedarfs und somit auch zur Therapiesicherheit, da die meisten gravierenden Komplikationen jeder medikamentösen Schmerztherapie dosisabhängig sind. Patienten mit einer noch wirksamen Lokal- oder Regionalanalgesie, unabhängig davon, ob sie zusätzlich eine Allgemeinnarkose erhielten, werden in ersten Stunden kaum Schmerzen haben.

Besonders augenfällig ist der Vorteil bei Eingriffen, bei denen nach einer ersten, bisweilen aber sehr schmerzhaften Phase von 2–8 h die Schmerzintensität ohne weitere Therapie rasch abklingt. Hierzu zählen die meisten Eingriffe im HNO-, Kiefer- oder Gesichtsbereich, kleinere Eingriffe an den Extremitäten (z.B. Fußoperation) oder im Abdominal- oder Genitalbereich (Leistenhernie, Zirkumzision), einschließlich der meisten endoskopischen Interventionen (z.B. Cholezystektomie). Von wenigen Ausnahmen abgesehen (z.B. der Tonsillektomie), gelten diese Ausführungen für Nervenblockaden, nicht jedoch für eine prä- oder postoperative Wundinfiltration mit Lokalanästhetika. Diese war bei den meisten Weichteil- und Abdominaleingriffen oder bei minimal-invasiven endoskopischen Interventionen ebenso unbefriedigend wie die intraperitoneale Bupivacain-Instillation [5, 19, 26, 33].

Nach Abklingen einer wirksamen Nervenblockade wird eine opioidfreie Medikation (oral, rektal) oder werden niedrig dosierte Opioide ausreichend sein. In einigen dieser Fälle (z.B. nach anorektalen Eingriffen), besonders aber nach ohnehin mit anhaltenden Schmerzen verbundenen Eingriffen ist u.U. mit einer abrupten Zunahme der Beschwerden („Schmerzrebound") zu rechnen, wofür entsprechende Vorkehrungen zu treffen sind.

Sicherung der Analgesie im weiteren postoperativen Verlauf

In diesen Fällen sind je nach Art des Eingriffs (Tabelle 1) entweder wiederholte Nervenblockaden (z.B. Interkostalblockade nach Thorakotomie) oder primär Katheterverfahren indiziert (Tabelle 2), um eine längerfristige oder auch kontinuierliche Schmerztherapie zu ermöglichen.

Hinsichtlich der erreichbaren Analgesie waren kontinuierliche, speziell epidurale Regionalverfahren in der Mehrzahl der hierzu durchgeführten Studien besser

Tabelle 1. Periphere Nervenblockaden zur perioperativen Analgesie (zur Vermeidung von Nervenverletzung möglichst atraumatische Kanülen verwenden).

Verfahren	Eingriff/Trauma (Auswahl	Medikament/ analgetische Dosis	Bemerkungen
Hand-, Medianus-, Ulnaris- oder Radialisblock	Begrenzte Eingriffe	2–5 ml Bupivacain 0,25 %	Plexusblockaden zumeist sinnvoller
Axillarisblockade	Eingriffe am Ellbogen/ Unterarm/Hand	10–15 ml Bupivacain 0,15–25 %	Unerwünschte Parese
Interskalenusblockade	Eingriffe an der Schulter/Oberarm	10–15 ml Bupivacain 0,15–0,25 %	Wie oben
Interkostalblockade	Einseitige Thorkotomie, Drainageschmerz, Mast- und Cholecystektomie	2–5 ml Bupivacain 0,5 % pro Segment (3–4)	Alternative: Interpleuralanalgesie
Ilioinguinal- + -hypogastricusblockade	Herniotomie, Orchidopexie	0,25 ml Bupivacain 0,5 %/kg KG	Bei peritonealem Schmerz zusätzlich Analgetika nötig
Peniswurzelblock	Zirkumzision u.a. Eingriffe am Penis	Bis zu 0,25 ml Bupivacain 0,5 % pro kg KG	
3:1-Block	Schenkelhalsfraktur	30 ml Bupivacain 0,25 %	Katheter oft vorteilhafter
Fußblock	Alle Vorfußoperationen	20–30 ml Bupivacain 0,25 % (4 Einstichstellen)	

Tabelle 2. Kontinuierliche Nervenblockaden zur perioperativen Analgesie (Anwendung selten kontinuierlich [Sympathikolyse], oft nur vor Belastungsspitzen erforderlich)

Verfahren	Eingriff/Trauma (Auswahl)	Medikament/Dosis[a]	Bemerkungen
Interskalenus-katheter	Schultereingriff, -mobilisation	Bupivacain 5–15 ml 0,1-max 0,25% (nach Bedarf 1–4 tägl.)	Wichtig: Vermeidung von Paresen! Erhöhtes Intoxikationsrisiko durch hohe LA-Resorption
Axillariskatheter /selten supraklavikuläre Anlage)	Gefäßeingriffe, Re-Transplantation, Synovektomie und Ellbogengelenks-Op.	dito	Erhöhtes Infektionsrisiko bei Langzeitanwendung. **Cave:** Patienten mit Engpaßsyndromen (Neuralgien!)
Interpleural-analgesie	Einseitige Thorakotomie oder Rippenserienfraktur, bestimmte Herz-Op. (Kinder)	15–20 ml 0,25% Bupivacain alle 4–6 h	Intraoperativ vom Chirurgen über die Pleurakuppe plazieren und fixieren. Perkutan nur bei spontan atmenden Patienten (mit Spezial Besteck). Bülaudrainage 20 min nach Injektion abklemmen!
Femoraliskatheter	Schenkelhals- und Oberschenkelfraktur; Knieeingriffe mit ventralbetontem Schmerz	10–30 ml 0,25–0,375% Bupivacain alle 4–6 h	Erhöhtes Infektionsrisiko bei Langzeitanwendung (s. Text). Bei Knieeingriffen öfter nicht ausreichend.

[a] Bei höherem Bedarf radiologische Lagekontrolle empfehlenswert.

wirksam als systemische Opioide, auch wenn diese mittels PCA verabreicht wurden (als Beispiel vgl. [32], Übersichten in [15, 16, 18]). Allerdings waren diese Unterschiede oft gering, zumindest wenn die Vergleichsgruppe eine optimierte systemische Therapie erhielt. Erhebungen, die auch die Zufriedenheit der Patienten miterfassen, zeigen in der Regel aber auch Vorteile für die Regionalverfahren [29]. Wesentliche Vorteile bestehen nach klinischer Erfahrung bei ausgedehnten thorakalen oder abdominellen Eingriffen, nach denen zudem die Gefahr einer schmerzbedingten respiratorischen Störung erhöht ist (s. unten), bei onkologischen Eingriffen [6] sowie bei allen Patienten, bei denen ungewöhnlich starke Schmerzen oder ein überdurchschnittlicher Analgetikabedarf zu erwarten ist (s. unten).

Prädiktoren für erhöhte Schmerzintensität oder verminderte Ansprechbarkeit auf systemische Opioide
- *Art der (zu erwartenden) Schmerzen*
  - Neuropathische Schmerzen (Eingriff bei oder mit Verletzungen großer Nerven),
  - ausgedehnte viszerale Eingriffe,
  - Koliken,
  - Ischämieschmerz,
  - Phantom- oder Deafferenzierungsschmerz,
  - starke bewegungsabhängige Gelenkschmerzen.
- *Begleiterkrankungen*
  - Chronische Schmerzsyndrome (z.B. Migräne, Rückenschmerz),
  - Malignom,
  - Polyneuropathie,
  - positive Suchtanamnese und Drogenabhängige.

Tabelle 3. Liegedauer der Epiduralkatheter zur postoperativen oder -traumatischen Analgesie mit 0,175–0,25 % Bupivacain bei Patienten Aufschlag allgemeinen Krankenpflegestationen (einschließlich Auslaßversuche) im Klinikum der CAU. [Aus 20]

Art des Eingriffs	Anzahl	Liegedauer (Behandlungstage) Median (Spanne)	Prozentualer Anteil von Patienten mit einer Liegedauer des Katheters	
			bis 5 Tage	länger als 6 Tage
Amputation	178	7 (1–53)	44,9	55,1
Oberbaucheingriff	261	8 (1–33)	31,9	68,2
Sonstige Laparatomie	227	6 (1–49)	51,5	48,5
Rippenserienfraktur	22	13,5 (3–33)	4,5	95,5
Aortofemoraler Bypass	115	6 (1–24)	57,5	42,5
Sonstiger Gefäßeingriff	62	5 (1–32)	64,5	35,5
Sympathikolyse bei Durchblutungsstörungen	109	8 (1–43)	43,0	57,1
Frakturen, Osteotomie	79	7 (1–24)	46,4	53,6
Hüftendoprothese	167	6 (1–33)	59,9	40,1
Kniegelenkseingriff, Arthrolyse	87	7 (1–31)	47,4	52,6
Knie-Endoprothese	149	7 (1–35)	41,0	59,0
Gynäkologischer Eingriff	34	4 (1–8)	85,3	14,7
Sectio caesarea	119	1 (1–5)	100,0	–
Urologischer Eingriff Blasenersatz	13	8 (1–20)	46,2	53,9
Insgesamt	1621	7 (1–53)	51 %	49 %

- *Patientenmerkmale*
  - Starke präoperative Schmerzen,
  - vorbestehende Opiat- oder Analgetikaeinnahme,
  - ausgeprägte situative Angstzustände,
  - starke Schmerzen nach vorausgegangenen Eingriffen,
  - ungünstige Copingstrategien bei Schmerzen im Alltag (z.B. Bagatellisierungs- oder Überforderungstendenz).

Für die Auswahl des Verfahrens (regional oder rückenmarknah) sind – im Hinblick auf die Analgesie – folgende Gesichtspunkte wichtig:

a) Lokalisation der Schmerzen und die Häufigkeit von Begleitschmerzen, wie z.B. der Schulterschmerz nach Thorakotomie, der durch Interkostalblockaden oder Interpleuralanalgesie nicht beeinflußt wird. Wenn länger als 1–2 Tage eine zusätzliche parenterale Opioidgabe notwendig ist, sind lokal begrenzte Analgesieverfahren wenig sinnvoll.

b) Die wahrscheinliche Liegezeit, die im Falle eines Epiduralkatheters nach eigenen Daten [20] bei fast 50% der Patienten länger als 5 Tage beträgt, sofern man sich hierbei am Bedarf und nicht an organisatorischen Zwängen orientiert (Tabelle 3). Auch Plexuskatheter können, je nach Indikation, eine vergleichbare Zeit benötigt werden, wobei allerdings bei längerer Anwendung die deutlich erhöhte Infektionsgefahr in der Arm- und Leistenbeuge zu beachten ist.

Ein weiterer, zukünftig wahrscheinlich mit der wichtigste Gesichtspunkt ist die Frage, inwieweit durch eine Regionalanästhesie und/oder -analgesie das Operationsergebnis selbst und die postoperative Morbidität und somit auch die Behandlungskosten, z.B. durch Verkürzung der stationären Verweildauer, günstig beeinflußt werden. Anfängliche Hoffnungen, daß ein optimales Analgesiekonzept „per se" sich in diesen Punkten als wirksam erweisen würde, haben sich zerschlagen. In großen und mit adäquatem Design durchgeführten Studien fand sich kein Beleg dafür, daß eine bessere Analgesie zu einer statistisch gesicherten Abnahme der Morbidität führt (Übersicht in [31]). Schmerz ist sicher *ein* Faktor in der Pathogenese typischer postoperativer Komplikationen wie der Ateminsuffizienz, myokardialen Ischämien, Infektionen, Störung der Wundheilung und der Darmfunktion, aber er ist eben nur ein Faktor. Deshalb ist die Schmerztherapie in ein sog. multimodales Konzept der postoperativen Rehabilitation einzubetten [16], in der die rasche Mobilisierung, aktive Krankengymnastik, möglichst schnelle enterale Ernährung weitere Schlüsselrollen einnehmen. Der Wert der jeweiligen Analgesiekonzepte wird zukünftig daran zu messen sein, inwieweit sie ein solches Gesamtkonzept ermöglichen, verbessern oder aber auch verschlechtern. Hierbei wird die Regionalanalgesie, wo immer möglich, eine bedeutsame Rolle spielen.

Eine Vielzahl von Studien belegt, daß diese Verfahren zwar im Rahmen kontrollierter Studien keinen statistisch belegbaren Einfluß auf die Gesamtmorbidität hatten,[1] jedoch sowohl mit einer besseren Analgesie einhergingen (s. oben) als auch die Erholung bestimmter Organe oder Organsysteme vergleichsweise günstig beeinflussen konnten (Tabelle 4). Dieses kann aber bei Risikofällen entscheidend sein. Als Beispiel seien pulmonal oder kardiovaskulär bedrohte Patienten – z. B. mit Emphysem, Adipositas – genannt, bei denen eine Regionalanästhesie die postoperative Abnahme der Vitalkapazität oder des Hustenstoßes abschwächt, ohne die Vigilanz zu senken. Dieses behebt nicht grundlegend die postoperative Verschlechterung, verhindert aber im günstigen Fall eine Dekompensation. Es muß aber betont werden, daß ein Teil der positiven Effekte, z. B. auf die Darmfunktion, nicht auf die Analgesie an sich, sondern auf die gleichzeitige Sympathikolyse zurückzuführen ist (Tabelle 4, vgl. auch [31]). Gleiches gilt für Gefäßpatienten, deren Outcome durch eine Regionalanästhesie verbessert werden kann, weil die Verschlußrate des Bypass und dadurch die Zahl von Re-Interventionen vermindert wird [2]. Andere Beispiele, für die es jedoch nur auf die optimale Analgesie ankommt, sind Gelenkeingriffe, deren Prognose entscheidend von der Möglichkeit einer rasch einsetzenden aktiven Krankengymnastik abhängt. Diese kann auch durch Opioide ermöglicht werden, die Wirkung von Lokalanästhetika evtl. in Kombination mit NSAID erlaubt aber ein besseres Ergebnis gerade bei den hier häufigen Problemfällen (z.B. mit präoperativen Beschwerden und längerer Voreinnahme von Analgetika).

---

[1] Fehler der zweiten Art, also das Übersehen von Unterschieden zwischen 2 Verfahren, ist bei kontrollierten Studien grundsätzlich hoch. Denn die (in der Regel hier von Anästhesisten) kontrollierte Betreuung aller Studienteilnehmer führt per se zum Rückgang aller Komplikationen, schon weil eine Verschlechterung des Zustands früher erkannt und kompetenter behandelt wird, als dies im klinischen Alltag gewährleistet ist.

Tabelle 4. Effekte der postoperativen Regionalanalgesie auf verschiedene Organfunktionen (Angelehnt an [31], *EA* Epiduralanalgesie mit Lokalanästhetikum, *EOA* epidurale Opioidanalgesie, *ICB* Interkostalblockade, *IPA* Interpleuralanalgesie, *PA* Plexusanalgesie)

	Wirkmechanismus	Studienergebnisse	Klinische Relevanz	Besondere Risiken der Schmerztherapie	Empfohlene Verfahren
Atmung	Aufhebung der schmerzbedingten Schonatmung, Vermeidung sedierender Effekt durch syst. Opioide	Kontrovers, Mehrzahl jedoch für EA > ICB > IPA > EOA	Wirksam nur bei guter Organisation der Atemtherapie; Hauptvorteile: Thorakotomie, Rippenfraktur, großen Oberbaucheingriffen und generell bei Risikopatienten z.B. mit pulmonalen Vorerkrankungen	EA: hämodynamische Instabilität EOA: Vigilanzminderung ICB, IPA: Verletzung	Wenn möglich ICB oder IPA (eins. Thoraxeingriff/- -trauma), sonst EA > EOA (niedrige Dosen!)
Mykardiale Ischämie	Dämpfung der überschießenden adrenergen Reaktion (Analgesie, Sympathikolyse)	Positive Effekte bei Pat. mit Angina pectoris, jedoch keine Studien zum postoperativen Verlauf	Unklar	Hemmung der Ventrikelfunktion (vagal), Instabilität durch. Preload-Abfall	EA > EOA
Durchblutung	Sympathikolyse, Erhöhung des av-Perfusionsgradienten	Positive Effekte an oberer (PA) + unterer Extremität (EA) nach Gefäß-Op nachgewiesen; Thrombosen, Embolie und Gefäßprothesenverschluß durch EA erniedrigt.	HauptvorteilePA, EA bei Patienten mit Gefäßerkrankung oder -läsion, Pat. und Eingriffe mit erhöhtem Thrombose- und Embolierisiko	wie oben, zusätzlich Problem der Gerinnungstherapie bei EA	PA EA
Darmfunktion	Sympathikolyse (evtl. auch afferente Blockade)	„Physiologische" Darmerholung verbessert, Ileusgefahr wohl nicht verringert	Beschleunigung der Rekonvaleszenz, Bedeutung für Operationsergebnis nicht gesichert	Hemmung der Peristaltik durch Opioide (incl. EOA)	EA
Postaggressionsstoffwechsel	Sympathikolyse (nicht durch Analgesie) -> Abnahme der Hyperglykämie, Verbesserung der N-Bilanz	Reproduzierbarer Effekt bei Unterbauch, kontroverse Daten nach Oberbaucheingriffen	Unklar		EA

Tabelle 5. Anzahl und Schweregrad von Nebenwirkungen und Komplikationen (unerwünschte Ereignisse) im Verlauf der postoperativen Schmerztherapie bei den von 1/94–6/95 vom Akutschmerzdienst in Kiel betreuten Patienten

Schweregrad der Nebenwirkung	PCA	Epiduralanalgesie	Sonstige regionale Analgesieverfahren
Gering	107 (19 %)	17 (7 %)	3 (3 %)
Therapiebedürftig	55 (10 %)	16 (7 %)	–
Bedrohlich	4 (0,7 %)	1 (0,4 %)	–
Patienten ohne unerwünschte Ereignisse	426 (76 %)	200 (87 %)	80 (96 %)
Insgesamt	560	229	83

Nebenwirkungen und Komplikationen

Gegen die Anwendung der postoperativen Regionalanalgesie, speziell der rückenmarknahen Verfahren, wird häufig die erhöhte Gefahr bedrohlicher Komplikationen angeführt. Dieses Argument ist richtig, gilt aber grundsätzlich für *jede* Form der postoperativen Schmerztherapie, auch für scheinbar harmlose (z.B. Nichtopioide wie Metamizol oder Paracetamol), besonders aber für die Anwendung von Opioiden unabhängig von ihrem Applikationsmodus. Der Annahme, daß beispielsweise die patientenkontrollierte Analgesie (PCA) prinzipiell gefahrloser sei als Verfahren der Regionalanalgesie, muß jedoch widersprochen werden. Potentiell lebensgefährliche Atemdepressionen treten hier bei 0,2–0,6 % aller Anwendungen auf. Unter kontrollierten Studienbedingungen ist die Nebenwirkungsrate bei systemischen und regionalen Verfahren in etwa gleich, im Routinebetrieb nach letzteren jedoch eher niedriger. Auch gefährliche Komplikationen sind, eine Optimierung der Therapie und der Rahmenbedingungen vorausgesetzt, bei regionalen Verfahren seltener.

Bei der eigenen routinemäßigen Qualitätssicherung (Tabelle 5) zeigte sich gleichfalls, daß Nebenwirkungen zwar bei jedem der Verfahren auftraten, am meisten jedoch bei der PCA (Atemdepression, zu starke Sedierung, gastrointestinale Probleme), seltener bei der Epiduralanalgesie mit Bupivacain (Hypotension, Paresen, Hautinfektion), am seltensten bei sonstigen Formen der Regionalanalgesie wie der Interpleuralanalgesie oder Plexuskatheter.

Einzelfallanalysen von Zwischenfällen sowohl bei der PCA wie bei der Epiduralanalgesie zeigen zudem fast regelmäßig, daß diese bei besserer Organisation der Therapie und Überwachung vermeidbar gewesen wären. Hier besteht ein grundsätzlicher Unterschied zur Situation in der unmittelbar postoperativen Phase (Übersicht in [22]). Voraussetzung dafür ist, daß alle Patienten auf Allgemeinstationen mindestens einmal täglich von einem erfahrenen Arzt untersucht werden, der Krankheitsverlauf erfaßt und mit den Stationsärzten besprochen wird.

Hypotensionen, die gravierenste Komplikation der postoperativen Epiduralanalgesie mit Lokalanästhetikum, traten nach Einrichtung eines Akutschmerzdienstes und bestimmter Standardprotokolle nur noch 1- bis 2jährlich auf [20]. Auch bei der epiduralen Opioidanalgesie kann die Häufigkeit einer Atemdepression nach Institutionalisierung eines Schmerzdienstes signifikant abnehmen [27], ohne allerdings beseitigt zu werden, auch wenn lipophile Opioide eingesetzt werden

[30]. Risikofaktoren hierfür sind systemisch verabreichte Zusatzmedikamente, die die Vigilanz beeinflussen, ein hohes Alter und zerebrovaskuläre sowie respiratorische Vorerkrankungen. Das günstigste Verhältnis von Wirkung und Risiken haben jedoch die übrigen regionalanalgetischen Verfahren, da hierunter keine hämodynamisch wirksame Sympathikolyse auftritt und Intoxikationen bei vernünftiger Dosierung und Beachtung der Kontraindikationen nahezu ausgeschlossen sind. Übrig bleiben naturgemäß die speziellen Punktionsrisiken. Wenn jedoch bereits intraoperativ eine Regionalanästhesie benutzt wird, ist es naheliegend, diese auch zur postoperativen Schmerztherapie zu nutzen. Der Patient hat so nur das Risiko einer Methode zu tragen.

Organisatorische Überlegungen

Für die gesamte perioperative Schmerztherapie gilt, daß sie überwiegend auf allgemeinen Pflegestationen stattfindet. Hier gelten andere Regeln als in den Räumen, in denen der Anästhesist sonst zu arbeiten gewohnt ist. Dieses bedeutet, daß Kooperation und Kompromißbereitschaft entscheidend sind, nicht nur, weil es sich hier um Patienten handelt, die primär von Angehörigen anderer Fachdisziplinen betreut werden. Die Forderung nach Kooperation mit den Operateuren ist vor allem berechtigt, weil eine unsachgemäß durchgeführte Schmerztherapie, gerade bei rückenmarknahen Verfahren oder auch Nervenblockaden, für den perioperativen Verlauf und die Rekonvaleszenz gefährlich sein können: So nützt eine noch so gute Analgesie nichts, wenn ein Patient nach einer Prothese diese nicht wie gewünscht frühzeitig belasten oder an der aktiven Krankengymnastik nicht teilnehmen kann, weil ein paretischer Arm nun einmal nicht aktivierbar ist. Dagegen kann heute der immer noch verbreiteten Furcht der Chirurgen entgegengetreten werden, daß eine lege artis durchgeführte Schmerzbehandlung zu einer Kaschierung gravierender Komplikationen führt. Eine Ischämie, eine Peritonitis oder Wundheilungsstörungen werden bei der täglichen Erfassung des Medikamentenbedarfs bzw der Schmerzintensität sogar frühzeitiger bemerkt.

Deshalb ist jedoch für die postoperative Regionalanalgesie, gleich welcher Art, die tägliche Visite durch den betreuenden Anästhesisten obligatorisch. Unerwartete Bedarfssteigerungen sind unverzüglich mit dem zuständigen Operateur zu besprechen, und umgekehrt ist es natürlich notwendig, daß auch die übrigen an der Therapie Beteiligten von den Risiken der anästhesiologisch betreuten Therapie wissen und nicht durch zusätzliche Gabe von Psychopharmaka und Analgetika z.B. das Risiko der epiduralen Opioidanalgesie heraufsetzen.

Unbestritten bleibt jedoch, daß die Organisation der postoperativen Schmerztherapie bei Verwendung spezieller Katheterverfahren in der Regel aufwendiger ist, d.h. einen höheren personellen und logistischen Aufwand impliziert. Die Delegation der Betreuung an mehr oder weniger geübte Kollegen anderer Disziplinen erscheint uns nach wie vor bedenklich, während die Einbeziehung des hierzu bereiten Pflegepersonals in der Praxis weniger problematisch ist, sofern durch ständige Schulung, Weiterbildung und Beratung hierzu die Motivation geweckt werden kann. Einwände hiergegen resultieren zumeist aus berufspolitischen Erwägungen. Sie können nicht durch Anordnungen, sondern nur durch Präsenz und Kompetenz vor Ort überwunden werden. Auch aus diesem Grunde ist die Einrichtung eines Akutschmerzdienstes eine unabdingbare Voraussetzung für eine breitere Anwendung der beschriebenen Verfahren, vielleicht mit Ausnahme der einzeitig angewandten Nerven- und Plexusblockaden.

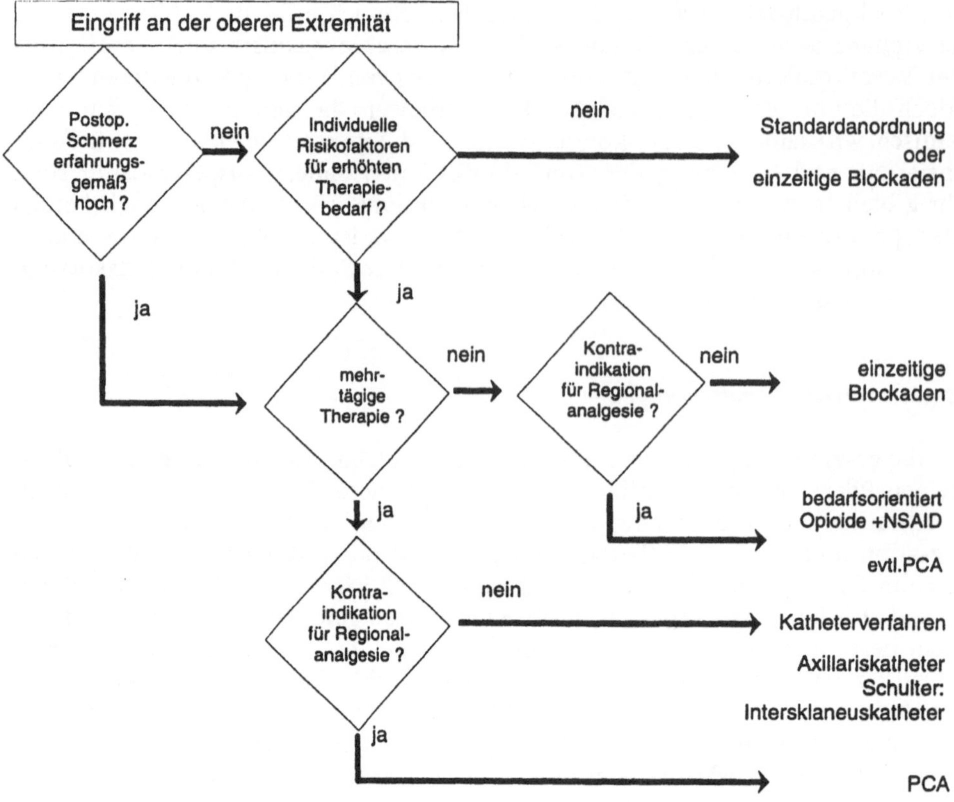

Abb. 1. Entscheidungsablauf zum Einsatz verschiedener Analgesieverfahren am Beispiel eines Eingriffs an der oberen Extremität (Risikofaktoren: relevante Begleiterkrankungen oder besondere Patientenmerkmale (vgl. Übersicht „Prädiktoren ...")

Zusammenfassung

Die Indikation zur Anwendung regionalanalgetischer Verfahren ist somit großzügig zu stellen. Intraoperative Gesichtspunkte sollten nicht allein maßgebend sein. Die entscheidenden Kriterien, anhand derer die Grundsatzentscheidung (systemisch oder regional) und die Auswahl des speziellen Verfahrens getroffen werden (Abb. 1 und 2), sind – neben der Art und dem Ort des Eingriffs – das Ausmaß und die Dauer der zu erwartenden Schmerzen, die Notwendigkeit einer Sympathikolyse, besondere Risikofaktoren für die Rekonvaleszenz sowie jene Patientenmerkmale (Prädiktoren), die einen erhöhten Analgetikabedarf oder verminderte Opioidsensitivität erwarten lassen (vgl. Übersicht zu Beginn: „Prädiktoren ...").

Andererseits ergibt sich aus dem zuvor Gesagten, daß der Wunsch des Patienten ebenso wie bestimmte Begleiterkrankungen oder -medikationen, die gegen ihre Anwendung sprechen, ernsthaft zu berücksichtigen sind. Im Zweifel muß auf das Verfahren verzichtet werden. Denn trotz aller Vorteile der Regionalanalgesie gibt es in allen Fällen, zumindest hinsichtlich der angestrebten Analgesie, eine Alternative (Abb. 1 und 2). Daher ist m.E. nicht statthaft, aus den Vorteilen eine zwingende Indikation abzuleiten, wenn gravierende Bedenken oder gar Kontraindikationen für die Anwendung des einen oder anderen Verfahrens bestehen. Es ist unsinnig, irgendwelche hämostaseologische Grenzwerte unterhalb der physiologischen Normwerte zu diskutieren und z.B. die Epiduralanalgesie bei sog. leichten Gerinnungsstörungen im Falle einer angeblich zwingenden Indikation zu erlauben. Eine solche Indikation gibt es m. E. nicht, zumindest nicht unter dem Gesichtspunkt der Schmerztherapie.

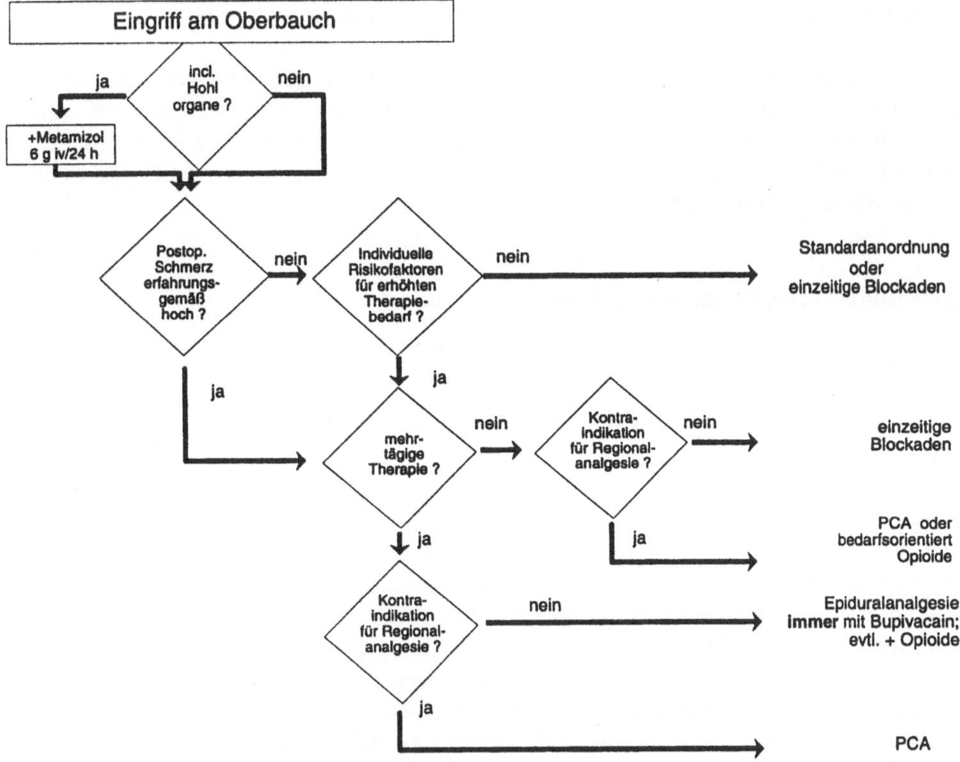

Abb. 2. Entscheidungsablauf zum Einsatz verschiedener Analgesieverfahren am Beispiel eines Oberbaucheingriffs (Risikofaktoren: relevante Begleiterkrankungen oder besondere Patientenmerkmale (vgl. Übersicht „Prädiktoren ...")

Aus dem gleichen Grunde ist natürlich sowohl die Aufklärungs- wie auch die Sorgfaltspflicht bei der Durchführung von größter Bedeutung, nicht nur für den Patienten, sondern auch im Falle medikolegaler Auseinandersetzungen auch für den Arzt. Hier wird es nicht reichen, ein Vorgehen damit zu begründen, daß dieses Verfahren hätte vorteilhaft sein können, sondern es ist nachzuweisen, daß alle Gegenanzeigen beachtet wurden und alles geschehen ist, um Komplikationen und Nebenwirkungen möglichst gering zu halten.

Zusammenfassend sollte, sofern keine Kontraindikation vorliegt, demnach dasjenige Verfahren gewählt werden, dessen Wirkprofil den individuellen Anforderungen am besten entspricht. Bei mehreren Möglichkeiten sind die Verfahren mit der geringeren Gefahr relevanter Nebenwirkungen zu bevorzugen (Nervenblokkaden < regionale Katheter < Epiduralanalgesie mit Lokalanästhetika < epidurale Opioide). Aber besondere örtliche Gegebenheiten, die Vertrautheit mit bestimmten Methoden, Unzulänglichkeiten in der Organisation und Überwachung berechtigen stets zur Wahl des „zweitbesten" Verfahrens. Die Vorteile solcher Kompromisse überwiegen ihre Nachteile. Nur der generelle Verzicht auf eine Schmerztherapie ist heute nicht mehr zu rechtfertigen. Allein dieser verletzt das Recht des Patienten auf eine optimale ärztliche Betreuung.

Stellenwert der speziellen Verfahren in der Regionalanalgesie

Im folgenden soll der Stellenwert einzelner Verfahren erläutert werden. Aspekte der Durchführung werden hier nur insoweit besprochen, als sie zur perioperativen Therapie eine Modifikation verlangen. Die Technik der Punktion oder Katheteranlage muß als bekannt vorausgesetzt werden. Hierfür sei auf die einschlägigen Lehrbücher der Regional- und Lokalanästhesie verwiesen.

Nervenblockaden, regionale Katheterverfahren

Stellenwert

Neben den in Tabelle 1 genannten Eingriffen können Blockaden auch bei größeren Eingriffen wie Thorakotomie, lateralen Oberbaucheingriffen (konventionelle oder endoskopische Cholezystektomie) oder Mastektomie zumeist adjuvant eingesetzt werden, um den systemischen Opioidbedarf zu senken oder speziellen Schmerzen zu begegnen. Typische Indikationen hierfür sind z.B. die Interkostalblockade bei nur intermittierend auftretenden Postthorakotomieschmerzen z. B. durch Drainagen oder vor deren Entfernung. Hierzu zählen auch die Nervenblockaden nach Unfällen bereits vor dem operativen Eingriff (Beispiele Fibularisblock, 3-in-1-Block bei Sprunggelenk-, Schenkelhalsfraktur), die dem Patienten auch die präoperative Diagnostik und Wartezeit deutlich erleichtern. Andere Indikationen, zu denen die Anästhesisten jedoch zweifellos noch viel zu selten gerufen werden, sind akute Schmerzzustände wie Koliken, Urospasmen oder auch Thoraxschmerzen z. B. im Rahmen einer Pleurodese.

Katheterverfahren

Die wichtigsten Anwendungsgebiete regionaler Katheterverfahren (Tabelle 2) sind bestimmte Eingriffe an der oberen Extremität, für die entweder Axillaris- oder Interskalenus-Katheter Verfahren der Wahl sind. Die Vorteile des letzteren sind besonders nach Schulteroperation oder -mobilisation erkennbar, da hier bereits rasch nur durch hohe Opioiddosen unterdrückbare Schmerzen auftreten können, so daß das Ziel des Eingriffes durch die schmerzbedingte Immobilisation rasch zunichte gemacht werden kann. Abgesehen von bestimmten Eingriffen am Ellbogen, Retransplantationen und anderen ausgedehnten handchirurgischen Eingriffen, sind statt eines Axillariskatheters auch Blockaden oft ausreichend, die bei Bedarf wiederholt werden (Abb. 1).

Für den Erfolg ist die Wahl der optimalen Dosis bzw. Konzentration des Lokalanästhetikums von Bedeutung. Eine zu hohe Konzentration impliziert nicht nur das Risiko systemischer resorptionsbedingter Intoxikationen, sondern auch die Gefahr einer unerwünschten motorischen Parese, die dann wiederum den Nutzen dieser Verfahren für die schnelle Gelenkmobilisation zunichte macht. In der Praxis haben sich daher bei diesen Anwendungen sehr niedrige Konzentrationen von Bupivacain bewährt (Tabelle 2). Eine kontinuierliche Infusion ist in der Regel entbehrlich, evtl. mit Ausnahme der Patienten, bei denen eine kontinuierliche Sympathikolyse notwendig sind. Während der lokale Zusatz von Opioiden hier wirkungslos ist, führt der Zusatz von Clonidin, wie bei epiduraler Gabe, zu einer weiteren Reduktion der Schmerzen bzw. erlaubt eine Dosisreduktion des Lokalanästhetikums bei gleichzeitig längerer Wirkdauer (Übersichten in [7, 17]). Analoge Empfehlungen und Einschränkungen gelten für den Femoralis(„3-in-1"-)Katheter. Wie beim Axillariskatheter besteht auch hier ein erhöhtes Hautinfektionsrisiko, weshalb eine tägliche Inspektion und besondere Vorsichtsmaßnahmen zwingend erforderlich sind. Wir führen deshalb eine subkutane Untertunnelung durch, durch die der Katheter am Rumpf ausgeleitet wird. Vorteile sind die fehlende Sympathikolyse, Nachteile u.a. die oftmals nicht ausreichende Wirkung speziell nach Eingriffen am Knie.

Interpleuralanalgesie

Die Interpleuralanalgesie ist eine Alternative zur systemischen oder Epiduralanalgesie nach einseitiger Thorakotomien bei Rippenserienfraktur. Kontraindikationen sind Vorerkrankungen und Infektionen der Pleura. Eine Analyse des diesbezüglichen Schrifttums zeigt allerdings kontroverse Ergebnisse, da einige Arbeitsgruppen überhaupt keinen, andere sehr gute, der Epiduralanalgesie vergleichbare Effekte fanden [15]. Nach eigenen Erfahrungen erklärt sich dieser Unterschied auch durch die Nichtbeachtung einiger technischer Besonderheiten: So hat es sich als wesentlich erwiesen, daß der Interpleuralkatheter zumindest bei Thorakotomien stets über die Pleurakuppel appliziert wird. Sinnvollerweise wird der Katheter nach Thorakotomie oder -skopie von Chirurgen unter Sicht gelegt und durch eine Naht passager fixiert. Interpleural injizierte Lokalanästhetika können nur wirksam werden, wenn die Bülaudrainage anschließend für 20–30 min abgeklemmt wird. Unter diesen Voraussetzungen hat sich die Interpleuralanalgesie im eigenen Tätigkeitsbereich seit vielen Jahren bei den oben genannten Indikationen gut bewährt. In der frühen postoperativen Phase sind allerdings bei bis zu 50% der Patienten, z.B. wegen lagerungsbedingter Schulterschmerzen, niedrig dosierte intravenöse Opiatinjektionen erforderlich. Für andere Indikationen (z.B. nach Cholezystektomie) hat sich dieses Verfahren nicht durchgesetzt.

Sympathikusblockade

Eine regionale Sympathikolyse tritt, gewünscht oder unerwünscht, bei Plexusanalgesien und Interkostalblockaden auf. Sie ist vorteilhaft, wenn z.B. nach Retransplantationen oder nach anderen Interventionen eine protrahierte Vasospastik imponiert. Sofern eine ausschließliche Sympathikolyse gewünscht wird, d.h., in Fällen, in denen Wundschmerzen nicht mehr bedeutungsvoll sind, ist u.E. die selektive Sympathikusblockade an der oberen Extremität durch Stellatumblockade oder an der unteren Extremität durch Grenzstrangblockaden vorzuziehen. Bei der häufigsten Indikation zur perioperativen Sympathikolyse, der arteriellen Verschlußkrankeit vor, nach und ohne Gefäßeingriffen, ist die Epiduralanalgesie eine Alternative, die aber oft wegen der gleichzeitigen Heparin- oder Marcumarbehandlung nicht praktikabel ist. Bei der Behandlung von Durchblutungsstörungen kann durch die Epiduralanalgesie die Progredienz der Ischämie bzw. der begleitenden Infektion zudem kaschiert werden und der günstigste Zeitpunkt der Amputation, vom Chirurgen unbemerkt, verstreichen. Hinzu kommt, daß die Epiduralanalgesie eine weitaus geringer ausgeprägte Sympathikolyse erzeugt als Blockaden des lumbalen Grenzstranges (Übersicht in [21]).

Rückenmarknahe Verfahren (Epidural/Spinalanalgesie)

Stellenwert, Indikation

Auf den Stellenwert rückenmarknaher Verfahren zur postoperativen Analgesie wurde bereits eingegangen. Die wichtigsten Indikation – mit den vorgenannten Einschränkungen – sind

- große abdominelle Eingriffe (u. a. Gastrektomie, Pankreaseingriffe und sonstige onkologische Eingriffe im Oberbauch), wobei auch die Sympathikolyse zur Symptombehandlung essentiell ist [31];
- Patienten mit (auch partieller) respiratorischer Insuffizienz, da hier die Epiduralanalgesie vorteilhafter ist als die Interpleuralanalgesie oder PCA [15];
- Patienten mit präoperativem Tumorschmerz (gerade für Explorativeingriffe) sowie radikale urologische (z. B. Blasenrekonstruktion) und gynäkologische Tumoreingriffe [6];
- Amputation der unteren Extremität (möglichst präoperativ zur Phantomschmerz-Prophylaxe, dann jedoch auch prä- und intraoperativ benutzen!);
- ausgedehnte Knieeingriffe (Mobilisation, Prothese);
- bestimmte Gefäßeingriffe (jedoch problematisch wegen gerinnungshemmender Medikation);
- Patienten mit anamnestischen Besonderheiten (vgl. oben, Übersicht „Prädiktoren ...“), bei denen andere Verfahren der Regionalanalgesie nicht möglich sind.

Der Entscheidungsablauf am Beispiel der Oberbaucheingriff ist in Abb. 2 dargestellt. Bei Patienten mit einer Nachbeatmungszeit von mehr als 12 h und kompletter Analgosedierung sollte jedoch in der Regel präoperativ kein rückenmarknaher Katheter gelegt werden, da eine neurologische Frühkontrolle unmöglich ist. In anderen Fällen mit präoperativen Schmerzen (z. B. durch Ischämie) sollte man dagegen mit der Epiduralanalgesie schon vor der Operation beginnen.

Epidurale Opioide?

Die Diskussion über die Frage, ob epidurale Opioide als Monotherapie oder in Kombination mit Lokalanästhetika oder letztere allein das Verfahren der ersten Wahl sind, ist sicherlich nicht beendet. Das Schrifttum hier ist kaum noch überschaubar, die Schlußfolgerungen sind fast immer unterschiedlich. Hinsichtlich der Analgesie scheinen die meisten Arbeiten für eine bessere Wirkung der Opioide zu sprechen, insbesondere bei Verwendung hochpotenter lipophiler Substanzen wie Fentanyl und Sufentanyl [16]. Andererseits gibt hierzu auch anderslautende Meinungen [18]. Hinzu kommt, daß aus den vorgenannten Gründen bei vielen wichtigen Indikationen für die Epiduralanalgesie der Einsatz von Bupivacain wegen der erwünschten Sympathikolyse unverzichtbar ist (Darm-, Gefäß und viele Tumoreingriffe, Amputation). Praktische Erfahrungen belegen, daß unter Einhaltung bestimmter Verfahrensweisen (s. unten) die Epiduralanalgesie mit segmental nach der Schmerzhauptlokalisation plazierten Kathetern und Verwendung von niedrig dosiertem Bupivacain (0,125–0,25 %, Perfusor: 2–4 ml/h, maximal 30 mg/h) in der Regel ausreichend effektiv ist. Unter den Bedingungen allgemeiner Pflegestationen ist zudem bedeutsam, daß die entscheidende Komplikation der epiduralen Opioidanalgesie, die akut oder auch zumindest nach Morphin häufig verzögert auftretende Atemdepression, im Unterschied zu der stets im unmittelbaren zeitlichen Zusammenhang mit der Injektion auftretenden Hypotension bei epiduraler Lokalanästhetikagabe unter den geschilderten Rahmenbedingungen schwerer zu kalkulieren ist (zur Diskussion vgl. [20, 22, 27]). Daher sind im eigenen Tätigkeitsbereich die epiduralen Opioide auf allgemeinen Pflegestation nur bestimmten Einzelfällen vorbehalten.

Wichtiger als diese Frage ist der Umstand, daß die Effizienz und Risikoarmut bei der Epiduralanalgesie in besonderem Maße abhängig davon sind, daß standardisierte Protokolle für die Anlage, die Überprüfung der Wirksamkeit und für das Vorgehen bei sekundär unzureichender Analgesie eingehalten werden. Zwei Beispiele hierfür aus der eigenen Klinik sind in nachfolgenden Übersichten dargestellt, die auch zeigen, in welchen Fällen ein Zusatz z.B. von Opioiden sinnvoll sein kann.

Postoperative Spinalanalgesie

Die einzeitige Opioidapplikationen zur Spinalanästhesie (CSA) oder auch kombiniert mit der Epiduralanalgesie (CSE) ist z.B. bei der Hüft- und Knieprothetik sowie bei Gefäßoperationen interessant, da es hier durch eine einmalige niedrig dosierte Opioidgabe zu einer ausgeprägten Dämpfung des Initialschmerzes kommt. Die Dosis des Morphins ist außerordentlich: eine einmalige Gabe von 60 µg kann bereits ausreichend sein, nur bei Dosen unter 150 µg Morphin sind in der Literatur keine Fälle von Atemdepression beschrieben.

Auch der Einsatz von Spinalkathetern zur postoperativen Schmerztherapie hat sich bei verschiedenen Eingriffen bewährt. Angesichts bislang ungelöster Fragen, speziell auch der Gefahr von neurologischen Komplikationen (u.a. Cauda-equina-Syndrome) muß dieses Verfahren jedoch vorläufig noch als experimentell angesehen werden und sollte Zentren vorbehalten bleiben, in denen dieses Verfahren systematisch untersucht werden kann.

Standardprotokoll zur Vorgehen bei sekundäre Unwirksamkeit der Epiduralanalgesie

1. Schritt

Apparativ-technische Überprüfung: Infusomaten korrekt eingestellt? Katheter durchgängig? Bei Spritzenwechsel: Richtige Konzentration gewählt?

2. Schritt

Position des Katheters für die Schmerzen adäquat? Ausreichende Analgesie nach Testbolus in den relevanten Dermatomen Prüfung durch Kältereiz)? Evtl. Epidurographie.

3. Schritt

Ausschluß und ggf. kausale Therapie sonstiger Ursachen eines erhöhten Bedarfs:

a) chirurgische Komplikation (z.B. Anastomoseninsuffizienz, Peritonitis, zweizeitige (!) Milzruptur nach Rippenserienfraktur, Stumpfinfektion nach Amputation);
b) sonstige postoperative Schmerzen z.B. durch Darmatonie, Koliken, Lungenembolie, Blasenentleerungsstörung, Hämatome, falsche Lagerung;
c) Zusatzschmerzen, die durch die Epiduralanalgesie nicht erfaßt werden (z.B. Schulterschmerz nach Thorakotomie);
d) nicht operationsbedingte Schmerzsyndrome (Rücken- oder Kopfschmerz);
e) Anzeichen für Gewöhnung oder Abhängigkeit oder erhöhten Bedarf aus psychischen Gründen (z.B. Analgetika zur Anxiolyse).

4. Schritt

Indikation für Koanalgetika oder zusätzliche Maßnahmen prüfen;
ASS, NSAID bei Knochen-, Metamizol bei viszeralen, Antidepressiva bei neuropathischen Schmerz; Nervenblockade (z.B. bei Bülaudrainagen), transkutane Nervenstimulation.

5. Schritt
Erlaubt der Zustand des Patienten eine Erhöhung der Dosis oder die Gabe zusätzlicher Medikamente?

6. Schritt
Erst nach Ausschluß aller anderen Ursachen und Alternativen kann eine Dosiserhöhung erfolgen oder ein potenteres Medikament (Opioid) eingesetzt werden.

Standardprotokoll zur Anlage und primären Überprüfung einer perioperativen Epiduralanalgesie

a) *Möglichst präoperative Anlage* in Höhe des Dermatoms, in dem die maximalen Schmerzen zu erwarten sind. Anschließend Aspirationsversuch, Testdosis mit Adrenalin, möglichst schon jetzt auf Wirksamkeit testen (25 mg Bupivacain — nach 15-20 min Kältewahrnehmung prüfen). Im Zweifel und bei jeder nicht unkomplizierten Anlage (z.B. Duraperforation, Widerstand beim Vorschieben des Katheters) eine Epidurographie veranlassen oder neuen Katheter legen.
b) *Beginn im Aufwachraum* nach erneuter Testdosis und negativem Aspirationsversuch.
   Erste Voraussetzung für den Beginn einer postoperativen Epiduralanalgesie:
   – ausgeglichene Hämodynamik (Cave: Hypovolämie, Hypertension), suffiziente Atmung, Vigilanz und normale Blutgerinnung.
   Zweite Voraussetzung, falls bereits eine intraoperative Epiduralanästhesie erfolgte:
   – ausreichend erholte sensible und motorische Funktion, um neurologische Komplikation durch die Anlage und Nutzung sofort auszuschließen. Bei jeder bleibenden Parese, radikulären bzw. gürtelförmigen Schmerzen, oder anderen neurologischen Ausfällen immer an eine epidurale Raumforderung denken (dann: Neurologen/Neurochirurgen hinzuziehen; MRT oder CT- Untersuchung vorbereiten!).
c) *Überprüfung der adäquaten Wirksamkeit* durch fraktionierte Titration der wirksamen Dosis mit Bupivacain 0,25–0,5%. Betrifft die Analgesie die für den Wundschmerz relevanten Dermatome? Werden alle relevanten Schmerzen verringert? Ist evtl. eine systemische Zusatzmedikation bei Schmerzen außerhalb des eigentlichen Operationsgebietes erforderlich?
   Beispiel: Nach einer Thorakotomie wird zwar der Thoraxschmerz mit einem günstig plazierten EDK gelindert, aber wegen der intraoperativen Armlagerung kann ein Plexusschmerz entstehen, der durch den EDK nicht erreicht wird. Hier könnte man zusätzlich NSAID verabreichen.
d) *Überprüfung der Verträglichkeit* anhand der hämodynamischen und kardialen Reaktion. Treten bei der erforderlichen Dosis Paresen oder ausgeprägte Sensibilitätsstörungen auf? (Indikation zur Epidurographie.)
e) *Verlegung des Patienten mit Epiduralanalgesie nur bei ausreichender Analgesie und fehlenden Nebenwirkungen.*
   – Andernfalls: Katheterlage korrigieren oder neu anlegen, bzw. eine andere Schmerztherapie (z.B. PCA) wählen.
f) *Information und Abstimmung* der geplanten Therapie mit den Stationsärzten und dem Krankenpflegepersonal. Überwachung und schriftliche Anordnungen zum Vorgehen bei erneuten Schmerzen. Dokumentation eventueller Besonderheiten für den Bereitschaftsdienst. Erneute Visite beim Patienten nach einigen Stunden.

Literatur

1. Bach SE, Noreng MF, Tjellden NU (1988) Phantom limb pain in amputees during the first 12 months following limb amputation, after präoperative lumbar epidural blockade. Pain 33: 297—301
2. Christopherson R, Beattie C, Frank SM et al. (1993) Perioperative morbidity in patients randomized to epidural or general anesthesia for lower extremity vascular surgery. Perioperative Ischemia Randomized Anesthesia Trial Study Group. Anesthesiology 79: 422—34
3. Coderre TJ, Katz J, Vaccarino AL, Melzack R (1993) Contribution of central neuroplasticity to pathological pain: review of clinical and experimental evidence. Pain 52: 259—285
4. Dahl JB, Kehlet H (1993) The value of pre-emptive analgesia in the treatment of postoperative pain. Br J Anaesthesia 70: 434—439
5. Dahl JB, Møiniche S, Kehlet H (1994) Wound infiltration with local anaesthetics for postoperative pain relief. Acta Anaesthesiol Scand 38: 7—14
6. de Leon-Casasola OA, Parker BM, Lema MJ, Groth RI, Orsini-Fuentes J (1994) Epidural analgesia versus intravenous patient-controlled analgesia. Differences in the postoperative course of cancer patients. Reg Anesth 1994 19: 307—315
7. Donner B, Tryba, M, Zenz M, Strumpf M (1994) Intrathekale und epidurale Applikation von Nichtopioidanalgetika zur Therapie akuter und chronischer Schmerzen. Der Schmerz 8: 71—81
8. Ejlersen E, Anderson HB, Eliasen K, Mogensen T (1992) A comparison between preincisional and postincisional lidocaine infiltration and postoperative pain. Anaesth Analg 74: 495—498
9. Elizaga AM, Smith DG, Sharar SR, Edwards WT, Hansen ST Jr (1994) Continuous regional analgesia by intraneural block: effect on postoperative opioid requirements and phantom limb pain following amputation. J Rehabil Res Dev 31: 179—187
10. Fisher A, Meller Y (1991) Continuous postoperative regional analgesia by nerve sheath block for amputation surgery — a pilot study. Anesth Analg 72: 300—303
11. Holthusen H, Eichwede F, Stevens M, Willnow U, Lipfert P (1994) Pre-emptive analgesia: comparison of preoperative with postoperative caudal block on postoperative pain in children. Br J Anaesth 73: 440—442
12. Katz J, Kavanagh BP, Sandler AN, Nierenberg H, Boylan JF, Friedlander M, Shaw B (1992) Preemptive analgesia. Clinical evidence of neuroplasticity contributing to postoperative pain. Anesthesiology 77: 439—446
13. Katz J (1995) Pre-emptive analgesia: evidence, current status and future directions. Eur J Anaesthesiol [Suppl 10]: 8—13
14. Katz J, Clairoux M, Kavanagh BP, Roger S, Nierenberg H,: Redahan C, Sandler AN (1994) Pre-emptive lumbar epidural anaesthesia reduces postoperative pain and patient-controlled morphine consumption after lower abdominal surgery. Pain 59: 395—403
15. Kavanagh BP, Katz J, Sandler AN (1994) Pain control after thoracic surgery. A review of current techniques. Anesthesiology 81: 737—59
16. Kehlet H, Dahl, JB (1993) The value of ”multimodal“ or ”balanced analgesia“ in postoperative pain treatment. Anesth Analg 77: 1048—56
17. Koßmann B (1994) Periphere Blockaden. In: Lehmann KA (Hrsg) Der postoperative Schmerz, 2. Aufl. Springer, Berlin Heidelberg New York Tokyo, S 423—424
18. Lehmann KA, McQuay H (1994) Rückenmarknahe Blokaden: Opioide. In: Lehmann KA (Hrsg) Der postoperative Schmerz, 2. Aufl. Springer, Berlin Heidelberg New York Tokyo, S 443—779
19. Maier C, Broer-Boos F, Kube D, Arp WD (1994) Eine Wundinfiltration mit Bupivacain bei Pelviskopien hat keinen Einfluß auf die postoperative Schmerzintensität. Ergebnisse einer placebokontrollierten Doppelblindstudie. Anästhesist 43: 547—552
20. Maier C, Kibbel K, Mercker S, Wulf H (1994) Postoperative Schmerztherapie auf Allgemeinen Krankenpflegestationen — Analyse der achtjährigen Tätigkeit eines Anästhesiologischen Akut-Schmerzdienstes. Anästhesist 43: 385—397
21. Maier C, Gleim M (1993) Behandlung von Ischämieschmerzen. In: Zenz M., Jurna I. (Hrsg): Lehrbuch der Schmerztherapie. Grundlagen, Theorie und Praxis für Aus- und Weiterbildung. Wiss. Verlagsgesellschaft, Stuttgart, S 459—472
22. Maier C, Wulf H (1994) Organisation der perioperativen Schmerztherapie (Acute Pain Service). In: Lehmann KA (Hrsg) Der postoperative Schmerz, 2. Aufl. Springer, Berlin Heidelberg New York Tokyo, S 683-702
23. Mansfield M, Meikle R, Miller C A (1994) A trial of pre-emptive analgesia. Influence of timing of peroperative alfentanil on postoperative pain and analgesic requirements. Anaesthesia 49: 1091—1093
24. Paxton LD, Huss BK, Loughlin V, Mirakhur RK (1995) Intravas deferens bupivacaine for prevention of acute pain and chronic discomfort after vasectomy. Br J Anaesth 74: 612—613

25. Pryle BJ, Vanner RG, Enriquez N, Reynolds F (1993) Can pre-emptive lumbar epidural block reduce postoperative pain following lower abdominal surgery? Anaesthesia 48: 120—123
26. Raetzell M, Maier C, Wulf H (1995) Intraperitoneal Application of Bupivacaine during endoscopic cholecystectomy. Anesth Analg 81: 967—972
27. Ready LB, Oden R, Chadwick S, Benedetti C, Rooke EA, Caplan R, Wild LM (1988) Development of an anesthesiologic-based postoperative pain management service. Anesthesiology 68: 100—106
28. Schug SA, Burell R, Payne J, Tester P (1995) Pre-emptive Epidural Analgesia may prevent phantom limb pain. Regional Anesthes 20: 256
29. Schug SA, Fry RA (1994) Continuous regional analgesia in comparison with intravenous opioid administration for routine postoperative pain control. Anaesthesia 49: 528—32
30. Scott DA, Beilby DSN, McClymont C (1995) Postoperative analgesia with epidural infusions of fentanyl with bupivacaine. Anesthesiology 83: 727—737
31. Seeling W, Rockemann M (1993) Beeinflußt die Schmerztherapie postoperative Morbidität und Letalität? Der Schmerz 7: 85—96
32. Seeling W, Bothner U, Eifert B, Rockemann M, Schreiber M, Schurmann W, Steffen P, Zeininger A (1991) Patientenkontrollierte Analgesie versus Epiduralanalgesie mit Bupivacain oder Morphin nach großen abdominellen Eingriffen. Kein Unterschied in der postoperativen Morbiditat. Anaesthesist 40: 614—623
33. Ure BM, Troidl H, Spangenberger W, Neugebauer E, Lefering R, Ullmann K, Bende J (1993) Preincisional local anaesthesia with bupivacaine and pain after laparoscopic cholecystectomy: a double-blind randomized clinical trial. Surgical Endoscopy 7: 482—488
34. Viel EJ, Pelissier J, Eledjam JJ (1994) Sympathetically maintainend pain after surgery may be prevented by regional anesthesia. Anesthesiology 81: 265—266
35. Wilson RJ, Leith S, Jackson IJ, Hunter D (1994) Pre-emptive analgesia from intravenous administration of opioids. No effect with alfentanil. Anaesthesia 49: 591—593
36. Woolf CJ, Chong MS (1993) Preemptive analgesia — treating postoperative pain by preventing the establishment of central sensitization. Anesth Analg 77: 362—379

Analgesie- und Anästhesieverfahren im Rettungsdienst

H.A. Adams, C.S. Schmitz

Grundlagen

Allgemeines

Die Schmerzbekämpfung durch Analgetika und die Durchführung einer Anästhesie gehören zu den wesentlichen ärztlichen Aufgaben im Rettungsdienst [3]. Beide Maßnahmen sind ausschließlich dem Arzt vorbehalten und können, auch im Rahmen der Notkompetenz [11], grundsätzlich nicht von Rettungsassistenten übernommen werden. Dagegen sind menschlicher Zuspruch und Zuwendung wichtige „Basisanalgetika", die von jedermann einsetzbar sind und auch vom Arzt nicht vergessen werden dürfen [25]. Auch durch einfache Lagerungsmaßnahmen, wie Unterstützung der spontanen Schonhaltung des Patienten bei Frakturschmerzen, ist oft eine deutliche Schmerzlinderung zu erzielen.

Die Behandlung von Schmerzen ist eine uralte und ursprüngliche ärztliche Aufgabe, die an sich keiner näheren Begründung bedarf. Durch eine überlegt und kunstgerecht eingeleitete Analgesie wird der Patient nicht nur von seinen Schmerzen befreit; in vielen Fällen wird darüber hinaus die respiratorische und kardiozirkulatorische Gesamtsituation deutlich verbessert. Die mitunter geäußerte Befürchtung, die Analgesie könne die Diagnose verschleiern, ist in der Regel unbegründet. Bei sorgfältiger Erhebung von Anamnese und Befund durch den Notarzt und korrekter Übergabe zwischen Notarzt und Klinikarzt sind Übermittlungsdefizite und -fehler vermeidbar [4, 25].

Im Gegensatz zur Analgesie ist die Durchführung einer Allgemeinanästhesie im Rettungsdienst deutlich differenzierter zu betrachten. Die Anästhesie ist kein Wert an sich und bedarf einer kritischen Indikationsstellung, die nicht zuletzt auch von den fachlichen Qualitäten des Notarztes abhängig ist. Grundsätzlich hat die Allgemeinanästhesie im Rettungsdienst das Ziel, die Vitalfunktionen zu sichern oder wiederherzustellen bzw. den Notfallpatienten vor stärksten Schmerzen zu schützen. Dazu ist grundsätzlich eine Intubation erforderlich, um die Luftwege der regelmäßig als „nicht nüchtern" geltenden Patienten verläßlich zu sichern. Von der Intubation darf nur im äußersten Notfall abgewichen werden; Larynxmaske und Maskenbeatmung stellen lediglich Notbehelfe dar.

Bei der Intubation im Rettungsdienst sind drei Schwierigkeitsgrade zu unterscheiden:

- **Grad 1:**
  Intubation eines tief Bewußtlosen ohne Narkoseeinleitung oder Relaxierung, z.B. im Rahmen der Reanimation. Diese Maßnahme muß von allen Notärzten sicher beherrscht werden. Im Rahmen der Notkompetenz sollen auch Rettungsassistenten entsprechende Intubationen vornehmen.
- **Grad 2:**
  Einleitung einer Anästhesie und Intubation bei einem noch spontan atmenden Patienten mit dem Ziel, die respiratorische bzw. kardiozirkulatorische Gesamt-

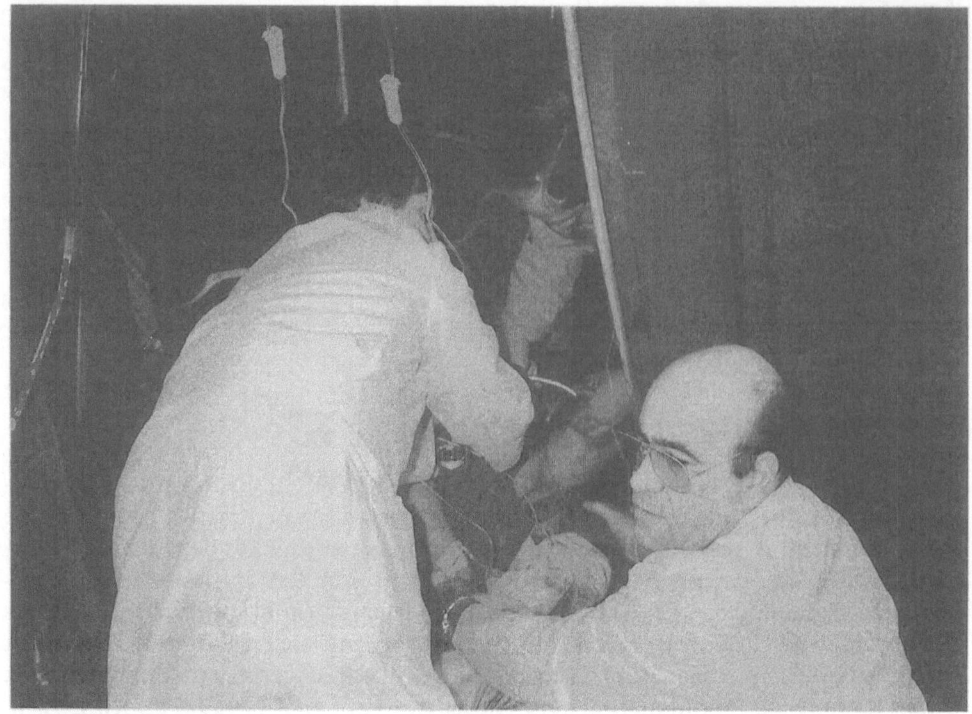

Abb. 1. Intubation eines eingeklemmten Lkw-Fahrers mit Teilamputation des linken Armes und drohender Bewußtlosigkeit. Der Tubus ist mit einem Führungsstab versehen.

situation zu verbessern. Damit sind andererseits wesentliche Risiken wie Hypoxie und Aspiration verbunden, so daß eine entsprechende Intubation nur vom Geübten vorgenommen werden sollte. Bei nicht sicherer Intubationsmöglichkeit ist es besser, die Spontanatmung durch O_2-Zufuhr und ggf. assistierte Maskenbeatmung zu unterstützen. Eine Überwachung mittels Pulsoxymeter ist besonders wertvoll.

– **Grad 3:**
Die unausweichliche, erschwerte Intubation mit Narkoseeinleitung in verzweifelter Situation, z.B. bei eingeklemmten Personen mit stärksten Schmerzen und drohender Bewußtlosigkeit (Abb. 1). Hier kann auch der Erfahrene an seine Grenzen gelangen.

Im eigenen Patientengut wurden im Jahr 1995 bei 1150 Einsätzen des Notarzteinsatzfahrzeuges etwa 10% der Patienten vom Notarzt intubiert. Darunter waren auch fünf Kinder, die nach Narkoseeinleitung intubiert werden mußten. Die analgetisch zu versorgenden Patienten gehörten ebenfalls allen Altersstufen an. Die entsprechenden Krankheitsbilder verschiedenster Notfallkategorien und Fachgebiete reichten vom akuten Myokardinfarkt bis zur schweren traumatischen Schädigung (Abb. 2). Die Übergänge zwischen Analgesie, Anästhesie und Analgosedierung im Rettungsdienst sind fließend [10] und erfordern profunde pharmakologische Kenntnisse und praktische Erfahrungen bei Patienten aller Altersstufen. Diese Anforderungen sind in ihrer ganzen Breite am besten durch den Anästhesisten abzudecken, der wie kein anderer Arzt in der Lage ist, auch im außerklinischen Umfeld nicht als Spezialist, sondern als „Generalist mit speziellen Fähigkeiten" schnell und zielorientiert zu handeln.

Im Rettungsdienst haben Nichtopioide oder „kleine" bzw. „periphere" Analgetika keine wesentliche Bedeutung. Bei den vorherrschend akuten und starken

84

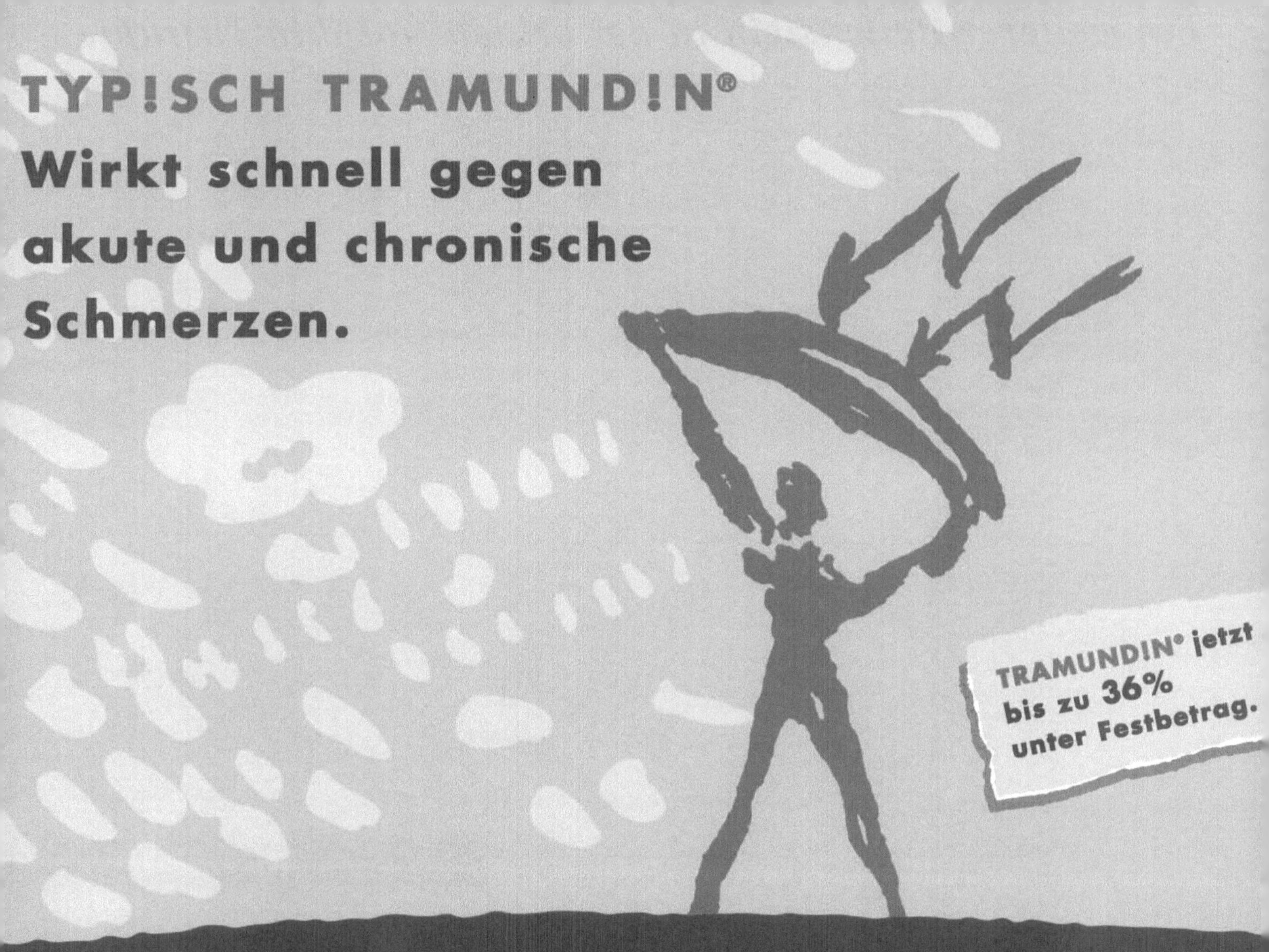

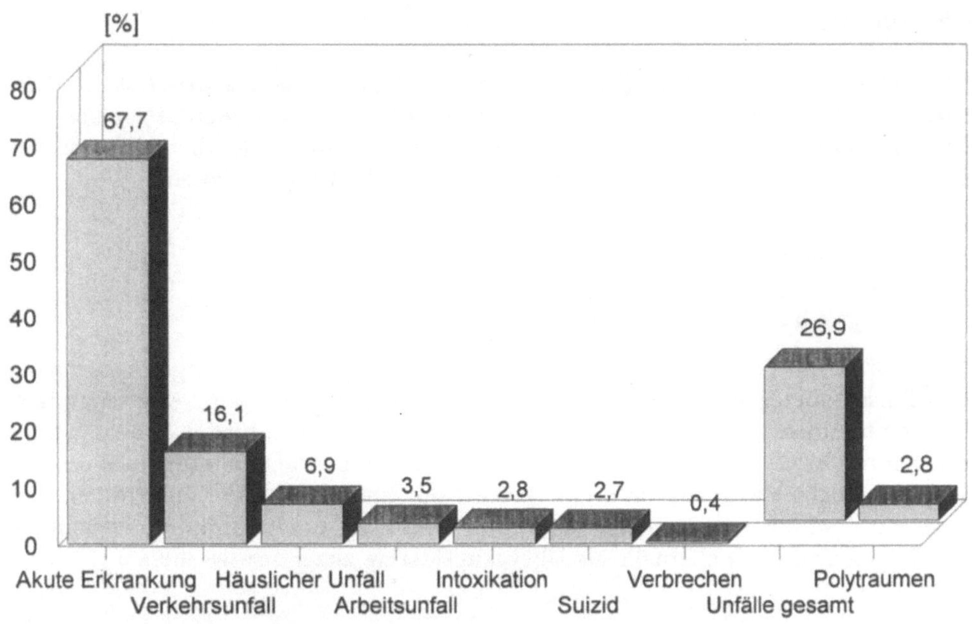

Abb. 2. Notfallkategorien bei 1150 NEF-Einsätzen 1995. Zusätzlich sind der Anteil der Unfälle sowie der Polytraumen an der gesamten Einsatzzahl zusammengefaßt dargestellt.

Schmerzen erfolgt der Wirkungseintritt zu spät und die analgetische Potenz ist insgesamt zu gering. Lediglich Paracetamol wird unter der Indikation „Fiebersenkung" häufiger bei Kleinkindern rektal appliziert. Verfahren der Leitungsanästhesie wie der 3-in-1-Block oder Blockaden des Plexus axillaris sind zwar grundsätzlich geeignet; trotzdem werden sie nur in Ausnahmefällen von besonders geübten Ärzten und bei geeigneten und kooperativen Patienten eingesetzt.

Grundregeln

Zur Vermeidung unkalkulierbarer Resorptionsphänomene sind Analgetika und Anästhetika möglichst über einen sicheren venösen Zugang mit laufender Infusion zu applizieren. Im Gegensatz zur Blitzeinleitung der Anästhesie werden Analgetika grundsätzlich titrierend verabreicht. Der Übergang zwischen ausreichender Analgesie und relativer Überdosierung mit Bedrohung der Vitalfunktionen („silent death") ist schleichend; hier sind Erfahrung sowie aufmerksame Beobachtung und Überwachung des Patienten unverzichtbar (s. unten „Überwachung"). In Abhängigkeit vom Allgemeinzustand wird in der Regel mit der Hälfte der Normaldosis [10, 36] oder weniger begonnen. Insbesondere bei Verwendung von Morphin und Opioiden ist Geduld erforderlich, um das volle Einsetzen der Medikamentenwirkung abzuwarten und übereilte Nachinjektionen zu vermeiden.

Bei allen analgetisch versorgten Patienten soll grundsätzlich Sauerstoff über eine Nasensonde mit etwa 3 l/min appliziert werden. Zur weiteren, dringend notwendigen Ausrüstung zählen eine leistungsstarke Absaugung, ein vollständiges Intubationsbesteck, eine O_2-Quelle, ein Beatmungsbeutel und nach Möglichkeit ein Notfallbeatmungsgerät.

Überwachung

Notfallpatienten mit starken Schmerzen und hohem Analgetikabedarf sowie Patienten, bei denen eine Allgemeinanästhesie erforderlich wird, bedürfen neben den wachen Sinnen des Arztes auch einer sorgfältigen technischen Überwachung. Bestimmte Parameter sind unverzichtbar oder zumindest sehr nützlich:

- EKG,
- Pulsoxymeter,
- oszillometrisches Blutdruckmeßgerät,
- Kapnographie.

EKG-Geräte mit Defibrillator gehören zur Ausstattung jedes Rettungswagens; auch das Pulsoxymeter hat bereits weite Verbreitung gefunden. Die Anstrengungen müssen nunmehr auf die Beschaffung von kompakten und robusten Transportmonitoren mit EKG, Pulsoxymetrie, oszillometrischer Blutdruckmessung und Kapnographie gerichtet werden, um die Sicherheit der Patienten weiter zu erhöhen. Die alleinige Kapnometrie ist in ihrem Informationswert der Kapnographie deutlich unterlegen und kann allenfalls als Übergangslösung akzeptiert werden.

Pharmakologie

Allgemeines

Im eigenen Arbeitsbereich werden die nachfolgend genauer dargestellten Analgetika und Anästhetika im weiteren Sinne eingesetzt:

- Tramadol (z.B. Tramal®),
- Morphin (z.B. Morphin Merck 10),
- Fentanyl (z.B. Fentanyl®-Janssen),
- Ketamin (z.B. Ketanest®),
- Midazolam (z.B. Dormicum®),
- Etomidat (z.B. Etomidat®-Lipuro),
- Succinylcholin (z.B. Lysthenon® und Lysthenon® siccum),
- Vecuronium (z.B. Norcuron®),
- Butylscopolamin (z.B. Buscopan®).

Damit stehen neun Medikamente zur Verfügung, die einzeln oder in Kombination eingesetzt werden können und ausreichend sind, die Versorgungs- und Transportphase der Patienten von 30–60 min zu überbrücken. Eine Ausweitung oder Änderung der Beladung sollte nur erfolgen, wenn damit wesentliche Vorteile verbunden sind. Es muß dringend vermieden werden, eine Apotheke mitzuführen, deren Inhalt unbekannt ist oder, schlimmer noch, unbeherrschbar wird.

Die nachstehend angegebenen Dosierungen sind in jedem Einzelfall nochmals kritisch zu überprüfen.

Einzelsubstanzen

Tramadol

Tramadol [15, 20, 27] ist ein schwachwirksames agonistisches Opioid und unterliegt nur der einfachen Rezeptpflicht. Die Wirkung einer Einzeldosis von etwa 1,5 mg/kg Körpergewicht (KG), entsprechend 100 mg bei 75 kg KG, setzt sehr lang-

sam ein und ist erst nach 20–30 min voll ausgeprägt; die Wirkdauer liegt bei 2–4 h
[15, 20, 25]. Als Nebenwirkungen werden Übelkeit und Erbrechen relativ häufig,
Atemdepression [24] und Hypotonie dagegen selten beobachtet. Tramadol ist zur
Behandlung leichter und mittelschwerer Schmerzen geeignet und deckt den Indi-
kationsbereich von Metamizol mit ab. Darüber hinaus ist die Substanz wegen der
einfachen Rezeptpflicht zur Mitführung in nicht ständig arztbesetzten Rettungsmitteln vorteilhaft.

Morphin

Morphin [15, 20, 24, 27] ist die Referenzsubstanz aller zentral wirksamen Analgetika. Die Wirkung von Morphin und seiner synthetischen Derivate, der Opioide,
wird über zentrale Opiatrezeptoren vermittelt. Eine Einzeldosis von 0,05–0,15 mg/
kg KG (5–10 mg bei 75 kg KG) beginnt innerhalb von 5–15 min zu wirken, der Effekt
hält etwa 4 h an [10, 12, 24, 25]. Die wichtigsten Nebenwirkungen sind Atemdepression, Übelkeit, Erbrechen und Histaminfreisetzung sowie Hypotonie durch arterielle und venöse Vasodilatation. Die Atemdepression kann vital bedrohlich werden
und erfordert eine genaue Überwachung des Patienten. Bei ausreichendem Volumenstatus und vorsichtiger Dosierung sind keine wesentlichen negativen Kreis-
laufwirkungen zu erwarten [6]. Morphin ist im Rettungsdienst das Standard-
analgetikum zur Behandlung stärkster Schmerzen, sofern auf eine Narkoseeinleitung verzichtet wird. Die Wirkungen von Morphin und agonistischen Opioiden wie
Fentanyl und Tramadol können durch Naloxon antagonisiert werden.

Fentanyl

Fentanyl [12, 24, 25] ist ein hochpotenter synthetischer Morphinagonist. Die Wirkung einer Einzeldosis von etwa 3 µg/kg KG (0,2 mg bei 75 kg KG) setzt relativ rasch
innerhalb von 5 min voll ein und hält 20–40 min an [12]. Die wichtigste Nebenwirkung ist eine ausgeprägte Atemdepression. Die negativen Kreislaufeffekte sind geringer als die von Morphin [24]. Fentanyl ist das Standardopioid für Narkosen im
Rettungsdienst. Wegen der stark atemdepressiven Wirkung sollte dringend auf den
analgetischen Einsatz bei Patienten in Spontanatmung verzichtet werden [25]; hier
stehen mit Morphin bzw. Ketamin geeignetere Medikamente zur Verfügung.

Ketamin

Ketamin [13, 41] ist ein Phencyclidinderivat, dessen Wirkmechanismen derzeit
nicht eindeutig geklärt sind [22]. Die Substanz behauptet in der Notfall- und Kata-
strophenmedizin seit Jahrzehnten einen herausragenden Platz [5]. Ketamin hat
starke analgetische und schwache hypnotische Wirkungen und verfügt über deutliche broncholytische und sympathomimetische [2, 19] Eigenschaften, die insbesondere bei der Einleitung von Patienten im hämorrhagischen Schock [28] und mit
Status asthmaticus [7] gezielt genutzt werden können. Neben der sympathomimetischen Wirkung gehört die sowohl intravenöse als auch intramuskuläre Applika-
tionsmöglichkeit zu den weiteren herausragenden Eigenschaften der Substanz;
dazu kommt ein breites Wirkungsspektrum von der Analgesie über die Anästhesie
bis zur Analgosedierung bei konkurrenzlos geringem logistischen Aufwand. Die
Spontanatmung der Patienten bleibt in der Regel erhalten, die sogenannten Schutz-
reflexe werden geringer als durch andere Anästhetika beeinträchtigt. Gegenüber

dem Morphin und den Opioiden sind in vielen Situationen insbesondere die geringere Atemdepression und der schnelle Wirkungseintritt vorteilhaft.

Die als „dissoziative Anästhesie" [13] bezeichnete Ketaminmonoanästhesie ist von oft unliebsamen Traumreaktionen sowie deutlichen Anstiegen von Blutdruck, Herzfrequenz und myokardialem O_2-Verbrauch begleitet. Diese Nebenwirkungen können durch Kombination mit Benzodiazepinen vermindert oder ganz vermieden werden [26, 39]; der Einsatz von Ketamin ist jedoch bei Patienten mit Hypertonus, koronarer Herzkrankheit (Angina pectoris, Myokardinfarkt) sowie Präeklampsie und Eklampsie in der Regel kontraindiziert. Die häufig zu beobachtende Hypersalivation kann durch Vorgabe von Atropin vermieden werden. Unter Spontanatmung führt Ketamin zur Erhöhung des intrakraniellen Drucks; eine relevante Drucksteigerung im hämorrhagischen Schock bleibt dagegen aus und kann durch kontrollierte Hyperventilation mit Normo- bzw. Hypokapnie vermieden werden [21, 29]. Traumreaktionen spielen im Rettungsdienst praktisch keine Rolle [33]. Hier ist das Umfeld der Rettung entscheidend, das den wesentlichen Unterschied zur klinischen oder experimentellen Situation mit bewußtem Erwarten der Narkose ausmacht. Einen Sonderfall stellt die Analgesie bei agitierten Patienten mit Alkohol- oder Drogenabusus dar; diese Patientengruppe ist allerdings generell als problematisch einzustufen.

Die intramuskuläre Zufuhr zur Analgesie oder Anästhesie kommt grundsätzlich nur bei fehlendem venösen Zugang in Frage. Bei intramuskulärer Injektion setzt die analgetische bzw. anästhetische Wirkung je nach Kreislaufsituation innerhalb von 2–5 min ein, bei intravenöser Injektion unmittelbar nach der Applikation.

Zur Analgesie ist die intramuskuläre Injektion von 0,5–1 mg/kg KG (50 mg bei 75 kg KG) ausreichend [17], die Wirkung hält etwa 30 min an. Bei intravenöser Zufuhr beträgt die analgetische Dosis 0,25–0,5 mg/kg KG (25 mg bei 75 kg KG), die Wirkdauer liegt bei 15 min [18]. Für längere Transporte ist eine Infusion (Lösung mit 1 mg/ml) vorteilhaft, die mit etwa 1 mg/kg KG/h nach Wirkung dosiert wird. Auf die Vorinjektion von Midazolam kann meist verzichtet werden. Die Patienten bleiben in der Regel ansprechbar.

Eine ausgeprägte Anästhesie wird durch intramuskuläre Zufuhr von 5 mg/kg KG Ketamin erzielt, in der Regel als Mischspritze mit 0,01 mg/kg KG Atropin (bis 0,5 mg). Damit liegt die Dosis für 75 kg KG bei 375 mg, was immerhin 7,5 ml der Lösung von 50 mg/ml entspricht. Bei unkooperativen Patienten ist zur Beherrschung besonderer Situationen eine Dosis von 2,5–5 mg/kg KG (200–375 mg bei 75 kg KG) ausreichend. Zur intravenösen Narkoseeinleitung wird ein Bolus von 1–2 mg/kg KG Ketamin appliziert (75–150 mg bei 75 kg KG). Die niedrige Dosierung ist für Patienten in reduziertem Allgemeinzustand (Schock usw.) zu wählen. In der Regel werden zuvor bis 0,1 mg/kg KG Midazolam (7,5 mg bei 75 kg KG) und 0,01 mg/kg KG Atropin (bis 0,5 mg) injiziert. Um eine befriedigende Sedierung zu erreichen, muß vor der Applikation von Ketamin nach Möglichkeit das Einsetzen der Benzodiazepinwirkung abgewartet werden. Ketamin kann in Abständen von 10–15 min in der halben Initialdosis nachinjiziert werden; weitere Midazolamgaben sind meist nicht erforderlich.

Ketamin wird im Rettungsdienst zur Analgesie und Anästhesie bei allen traumatologischen Patienten mit Ausnahme des isolierten oder im Vordergrund stehenden Schädel-Hirn-Traumas (SHT) eingesetzt. Bei Patienten mit internistischen Krankheitsbildern ist der Einsatz von Ketamin beim Status asthmaticus sowie für die Narkose von Patienten im katecholaminpflichtigen kardiogenen Schock indiziert; dagegen verbietet sich der Einsatz bei Angina pectoris sowie Myokardinfarkt ohne Beatmungspflicht. Die Indikationen werden bei den einzelnen Krankheitsbildern näher diskutiert.

Midazolam

Midazolam [9, 12, 27, 30] ist das im anästhesiologischen Arbeitsbereich derzeit
führende Benzodiazepin mit starken sedierenden und anxiolytischen Eigenschaften. Die Substanz hat das Diazepam wegen seiner günstigeren Pharmakokinetik
und der ausgeprägten anterograden Amnesie weitgehend verdrängt. Die zentrale
Wirkung wird durch Rezeptoren vermittelt und ist durch Dosiserhöhung nicht
beliebig zu steigern („ceiling effect"). Die Wirkung einer Einzeldosis von
0,03–0,1 mg (2,5–7,5 mg bei 75 kg KG) setzt nach intravenöser Zufuhr rasch ein und
hält etwa 30 min an. Die erforderliche Dosis kann stark schwanken und soll möglichst titriert werden, bis der Patient „schlafend-erweckbar" ist. Bei geriatrischen
Patienten und eingeschränkter hepatischer Funktion ist die Wirkung oft unvorher-
sehbar verlängert. Besonders bei geriatrischen Patienten kann eine schwere Atemdepression auftreten; Midazolam ist auch diesbezüglich schwer einzuschätzen. Die
kardiovaskulären Nebeneffekte sind bei vorsichtiger Dosierung gering. Im Bedarfs-
fall ist Midazolam auch intramuskulär applizierbar. Benzodiazepinwirkungen können durch Flumazenil antagonisiert werden. Midazolam ist das Standardsedativum
im Rettungsdienst und wird sowohl allein zur Sedierung als auch in Kombination
mit Ketamin oder Fentanyl zur totalen intravenösen Anästhesie (TIVA) eingesetzt.

Etomidat

Etomidat [9, 12, 27] ist ein Induktionshypnotikum ohne analgetische Potenz, das
sich wegen seiner sehr geringen negativen Kreislaufeffekte besonders für den Einsatz bei bestimmten Risikopatienten eignet. Ein weiterer Vorteil für den Rettungsdienst ist die Darreichungsform als sofort einsetzbare Lösung. Nach intravenöser
Injektion von 0,15–0,3 mg/kg KG (15–20 mg bei 75 kg KG) setzt die Wirkung sofort
ein und hält etwa 5–10 min an. Etomidat führt zu einer reversiblen Hemmung der
Steroidsynthese in der Nebennierenrinde. Dieser Effekt (insbesondere der Corti-
solmangel) ist grundsätzlich unerwünscht, jedoch nach heutigem Kenntnisstand
bei einmaliger Applikation klinisch unbedenklich. Etomidat wird im Rettungsdienst zur Narkoseeinleitung von kardiovaskulär stabilen Notfallpatienten benutzt.

Succinylcholin

Succinylcholin [8, 12, 27, 38] ist ein depolarisierendes Muskelrelaxans und trotz
kritischer Bewertung [34] wegen seines schnellen Wirkungseintritts zur Blitzeinleitung bislang unverzichtbar [1]. Die Wirkung einer Einzeldosis von 1–1,5 mg/kg KG
(100 mg bei 75 kg KG) ist nach 30–45 s voll ausgeprägt und hält etwa 3–5 min an.
Durch parasympathomimetische Effekte können, insbesondere bei Kindern, Sinus-
bradykardien und andere Rhythmusstörungen auftreten. Succinylcholin darf bei
Patienten mit maligner Hyperthermie oder neuromuskulären Systemerkrankun-
gen in der Anamnese sowie nach langer Immobilisation nicht eingesetzt werden;
insbesondere bei diesen Patienten kann es zum starken Ausstrom von Kalium aus
der Skelettmuskulatur mit nachfolgender schwerer Hyperkaliämie, zur Rhabdomyolyse und zur Triggerung der malignen Hyperthermie kommen [1]. Der Einsatz bei Patienten mit perforierender Augenverletzung ist dagegen nur relativ kontraindiziert, durch Vorgabe von Vecuronium kann die Tonuserhöhung der Augen-
muskeln und damit der Anstieg des Augeninnendrucks vermindert werden [31].
Trotz der genannten Einschränkungen ist Succinylcholin nach wie vor das Stan-
dardrelaxans im Rettungsdienst. Nach Herstellerangaben läßt die Wirksamkeit bei
Lagerung in gelöster Form und hohen Aussentemperaturen innerhalb von vier

Wochen um maximal 5 % nach. Fertigampullen sollten daher nur in arztbesetzten
Rettungsmitteln mit regelmäßigem Verbrauch gelagert werden. Für nicht ständig
arztbesetzte Fahrzeuge ist die Trockensubstanz vorzuziehen, die bis zu 3 Jahren
haltbar ist.

Vecuronium

Vecuronium [8, 12, 27, 38] ist ein mittellang wirkendes, nicht depolarisierendes
Muskelrelaxans. Die Wirkung einer Einzeldosis von bis zu 0,1 mg/kgKG (6–8 mg
bei 75 kgKG) hält etwa 20–30 min an. Vecuronium hat keine wesentlichen unerwünschten Wirkungen. Wegen der relativ kurzen Wirkdauer und guten Verträglichkeit ist Vecuronium für den Einsatz im Rettungsdienst besonders geeignet. Die
Lagerung als Trockensubstanz stellt keinen wesentlichen Nachteil dar, weil die
Substanz nicht verzugslos eingesetzt werden muß.

Butylscopolamin

Butylscopolamin [12, 27, 38] ist ein Parasympatholytikum und bewirkt u.a. eine
Erschlaffung der glatten Muskulatur von Gallen- und Harnwegen (sowie des Dar-
mes, der Bronchien und des Uterus), dies insbesondere bei spastischer Kontraktion. Die Wirkung einer intravenösen Einzeldosis von etwa 0,3 mg/kg KG (20 mg bei
75 kg KG) setzt unmittelbar nach der Injektion ein und hält etwa 4 h an. Zu den
Kontraindikationen zählen insbesondere Tachyarrhythmien, Vorhofflattern mit
AV-Block und Myasthenia gravis. Die Substanz kommt bei Kolikschmerzen allein
oder in Kombination mit Opioiden zum Einsatz.

Schwangerschaft, Stillzeit und Säuglingsalter

Allgemein gilt, Analgetika und Anästhetika insbesondere in der Zeit der Embryo-
genese und frühen Fetalperiode (bis etwa zur 16. Schwangerschaftswoche) nur bei
strenger Indikation einzusetzen [23]. Die Herstellerangaben zur Anwendbarkeit
sind in der Regel spärlich, weil gerade positive Aussagen juristisch bedenklich sind
und insgesamt nur wenige gesicherte Daten über die teratogene Wirkung von Analgetika und Anästhetika vorliegen. Auch aus diesem Grund bietet es sich an, mit
nur wenigen und gut etablierten Substanzen zu arbeiten, zumal der Notarzt oft erst
nachträglich von der Schwangerschaft einer Patientin erfährt. Weniger problematisch ist der Einsatz in der Stillperiode oder bei Säuglingen. Hier liegen meist ausreichende pharmakologische Erkenntnisse vor; darüber hinaus ist eine Stillpause
schon krankheitsbedingt meist nicht zu umgehen, während bei Säuglingen auf
breite klinische Erfahrungen zurückgegriffen werden kann.

Für Tramadol [14, 32] gilt die Anwendung während Schwangerschaft und Stillzeit als unbedenklich. Für Kinder unter einem Jahr gibt der Hersteller eine Anwendungsbeschränkung an, die jedoch zumindest ab dem dritten Lebensmonat an klinischer Relevanz verliert [14]. Morphin soll im 1. Trimenon nur bei strenger Indikation eingesetzt werden; gegen den kurzzeitigen Gebrauch in der Schwangerschaft
[14] oder in der Stillzeit bestehen keine Bedenken [12]. Auch hier gilt für Kinder
unter einem Jahr eine Anwendungsbeschränkung, die ebenso diskussionswürdig
erscheint [14]. Fentanyl wird trotz der vom Hersteller angegebenen Anwendungsbeschränkung für das 1. Lebensjahr [32] klinisch häufig bei Säuglingen eingesetzt
[14], gleiches gilt für den Einsatz im 1. Trimenon. Fentanyl tritt in relevanten Mengen in die Muttermilch über, der Hersteller empfiehlt daher eine Stillpause von 24 h

[32]. Zur teratogenen Wirkung von Ketamin und zum Einsatz in der Stillzeit liegen keine Daten vor [32]; der relativ breite Einsatz der Substanz hat jedenfalls zu keinerlei negativen Erkenntnissen geführt. Midazolam soll während Schwangerschaft und Stillzeit nur bei strenger Indikation eingesetzt werden [32]. Zur teratogenen Wirkung von Etomidat [32] liegen keine Daten und ebenfalls keine negativen Erkenntisse vor; die Anwendung ist bis zum 6. Lebensmonat nicht indiziert. Die Substanz tritt in die Muttermilch über und kann das Befinden des Säuglings vorübergehend beeinträchtigen [32]. Die Anwendung von Succinylcholin in der Schwangerschaft erscheint unbedenklich [32]; auch zur Teratogenität von Vecuronium liegen keine negativen Daten vor. Butylscopolamin soll während der Schwangerschaft nur bei strenger Indikation eingesetzt werden [32].

Insgesamt können die in diesem Beitrag aufgeführten Medikamente bei einmaliger Applikation auch in der Frühschwangerschaft als unbedenklich gelten [23]; darüber hinaus fehlt jeder Beweis für die Überlegenheit irgendeines Anästhesieverfahrens in dieser Phase [37].

Bewirtschaftung von „Betäubungsmitteln" im Rettungsdienst

Das Mitführen von „Betäubungsmitteln" (BtM) im Sinne des „Betäubungsmittelgesetzes" wie Morphin und Fentanyl in Rettungsfahrzeugen ist in § 8 a („Verschreiben für Einrichtungen des Rettungsdienstes") der „4. Betäubungsmittelrechts-Änderungsverordnung" vom 23. Dezember 1992 geregelt [40]. Die Verschreibung erfolgt analog zum Stationsbedarf mit „Betäubungsmittelanforderungsschein" durch einen vom Träger oder Durchführenden des Rettungsdienstes speziell beauftragten Arzt, der auch für die monatlichen Kontrollen der BtM verantwortlich ist. Die Aufzeichnung über Verbleib und Bestand obliegt dem jeweiligen behandelnden Arzt, also dem Notarzt. Es sind BtM-Bücher zu führen, in denen die Zu- und Abgänge mit Datum, Personalien (Name, Vorname, Geburtsdatum des Patienten) sowie Menge und Zubereitung verbucht werden. Es hat sich bewährt, den Einzelnachweis auf dem Einsatzprotokoll zu führen und die Protokoll- bzw. Einsatznummer im BtM-Buch zu vermerken. Der Apotheker der Lieferapotheke ist verpflichtet, die BtM-Vorräte in den Einrichtungen bzw. Teileinheiten (Fahrzeugen) des Rettungsdienstes mindestens halbjährlich insbesondere auf deren einwandfreie Beschaffenheit sowie ordnungsgemäße und sichere Aufbewahrung zu überprüfen. Im eigenen Verantwortungsbereich werden die BtM in einer gesonderten, fest installierten und abgeschlossenen Kassette im Notarzteinsatzfahrzeug gelagert, deren Schlüssel von Fahrzeugführer zu Fahrzeugführer übergeben wird.

Spezielle Situationen und Krankheitsbilder

Traumatologie

Polytrauma

Bei Patienten mit Polytrauma stehen die Aufrechterhaltung der Kreislauffunktion und die Gewebsoxygenierung eindeutig im Vordergrund. Dies ist auch bei begleitendem SHT der Fall. Der Blutdruck ist insbesondere durch aggressiven Volumenersatz zu stabilisieren. Die Narkose dient primär der Verbesserung der Oxygenierung und nur sekundär der Schmerzbekämpfung; darüber hinaus werden Lagerungs- und Repositionsmanöver bedeutend erleichtert. Mittel der Wahl zur Blitzeinleitung von Patienten im hämorrhagischen Schock (möglichst nach vorangehender

Oxygenierung) sind Ketamin und Succinylcholin. Nach der Intubation wird der Patient kontrolliert beatmet. Die Fortführung der Anästhesie ist von der Kreislaufsituation abhängig. Manche Patienten benötigen zunächst überhaupt keine weitere Medikation. Ansonsten wird bei Patienten mit instabiler Kreislaufsituation Ketamin in der halben Initialdosis nur bei Bedarf nachinjiziert, ggf. ergänzt durch kleine Dosen von Midazolam. Patienten mit stabilem Kreislauf erhalten Fentanyl und ebenfalls Midazolam in geringer Dosierung. Eine Relaxierung mit Vecuronium soll nur zurückhaltend erfolgen. Als Zielgröße dient grundsätzlich der Blutdruck der Patienten, die in dieser Situation in gewissem Maß auf die chirurgischen Stressoren angewiesen sind. Eine vollständige Unterdrückung der physiologischen Regulationsmechanismen durch Überdosierung von Anästhetika muß dringend vermieden werden [16].

Eingeklemmte Person

Bei eingeklemmten Personen müssen Analgesie und Anästhesie mit größter Zurückhaltung erfolgen, solange kein freier Zugang zum Patienten gewährleistet ist. Allenfalls kann Ketamin in geringer Dosis intravenös (nur ersatzweise intramuskulär) verabfolgt werden. Wird die Intubation unausweichlich, erfolgt sie als Blitzeinleitung mit Ketamin und Succinylcholin.

Isoliertes Schädel-Hirn-Trauma

Bei allen Patienten mit SHT ist vor Narkoseeinleitung eine gewissenhafte Erhebung des neurologischen Befundes notwendig. Der „Glasgow-Koma-Index" ist dazu wegen der fehlenden Seitenangabe und Pupillenbeurteilung nicht ausreichend. Auf dem eigenen Einsatzprotokoll werden nach vorgegebenem Schema dokumentiert:

- Bewußtseinslage (klar – getrübt – bewußtlos mit gezielter oder ungezielter Abwehrreaktion, Streckkrämpfen oder fehlender Reaktion auf Schmerzreiz; Bewegungen mit Seitenangabe),
- Pupillenbefund (eng, mittelweit, weit, negative Lichtreaktion oder Entrundung mit Seitenangabe),
- Blickwendung mit Angabe der Richtung,
- sonstige Zeichen wie Krämpfe, Amnesie, Übelkeit, Erbrechen und Unruhe.

Patienten mit isoliertem oder im Vordergrund stehenden SHT befinden sich vielfach nicht im hämorrhagischen Schock. In diesen Fällen ist Ketamin nicht indiziert und wird zur Blitzeinleitung durch Etomidat ersetzt. Die Patienten werden anschließend mit erhöhtem Oberkörper gelagert, kontrolliert beatmet und hyperventiliert. Bei kreislaufstabilen Patienten wird die Narkose mit Fentanyl und Midazolam in ausreichender Dosierung weitergeführt, um Husten und Pressen und damit den Anstieg des intrakraniellen Drucks sicher zu vermeiden. Auch die Indikation zur Relaxierung kann großzügig gestellt werden. Bei korrekter Übermittlung des klinischen Ausgangsbefundes an den aufnehmenden Krankenhausarzt wird sich die weitere Diagnostik in der Regel auf technische Verfahren abstützen, so daß der Patient nicht „wach" übergeben zu werden braucht. Gegenteilige Auffassungen können nicht mehr als zeitgemäß gelten.

Sonstige Traumen

Patienten mit isolierten Frakturen werden analgetisch mit kleinen Dosen von Ketamin versorgt, alternativ kommen bei geringen Schmerzen Tramadol und bei starken Schmerzen Morphin in Betracht. Der Vorteil von Ketamin liegt hier insbesondere im schnelleren Wirkungseintritt. Dasselbe gilt für Patienten mit Verbrennungen, sofern bei größerer Ausdehnung nicht die Narkoseeinleitung vorzuziehen ist.

Internistische Krankheitsbilder

Angina pectoris und Myokardinfarkt

Patienten mit Angina pectoris und Myokardinfarkt werden grundsätzlich mit Morphin versorgt. Tramadol kommt wegen seiner geringen Potenz nicht und Ketamin wegen seiner Kreislaufeffekte zunächst nicht in Frage. Eine zusätzliche Sedierung mit kleinen Dosen von Midazolam ist sehr wertvoll.

Kardiogener Schock, Lungenembolie und Lungenödem

Anders stellt sich die Situation dar, wenn ein Patient im manifesten kardiogenen Schock [35] intubiert werden muß, etwa bei Lungenembolie oder mit Linksherzversagen nach Myokardinfarkt. Bei diesen grundsätzlich katecholaminpflichtigen Patienten ist der sympathomimetische, katecholaminsparende Effekt von Ketamin gezielt nutzbar. Ketamin wird hier in geringer Dosis sowohl zur Narkoseeinleitung als auch zur nachfolgenden Analgosedierung (zusammen mit Midazolam) eingesetzt. Liegt dagegen ein Lungenödem als Folge eines Linksherzversagens bei hypertoner Krise vor, wird die Narkoseeinleitung mit Ketamin unterbleiben, um die Gefahr eines weiteren Blutdruckanstiegs zu verringern. In diesen Fällen sind Etomidat und nachfolgend Midazolam und ggf. Fentanyl vorzuziehen.

Status asthmaticus

Der Status asthmaticus ist die häufigste Ursache der akuten Rechtsherzinsuffizienz [35]. Ein schwerer, auf die übliche Therapie nicht ansprechender Status asthmaticus erfordert letztlich die Intubation. Da meist lange gewartet wird, ist die Situation durch die bereits eingetretene Hypoxie deutlich verschlechtert. Wiederum ist Ketamin wegen seiner sympathomimetischen Wirkung zur Narkoseeinleitung besonders geeignet. Dazu ist die Relaxierung nicht immer angezeigt; oft gelingt es, bereits somnolente Patienten mit erhaltener Spontanatmung nach einer geringen Dosis von Ketamin (etwa 1 mg/kgKG) zu intubieren. Die Alternative mit höherem Hypoxierisiko ist die Blitzeinleitung mit Ketamin in relativ hoher Dosierung (3 mg/kgKG) und Relaxierung mit Succinylcholin; dieses Vorgehen ist eher bei agitierten Patienten angezeigt. Nach der Intubation wird die Narkose mit Ketamin und Midazolam fortgeführt.

Kolikschmerzen

Bei Patienten mit Kolikschmerzen in Folge von Nieren- oder Gallensteinleiden wird zunächst Butylscopolamin intravenös injiziert, bei mangelndem Erfolg wird zusätzlich Tramadol verwendet. Bei stärksten Schmerzen kann die intravenöse Zufuhr kleiner Dosen von Ketamin wegen des schnellen Wirkungseintritts eine Alternative darstellen.

Sonstige Krankheitsbilder

Plötzliche Geburt

Bei plötzlich eintretender Geburt und Versagen tokolytischer Maßnahmen kann beim Durchtritt des vorangehenden Kindsteils eine Analgesie mit geringen intravenösen Dosen von Ketamin erfolgen. Negative Auswirkungen auf das Kind sind nicht zu befürchten. Opioide sind wegen der atemdepressiven Wirkung auf das Kind zu vermeiden.

Kindliche Notfälle

Auch bei kindlichen Notfällen aller Art ist Ketamin in der Regel sowohl zur Analgesie als auch zur Anästhesie zu bevorzugen. Zur weiteren Narkoseführung kommen auch Fentanyl und Midazolam in Betracht.

Neurologische und psychiatrische Notfälle

Bei Krampfanfällen wird zunächst Midazolam als Antikonvulsivum eingesetzt. Wegen der Gefahr der respiratorischen Insuffizienz ist eine besonders sorgfältige Überwachung erforderlich. Ein Status epilepticus muß unter allen Umständen durchbrochen werden. Hier empfiehlt sich die Blitzeinleitung mit Etomidat und Succinylcholin und die anschließende Verwendung von Midazolam. Eine Relaxierung ist in diesem Fall zu vermeiden, um die Klinik nicht zu verwischen und falsche Sicherheit zu vermeiden. Die zerebrale Krampfaktivität ist nicht relaxierbar!

Bei psychiatrischen Notfällen kann zunächst eine Sedierung durch intravenöse Zufuhr von Midazolam versucht werden. Läßt die Situation ein solches Vorgehen nicht zu, wird Ketamin intramuskulär injiziert. Seine Wirkung ist hier im allgemeinen verläßlicher als die von Midazolam. Danach kann die weitere Sedierung mit Midazolam oder einem Neuroleptikum, z.B. Triflupromazin (Psyquil®), erfolgen.

Zusammenfassung

Analgesie und Anästhesie im Rettungsdienst erfordern ein hohes Maß an menschlicher und ärztlicher Kompetenz sowie klinische Erfahrung und ausgeprägte pharmakologische Kenntnisse. Gerade für den Anfänger ist es nicht immer leicht, sowohl die ängstliche Nichtbehandlung mit unzureichender Analgesie als auch die Überbehandlung mit Selbstbestätigung zu vermeiden. Die Beschränkung auf eine überschaubare Anzahl von Medikamenten ist wichtig, um genügend Erfahrung mit den Einzelsubstanzen zu gewinnen. Ketamin ist im traumatologischen Bereich führend und auch bei einzelnen internistischen Krankheitsbildern wie dem kardiogenen Schock und dem Status asthmaticus vorteilhaft. Bei der überwiegenden Mehrzahl der internistischen Krankheitsbilder mit stärksten Schmerzen ist Morphin das Mittel der Wahl. Fentanyl, Midazolam und Etomidat bilden wichtige Ergänzungen des Repertoirs. Zur Relaxierung ist Succinylcholin unverzichtbar und ein mittellang wirksames Relaxans wie Vecuronium vorteilhaft. Tramadol und Butylscopolamin werden bei leichteren Schmerzen oder in bestimmten Einzelfällen eingesetzt.

Literatur

1. Adams HA (1994) Auf Succinylcholin kann in der Anästhesie verzichtet werden: Contra. Anästhesiol Intensivmed Notfallmed Schmerzther 29: 120–124
2. Adams HA, Claußen E, Gebhardt B, Biscoping J, Hempelmann G (1991) Die Analgosedierung katecholaminpflichtiger Beatmungspatienten mit Ketamin und Midazolam. Anaesthesist 40: 238–244
3. Adams HA, Möllmann G, Hempelmann G (1990) Die Aufgaben des Notarztes. Ein praktischer Leitfaden. Wehrmed Mschr 34: 81–89
4. Ahnefeld FW, Geistler A, Moecke H (1994) Notfallmedizin. Kohlhammer, Stuttgart Berlin Köln.
5. Ahnefeld FW, Haug H, Israng HH (1974): Ketamin – ein Anästhetikum für Katastrophen- und Notfallsituationen. Wehrmed Mschr 18: 108–112
6. Aitkenhead AR (1989) Analgesia and sedation in intensive care. Br J Anaesth 63: 196–206
7. Betts EK, Parkin CE (1971) Use of ketamine in an asthmatic child: A case report. Anesth Analg 50: 420–421
8. Brandl F (1995) Maßnahmen bei respiratorischer Insuffizienz. In: Madler C, Jauch K-W, Werdan K (Hrsg) Das NAW-Buch. Urban & Schwarzenberg, München Wien Baltimore, S 132–163
9. Büch HP, Büch U (1992) Narkotika. Narkose. In: Forth W, Henschler D, Rummel W, Starke K (Hrsg) Allgemeine und spezielle Pharmakologie und Toxikologie. Bibliographisches Institut, Mannheim Leipzig Wien Zürich, S 232–253
10. Dick W (1990) Schmerzbekämpfung, Sedierung, Anästhesie. In: Ahnefeld FW, Dick W, Kilian J, Schuster H-P (Hrsg) Notfallmedizin. Springer, Berlin Heidelberg New York Tokyo, S 83–90
11. Die Notkompetenz der Rettungsassistentin und des Rettungsassistenten. Lehranstalt für Rettungsdienst des DRK Landesverbandes Rheinland-Pfalz (Hrsg). Mainz, 1994
12. Dirks B (1995) Pharmaka in der Intensiv- und Notfallmedizin: Arzneistoffprofile für Anwender. Springer, Berlin Heidelberg New York Tokyo
13. Domino EF, Chodoff P, Corssen G (1965): Pharmacologic effects of CI-581, a new dissociative anesthetic, in man. Clin Pharm Ther 6: 279–291
14. Güttler K (1994) Medikamenöse Schmerztherapie in der Inneren Medizin. Patientengruppen mit besonderen Risiken. In: Wörz R (Hrsg) Differenzierte medikamentöse Schmerztherapie. G. Fischer, Stuttgart Jena New York, S 116–145
15. Hackenthal E (1995) Schmerzzustände. In: Füllgraf G, Palm D (Hrsg) Pharmakotherapie, klinische Pharmakologie. G. Fischer, Stuttgart Jena New York, S 198–217
16. Hempelmann G, Adams HA (1991) Streß und Anästhesie. Anästhesiol Intensivmed Notfallmed Schmerzther 26: 293
17. Hirlinger WK, Dick W (1984): Untersuchungen zur intramuskulären Ketaminanalgesie bei Notfallpatienten. II. Klinische Studie an traumatisierten Patienten. Anaesthesist 33: 272–275
18. Hirlinger WK, Pfenninger E (1987): Intravenöse Analgesie mit Ketamin bei Notfallpatienten. Anaesthesist 36: 140–142
19. Ivankovich AD, Miletich DJ, Reimann C, Albrecht RF, Zahed B (1974) Cardiovascular effects of centrally administered ketamine in goats. Anesth Analg 53: 924–931
20. Jurna I (1992) Analgetika. Schmerzbekämpfung. In: Forth W, Henschler D, Rummel W, Starke K (Hrsg) Allgemeine und spezielle Pharmakologie und Toxikologie. Bibliographisches Institut, Mannheim Leipzig Wien Zürich, S 200–224
21. Klose R, Hartung HJ, Kotsch R, Walz Th (1982) Experimentelle Untersuchungen zur intrakraniellen Drucksteigerung durch Ketamine beim hämorrhagischen Schock. Anaesthesist 31: 33–38
22. Kress HG (1994) NMDA- und Opiatrezeptorunabhängige Wirkungen von Ketamin. Anaesthesist 43 [Suppl 2]:15–24
23. Larsen R (1994) Anästhesie. Urban & Schwarzenberg, München Wien Baltimore
24. Lehmann KA (1994) Opioidagonisten: Spezielle Pharmakologie. In: Lehmann KA (Hrsg) Der postoperative Schmerz: Bedeutung, Diagnose und Behandlung. Springer, Berlin Heidelberg New York Tokyo, S 220–240
25. Madler C, Zimmermann K (1995) Schmerztherapie, Anxiolyse. In: Madler C, Jauch K-W, Werdan K (Hrsg) Das NAW-Buch. Urban & Schwarzenberg, München Wien Baltimore, S 193–204
26. Muhlmann-Weill M, Mangeney F, Gauthier-Lafaye JP (1972): Intérêt de l'association kétamine-diazépam en anesthésie. Anesth Anal Réan 29: 355–363
27. Mutschler E (1991) Arzneimittelwirkungen: Lehrbuch der Pharmakologie und Toxikologie. Wissenschaftliche Verlagsgesellschaft, Stuttgart

28. Peter K, Klose R, Lutz H (1970) Ketanest zur Narkoseeinleitung beim Schock. Prakt Anästh u Wiederbel 5: 396–401

29. Pfenninger E, Marx A, Schmitz E, Ahnefeld FW (1987): Wie verhält sich der intrakranielle Druck nach Ketamingabe bei Patienten mit akutem Schädel-Hirn-Trauma? Notfallmed 13: 472–481

30. Reves JG, Fragen RJ, Vinik R, Greenblatt DJ (1985) Midazolam: Pharmacology and uses. Anesthesiology 62: 310–324

31. Rindfleisch F (1995) Die Erstversorgung des Schädel-Hirn-Traumas. In: Madler C, Jauch K-W, Werdan K (Hrsg) Das NAW-Buch. Urban & Schwarzenberg, München Wien Baltimore, S 525–543

32. Rote Liste 1995. Arzneimittelverzeichnis des BPI und VFA. Bundesverband der Pharmazeutischen Industrie (Hrsg) ECV Editio Cantor, Aulendorf

33. Schürmann W, Pfenninger E (1987) Haben psychomimetische Nebenwirkungen nach Ketamin für die Notfallmedizin eine Bedeutung? Notfallmed 13: 125–132

34. Schulte-Sasse U (1994) Auf Succinylcholin kann in der Anästhesie verzichtet werden: Pro. Anästhesiol Intensivmed Notfallmed Schmerzther 29: 115–119

35. Schuster H-P (1990) Leitsymptomatik – akutes Herzversagen. In: Ahnefeld FW, Dick W, Kilian J, Schuster H-P (Hrsg) Notfallmedizin. Springer, Berlin Heidelberg New York Tokyo, S 152–156

36. Sefrin P, Blumenberg D (1991) Schmerztherapie. In: Sefrin P (Hrsg) Notfalltherapie. Erstversorgung im Rettungsdienst nach den Empfehlungen der DIVI. Urban & Schwarzenberg, München Wien Baltimore, S 215–228

37. Shnider SM, Levinson G (1994) Anesthesia for obstetrics. In: Miller RD (ed) Anesthesia. Churchill Livingstone, New York Edinburgh London, pp 2031–2076

38. Starke K (1992) Pharmakologie cholinerger Systeme. In: Forth W, Henschler D, Rummel W, Starke K (Hrsg) Allgemeine und spezielle Pharmakologie und Toxikologie. Bibliographisches Institut, Mannheim Leipzig Wien Zürich, S 125–147

39. Tarnow J, Hess W (1979): Flunitrazepam-Vorbehandlung zur Vermeidung kardiovaskulärer Nebenwirkungen von Ketamin. Anaesthesist 28: 468–473

40. Vierte Verordnung zur Änderung betäubungsmittelrechtlicher Vorschriften (Vierte Betäubungsmittelrechts-Änderungsverordnung – 4. BtMÄndV). Vom 23. Dezember 1992. Bundesgesetzblatt, Jg 1992, Teil I, Nr. 61. Bonn, 31. Dezember 1992: 2483–2493

41. White PF, Way WL, Trevor AJ (1982) Ketamine – Its pharmacology and therapeutic uses. Anesthesiology 56: 119–136

Therapie der Durchgangssyndrome

S. Zielmann, K. Weidmann, M. Dravecz, H. Burchardi

Der Begriff Durchgangsyndrom wurde 1956 von Wieck [14] eingeführt und beschreibt unbeständige psychopathologische Zustandsbilder, die nicht immer mit einer Bewußtseinstrübung einhergehen. Weitere Begriffe für dieses Krankheitsbild bezeichnen weniger die Art der Störung als vielmehr die Umstände, unter denen es auftritt, wie z.B. „postoperatives Durchgangsyndrom und Delir" [6], „Postkardiotomiedelir" [3] oder ganz allgemein „Intensivbehandlungssyndrom", kurz „ICU-Syndrom" [8]. Die weitgreifende Verwendung des Begriffs Durchgangsyndrom führt häufig zu der Überzeugung, hiermit schon eine Diagnose gestellt zu haben. Deshalb würden wir es als hilfreich ansehen, einen Oberbegriff zu verwenden, der auf die Notwendigkeit der Differentialdiagnostik hinweist, so wie die Krankheitsbezeichnungen „akutes Abdomen" oder „Thoraxschmerz" nicht den Anspruch der Diagnose haben, sondern den weiteren diagnostischen Klärungsbedarf deutlich machen. Wir sprechen deshalb bevorzugt von „qualitativen Bewußtseinsstörungen unklarer Ursache", wohlwissend, daß mit der Begriffsgebung allein noch nicht viel gewonnen ist und Durchgangssyndrome auch von quantitativen Bewußtseinsstörungen (Somnolenz, Stupor) begleitet sein können.

Die möglichen Ursachen der qualitativen Bewußtseinsstörungen sind vielfältig und umfassen zahlreiche internistische und neurologische Erkrankungen, Einflüsse durch Operation und Narkose sowie unerwünschte Arzneimittelwirkungen und Entzugssyndrome. Der multiformen Kausalität steht eine relativ uniforme Symptomatik gegenüber, die überwiegend durch Verhaltens-, Denk- und Wahrnehmungsstörungen charakterisiert ist.

Die angemessene Therapie dieser Syndrome ist ebenso vielfältig wie die Ätiologie. Voraussetzung ist jedoch die Differenzierung des Durchgangssyndroms in Hinblick auf die zugrundeliegende Störung. Dies ist ohne Zweifel ein schwieriges, zeitaufwendiges und nicht immer erfolgreiches Unterfangen. Darüber hinaus kann das Ergebnis meist nur eine Arbeitsdiagnose sein, die ex juvantibus bestätigt oder verworfen wird. Schließlich wird mangels spezifischer Diagnose in vielen Fällen eine rein symptomatische Therapie erforderlich sein, um Gefahren zu reduzieren, die aus der Verhaltensstörung des Patienten für sich und andere resultieren.

Vorgehen beim Befund „Durchgangssyndrom"

Der erste Schritt beinhaltet eine gründliche Anamneseerhebung. Häufig ist man auf Fremdanamnese und Informationen durch den Hausarzt allein angewiesen.

Für die darauf folgende Exploration des Patienten empfehlen wir die Verwendung eines Dokumentationsbogens, der als Basis einer Differenzierung der vorliegenden Störung dient.

Exploration des Patienten mit Durchgangssyndrom
- Äußeres Erscheinungsbild,
- Verhalten und Ausdruck,

- Orientierung zur Person (Name, Beruf, warum im Krankenhaus?),
- Orientierung zur Zeit (Jahr, Jahreszeit, Monat, Tag),
- Orientierung zum Raum (Stadt, Klinik, Station),
- Bewußtseinslage, quantitativ: wach – somnolent – stuporös,
- Bewußtseinslage, qualitativ: klar – verwirrt – delirant,
- Aufmerksamkeit und Konzentration,
- Gedächtnis: Erinnerung- und Merkfähigkeit,
- Denken (geordnet, zielgerichtet, ungeordnet, abschweifend),
- Wahrnehmung (Illusionen, Halluzinationen),
- Konfabulationen,
- Antrieb, Wille, Psychomotorik,
- Affektiver Status nach folgender Auflistung
  (Bewertung: nicht/wenig: 1–2; mittel: 3–4; viel/extrem: 5–6):
  - gut gestimmt ....
  - depressiv ....
  - weinerlich ....
  - euphorisch ....
  - ängstlich ....
  - aggressiv ....
  - aktiv ....
  - motorisch unruhig ....
  - kooperativ ....
  - offen, gesellig ....
  - hypochondrisch ....
  - hysterisch ....
  - paranoid ....
  - schizoid ....
  - halluzinierend ....
  - krankheitsleugnend ....
  - krankheitseinsichtig ....

Die Informationen dienen ebenso zur Dokumentation für die Krankenakte wie zur Verlaufsbeobachtung.

Der dritte Schritt beinhaltet die ausführliche körperliche Untersuchung des Patienten.

Anschließend muß die Frage beantwortet werden, ob man den Patienten alleine behandeln kann oder ob eine konsiliarische Untersuchung und Beratung z. B. durch einen Internisten, Neurologen oder Psychiater sinnvoll ist.

Hierauf folgt ggf. die interdisziplinäre Entscheidung, ob eine zusätzliche Diagnostik erforderlich bzw. sinnvoll ist, wie Labor- und Röntgenuntersuchungen.

Schließlich werden eine Arbeitsdiagnose und ein Therapieplan erstellt.

Vorgehen bei Notfällen

Als Notfall kommt das akute aggressive Psychosyndrom bei Intensivpatienten vor, die plötzlich unkooperativ und uneinsichtig werden, sich von Fremdkörpern wie Thorax- und anderen Drainagen befreien wollen und auf Zuspruch aggressiv reagieren. In Fällen, wo eine Behandlungstoleranz erzwungen werden muß, wird eine pharmakologische Ruhigstellung erforderlich. Grundsätzlich ist der Einsatz von Neuroleptika, z.B. Haloperidol 5–10 mg angezeigt. Diese Dosis erweist sich jedoch oft als zu niedrig für einen prompten Behandlungserfolg. Mangels Erfahrung im Umgang mit hochdosiertem Haloperidol (Tageshöchstdosis bei Erwachsenen:

60 mg parenteral, 100 mg oral) setzt dann oft eine zu vermeidende medikamentöse Polypragmasie ein. Der Behandlungserfolg, der dann durch den kombinierten Einsatz von Neuroleptika, Benzodiazepinen und Opioiden erzwungen wird, endet nicht selten in der Atemdepression mit notwendiger Intubation und maschineller Beatmung. Hiervon abgesehen besteht bei diesen Sedierungsverfahren die Möglichkeit, ein nicht erkanntes zentral anticholinerges Syndrom zu verstärken.

Als geeignete Substanz zur psychomotorischen Dämpfung mit raschem Wirkungseintritt bei minimaler Gefährdung des Patienten empfehlen wir γ-Hydroxybuttersäure (Somsanit). Dies gilt für den Intensivpatienten mit akutem aggressivem Psychosyndrom gleichermaßen wie für den tobsüchtigen Betrunkenen mit Kopfplatzwunde, wo die Polizei zur Fixierung und der Anaesthesist zur Sedierung gerufen wird. Im praktischen Vorgehen geben wir bei Erwachsenen 1 Ampulle = 10 ml = 2 g γ-Hydroxybuttersäure intravenös. Mit der psychomotorischen Dämpfung ist innerhalb von 30 s bis 2 min zu rechnen.

Für den Fall, daß in dieser Zeit kein gewünschter schlafähnlicher Zustand erreicht wird, geben wir milliliterweise ein kurzwirksames Hypnotikum wie Etomidat oder Propofol bis zum Lidschluß des Patienten. Bei bisher 38 dokumentierten Fällen sahen wir keine negativen Einflüsse auf das Herzkreislaufsystem, die Atmung wurde in den meisten Fällen ruhiger und effektiver. Nur in einem Fall eines Betrunkenen mit einem Blutalkoholgehalt von 2,4‰ mußte über 5 min der Esmarch-Handgriff angewendet werden, um die Spontanatmung zu sichern. Eine absolute Sicherheit gibt es bei keinem Sedierungsverfahren, und die Überwachung durch Pulsoxymetrie sollte in jedem Fall Standard sein.

Eine alternative Pharmakotherapie zur Ruhigstellung von Tobsüchtigen insbesondere bei endogen manischen Zuständen ist die Kombination von je ½ Ampulle Glianimon (Benperidol) und Chlorprothixen (Truxal) intramuskulär. Die zuverlässig eintretende Wirkung hält etwa 12 h an.

Differenzierung von Durchgangssyndromen

Während einer einjährigen prospektiven Untersuchung zur Inzidenz und Art des Durchgangssyndroms stellten wir diese Diagnose bei 156 Patienten unserer anaesthesiologischen Intensivstationen. Bei einem Gesamtkollektiv von 1575 Patienten sowie unter Ausschluß von 57 Patienten mit Schädel-Hirn-Trauma betrug die Inzidenz somit 10,3 %. Zur Charakterisierung der Patienten ist zu erwähnen, daß 70 % zur postoperativen Intensivbehandlung aufgenommen wurden und im Durchschnitt 2 Tage auf der Intensivstation blieben; eine durchschnittliche Aufenthaltsdauer von 11 Tagen bestand bei 30 % der Patienten, die nach Polytrauma oder verschiedenen internistischen und neurologischen Grunderkrankungen intensivmedizinisch behandelt werden mußten. Bei den postoperativen Patienten waren nur 5 Patienten nach Herzoperation mit Herz-Lungen-Maschine; bei diesen Patienten ist die Inzidenz von Durchgangssyndromen wesentlich höher als nach anderen Operationen [7].

Aus diesen eigenen Ergebnissen möchten wir zunächst die Sonderfälle vorstellen, anschließend die differenzierten Syndrome und schließlich die kausal ungeklärten Fälle. Die Klassifizierung oder Aufteilung nach der Ätiologie ist natürlich nicht frei von subjektiver Einschätzung. Beweise in wissenschaftlicher Art können nicht erbracht werden.

Sonderfälle akuter Durchgangssyndrome

Insgesamt zählten wir 26 Sonderfälle, die überwiegend durch eine einfache, kausale Therapie zu bessern waren. In allen Fällen war primär ein Durchgangssyndrom diagnostiziert worden.

Ein Patient mit extremer Kyphoskoliose war wegen Sedierungs- und Weaningproblemen (nach erfolgreich behandelter Pneumonie) zu uns verlegt worden. Die Problematik wurde gelöst, indem der Patient auf die Seite gelegt wurde. Wie uns die Ehefrau anschließend bestätigte, war die Rückenlage für den Patienten unerträglich.

Ein Patient zeigte in der postoperativen Aufwachphase eine extreme motorische Unruhe und Aggressivität mit prompter Normalisierung nach Katheterisierung der vollen Harnblase.

Bei einem Patienten lag eine Tubusobstruktion vor. Die Leitsymptomatik der motorischen Unruhe hatte von Mitternacht bis zur 7-Uhr-Visite nur ein „Sedierungsproblem" erkennen lassen.

Zwei intubierte Patienten reagierten auffällig nach vergeblichem Bemühen, sich in einem bestimmten Anliegen verständlich zu machen. Beide hatten Stuhldrang, und in beiden Fällen gelang es dem ärztlichen und Pflegepersonal nicht, herauszufragen, daß sie nach dem Bettschieber verlangten. Der männliche Patient wurde aggressiv und wurde sediert, die weibliche Patientin verweigerte die Kommunikation mit den nächsten beiden Arbeitsschichten.

Bei insgesamt 12 Patienten war der gestörte Gasaustausch und O_2-Mangel wesentlich für die psychischen Auffälligkeiten verantwortlich. Als Auslöser diagnostizierten wir bei zehn Patienten eine Pneumonie, bei einem Patienten bestanden erhebliche Belüftungsstörungen der Lungen nach tagelanger, schmerzbedingter Hypoventilation, und in einem Fall lag ein Spontanpneumothorax vor.

Bei drei weiteren Patienten normalisierte sich die Kooperationsfähigkeit nach Behandlung einer akuten Herzinsuffizienz.

Drei Patienten mit Morbus Parkinson waren exsikkiert, davon hatte einer ein Neuroleptikum zur Sedierung erhalten.

In zwei Fällen lagen Arzneimittelüberdosierungen mit Amantadine bzw. Theophyllin vor.

Eine Patientin hatte einen tagelang anhaltenden Horrortrip nach Langzeitsedierung mit Ketamin. Trotz hochdosierter Applikation von Benzodiazepinen besserte sich der Zustand der Patientin nicht zufriedenstellend.

Beginnend mit diesen Sonderfällen kamen wir in der Differentialdiagnostik des Durchgangssyndroms bei den 156 Patienten eines Jahres zu den in Tabelle 1 zusammengefaßten Ergebnissen. Insgesamt war in 110 Fällen eine differenzierte Zuordnung und Behandlung möglich, und in 46 Fällen (30 %) blieb die Therapie symptomatisch.

Tabelle 1. Differenzierung des Durchgangssyndroms bei 156 Patienten

Diagnosen	Anzahl
Sonderfälle	26
Entzugssymptomatik, davon	50
– Alkoholentzug	19
– Opioidentzug	20
– Benzodiazepinentzug	11
– Opioid- + Benzodiazepinentzug	7
Angst und Panikstörung	11
Depression, davon 2mal larvierte Depression	13
Senile Demenz	8
Zentral anticholinerges Syndrom	2
Nicht zuzuordnen	46

Therapie von Angstzuständen und Panikattacken

Belastungsreaktionen bei Intensivpatienten sind häufig mit langanhaltenden Angstzuständen verbunden. Die Leitsymptome sind durch eine Zunahme des Sympathikotonus erklärt. Panikattacken sind dadurch gekennzeichnet, daß seitens des Patienten paroxysmal und wiederholt Empfindungen überwältigender Angst geschildert werden. Bei manchen Patienten steht eine somatische Symptomatik im Vordergrund der beklagten Beschwerden, wie Herzrasen oder hochgradige, objektiv nicht verifizierbare Atemnot. Andere Patienten haben Angst, „verrückt zu werden".

Angstzustände können als Nebenwirkung von Medikamenten auftreten, z.B. durch α- und β-Mimetika, Antiarrhythmika, Digitalis und Anticholinergika. Weiterhin ist zu berücksichtigen, daß viele ältere Menschen, v.a. Frauen, regelmäßig Benzodiazepine einnehmen, so daß bei Hospitalisierung, insbesondere postoperativ, Angstzustände im Sinn eines Entzugssyndroms auftreten können. Schließlich sahen wir extreme Angstzustände auch bei Patienten mit Polytrauma ohne Schädel-Hirn-Trauma, die im Rahmen einer klinischen Untersuchung nicht mit einem Benzodiazepin, sondern hochdosiert mit einem Barbiturat über sieben Tage oder länger sediert worden waren. Am häufigsten imponierten Angststörungen und Panikattacken in unserer Untersuchung jedoch als Leitsymptom bei deliranten Patienten. Schließlich müssen in somatischer Hinsicht Schilddrüsenfunktionsstörungen und ggf. das Phäochromozytom differentialdiagnostisch berücksichtigt werden.

Grundsätzlich muß versucht werden, die Angst durch persönliche Zuwendung und beruhigenden Zuspruch zu mindern. Zusätzlich ist bei Angstzuständen und Panikattacken ein Benzodiazepin mit geringer schlafinduzierender Wirkung angezeigt, also z.B. Diazepam, Oxazepam oder Chlordiazepoxid. Tritt die Angst als Folge einer extrapyramidalen Reaktion auf Neuroleptika auf, kann die Applikation von Biperiden rasche Abhilfe schaffen.

Weist die Exploration des Patienten auf schizophrene Symptome hin, empfiehlt sich eine medikamentöse Therapie mit Levomepromazin. Handelt es sich dagegen um einen Angstzustand im Rahmen einer endogenen Depression, kann die Kombination aus einem anxiolytisch wirksamen Antidepressivum mit einem β-Blocker empfohlen werden.

Symptomatik und Therapie der Depression

Leitsymptome der Depression sind Einengung des Denkens mit traurig gedrückter Stimmung, Angst, Antriebsschwäche und Apathie, aber auch Unruhe und Agitation. Besonders schwierig ist die Erkennung einer larvierten Depression, bei der somatische Symptome wie „instabile Angina pectoris" und „schwerstes Asthma" im Vordergrund der Symptomatik stehen und Anlaß der Überweisung zur Intensivstation sind. Häufig sind dagegen akute reaktive Depressionen bei noch stark geschwächten Intensivpatienten nach lebensbedrohlichen Erkrankungen sowie nach erheblichen gesundheitlichen Beeinträchtigungen wie z.B. durch Querschnittslähmungen, Hirninfarkt oder Amputationen. Wünschenswert wäre die Mitbetreuung durch psychologisch ausgebildete Personen sowie die psychologische Schulung von ärztlichem und Pflegepersonal sowie den Mitarbeitern der krankengymnastischen Abteilung, die auch diese Betreuung der Patienten oft genug allein übernehmen müssen.

Die Diagnose und ein Behandlungsvorschlag sollten nach Möglichkeit durch einen Spezialisten erfolgen. Falls dies nicht möglich ist, erfolgt die Auswahl des

Antidepressivums nach der bevorzugten Wirkqualität (antriebssteigernd, stimmungsaufhellend, anxiolytisch). Empfehlenswert ist die Beschränkung auf wenige Präparate, die am besten nach ihrer psychomotorischen Aktivität und nach Beratung durch einen Spezialisten als Standardpräparate für die Hausapotheke festgelegt werden. Als Beispiele seien genannt:

1. *Psychomotorisch aktivierend = antriebssteigernd:*
   Antidepressivum vom Desimipramintyp, z.B. Desipramin (z.B. Pertofran) 50–100 mg morgens oder Supirid (z.B. Dogmatil oder Arminol) 100–250 mg (Arminol steht auch zur intravenösen Applikation zur Verfügung).
2. *Psychomotorisch neutral = v.a. stimmungsaufhellend:*
   Antidepressivum vom Imipramintyp, z.B. Imipramin (Tofranil) 75–150 mg morgens oder Mianserin (Tolvin) 3mal 10 mg bis 90 mg/Tag, wobei sich Mianserin durch eine geringe anticholinerge Wirkung auszeichnet.
3. *Psychomotorisch dämpfend=sedierend, anxiolytisch:*
   Antidepressivum vom Amitryptilintyp, z.B. Amitryptilin (z.B. Saroten), Beginn mit 50 mg abends bzw. 2mal 25 mg (bis zu 200 mg/Tag) oder Trimeprimin (z. B. Aponal) 50–300 mg/Tag.

Vor Beginn der Therapie sind die Kontraindikationen zu prüfen. Darüberhinaus sollte mit niedriger Dosis begonnen und eine Dosissteigerung langsam vorgenommen werden. Unerwünschte Wirkungen der Antidepressiva (Dosislimitierung) treten in erster Linie durch anticholinerge Erscheinungen wie Mundtrockenheit, Übelkeit, Erbrechen, Akkomodationsstörungen, Schwindel, feinschlägigen Tremor, Obstipation und Harnsperre auf.

Therapie des Opioid- und Benzodiazepinentzugsyndroms

Zur Langzeitsedierung beatmeter Intensivpatienten werden bevorzugt Opioide und Benzodiazepine eingesetzt [10]. Nach Beendigung der kontinuierlichen Zufuhr dieser Substanzen treten häufig Entzugserscheinungen auf. Anhand der Symptomatik kann nicht sicher unterschieden werden, ob es sich um einen Opioid- oder Benzodiazepinentzug oder um eine Kombination von beiden oder um etwas ganz anderes handelt. Grundsätzlich kann eine Entscheidung darüber getroffen werden, ob die Entzugstherapie mit dem Arzneistoff durchgeführt wird, dessen Entzug die Symptomatik vermutlich auslöst, oder mit einer Ersatzdroge. Beim Benzodiazepinentzugssyndrom behandeln wir nur mit einem Benzodiazepin, beim Opioidentzug geben wir zusätzlich Clonidin.

Nach eigenen Erfahrungen sind die Entzugssymptome häufiger durch das Absetzen des Opioids bedingt. Deshalb beginnen wir in der Therapie mit der Applikation von Piritramid 3–7,5 mg i.v. Falls sich die Symptomatik deutlich bessert, sprechen wir von einem Opioidentzug. Anschließend muß durch kontinuierliche Beobachtung des Patienten herausgefunden werden, welche Einzeldosis in welchen Zeitabständen erforderlich ist, um die Symptomatik gut zu unterdrücken. Das so gefundene Dosierungsschema wird täglich reduziert. Nach 3–5 Tagen kann die Behandlung beendet werden. Die Bevorzugung von Piritramid beruht auf der Beobachtung, daß diese Vorgehensweise in den meisten Fällen allein zum Erfolg führt. Darüber hinaus haben die meisten Patienten Schmerzen, sei es nur durch die vorangegangene Immobilisierung. Zusätzlich ist der euphorisierende Effekt von Piritramid aus Sicht der Patienten angenehm. Bleibt ein Anhalt für einen zusätzlichen oder alleinigen Benzodiazepinentzug, ist die ergänzende oder alternative Applikation eines Benzodiazepinderivats mit geringer schlafinduzierender Wirkung angezeigt, also z.B. Diazepam, Oxazepam oder Chlordiazepoxid.

Wie beim Alkoholentzugssyndrom hat sich auch beim Opioidentzugssyndrom der Einsatz von Clonidin bewährt [13]. Die Dosierung erfolgt titrierend in Abhängigkeit von der Besserung der Symptomatik. Unsere Dosierungen betrugen 0,9–1,8 mg Clonidin/Tag, die Applikation erfolgte kontinuierlich über Motorspritzenpumpe. Aufgrund der langen Plasmahalbwertszeit von Clonidin wäre auch die mehrfach tägliche Kurzinfusion möglich, allerdings ist dies Verfahren materiell und zeitlich aufwendiger.

Pathophysiologie und Therapie des Alkoholentzugssyndroms

Die pathophysiologischen Veränderungen beim Alkoholentzugsdelir sind wahrscheinlich nicht durch eine alleinstehende Veränderung zu erklären. Es wird vermutet, daß eine Abnahme des zerebralen oxydativen Metabolismus zu einer Verminderung der Acetylcholinsynthese führt. Der Mangel an cholinerger Substanz manifestiert sich dann als metabolisch-toxische Enzephalopathie [5]. Darüber hinaus kann die Neigung zu Krampfanfällen durch eine verminderte Aktivität inhibitorisch wirkender GABA-Rezeptoren zustande kommen [1]. Schließlich werden auch Veränderungen der Aktivität der Adrenorezeptoren und eine Zunahme dopaminerger Rezeptoren im limbischen System diskutiert, die einerseits die vegetative Übererregbarkeit, andererseits die halluzinatorische Komponente erklären können [9, 11]. Zusammengefaßt und vereinfacht resultiert das Alkoholentzugssyndrom aus einer komplexen Imbalance von Neurotransmittern. In therapeutischer Hinsicht ist zunächst bedeutsam, daß es nach Wegfall der zentral dämpfenden Noxe Alkohol zu einer überschießenden sympathikoadrenergen Aktivität kommt [4]. Im therapeutischen Konzept des Alkoholentzugssyndroms stellt die Behandlung mit Clonidin gewissermaßen einen kausalen Ansatzpunkt dar, während die weitere medikamentöse Behandlung überwiegend symptomatisch ist. Diese umfaßt mit unterschiedlicher Notwendigkeit die Anxiolyse und antiepiletische Wirkung sowie die antihalluzinatorische Komponente. In manchen Fällen ist die Behandlung mit Clonidin allein möglich, in den meisten Fällen halten wir jedoch eine Kombination mit Midazolam und Haloperidol für sinnvoll. Statt Haloperidol kann auch die kontinuierliche Zufuhr von Dehydrobenzperidol (125 mg/Tag) empfohlen werden, wenn weniger die halluzinatorische Komponente als mehr die motorische Unruhe des Patienten im Vordergrund steht. Folgendes Dosierungsschema kann für den intubierten Intensivpatienten mit Alkoholentzugssyndrom empfohlen werden:

Clonidin	0,6–1,8 mg/Tag kontinuierlich i.v.;
Midazolam	90–250 mg/Tag kontinuierlich i.v.;
Haloperidol	3mal täglich 5–10 mg i.v.

Eine kontinuierliche EKG-Überwachung ist obligatorisch, da Clonidin allein zu AV-Blockierungen führen kann und unter gleichzeitiger Gabe von Haloperidol Verlängerungen der QT-Zeit mit Auslösung ventrikulärer Arrhythmien vorkommen können. Höhere Dosierungen von Clonidin werden von uns nicht empfohlen, da wir als unerwünschte Wirkungen neben AV-Überleitungsstörungen auch eine starke Hemmung der Magen-Darm-Motilität beobachteten.

Bei leichten Entzugssyndromen kann Clomethiazol allein ausreichend zur Behandlung sein. Unerwünschte Wirkungen von Clomethiazol wie bronchiale Hypersekretion, Atemdepression, Tachykardie und die Entwicklung einer Abhängigkeit können den Einsatz jedoch limitieren. Die intravenöse Applikation von Clomethiazol wird aufgrund möglicher lebensbedrohlicher Zwischenfälle auch auf der Intensivstation nicht empfohlen.

Das zentral anticholinerge Syndrom

Ähnlich wie beim Alkoholentzugssyndrom ist die Pathophysiologie beim zentral anticholinergen Syndrom (ZAS) komplex und nicht vollständig bekannt. Wahrscheinlich kommt es über eine Blockierung zentraler, muscarin-cholinerger Neuronenverschaltungen zu einer verminderten Freisetzung oder verminderten Wirksamkeit von Acetylcholin bei relativem Überwiegen anderer Neuronensysteme. Zu den möglichen Auslösern zählen viele Medikamente, die im Bereich der Anaesthesie- und Intensivmedizin häufig verwendet werden, u.a. Opioide, Neuroleptika, Benzodiazepine, Barbiturate, Propofol, Atropin, Scopolamin und Antihistaminika. Von der klinischen Symptomatik können zwei Verlaufsformen unterschieden werden. Eine agitierte Form mit Angst und Desorientiertheit sowie eine Form mit auffälliger Vigilanzminderung. Nach Ausschluß anderer Ursachen (soweit möglich) wird die Diagnose ex iuvantibus durch den Therapieerfolg nach Applikation von Physostigmin gestellt. Zur Sicherung der Verdachtsdiagnose sollen mindestens 1 zentrales und 2 periphere Symptome vorhanden sein, die in der folgenden Übersicht zusammengefaßt sind [2, 12]. Allerdings muß darauf hingewiesen werden, daß die Verdachtsdiagnose „ZAS" bei wortgetreuer Auslegung der Symptomentabelle fast regelhaft bei Patienten im Aufwachraum und auf der Intensivstation gestellt werden kann. Grundsätzlich sollte die Feststellung eines zentral anticholinergen Syndroms immer im Sinn einer Ausschlußdiagnose erfolgen. Andererseits soll das ZAS immer in die Differentialdiagnostik der Durchgangssyndrome einbezogen werden.

Die i.v.-Applikation von Physostigmin (1 Amp. = 2 ml = 2 mg) soll in einer Dosierung von 0,04 mg/kg KG langsam über 5 min erfolgen. In den meisten Fällen einer korrekten Diagnose tritt die Besserung der Symptomatik innerhalb weniger Minuten ein. Bei ausbleibender Besserung kann nach 20–30 min die Hälfte der Initialdosis nachgegeben werden.

Symptomatik des zentral anticholinergen Syndroms
a) Zentrale Symptome:
- Desorientiertheit,
- Angst, Unruhe,
- Hyperaktivität,
- Schläfrigkeit,
- Schwindel,
- Amnesie,
- Ataxie,
- Koma,
- Halluzinationen,
- Erregbarkeit,
- motorische Dyskoordination,
- Krämpfe,
- zentrale Hyperpyrexie,
- Gedächtnisstörung (Kurzzeit).

b) Periphere Symptome:
- Tachykardie, Arrhythmie,
- Mydriasis,
- Hyperthermie,
- trockene, rote Haut,
- Urinretention,
- verminderte Darmmotilität,
- verminderte Schleim- und Schweißsekretion.

Therapie der senilen Demenz

Eine kausale Therapie des hirnatropischen Prozesses ist nicht möglich. Die therapeutischen Möglichkeiten konzentrieren sich auf präventive Maßnahmen. Ältere Menschen reagieren besonders empfindlich auf Störungen jeder Art, beginnend mit dem Verlust der gewohnten Umgebung und des geregelten Tagesablaufs. Folgende z.T. vermeidbare Ursachen akuter Verwirrtheitszustände erscheinen uns von besonderer Wichtigkeit: Dehydratation, Hypo- und Hypertension, Hyperventilation bei maschineller Beatmung, Sauerstoffmangel bei Oxygenierungsstörungen und nicht angepaßte Arzneimitteldosierungen. Eine medikamentöse Therapie, die Unruhezustände beseitigen soll, ist grundsätzlich problematisch und sollte wo immer möglich durch persönliche, menschliche Zuwendung ersetzt werden. Geeignete Arzneimittel zur Sedierung sind Clomethiazol und milde Neuroleptika (z.B. Dipiperon-Saft). Benzodiazepine sind nach unserer Auffassung nicht indiziert, einerseits wegen der Gefahr paradoxer Reaktionen, und andererseits wegen einer oft unerwartet starken und langanhaltenden Wirkung.

Symptomatische Therapie der Durchgangssyndrome

Häufig wird eine spezifische Ursache nicht gefunden werden, so daß trotz aller diagnostischen Bemühungen eine behandlungsbedürftige Denk- und Verhaltensstörung bleibt. Die Notwendigkeit einer Therapie ergibt sich meist aus der Eigen- und Fremdgefährdung durch den Patienten. Zur Sedierung bevorzugen wir Neuroleptika (Levomepromazin, Promethazin und Haloperidol) oder Clomethiazol, auch ein Glas Sekt oder ein starker Kaffee gehören ins Repertoire der therapeutischen Möglichkeiten. Zu berücksichtigen ist ferner die Möglichkeit einer akuten Verwirrtheit durch Schlafentzug. Wie beim traumatisch-hirnorganischem Psychosyndrom hilft nach unseren Erfahrungen ein langes, warmes Duschbad – sofern die Voraussetzungen hierfür gegeben sind – oft mehr und besser als viele Medikamente. Schließlich muß Sorge getragen werden, daß die räumlichen und situativen Bedingungen (z.B. Licht und Lärm) nicht zu dauernden Störungen und Streßsituationen der Patienten führen.

Literatur

1. Allan AN, Harris RA (1987) Acute and chronic ethanol treatment alter GABA-receptor-operated chlorid channels. Pharmacol Biochem Behav 27: 655–670
2. Boeden G, Schmucker P (1985) Das zentral-anticholinerge Syndrom. Anästh Intensivmed 26: 240–246
3. Dubin WR, Field HL, Gastfriend DR (1979) Postcardiotomie-delirium: A critical review. J Thorac Cardiov Surg 77: 586–594
4. Estler CJ (1993) Pharmakologische Grundlagen des Einsatzes von Clonidin beim Entzugsdelir. In: Klose R, Büttner J (Hrsg) Clonidin in Anästhesie und Intensivmedizin. Perimed-spitta, Nürnberg, S 9–15
5. Freund G, Ballinger WE (1988) Loss of cholinergic muscarinic receptors in the frontal cortex of alcohol abusers. Alcoholism Clin Exp Res 12: 630–638
6. Hege-Scheuing G (1989) Postoperatives Durchgangssyndrom und Delir. Anaesthesist 38: 443–451
7. Hornig CR, Lammers C, Stertmann WA, Scheld HH, Dorndorf W (1990) Neurologische Komplikationen koronarer Bypassoperationen – eine prospektive Untersuchung. Fortschr Neurol Psychiatr 58: 76–83
8. Klapp B, Scheer JW (1978) Das Intensivbehandlungssyndrom. Eine neue Erkrankung durch den medizinischen Fortschritt? Med Welt 29: 819–822

 9. Nutt D (1987) Alpha-2-adrenoceptor function during ethanol withdrawl. Ann Int Med 107: 880–883
10. Radke J (1992) Analgosedierung des Intensivpatienten. Anaesthesist 41: 793–80
11. Rommelspacher H, Schmidt LG, Helmchen H (1991) Pathobiochemie und Pharmakotherapie des Alkoholentzugsyndroms. Nervenarzt 62: 649–657
12. Stemmer CH, Kampa U, Schlosser GK (1994) Das zentral anticholinerge Syndrom. Eine Übersicht mit Falldarstellung. Anästh Intensivmed 35: 147–153
13. Täschner KL (1993) Clonidin beim Opiatentzug. In: Klose R, Büttner J (Hrsg) Clonidin in Anästhesie und Intensivmedizin. Perimed-spitta, Nürnberg, S 33–36
14. Wieck HW (1956) Zur Klinik der sogenannten symptomatischen Psychosen. Dtsch Med Wochenschr 81: 1345–1349

Das heparininduzierte thrombozytopenisch-thrombotische Syndrom

R. Scherer, M.T. Silvanus

Das Symptom „Thrombozytopenie" bei der heparininduzierten Thrombozytopenie (HIT; oder heparinassoziierte Thrombozytopenie, HAT) vom Typ II (s. unten) wird gelegentlich nicht als solches erkannt. Statt dessen besteht die Gefahr, daß lebensbedrohliche thromboembolische Komplikationen wie die Lungenembolie, der Schlaganfall oder die Extremitätenischämie als Folge unzureichender Antikoagulation gedeutet werden [16] und die Heparinzufuhr erhöht wird. Im folgenden sollen die pathophysiologischen Grundlagen der HIT sowie deren Diagnose und Therapie dargestellt werden.

Physiologische Grundlagen der Interaktion von Heparin, Antithrombin III, Endothel und Thrombozyten

Da das plasmatische und korpuskuläre Gerinnungssystem zu den durch physiologische Inhibitoren nur begrenzt kontrollierbaren, aber schlagartig aktivierbaren Kaskadensystemen gehört, ist für den Erhalt der Mikrozirkulation in vitalen Organen die antikoagulatorische Potenz des Gerinnungsinhibitorensystems von besonderer Bedeutung. Mit zunehmender Verzweigung der Arteriolen wird das Verhältnis zwischen umgebender Endotheloberfläche und durchströmendem Blutvolumen immer ungünstiger, d.h. der Oberflächenkontakt des Blutes mit den Gefäßwänden nimmt erheblich zu. Dem prokoagulatorischen Effekt der daraus resultierenden Stase und plasmatischen Gerinnungsaktivierung beugen im wesentlichen 2 physiologische Inhibitormechanismen vor, die in ihrer Aktivität an endothelzellständige Komponenten gebunden sind. Deshalb erlauben sie die Adaptation der antikoagulatorischen Aktivität an Veränderungen des Oberflächen-Volumen-Verhältnisses im Sinne einer mit abnehmendem Gefäßquerschnitt regional zunehmenden Gerinnungshemmung.

Der erste dieser Mechanismen ist in der Lage, das aus seiner inaktiven Vorstufe Prothrombin entstandene Thrombin (Faktor II a; kann Fibrinogen in Fibrinmonomere spalten, die dann durch Faktor XIII a zum stabilen Fibrinpolymer vernetzt werden) vom Prokoagulator zum Antikoagulator umzuwandeln. Dies geschieht durch Bindung des Thrombins an den endothelzellständigen Rezeptor Thrombomodulin. Im Thrombin-Thrombomodulin-Komplex verliert Thrombin die Fähigkeit zur Fibrinogenspaltung, kann aber nun Protein C aktivieren (APC), das zusammen mit seinem Kofaktor Protein S die Gerinnungs-Kofaktoren V a und VIII a spalten und damit antikoagulatorisch wirken kann [10].

Der zweite Mechanismus steigert die Aktivität des physiologischen Inhibitors *Antithrombin III* (AT III) gegenüber dem Thrombin und Faktor Xa. AT III bildet insbesondere mit diesen beiden Gerinnungsfaktoren (II a und X a) Komplexe (z.B. den Thrombin-Antithrombin-III-Komplex; TAT), in denen die Gerinnungsfaktoren ihre prokoagulatorische Aktivität praktisch völlig verlieren. Damit stellt das AT III den wichtigsten physiologischen Gerinnungsinhibitor dar. Ohne Akzeleration

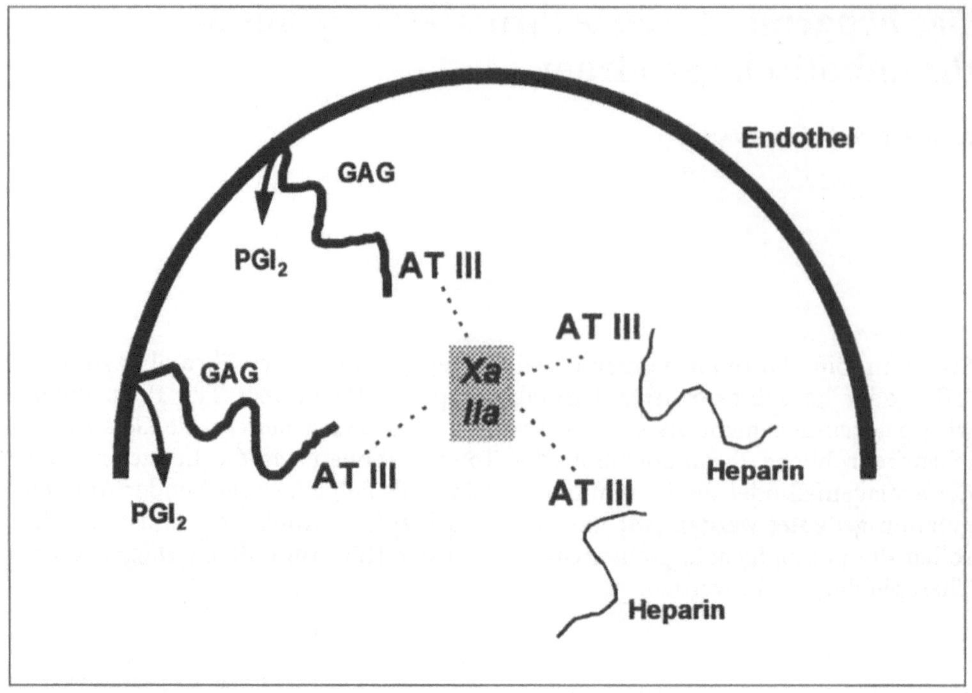

Abb. 1. Endothelzellständige Glykosaminoglykane (*GAG*) oder exogen zugeführtes Heparin können Antithrombin III (*AT III*) in seiner thrombin (II a)- und Xa-inhibierenden Wirkung (*gepunktete Linie*) akzelerieren. Die Bindung von AT III an GAG bewirkt zusätzlich die Freisetzung von Prostacyclin (PGI₂) aus der Endothelzelle

durch endothelzellständigen Rezeptoren ist seine inhibitorische Aktivität im Gerinnungssystem jedoch gering. Die endothelzellständigen Rezeptoren sind saure Mucopolysaccharide (Glykosaminoglykane, GAG; Dermatansulfat, Keratansulfat und *Heparansulfat*), an die das AT III binden kann. Hierdurch kommt es zu einer Konformationsänderung des AT III, dessen aktives Zentrum für die Gerinnungsfaktoren besser zugänglich wird und damit eine stark gesteigerte gerinnungsinhibitorische Aktivität gewinnt [23] (Abb. 1).

Heparin wurde als natürlicher Hemmstoff der Blutgerinnung bei Blutegeln beobachtet und 1937 in die medizinische Therapie eingeführt [26]. Seine überlebenssteigernde Wirkung z.B. in der Prophylaxe venöser thromboembolischer Ereignisse ist unbestritten [31]. Die antikoagulatorische Wirkung des Heparins beruht auf dem Vorhandensein bestimmter Polysacchariddomänen innerhalb des Moleküls [4] und damit einer Ähnlichkeit mit dem Heparansulfat, das physiologischerweise das AT III binden und akzelerieren kann. Allerdings verhindert Heparin auch die Bindung von AT III an die GAG, wo es normalerweise zu einer Prostacyclin (PGI₂) – Freisetzung aus den Endothelzellen führt und damit einen weiteren antikoagulatorischen Effekt hat [28].

Hämostatische Aktivität ist das Ergebnis der Bildung von Enzymkomplexen auf Oberflächen, z.B. in der direkten Nachbarschaft eines Gefäßschadens. Zellen stellen diese Oberflächen zur Verfügung. Außerdem synthetisieren und sezernieren sie antikoagulatorisch oder fibrinolytisch wirksame Substanzen wie z.B. das Heparansulfat, Gewebe-Plasminogen-Aktivator (tPA) oder Prostacyclin (PGI₂), die einen ungestörten Blutfluß auch durch den kleinen Gefäßquerschnitt sicherstellen [32]. Prokoagulatorische Sekretionsprodukte weisen insbesondere die Thrombozyten auf. Zur Thrombozytenfunktion zählen die Adhäsion, die Aggregation, die Sekretion und die Potenzierung der prokoagulatorischen Aktivität. Die gesamte prokoagulatorische Aktivität der Thrombozyten wurde früher als Plättchenfaktor 3 (PF 3) bezeichnet. In den ersten Schritten der Hämostase bindet der v.-Willebrandt-Faktor (vWF), eine Gerinnungsaktivität des Faktors VIII, an subendotheliale Strukturen. In dieser Bindung exponiert er Bindungsstellen für den GPI b-Rezeptor (Glykoprotein I b) der Thrombozyten. Weitere Aktivatoren und Adhäsivproteine verstärken die initiale Adhäsion und Aktivierung des Thrombozyten, so daß weitere Thrombozyten aggregieren können. Zu den Plättchenaktivatoren gehören Thrombin, das ADP, Serotonin und wahrscheinlich die vWF-GPI b-Bindung selbst [19]. Aktivierte Thrombozyten setzen eine Vielzahl von Prokoagulatoren und Aktivatoren aus ihren δ- und α-Granula frei. Sekretionsprodukte sind z.B. der *heparinneutralisierende Plättchenfaktor 4 (PF 4)*, das β-Thromboglobulin, Fibrinogen sowie Faktor V und VIII [14].

PF 4 hat eine hohe Affinität zum Heparin, inaktiviert es [27] und wird in vivo an der Oberfläche von Endothelzellen und Hepatozyten gespeichert. Bindet PF 4 an GAG, so wird deren antikoagulatorischer Effekt gehemmt [22]. Damit können aktivierte Thrombozyten dem antikoagulatorischen Effekt des Heparansulfat-AT-III-Systems entgegenwirken. PF 4 kann von den Zelloberflächen in der Anwesenheit von Heparin wieder freigesetzt werden und dann Heparin neutralisieren.

Thrombozyten besitzen außerdem spezifische Rezeptoren für Heparin. Bindet Heparin an diese Rezeptoren, hemmt es die Adenylatzyklase und der Spiegel des cAMP sinkt ab. Durch diese Senkung der Aktivierungsschwelle induziert Heparin eine Thrombozytenaggregation. Insofern stellt Heparin auch einen schwachen Thrombozytenagonisten dar [30].

Pathophysiologie der HIT

Im klinischen Verlauf lassen sich zwei Formen der HIT voneinander unterscheiden. Bei der *HIT Typ I* kommt es unmittelbar nach Beginn der Heparintherapie zu einer Verminderung der Thrombozytenzahl, die jedoch 100 000 µl⁻¹ meistens nicht unterschreitet. Pathomechanismus ist die Bindung von Heparin an die spezifischen Rezeptoren auf der Thrombozytenoberfläche und die daraus resultierende vermehrte Aggregation der Thrombozyten mit konsekutiver Abnahme der Zahl. Dabei handelt es sich um eine häufig zu beobachtende Folge der Heparintherapie, die in der Regel keine klinisch bedeutsamen Komplikationen verursacht und deshalb nicht behandelt werden muß (Tabelle 1).

Tabelle 1. Heparininduzierte Thrombozytopenie (HIT) Typ 1 und II Unterscheidung durch Klinik und Labor (Nach Greinacher und Müller-Eckhardt [11, 12])

Kriterium	HIT Typ I	HIT Typ II
zeitlicher Beginn	mit Heparingabe	6–14 Tage nach Heparingabe
Thrombozytenzahl	≈ 100 000 µl⁻¹	< 100 000 µl⁻¹
Häufigkeit	ca. 10 %	ca. 0.5 bis 5 %
Pathomechanismus	Heparinbindung am Thrombozyten	IgG Antikörper gegen Heparin-PF4-Komplex
Komplikationen	keine	Thromboembolien
Labordiagnose	wird nicht durchgeführt	Antikörpernachweis heparininduzierte Aggregation
Differentialdiagnose	andere Medikamente Dilution	z.B. Verbrauchskoagulopathie Dilution
Therapie	keine	Heparin absetzen!

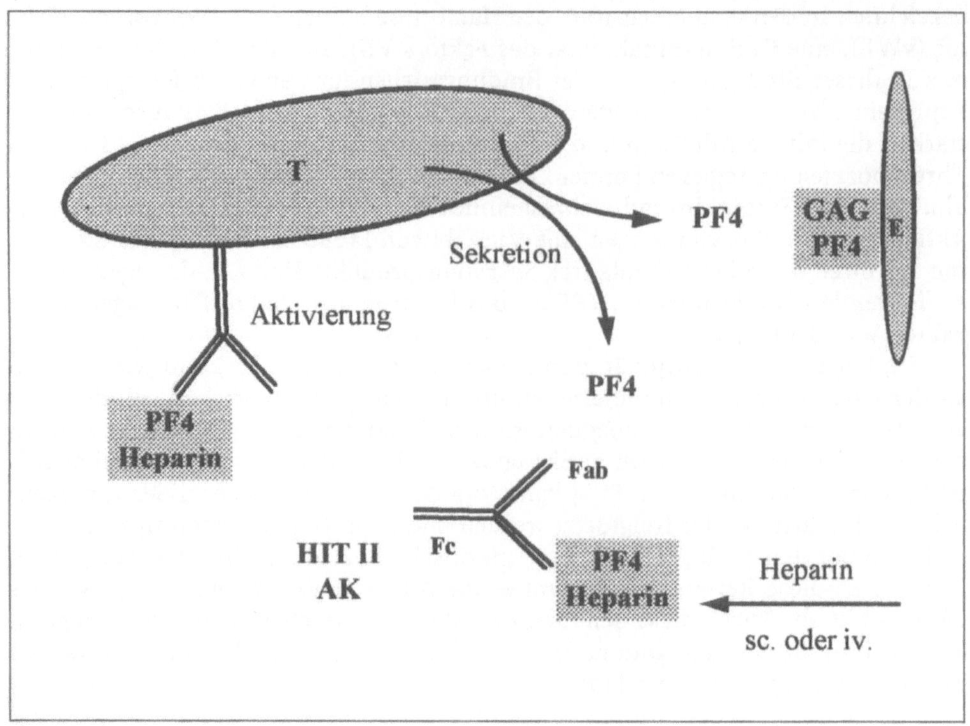

Abb. 2. Vermuteter Pathomechanismus der HIT Typ II. Thrombozyten (*T*) sezernieren Plättchen-faktor 4 (*PF 4*), der an Glykosaminoglykane (*GAG*) der Endothelzellen (*E*) oder Heparin bindet. In einer klassischen F(ab')₂-Reaktion kommt es über das Fc-Fragment des HIT-Typ-II-Antikör-pers zur Thrombozytenaktivierung

Bei Erstexposition gegenüber Heparin zeigen Patienten mit *HIT Typ II* einen zeitlich verzögerten Thrombozytenabfall. Dies wird auf die Wirkung von Immun-globulinen der Klasse G zurückgeführt. Es handelt sich dabei um heparinspezi-fische Antikörper, die nach der Bildung des Immunkomplexes in einer klassischen F(ab')₂ Reaktion unter Beteiligung des Fc-Fragmentes zur Thrombozytenaggrega-tion führen [2]. Die Thrombozytenzahlen sinken in der Regel unter 100000 µl⁻¹. Es kommt aufgrund der massiven Thrombozytenaggregation zur Bildung von „wei-ßen", also aus Thrombozyten bestehenden, Thromben im venösen wie im arteriel-len System, die lebensbedrohliche Komplikationen verursachen (Tabelle 1).

Ziel der heparinspezifischen Antikörper scheint dabei der Heparin-PF 4-Kom-plex zu sein (Abb. 2). Antikörper gegen diesen Komplex fanden sich in einer fran-zösischen Studie bei keinem von 50 gesunden und 35 Patienten mit einer Throm-bozytopenie anderer Ursache, jedoch bei 43 von 44 Patienten mit HIT [3]. Bei einem dieser Patienten wurden diese Antikörper bereits am 7. Tag der Heparingabe entdeckt, während die Thrombozyten erst am 11. Tag zu fallen begannen. Von 41 Patienten unter Heparintherapie ohne klinische Zeichen der HIT war bei 5 ein Nachweis der Antikörper möglich. Daraus ergibt sich die wesentliche Schlußfolge-rung, daß die HIT Typ II bei einem Teil der Patienten schon vor der Manifestation der Thrombozytopenie bzw. thromboembolischen Komplikationen diagnostiziert werden kann.

Für die HIT Typ II spielen aufgrund des Pathomechanismus weder die Art (un-fraktioniertes Heparin, UFH; fraktioniertes, niedermolekulares Heparin, LMW-He-parin), die Menge noch der Applikationsweg des zugeführten Heparins eine Rolle. Deshalb ist sowohl bei intravenöser wie bei subkutaner Gabe in niedriger (Kathe-terspülsysteme!) oder hoher Konzentration das Auftreten einer HIT Typ II zu be-denken.

Diagnose der HIT Typ II

Jede unter Heparingabe neu auftretende Thrombozytopenie ist als mögliche HIT
Typ II zu deuten, insbesondere wenn der Thrombozytenabfall verzögert, also ca.
ab dem 6. Tag nach Heparinbeginn auftritt. Tritt eine Thrombozytopenie auf, sollten zunächst Laborfehler ausgeschlossen werden, zu denen auch die falsch niedrige
Bestimmung der Thrombozytenzahl im EDTA-Blut gehört (Pseudothrombo-
zytopenie; Kontrolle in Zitratblut vornehmen). Nach Transfusionen sind auch ir-
reguläre Thrombozytenantikörper zu beobachten, die mit der Heparingabe nicht
in Zusammenhang stehen. Andere Formen der Thrombozytopenie (Morbus Werl-
hof, Evans-Syndrom, Moshkowitz-Syndrom, hämolytisch-urämisches Syndrom)
bestehen meist zuvor. Begleitende Thrombozytopenien sind bekannt bei Verbrauchskoagulopathie, Malignomen, Kollagenosen, Infektionen, Sepsis und nach
der Gabe von Diuretika, Antibiotika oder Antikonvulsiva.

Voraussetzung für den Beginn einer Heparintherapie ist deswegen die Bestimmung eines Blutbildes mit Thrombozytenzahl und -volumen.

Bestehen eine ausgeprägte Thrombozytopenie und thromboembolische Komplikationen gleichzeitig, ist das Vorliegen einer HIT II als wahrscheinlich anzusehen.
Neben schweren tiefen Beinvenenthrombosen [15] und Lungenembolien [18] wurden komplette Verschlüsse der Iliacalarterien [13], der Aorta [25], des Sinus sagit-
talis [20], der V. cava inferior einschließlich der Nierenvenen mit spinaler Ischämie
[24], Einblutungen in die Nebenniere [5] und Verläufe bis zum Multiorganversagen und Tod beschrieben [18]. Komplikationen mit nachfolgenden Thrombektomi-
en, Amputationen oder anderen chirurgischen Maßnahmen sind in über 60 % der
Patienten mit HIT Typ II zu finden [1].

Für die Labordiagnose stehen mehrere Testverfahren zur Verfügung (nach [11]).

Thrombozytenaggregationstest

In einem Aggregometer werden thrombozytenreiches Plasma eines gesunden
Spenders und Serum des Patienten mit Heparin oder Puffer inkubiert. Tritt eine
Aggregation nach Heparingabe, nicht jedoch nach Pufferzugabe auf, gilt dies als
Nachweis einer HIT. Der Aggregationstest ist der am wenigsten empfindliche Test.
Je nach Spenderauswahl werden 25–50% der mit den anderen Tests diagnostizier-
baren Patienten mit HIT Typ II nicht erfaßt.

Serotoninfreisetzungstest

Beim Serotoninfreisetzungstest werden Thrombozyten eines gesunden Spenders
mit radioaktivem Serotonin markiert und dann gewaschen. Die gewaschenen
Thrombozyten werden mit Patientenserum und Heparin in niedriger und hoher
Konzentration inkubiert. Kommt es zu einer Thrombozytenaktivierung, wird das
zuvor aufgenommene radioaktive Serotonin wieder freigesetzt. Nach Zentrifugation der Ansätze wird die freie Radioaktivität des Überstandes im Szintillationszäh-
ler gemessen. Eine Serotoninfreisetzung von mehr als 20% bei niedrigen Heparinkonzentrationen und von weniger als 20% bei hohen Heparinkonzentrationen gilt
als Nachweis einer HIT Typ II. Dieser Test ist sehr sensitiv und scheint Patienten
mit einer HIT Typ II sicher zu erfassen. Er wird in spezialisierten Laboratorien
durchgeführt.

Im HIPA-Test (*heparininduzierter Plättchenaggregationstest*) werden gewaschene Thrombozyten eines gesunden Spenders mit Serum des Patienten und Heparin in niedriger und sehr hoher Konzentration auf einer Mikrotiterplatte inkubiert. Eine Agglutination der Thrombozyten bei niedriger, nicht jedoch bei hoher Heparinkonzentration gilt als Nachweis einer HIT Typ II. Der HIPA-Test hat die gleiche Sensitivität wie der Serotoninfreisetzungstest und kann innerhalb von 3–4 h durchgeführt werden.

Für die Einsendung von Blut an die Speziallaboratorien (z.B. Gießen, Greifswald) sind in der Regel 4 Röhrchen (2 ml) mit EDTA-Blut und 2 Röhrchen (10 ml) mit Serum erforderlich.

Das diagnostische Vorgehen läßt sich wie folgt zusammenfassen [11, 17].

Bestimmung der Thrombozytenzahl und des Thrombozytenvolumens
↓
Beginn einer Heparintherapie
↓
Tägliche Bestimmung der Thrombozytenzahl
Bestätigte Thrombozytopenie 100000 µl⁻¹
HIT Typ II erscheint möglich (6–14 Tage nach Heparinbeginn)
↓
Heparin absetzen
Alternative Antikoagulation mit Danaparoin
Spezielle Diagnostik (HIPA)

Therapie der HIT Typ II und alternative Antikoagulation

Schon beim Verdacht auf HIT Typ II muß Heparin abgesetzt werden. Dies betrifft subkutan oder intravenös verabreichtes Heparin auch in kleinsten Mengen, so daß die Spülsysteme z.B. der arteriellen Katheter ausgewechselt werden müssen. In einem Fallbericht wurden die klinische Symptomatik und die Thrombozytenfunktion durch die Durchführung einer Plasmapherese wesentlich gebessert [6].

Die Behandlung einer thromboembolischen Komplikation folgt den üblichen Prinzipien der fibrinolytischen oder chirurgischen Therapie. Daher stellt sich insbesondere die Frage der alternativen Antikoagulation, die bei z.B. Lungenembolien oder arteriellen Gefäßverschlüssen von besonderer Bedeutung ist. Rinderheparin, Schweineheparin, Heparin-Na und Heparin-Ca zeigen eine vollständige Kreuzreaktion in vitro und in vivo und sind keine Behandlungsalternative bei der HIT Typ II [16]. Auch die fraktionierten Heparine können nur nach Bestätigung ihrer Unbedenklichkeit im Labortest alternativ eingesetzt werden.

Das Heparinoid *Danaparoin* (Orgaran, Organon Teknika) zeigt sowohl in vitro als auch in vivo nur in sehr wenigen Fällen (10 %) eine Kreuzreaktion und wurde mit gutem therapeutischen Erfolg bei Patienten mit HIT Typ II eingesetzt [12]. Es handelt sich dabei um ein Gemisch niedrigmolekularer sulfatierter Glykosaminoglykane aus der Schleimhaut von Schweinen, das Dermatan- und Heparansulfat enthält. Eine Ampulle enthält 0,6 ml mit 750 E (Anti-Xa-Aktivität). Die Überwachung der Therapie mit Hilfe der aktivierten partiellen Thromboplastinzeit oder der Thrombinzeit ist noch nicht evaluiert. Allerdings ist eine kosten- und zeitaufwendige Überwachung (jeweils Neuerstellung einer Eichkurve) der Anti-Xa-Aktivität möglich.

Für die *Antikoagulation bei Thrombosen* wurden 2500 E Danaparoin als Initialbolus, danach kontinuierlich 400 E h^{-1} in den ersten 4 h, dann 300 E h^{-1} bis zur 8.
Stunde, ab dann 150–200 E h^{-1} i.v. verabreicht. Für die Thromboseprophylaxe wurden 2mal 750 E s.c. pro Tag verwendet [17].

Für die Hämodialyse waren 40–45 E kg^{-1} mit einer Anti-Xa-Aktivität von 0,44
bis 0,55 E ml^{-1} ausreichend [21].

Für den kardiopulmonalem Bypass wurden erfolgreich 8750 E vor Anschluß i.v.
und 7500 E in die Herz-Lungen-Maschine gegeben. Während des Bypass wurden
insgesamt 4300 E nachinjiziert und später 200 E h^{-1} infundiert [29]. Ein anderes
Regime sieht einen initialen Bolus von 7000 E vor Anschluß des Bypass und 7500 E
in die Herzlungenmaschine vor. Während des Bypass wurden hier 2000 Eh^{-1} i.v.
gegeben [9].

Danaparoin stellt die Standardalternative für das Heparin bei Patienten mit HIT
Typ II dar. Die Erfahrungen mit anderen alternativen Substanzen wie Ancrod,
einem Schlangengift, oder dem PGI$_2$-Analogen Iloprost, oder direkten, AT III -
unabhängigen Thrombininhibitoren wie dem Hirudin, sind noch zu begrenzt, um
Empfehlungen abgeben zu können [7, 8].

Literatur

1. AbuRahma AF, Boland JP, Witsberger T (1991) Diagnostic and therapeutic strategies of white clot syndrome. Am J Surg 162: 175–179
2. Adams JG, Humphrey LJ, Zhang X, Silver D (1995) Do patients with the heparin-induced
   thrombocytopenia syndrome have heparin-specific antibodies ? J Vasc Surg 21: 247–254
3. Amiral J, Bridey F, Wolf M, Boyer-Neumann C et al. (1995) Antibodies to macromolecular
   platelet factor 4 - heparin complexes in heparin-induced thrombocytopenia: a study of 44
   cases. Thromb Haemostas 73: 21–28
4. Atha DH, Lormeau JC, Petitou M, Rosenberg RD, Choay J (1985) Contribution of monosac-
   charide residues in heparin binding to antithrombin III. Biochemistry 24: 6723–6729
5. Bleasel JF, Rasko JEJ, Rickard KA, Richards G (1992) Acute adrenal insufficiency secondary
   to haparin-induced thrombocytopenia-thrombosis syndrome. Med J Aust 157: 192–193
6. Brady J, Riccio JA, Yumen OH, Makary AZ, Greenwood SM (1991) Plasmapheresis. A therapeutic option in the management of heparin-associated thrombocytopenia with thrombosis.
   Am J Clin Pathol 96: 394–397
7. Cola C, Ansell J (1989) Heparin-induced thrombocytopenia and arterial thrombosis. Alternative therapies. Am Heart J 119: 368–374
8. Cole CW, Fournier LM, Bormanis J (1990) Heparin-associated thrombocytopenia and
   thrombosis: optimal therapy with ancrod. CJS 33: 207–210
9. Doherty D, Ortel T, DeBruijn N, Greenberg C, VanTrigt P (1995) „Heparin-free" cardiopulmonary bypass: first reported use of heparinoid Org 10172 to provide anticoagulation for
   cardiopulmonary bypass. * *
10 Esmon CT, Esmon NL, Harris KW (1982) Complex formation between thrombin and thrombomodulin inhibits both thrombin-catalyzed fibrin formation and factor V activation. J Biol
   Chem 257: 7944–7947
11. Greinacher A, Mueller-Eckhardt C (1991) Diagnostik der Heparin-assoziierten Thrombozytopenie. Dtsch Med Wochenschr 116: 1479–1482
12. Greinacher A, Mueller-Eckhardt C (1991) Therapie der Heparin-assoziierten Thrombozytopenie. Dtsch Med Wochenschr 116: 1483–1484
13. Gruel Y, Lang M, Darnige L, Pacouret G, Dreyfus X, Leroy J, Charbonnier B (1990) Fatal effect of re-exposure to heparin after previous heparin-associated thrombocytopenia and
   thrombosis. Lancet 336: 1077–1078
14. Holmsen H (1991) Biochemistry and function of platelets. Composition of platelets. In: Williams WJ, Beutler E, Erslev AJ, Lichtman MA (eds) Hematology. McGraw Hill, New York. pp
   1182–1200
15. Jaffray B, Welch GH, Cooke TG (1991) Fatal venous thrombosis after heparin therapy. Lancet
   337: 561

16. Kikta MJ, Keller MP, Humphrey PW, Silver D (1993) Can low molecular weight heparins and heparinoids be safely given to patients with heparin-induced thrombocytopenia syndrome? Surgery 114: 705–710
17. Kleinschmidt S, Seyfert, UT (1995) Heparin-associated thrombocytopenia – still a diagnostic and therapeutical problem in clinical practice. Angiology 46: 37–44
18. Kleinschmidt S, Ziegenfuß T, Seyfert UT, Greinacher A (1993) Septisch-toxisches Herz-Kreislauf-Versagen als Folge einer Heparin-induzierten thrombozytopenie mit „white clot syndrome". Anästhesiol Intensivmed Notfallmed Schmerzther 28: 58–60
19. Kroll MH, Harris TS, Moake JL, Handin RI, Schafer AI (1991) Von Willebrand factor binding to platelet GPIb initiates signals for platelet activation. J Clin Invest 88: 1568–1573
20. Kyritsis AP, Williams EC, Schutta HS (1990) Cerebral venous thrombosis due to heparin-induced thrombocytopenia. Stroke 21: 1503–1505
21. Mahul P, Raynaud J (1995) Thrombopenie à l'héparine sous hémodialyse en reanimation: utilisation d'un heparinoide de bas poids moléculaire l'ORG 10172 (Orgaran). Ann Fr Anesth Reanim 14: 29–32
22. Marcum JA, McKenney JB, Rosenberg RD (1984) Acceleration of thrombin-antithrombin complex formation in rat hindquarters via heparin-like molecules bound to the endothelium. J Clin Invest 74: 341–345
23. Marcum JA, Rosenberg RD (1987) Anticoagulantly active heparan sulfate proteoglycan and the vascular endothelium. Semin Thromb Hemost 13: 464–474
24. Maurin N, Biniek R, Bohndorf K, Heintz B, Kierdorf H, Schulte.Bockholt A (1991) Heparininduzierte Thrombozytopenie und Thrombose mit spinaler Ischämie. Internist 32: 431–434
25. Meagher AP, Lord RSA, Graham AR, Hill DA (1991) Acute aortic occlusion presenting with lower limb paralysis. J Cardiovasc Surg 32: 643–647
26. Murray DWG, Jacques LB, Perrett TS, Best CH (1937) Heparin and the thrombosis of veins following injury. Surgery 2: 163–187
27. Niewiarowski S, Thomas DP (1969) Platelet factor 4 and adenosine diphosphate release during human platelet aggregation. Nature 222: 1269–1272
28. Okajima K, Uchiba M, Murakami K (1995) Antithrombin replacement in DIC and MOF. In: Vincent JL (ed) Yearbook of intensive care and emergency medicine. Springer, Berlin Heidelberg New York Tokio, S 457–464
29. Scheffler E, Aulmann M, Remppis A, Martin E, Fleischer F, Nawroth P (1995) Erfolgreiche Anwendung eines Heparinoids (Danaparoid-Natrium) wegen Heparin-induzierter Thrombozytopenie Typ II bei Aortenklappenreoperation. Z Kardiol 84: 565–568
30. Sobel M, Adelman B (1988) Characterization of platelet binding of heparins and other glycosaminoglycans. Thromb Res 50: 815–819
31. ten Cate JW, Koopman MMW, Prins MH, Büller HR (1995) Treatment of venous thromboembolism. Thromb Haemostas 74: 197–203
32. Vane JR, Änggard EE, Botting RM (1990) Regulatory functions of the vascular endothelium. N Engl J Med 323: 27–36

Perioperative Therapie beim Diabetes mellitus

THEA SCHIROP

Diabetesformen und allgemeine Therapiemaßnahmen

Um die Wertigkeit der perioperativen Behandlung eines Diabetes mellitus richtig einschätzen zu können, muß man bedenken, daß wir es mit 2 *Diabetesformen* zu tun haben können:

- Diabetes mellitus Typ I (kindlicher/jugendlicher Diabetes mellitus),
  absolut insulinabhängig;
- Diabetes mellitus Typ II a/b (sog. Erwachsenendiabetes).

Das **therapeutische Konzept** beider Diabetesformen ist wie folgt:

- Diabetes mellitus Typ I:
  - Diät und Applikation von Insulin.
- Diabetes mellitus Typ II a/b:
  - Diät,
  - Diät, Tabletten,
  - Diät, Tabletten, Insulin,
  - Diät, Insulin.

Die **Stoffwechselqualität** bei einem Typ-I-Diabetes sollte sein:

- Normoglykämie, Aglukosurie und Aketonurie.

Auch für den *Diabetes mellitus Typ II a/b im mittleren Alter* (derzeit bis 65 Jahre) wird eine normnahe Einstellung entsprechend dem Typ-I-Diabetes gefordert. Der Grund hierfür ist in der Entwicklung der Spätkomplikationen zu sehen.

Bei der **Insulintherapie** muß *vor jedem Eingriff* zunächst in Erfahrung gebracht werden, welches Schema der Insulinapplikation der Patient durchführte.

Wir kennen:

1. die *konventionelle Insulintherapie* (die 2malige Applikation von Verzögerungs-insulinen/Tag,
2. die *konventionell intensivierte Insulintherapie* (die 3malige Applikation von Verzögerungsinsulinen/Tag),
3. die *Insulintherapie* nach dem Basis-Bolus-Schema, die vom Patienten sowohl mit einer Insulinspritze, mit einem sog. Pen oder der Insulinpumpe durchgeführt werden kann.

Bei der konventionell intensivierten Insulintherapie und besonders bei der intensivierte Insulintherapie ist eine *selbständige Blutzuckermessung* durch den Patienten dringend erforderlich, damit die Insulinapplikation dem Blutzuckerwert und den u.U. aufzunehmenden Kohlenhydraten angepaßt werden kann.

Zunächst kann davon ausgegangen werden, daß von der Insulintherapie bei einem *geplanten operativen Eingriff* von dem bisher gewohnten Schema nicht abgegangen werden sollte.

Wie jede akute oder chronische Erkrankung bedeutet auch der operative Eingriff eine als Streß zu bezeichnende Belastung für den Organismus. Im Akutbereich wird beim Nichtdiabetiker wie beim Diabetiker der sog. Postagressionsstoffwechsel ausgelöst, der mit mannigfaltigen Störungen des Stoffwechsels einhergehen kann. Im wesentlichen ist dieser Stoffwechsel gekennzeichnet durch:

- zunächst erhöhte, später erniedrigte Insulinsekretion,
- verminderte Glukoseutilisation,
- verminderten Einstrom von Glukose in die Zelle,
- Störungen der Proteinsynthese,
- gesteigerten Proteinabbau.

Auch bei einem Stoffwechselgesunden kann dieser Zustand u.U. zu einer vorübergehenden intravenösen Insulinzufuhr zwingen, damit eine Blutzuckerkonzentration zwischen 150 und 250 mg/dl gehalten werden kann. Das Anstreben einer Normoglykämie wird man in dieser Krankheitsphase vermeiden, da unerwünschte Hypoglykämien unter der Insulintherapie auftreten können. Die Phase des Postagressionsstoffwechsels kann bis zu 7 Tagen nach akutem Krankheitsbeginn andauern, danach kann, falls nicht Komplikationen auftreten, eine Stabilisierung erwartet werden. Auch ist eine schwere Erkrankung durchaus geeignet, bei einem bis dahin Gesunden einen Diabetes mellitus manifest werden zu lassen.

Im operativen Bereich wird man zu unterscheiden haben zwischen

- geplanter Operation und
- Notoperation.

Bei einer geplanten Operation ist noch zu bedenken, daß häufig mehrere Tage vor dem Eingriff zahlreiche Untersuchungen erforderlich werden, die am Patienten nur im nüchternen Zustand durchgeführt werden können, z.B. Sonographie, abdominelle Computertomographie, Gastroskopie, Koloskopie. Bereits diese Phase führt zu einer erheblichen Belastung für den Stoffwechsel, besonders beim Diabetiker. Eine weitere Verschlechterung wird durch die psychische Belastung zum einen der Untersuchung und zum anderen der erwarteten Operation hervorgerufen.

Vorgehen bei einer geplanten Operation

- Falls vorhanden, Wertung der durchgeführten Selbstkontrolle des Patienten.
- Messung des HbA1 (normal bis 8%) bzw. HbA1c (normal bis 6,1%), dieser Wert braucht nur einmal bestimmt zu werden, da er den Glukosestoffwechsel etwa der letzten 6 Wochen widerspiegelt. Finden sich bei einem Diabetiker normale HbA1-Werte muß auch berücksichtigt werden, daß diese Normalität durch das Vorliegen gehäufter Hypoglykämien vorgetäuscht sein kann.
- Anfertigung von 3 Blutzuckertagesprofilen, z.B. nüchtern, 1 h und 2 h postprandial und 22.00 Uhr (1 h postprandial < 140 mg/dl, 2 h postprandial < 120 mg/dl).
- Messen der Glukoseausscheidung im nach 12 h getrennten Sammelurin über 24 h.
- Prüfung des Harns auf Azeton.
- Prüfung auf Vorliegen einer Mikroalbuminurie.

In jedem Fall sollte versucht werden, eine durch diese vorgenannten Untersuchungen erkennbare schlechte Stoffwechsellage weitgehend zu normalisieren, um eine gute Wundheilung zu erzielen. Dieses Ziel kann in der Regel nur durch Einleitung einer intravenösen Insulintherapie erreicht werden, da andere Formen der Insulinzufuhr lange Liegezeiten erfordern würden.

Die *Halbwertszeit von intravenös zugeführtem Normalinsulin (früher Altinsulin)* beträgt 5–7 min. Damit kommt nur die kontinuierliche Zufuhr in Frage, z.B. über einen Perfusor.

Beispiel: 50 IE Normalinsulin auf 48,75 ml Glukose 5 %ig, 1 ml = 1 IE.

Es ist bekannt, daß Insulin an Glas oder Plastikmaterial in unterschiedlichem Ausmaß absorbiert wird, was durch die Zumischung von Humanalbumin verringert werden könnte. Aus Kostengründen muß aber darauf in der Regel verzichtet werden.

Für die Neueinstellung wird sich eine Applikation nach einem Basis-Bolus-Schema bewähren.

Beispiel: 1 IE/h, zu den Hauptmahlzeiten zusätzlich 1 IE/BE (KE) für 1 h.

Diese Dosierung orientiert sich an der normalen Insulinsekretion des Menschen von 1 IE/h und prandial von 0,7–1 IE/BE.

Muß nun ein Patient zur Durchführung von Untersuchungen nüchtern bleiben, wird die basale Insulinzufuhr fortgeführt unter Infusion einer 10 %igen Glukoselösung plus Elektrolyten, z.B. 500 ml über 6 h. Es sollte aber immer darauf geachtet werden, daß sich diese Phase des Nüchternbleibens in erträglichem Umfang hält, so sind möglichst frühe Termine mit den Untersuchern zu vereinbaren!

Mit dieser gestalteten Insulintherapie kann der Patient nach Stabilisierung seines Stoffwechsels problemlos der Operation zugeführt werden; auch die postoperative Phase kann damit überbrückt werden. Wünschenswert sind die Durchführung von Kontrollen des Blutzuckers in 4stündlichem Abstand z.B. 6.00 – 10.00 – 14.00 – 18.00 – 22.00 – 2.00 – 6.00 Uhr. In der Phase erhöhter Blutglukosekonzentrationen sind im chemischen Labor gemessene Werte aussagekräftiger, bei guter Stoffwechsellage sind auch Meßwerte mit der Teststreifenmethode/Meßgerät hilfreich.

Ausnahme von diesem Vorgehen sollten Patient sein, die mit einer Insulinpumpe versorgt sind. Dabei handet es sich um eine kontinuierliche subkutane Zufuhr von Insulin (z.B. 1–2 IE/h) und eine Abrufrate zu den Mahlzeiten (z.B. 1–2–3 IE/BE (KE)). Auch während einer Operation kann die Insulinpumpentherapie fortgeführt werden; zur Überwachung sind lediglich Blutzuckerkontrollen erforderlich.

Nach Abschluß einer Operation und in der postoperativen Phase muß ggf. eine Neueinstellung des vielleicht vorher nicht optimal eingestellten Diabetes mellitus erfolgen. Hierzu wird dann in der Regel eine internistische Fachbetreuung erforderlich werden.

Vorgehen bei einer Notoperation

Hier gilt gleiches wie bei allen Notfällen. Die Zufuhr von Insulin sollte wie oben erwähnt intravenös erfolgen – unter zunächst 1- bis 2stündlicher Kontrolle der Blutglukose, um Korrekturen vornehmen zu können. Dabei hat die Erfahrung gezeigt, daß in der Akutphase häufig höhere Zufuhrraten von Insulin erforderlich sind, um die Blutglukosekonzentrationen zwischen 150 und 250 mg/dl zu halten.

Hier hat sich das Aufstellen eines sog. Blutzuckerplans bewährt:

0–50 mg/dl	kein Insulin
51–100 mg/dl	1 IE/h
101–150 mg/dl	2 IE/h
151–250 mg/dl	3 IE/h
251–350 mg%	4 IE/h
> 350 mg%	Arzt fragen

Dieser Plan kann dann jeweils gleich oder täglich „gestrafft" werden, wobei zunächst auf eine übermäßige Zufuhr von Glukoselösung verzichtet werden sollte! Gegebenenfalls ist der Einsatz von Glukose-Xylit-Lösung zu erwägen.

Nach Überwinden der Akutoperation und u.U. der intensivmedizinischen Behandlung muß wie bei einer geplanten Operation die Neueinstellung des Diabetes mellitus erfolgen. Dieses Vorgehen sollte auch bei Patienten mit einer Insulinpumpe angewandt werden, da in den meisten Krankenhäusern nur wenig Erfahrung mit dem Umgang von Insulinpumpen vorliegen und der Patient nach erlittenem Notfall keine Auskünfte zu dieser Therapie geben kann.
Uns stehen in der Regel 3 Insulinspezies zur Verfügung:

- Rinderinsulin,
- Schweineinsulin,
- Humaninsulin.

Das Rinderinsulin unterscheidet sich in 3 Aminosäuren und das Schweineinsulin in 1 Aminosäure vom Humaninsulin.

Das Humaninsulin steht uns in einer semisynthetischen Herstellung bzw. gentechnologischer Präparation zur Verfügung.

Es gilt die **Regel**, daß jeder Patient solange mit seinem Insulin weiter therapiert wird, wie die Einstellung als gut zu bezeichnen ist. Bei jeder *Erstmanifestation, Neueinstellung* bzw. *temporären Insulinmedikation* sollte der Einsatz von Humaninsulin erfolgen.

Die Fortführung einer Medikation mit oralen Antidiabetika sollte sicher nicht in der Akutphase der Erkrankung erfolgen, sie ist u.U., falls dies der Patient wünscht und die Werte im normnahen Blutzuckerbereich liegen, zu einem späteren Zeitpunkt zu diskutieren.

Zusammenfassung

Bei einer **geplanten Operation** sollte mit gezielten Voruntersuchungen zunächst die Stoffwechselsituation erfaßt und eine Optimierung angestrebt werden.
Ziel: gute Wundheilung.
In einer **Notfallsituation** müssen eine evtl. vorbestehende schlechte Stoffwechsellage und eine zusätzliche Streßsituation in Kauf genommen werden. Durch eine straffe, intravenöse Insulinzufuhr sollte versucht werden, den Blutglukosestoffwechsel zu stabilisieren. Ist der Patient Insulinpumpenträger, kann diese Therapieform *bei einer geplanten Operation* durch Mithilfe des Patienten beibehalten werden. In der *Notfallsituation* sollte die intravenöse Insulinzufuhr auch hier angewandt werden.

Literatur

1. Don H (Hrsg) (1988) Intensivmedizinische Entscheidungen. Stuttgart (Bearbeitete dt. Ausg. von A. Heller)
2. Knick B, Knick J (1994) Diabetologie, 3. Aufl. Kohlhammer, Stuttgart
3. Schirop T (1994) Akutkomplikationen des Diabetes mellitus. Krankenhausarzt 67/3: 91–97

Aktuelle Aspekte der kardio-pulmonal-cerebralen Reanimation

C. BUSSE

Epidemiologie

Nach Angaben des statistischen Bundesamtes sterben jährlich in den alten Bundesländern ca. 340 000 Menschen an den Folgen einer Erkrankung des Herz-Kreislauf-Systems.* Damit stellen die Herz-Kreislauf-Erkrankungen mit fast 50 % Anteil die mit Abstand häufigste Todesursache dar.

Jede schwere Störung des Kreislaufs und der Atmung ist ein akut lebensbedrohlicher Notfall und erfordert *schnelles Erkennen* und *unverzüglichen Beginn der Wiederbelebungsmaßnahmen.*

*Angaben beziehen sich auf die im Leichenschauschein aufgeführten Todesursachen der ICD 9 Klassifikation [Pos. 390–450].

Diagnose des Kreislauf- und Atemstillstandes

Bewußtsein

Feststellen der Bewußtlosigkeit durch lautes Ansprechen und Setzen eines (*Schmerz*)reizes*.

*Zum Beispiel Reiben mit den Knöcheln einer Hand über dem Sternum.

Atmung

Überprüfen der Spontanatmung bei freigemachten und freigehaltenen Atemwegen („head tilt", „chin lift") durch Hören und Fühlen der Luftbewegung mit dem Ohr und Sehen der Atembewegungen über dem Thorax.

Kreislauf

Pulskontrolle über der A. carotis beidseits*.

*Nacheinander tasten.

Alarmierung

Ist die Diagnose Atem- und Kreislaufstillstand gesichert, muß unverzüglich der Rettungsdienst alarmiert und die Reanimationsmaßnahmen eingeleitet werden.

Basismaßnahmen *(BLS; Basic Life-Support)*

A: Atemwege freimachen und freihalten (Airway open)

- Säuberung der Mundhöhle;
  Dünnflüssig Erbrochenes in Seiten-/Bauchlage aus der Mundhöhle passiv abflie-
  ßen lassen.
- Überstrecken des Kopfes und Anheben des Unterkiefers mit zwei Fingern am
  Kinn.
  Modifizierter Esmarch-Heiberg-Handgriff.

B: Beatmung der Lungen (Breathing)

Atemspende oder Beatmung über einen Endotrachealtubus.
- Atemspende als Mund-zu-Nase-Beatmung.
  Mund-zu-Mund-Beatmung sollte die Ausnahme sein; Schutz (Maske, Orotubus,
  Beatmungstuch) bei Atemspende dringend empfohlen. Maske-/Beutel-Beat-
  mung im Krankenhaus obligat.
- Initial 2 Insufflationen, dann Reanimation in der Ein- oder Zweihelfertechnik
  fortsetzen.
- Insufflationsvolumen von 800 ml ausreichend.
- Inspirationszeit 1,5–2,0 s.
  Intraoralen Gasdruck möglichst gering (20 cm H_2O; Ösophagusverschlußdruck)
  halten, um Luftinsufflationen in den Magen zu verringern.
- Ausatmung abwarten.

C: Zirculation des Blutes (Circulation)

Äußere Herzdruckmassage. Hierbei sind mehre Punkte zu beachten:
- Exakte Position der Hände auf dem Sternum.
  2 QF kranial des Xiphoids sollte nur der Handballen auf der Sternummitte auf-
  gesetzt werden; keine Abweichung seitlich auf die Rippen-/Knorpelgrenze (er-
  höhte Frakturgefahr).
- Richtige Körperhaltung.
  Abstand zum Patienten der individuellen Arm- und Oberkörperlänge des Hel-
  fers angepaßt. Schultern sollten senkrecht über den Händen stehen. (Stempel-
  wirkung).
- Oberkörper muß auf einer harten Unterlage liegen.
  Kritisch prüfen, ob bei Betten die feste Unterlage (z.B. Reanimationsbrett der
  Fa. Ambu, Kopf- oder Fußbrett) den beabsichtigten Zweck erfüllt.
- Druck- und Entlastungsphase sollten gleich lang sein.
  Steigerung des HZV und der zerebralen Perfusion.
- Kompressionsfrequenz ca. 80–100/min.
  Zeit für die Beatmung bei Einhelfermethode mit einrechnen.
- Kompressionstiefe 3–5 cm.

Einhelfermethode

Beatmung und Herzdruckmassage im Rhythmus *2 : 15.*

Zweihelfermethode

Beatmung und Herzdruckmassage im Rhythmus *1 : 5.*

> Möglichst wenig Unterbrechung der HDM.

Blutflußtheorien

Direkte Herzkompression

Das Herz wird zwischen Sternum und Wirbelsäule „ausgepreßt". Die Flußrichtung des Blutes ist durch die Funktion der Herzklappen vorgegeben. Da Vorhöfe und Ventrikel zeitgleich komprimiert werden, kommt es zu einer erhöhten Pendelblutanteil zwischen den Vorhöfen und der V. cava superior/inferior bzw. den Vv. pulmonales.

Thoraxpumpmechanismus

Durch Druck auf den Brustkorb von außen bei gleichzeitiger Ausdehnung der Lunge in der Inspirationsphase kommt es zu einer globalen intrathorakalen Drucksteigerung und in der Folge zu einem zumindest kurzfristig stärkeren Druckanstieg in den Venen als in den Arterien. Der Grund hierfür liegt in der durch den anatomischen Wandaufbau (*fehlende Muscularis mucosa*) bedingten besseren Komprimierbarkeit. Der Blutfluß folgt dann dem Druckgradienten von venös (*höheres Druckniveau*) nach arteriell (*niedrigeres Druckniveau*).

> Bei intubierten Patienten sollte die HDM mit einer Kompressionsfrequenz von 80–100/min und die Beatmung mit einer Frequenz von ca. 10–12/min unabhängig voneinander durchgeführt werden. Hierdurch werden die direkte Herzkompression und die Thoraxpumpe den Blutfluß gleichermaßen beeinflussen.

Venöser Rückfluß

Eine adäquate enddiastolische Ventrikelfüllung ist wesentliche Voraussetzung für einen ausreichenden linksventrikulären Auswurf. Dieses kann neben einer leichten Kopftieflage und venöser Infusionen durch folgende Maßnahmen erreicht werden.

Aktive Kompression – Dekompression

Wird bei der äußeren Herzdruckmassage die Dekompression aktiv durch eine am Thorax angebrachte Saugvorrichtung* durchgeführt, kommt es durch die aktive Ausdehnung (*Mechanismus vergleichbar dem Inspirationssog unter Spontan-atmungsbedingungen*) des Thorax zu einer Ansaugung des Blutes aus den extrathorakalen Venen und damit zu einer besseren Füllung des Herzens.

> *Zum Beispiel Cardio-Pump der Fa. Ambu.

Abdominelle Kompression

Die interponierte* abdominelle oder kontinuierlich** abdominelle Kompression verbessert über den erhöhten venösen Rückfluß den Auswurf und steigert die Koronarperfusion über die Anhebung des arteriellen Mitteldrucks in der funktionellen Diastole. Wegen fehlender Untersuchungen am Menschen in ausreichender Zahl sollte diese Technik nur bei Patienten auf Intensivstationen mit invasivem Monitoring angewendet werden.

*Abdominelle Kompression nur in der Dekompressionsphase (funktionellen Diastole).

**Abdominelle Kompression wird über den gesamten Zyklus (z.B. durch Anlegen der MAST – „military anti-shock trouser") durchgeführt.

Hustenreanimation (Cough-CPR)

Tritt unter Monitorkontrolle akutes Kammerflimmern auf und ist der Patient zu diesem Zeitpunkt noch ansprechbar, so sollte er aufgefordert werden, alle 3–5 s kräftig zu Husten. Die hierbei auftretenden intrathorakalen Druckschwankungen* erzeugen über einen kurzen Zeitraum (*wenige Minuten*) einen ausreichenden Blutfluß.

*Thoraxpumpe.

CAB-Methode

Liegt dem Atem- und Kreislaufstillstand eine primär kardiale und keine respiratorische Ursache zugrunde, sollte unverzüglich mit der äußeren Herzdruckmassage begonnen werden. Parallel hierzu können dann die Atemwege freigemacht (*z.B. Intubation*) und die Beatmung durchgeführt werden.

Bei einem akuten Herzstillstand (z.B. Kammerflimmern) kann davon ausgegangen werden, daß noch genügend O_2-Reserven in den großen arteriellen Gefäßen vorhanden sind, um bei frühzeitig einsetzender Zirkulation durch die äußere Herzdruckmassage das Gehirn für ca. 30–60 s mit Sauerstoff zu versorgen.

Erweiterte Reanimationsmaßnahmen (ACLS; Advanced Cardiac Life Support

Die Durchführung der erweiterten (*ärztlich geleiteten*) Reanimationsmaßnahmen setzen einen venösen Zugang, einen liegenden Endotrachealtubus und die Ableitung eines Monitor-EKG mit den Möglichkeiten der Defibrillation voraus.

D: Drugs (Medikamente)

Die Reanimationsmedikamente werden unterteilt in *primäre* (müssen sofort verfügbar sein) und *sekundäre* (können nachgefordert werden) Medikamente.

Klassifikation therapeutischer Maßnahmen

- I: Indikation allgemein anerkannt, immer anwendbar, nützlich und wirksam.
- II: Indikation akzeptabel bei nicht sicher nachgewiesener Wirksamkeit.
- II a: Bisher vorliegende Befunde sprechen für Nutzen und Wirksamkeit.
- II b: Nicht sicher nachgewiesene Wirksamkeit, möglicherweise hilfreich, wahrscheinlich unschädlich.
- III: Keine Wirksamkeit nachgewiesen, möglicherweise schädlich.

Jan muß atmen.

MEDUMAT® Notfallrespiratoren haben neue, sichere Wege bei der Notfallbeatmung erschlossen. MEDUMAT® Elektronik ist ein flexibles Kurzzeit-Beatmungsgerät mit Alarmsystem und vielfältigen Beatmungsmustern für schonende Patientenbeatmung. Den kleinen, handlichen MEDUMAT® Compact für kontrollierte Beatmung kann man überall mobil einsetzen, selbst unter schwierigsten Bedingungen.

WEINMANN:HAMBURG, Postfach 54 02 68, 22502 Hamburg, Telefon 040 / 54 70 20, Telefax 040 / 54 70 24 61.

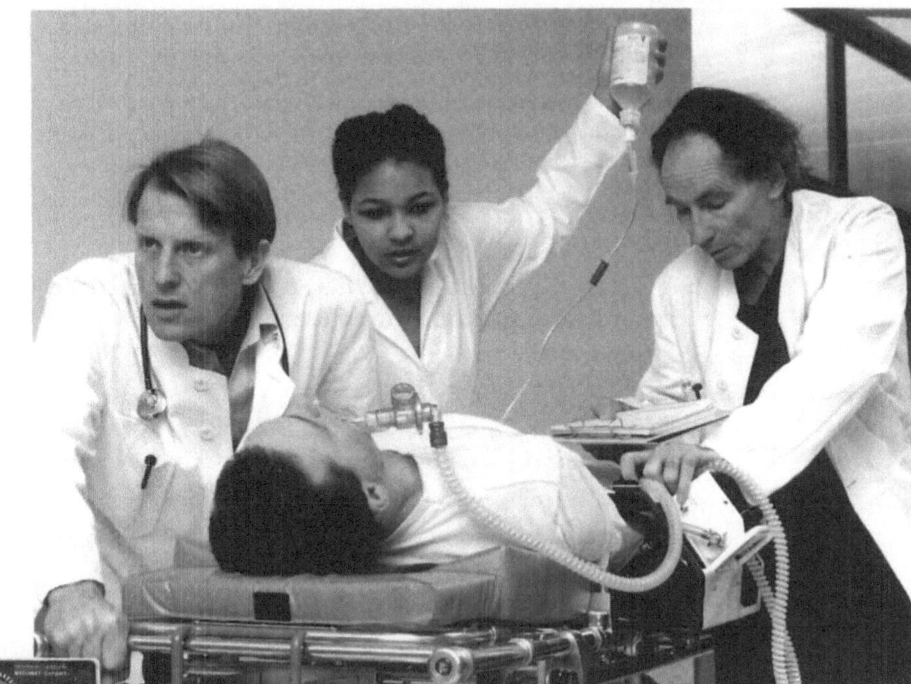

Erfolgreich neu gestartet

R. Larsen

Anästhesie und Intensivmedizin

für Schwestern und Pfleger

4., vollkommen überarb. u. erw. Aufl. 1994. XXIX, 1017 S. 299 Abb., 74 Tab. Geb. **DM 69,-**; öS 538,20; sFr 69,- ISBN 3-540-57464-6

Nach mehr als 80.000 verkauften Exemplaren liegt nun die vierte Auflage des „Larsen" vor. Das Buch wurde vollständig überarbeitet und aktualisiert. Neu sind Kapitel zu den Themen: ambulante Anästhesie, postoperative Schmerztherapie, rechtliche Gesichtspunkte der Anästhesie, Ethik und Recht in der Intensivmedizin, Sepsis u.Multiorganversagen, Polytrauma u.a. Auch die neuesten Inhalationsanästhestika und Muskelrelaxanzien wurden berücksichtigt. Die bewährte Struktur des Buches wurde beibehalten, aber das Layout ist völlig neu. Unter anderem sind alle Abbildungen neu (vierfarbig) gezeichnet worden. Äußerlich hat das Buch ebenfalls ein neues Gesicht erhalten. Der „Larsen" ist ein ganz wesentlicher Bestandteil des Krankenpflegeprogrammes bei Springer.

Springer

Sauerstoff
Klasse I:
- Absolute Indikation bei jeder Reanimation; möglichst frühzeitig (*spätestens bei Beginn der erweiterten Maßnahmen*) geben, $F_IO_2 = 1,0$

Bei der Beutelbeatmung muß dieser mit einem O_2-Reservoirbeutel ausgerüstet sein, sonst kann maximal. eine F_IO_2 bis 0,5 erreicht werden.

Adrenalin
Klasse I:
- Asystolie;
- PEA (*pulslose elektrische Aktivität*) ohne bekannte Ursache;
- therpieresistentes Kammerflimmern.

Klasse II b:
- High-dose-Adrenalin (> 0,1 mg/kg KG).
- Dosierung:
    - Intravenös: 0,5–1,0 mg auf 10 ml mit NaCl 0,9 % verdünnt;
    - endobronchial: 2,0–3,0 mg auf 10 ml mit NaCl 0,9 % verdünnt.

    Möglichst tief endobronchial (z.B. mit Absaugkatheter) einbringen.

Atropin
Klasse I:
- Hämodynamisch wirksame Sinusbradykardie.

Klasse II a:
- Höhergradiger AV-Block, Asystolie.

Klasse III:
- AV-Block vom His-Purkinje-Typ.
- Dosierung:
    - Intravenös: 1,0 mg auf 10 ml mit NaCl 0,9 % verdünnt;
    - endobronchial: 2,0–3,0 mg auf 10 ml mit NaCl 0,9 % verdünnt.

Lidocain
Klasse II b:
- Kammerflimmern, hämodynamisch wirksame ventrikuläre Tachykardien, ventrikuläre Ektopien.
- Dosierung:
- Intravenös: 1,0–1,5 mg/kg KG unverdünnt.

    Xylocain 1 % oder 2 % verwenden.

- Endobronchial: 5,0–7,0 mg/kg KG auf 10 ml mit NaCl 0,9 % verdünnt.

    Xylocain 20 % verwenden.

Natriumbikarbonat
Klasse I:
- Hämodynamisch wirksame Hyperkaliämie.

Klasse II a:
- Therapiepflichtige metabolische Azidose, Intoxikation mit trizyklischen Antidepressiva, Alkalisierung des Urins zur Detoxikation.

Klasse II b:
- Patient nach längerem Kreislaufstillstand.

Klasse III:
- Hypoxische Laktatazidose.
- Dosierung:
  - Intravenös: 1,0 mmol/kg KG als Kurzinfusion über 10 min frühestens 10 min nach Beginn der erweiterten Maßnahmen.

  Bei einer 8,4%igen Nabi-Lösung entspricht 1 mmol = 1mval = 1ml.

- Nebenwirkungen:
  - Metabolische Alkalose mit extrazellulärer Hypokaliämie und Neigung zu Tachyarrhythmien und Kammerflimmern unter Adrenalingabe,
  - Verschiebung der O_2-Bindungskurve* nach links.

  Die O_2-Abgabe im Gewebe ist erschwert.

  - Natriumbikarbonat kann intrazellulär eine „paradoxe Azidose" erzeugen.

  Bei der Pufferung wird CO_2 als gut diffusibles Gas frei, welches nach intrazellulär abfluten und dort durch Gleichgewichtsverschiebung eine intrazelluläre Azidose („paradoxe Azidose") erzeugen kann.

Sekundäre Reanimationsmedikamente

Neben den unten aufgeführten Substanzen können zusätzlich noch weitere Medikamente (*z. B. Adenosin, Kaliumchlorid, Orciprenalin, Heparin, ASS, β-Blocker u. v. a. m.*) eine Indikation in der Postreanimationsphase haben. Die wichtigsten sind:

Kalzium
Klasse II a:
- Indikation: Hyperkaliämie, Hypokalziämie, Intoxikation mit Ca-Antagonisten.

Klasse III:
- Indikation: genereller Einsatz bei CPR.

Kalziumantagonisten
Klasse IIa:
- Indikation: paroxysmale supraventrikuläre Tachykardie.

Isoproterenol
Klasse II a:
- Indikation: therpierefraktäre Torsades de pointes, hämodynamisch wirksame Bradykardie bei denerviertem Herzen (z. B. Transplantation).

Morphin
Klasse II a:
- Indikation: schwere Brustschmerzen mit erhöhtem O_2-Verbrauch

Klasse II b:
- Indikation: akutes Lungenödem.

Noradrenalin
Klasse II a:
- Indikation: RR $_{syst.}$ < 70 mm Hg, periphere Vasodilatation.

Thrombolytika
Klasse I:
- Indikation: Brustschmerzen < 6 h, ST-Senkung > 0,1 mV, Alter < 70 Jahre.

E: ECG (EKG)

Die elektrische und medikamentöse Therapie der erweiterten Reanimationsmaßnahmen richtet sich nach der elektrokardiographisch gesicherten Diagnose.

Asystolie

- Basismaßnahmen.

  Asystolie: in mindestens 2 Ableitungen bei maximaler Verstärkung (Amplitude) parallel zur medikamentösen Therapie.

- Intubation, Beatmung, venöser Zugang;
- Adrenalin 1,0 mg i.v. oder 3 mg e.b.;
- Einsatz eines transkutanen Schrittmachers erwägen,
- Repetition alle 3 min;
- Atropin 1,0 mg i.v oder 3 mg e.b.

  Gesamtdosis 0,04 mg/kg KG (totale Vagusblockade).

- Natriumbikarbonat in o. g. Dosierung als Blindpufferung nur in Ausnahmefällen.

  Zum Beispiel lange präklinische Transportzeiten.

PEA (pulslose elektrische Aktivität)

- Basismaßnahmen;
- Intubation, Beatmung, venöser Zugang;
- Ursache erforschen und behandeln.

  Mögliche Ursachen: Hypoxie, Hyperkaliämie, Hypokaliämie, Azidose, Spannungspneumothorax, Herzbeuteltamponade Hypothermie, Medikamenten- und Drogenintoxikation.

- Wenn die Ursache unbekannt ist, sollte wie bei der Asystolie reanimiert werden.

Kammerflimmern – pulslose ventrikuläre Tachykardie

- Defibrillation mit 200 J (*ca. 3 J/kg KG*);
- Defibrillation mit 200–300 J (*ca. 3–4 J/kg KG*);
- Defibrillation mit 360 J (*ca. 5 J/kg KG*);
- Intubation und venöser Zugang.

  Gegebenenfalls kann die Intubation und der venöse Zugang bei genügend Helfern parallel durchgeführt werden.

- Adrenalin 1,0 mg i.v. oder 3 mg e.b.

  Gegebenenfalls alle 3 min Repetitionsdosis Adrenalin mit 1 mg.

- Defibrillation mit 360 J.

  Innerhalb von 30–60 s nach Adrenalingabe durchführen.
- Lidocain 1,0–1,5 mg/kg KG i.v.

  Repetitionsdosis mit 0,5 mg/kg KG bis zum Erreichen der „loading dose" von 3 mg/kg KG empfohlen.

- Defibrillation mit 360 J;

  Innerhalb von 30–60 s nach Lidocaingabe durchführen.

F: *Fibrilation Treatment (Defibrillation)*

Einige Punkte sollten bei der Defibrillation beachtet werden:
- Elektrodenposition entlang der Herzachse, Elektroden ausreichend mit Elektro-
  dengel* bestreichen.

  * Schutz vor Verbrennungen und Verbesserung der Leitfähigkeit.

- Bei Schrittmacherpatienten Elektrode(n) ca. 10 cm vom Aggregat entfernt auf-
  setzen, Verminderung der transthorakalen Impedanz.

  Defibrillation möglichst nur in Exspirationsstellung durchführen.

Outcome

Der Erfolg einer kardiopulmonalen Reanimation (Entlassung aus einer Klinik ohne
neurologische Restschäden) hängt wesentlich von folgenden Faktoren ab:

- Morbidität und Alter des Patienten;
- Ursache des Atem- und Kreislaufstillstands;
- Zeitdauer vom Beginn der Symptome bis zur Entdeckung des Notfalls, Alarmie-
  rung, Beginn der Basismaßnahmen und der erweiterten Maßnahmen;
- Qualität der Hilfsmaßnahmen;
- Herzrhythmus zu Beginn der Wiederbelebungsmaßnahmen.

Literatur

1. American Heart Association (1980) Standards and guidelines for cardiopulmonary resuscitation (CPR) and emergency cardiac care (ECC). JAMA 244: 453–509
2. American Heart Association (1986) Standards and guidelines for cardiopulmonary resuscitation (CPR) and emergency cardiac care (ECC). JAMA 255: 2841–3044
3. American Heart Association (1992) Guidelines for cardiopulmonary resuscitation (CPR) and
   emergency cardiac care – Recommendations of the 1992 National Conference JAMA 268:
   2171–2302
4. American Heart Association (1994) Textbook of advanced cardiac life support – Fighting
   heart disease and stroke. Cummins, R O (ed) American Heart Association, National Center,
   Dallas

Pharmakokinetische Besonderheiten bei kritischen Intensivpatienten

H. Schwilden

Bei der Dosierung von Medikamenten spielen 3 pharmakokinetische Größen eine wesentliche Rolle:

1) das intiale oder zentrale Verteilungsvolumen,
2) das Gesamtverteilungsvolumen oder Volumen im Steady state,
3) die Clearance.

Das initiale Verteilungsvolumen ist das fiktive Volumen, in dem sich die Substanz nach Gabe eines Bolus verteilt. Bolusdosis D geteilt durch das Volumen V ergibt die maximale initiale Konzentration. Das Verteilungsvolumen im Steady state V_{ss} ist bestimmt durch die Steady-state-Konzentration c_{ss} und die Pharmakonmenge, die im Steady state im Körper befindlich ist. Die Clearance Cl ist das fiktive Blutvolumen, das pro Zeiteinheit von der Substanz befreit wird. Clearance mal Konzentration ergibt die Pharmakonmenge I_{ss}, die pro Zeiteinheit eliminiert wird, die also auch appliziert werden muß, um die Konzentration aufrechtzuerhalten.

$$I_{ss} = Cl \cdot C_{ss}$$

Alle diese Größen können aus dem Blutspiegelverlauf nach einem Bolus durch mathematische Verfahren bestimmt werden. Ein solcher Blutspiegelverlauf kann in vielen Fällen durch ein Zwei- oder Dreikompartimentmodell beschrieben werden.

Das initiale Verteilungsvolumen wird dann mit V_1 und ein weiteres, peripheres Verteilungsvolumen ist mit V_2 bezeichnet. Die Summe der beiden Volumina ist das Verteilungsvolumen im Steady state, die Clearance ist durch die Eliminationskonstante k_{el} mal Verteilungsvolumen V_1 gegeben. Mit einer solchen Beschreibung, die heute zum Standard in der Pharmakokinetik gehört, hat man aber nur eine formale Beschreibung der Blutspiegel. Diese Beschreibung bietet kaum Anhaltspunkte für eine physiologische Interpretation. Für das Verständnis einer geänderten Pharmakokinetik und ihrer Besonderheiten bei kritischen Intensivpatienten ist es deshalb erforderlich, die Zusammenhänge zwischen Physiologie und Pathophysiologie und diesen formalen pharmakokinetischen Größen zu verstehen.

Im wesentlichen werden die pharmakokinetischen Besonderheiten bestimmt durch Dysfunktionen oder eingeschränkte Funktionen von Herz, Leber, Niere sowie Arzneimittelinteraktionen bei Polypharmazie.

Bei der Verteilung von Pharmaka sind 2 Transportprozesse zu berücksichtigen:

1) der Transport durch das Blut zu den Geweben und
2) die Diffusion vom Blut in die Gewebe.

Durch einen Abfall des Cardiac output wird nun zunächst nur der Transport zum Gewebe beeinträchtigt. Dadurch wird dem Gewebe eine geringere Pharmakonmenge pro Minute zur Aufnahme angeboten, die entsprechend langsamer verläuft. Durch die verlangsamte Aufnahme in die Gewebe bleibt mehr im Blut zurück und die Plasmaspiegel steigen an. Natürlich kann es auch zu einer Minderperfusion der Eliminationsorgane Leber und Niere kommen, was dann konsekutiv zu einer geringeren Ausscheidung führen kann. Bei einer Herzinsuffizienz besteht darüber hinaus häufig noch eine Wasserretention. Man könnte daher erwarten, daß das Verteilungsvolumen vergrößert ist und deshalb am Anfang eine größere Loading dose zu applizieren ist. Das ist jedoch nicht der Fall. Denn das Wasser ist im interstitiellen Raum eingelagert und hat keinen direkten Kontakt mit dem Plasma. Es ist vielmehr so, daß das initiale Verteilungsvolumen reduziert ist. Daraus folgt, daß auch aus diesem Grunde die Loading dose reduziert werden muß.

Durch eine Minderperfusion der Eliminationsorgane Leber und Niere kommt es zu einer geringeren Elimination. Die Autoregulation der Durchblutung dieser Organe ist jedoch verschieden. Die Niere besitzt eine gute Autoregulation, die Leber dagegen nicht so sehr. Es folgt daher, daß die Clearance von Substanzen, die über die Leber eliminiert werden, eher stärker reduziert ist als bei Substanzen, die vorwiegend über die Niere ausgeschieden werden; d. h. bei kongestiven Herzkrankheiten ist sowohl die Loading dose zu verringern als auch die Erhaltungsdosis zu reduzieren – bei hepatisch eliminierten Substanzen stärker als bei renal eliminierten Medikamenten. In welchem Ausmaß das zu geschehen hat, hängt noch von weiteren Eigenschaften der Substanz ab, insbesondere ihrer Extraktion.

Sowohl im Plasma als auch in den Geweben liegt das Medikament in zwei verschiedenen Zuständen vor, einmal an Plasma oder Gewebsproteine gebunden und zum anderen in nichtgebundener Form. Der entscheidende Punkt ist nun, daß nur der nichtgebundene Anteil frei diffundieren kann und daher für den Austausch zwischen den verschiedenen Geweben und zur Elimination zur Verfügung steht. Insbesondere kann auch nur der nichtgebundene Anteil zum Wirkort diffundieren, d.h. nur der nichtgebundene Anteil ist für die Entfaltung der Wirkung verantwortlich.

Medikament	*Proteinbindung*
Thiopental	85 %
Methohexital	73 %
Flunitrazepam	80 %
Midazolam	94 %
Propofol	98 %
Ketamin	47 %
Fentanyl	80 %
Alfentanil	92 %
Sufentanil	93 %
Morphin	42 %

Diese Liste zeigt für eine Reihe von Medikamenten die Plasmaproteinbindung. Morphin hat mit etwa 42% die geringste Proteinbindung, während Propofol mit 98% eine hohe Bindung aufweist. Vor allem Substanzen mit einer hohen Proteinbindung sind interessant. Ändert sich z.B. bei Propofol die Plasmaeiweißbindung um nur 2% von 98% auf 96%, so steigt der freie Anteil von 2% auf 4%, d.h. die freie Konzentration verdoppelt sich. Insbesondere der Spitzenspiegel nach einem Bolus kann sich dadurch erhöhen und initial zu einer Überdosierung führen, variiert die Plasmaeiweißbindung bei Morphin um 2%-Punkte so führt das nur zu einer Änderung der Plasmaeiweißbindung um 0,5%. Das heißt, bei Medikamenten mit einer hohen Plasmaeiweißbindung und Krankheiten, die mit einer verminderten Proteinbindung einhergehen, muß die Loading dose reduziert werden.

Um den Einfluß der Proteinbindung auf die Clearance zu untersuchen, ist es nützlich, den Extraktionskoeffizienten einer Substanz zu kennen.

Clearance ist das fiktive Blutvolumen, daß pro Zeiteinheit vollständig von der Substanz befreit wird. Die Clearance läßt sich aus der Organperfusion Q und der arteriellen und venösen Konzentration im Steady state bestimmen. Der Extraktionkoeffizient E sagt nun, wieviel Prozent der arteriovenöse Gradient von der arteriellen Konzentration ausmacht. Diese Zahl kann nur zwischen Null und Eins liegen. Liegt die Extraktion E bei 1, so wird fast die gesamte Menge des Medikaments, das dem Organ mit dem arteriellen Blut zugeführt wird, eliminiert. Ist der Extraktionskoeffizient gering, so besteht ein geringerer Konzentrationsgradient zwischen arteriellem und venösem Blut.

Insbesondere bei hepatischer Elimination wird die Clearance durch die Proteinbindung beeinflußt. Aus dem Blutgefäß diffundiert das nicht gebundene Pharmakon in den Hepatozyten und wird dort metabolisiert oder in die Galle ausgeschieden. Ein hoher Extraktionskoeffizient bedeutet nun, daß praktisch die gesamte Pharmakonmenge, ob gebunden oder nicht gebunden, eliminiert wird. Das ungebundene Pharmakon wird unmittelbar aus dem Pool des gebundenen und in den Erythrozyten befindlichen ersetzt. Das bedeutet, die Menge die pro Minute metabolisiert wird, ist unabhängig von der Proteinbindung. Änderungen in der Proteinbindung haben also keinen wesentlichen Einfluß auf die Clearance. Aber die pro Minute metabolisierte Menge hängt von der Perfusion und damit vom Cardiac output ab. Besteht dagegen ein niedriger Extraktionskoeffizient, so führt eine Erniedrigung der Eiweißbindung zu einer Erhöhung der angebotenen Konzentration und, sofern das metabolisierende Enzymsystem noch nicht in Sättigung ist, zu einer Erhöhung der Clearance.

Zusammenfassend:
E = 1 → Cl unabhängig von Proteinbindung, aber abhängig von Perfusion;
E = 0 → Cl abhängig von Proteinbindung, aber unabhängig von Perfusion.

Bei chronischen Lebererkrankungen kann es zu einer Erniedrigung des Albumins kommen, und weil die Proteinsynthese insgesamt gestört ist, kommt es auch zu einer erniedrigten Synthese der metabolisierenden Enzyme. Ist nun die Extraktion hoch, so wird man keine Änderung der Clearance aufgrund der Proteinbindung erwarten, aber die Clearance kann aufgrund der geringen Metabolisierung erniedrigt sein. Hinzu kommt, daß durch Erhöhung des ungebundenen Anteils des Pharmakons im Steady state höhere Konzentrationen an ungebundenem Medikament vorliegen; d.h.trotz gleicher Plasmaspiegel ist die ungebundene Konzentration erhöht und damit auch die freie Konzentration am Wirkort, was zu einer verstärkten Wirkung führt.

Ist nun der Extraktionskoeffizient klein, d.h. wird bei der Leberpassage nur wenig Medikament extrahiert, so wird durch eine erniedrigte Plasmaeiweißbindung den Hepatozyten mehr Substanz zur Metabolisierung angeboten und damit auch mehr metabolisiert. In diesem Fall – erniedrigte Plasmaeiweißbindung und erniedrigte Metabolisierung bei Lebererkrankungen – heben sich beide Effekte für Substanzen mit niedriger Extraktion teilweise auf, d.h., man kann nicht sicher abschätzen, wie sich eine hepatische Insuffizienz auswirkt; man braucht schon eine intime Kenntnis der physikalisch-biochemischen und pharmakologischen Eigenschaften des Pharmakons um die letztendlichen Implikationen für die Dosierung erkennen zu können. Im allgemeinen resultiert jedoch aus den unterschiedlichen Gründen eine Dosisreduktion.

Weitere Determinanten der Arzneimitteldisposition sind Eigenschaften, wie z.B. ob es sich um basische oder saure Pharmaka handelt, welchen pKa-Wert sie haben, und wie Störungen des Säure-Basen-Haushaltes Einfluß auf das Verhältnis von ionisierten zu nicht ionisierten Molekülen nehmen. Es ist zu bedenken, daß praktisch nur der nichtionisierte Anteil diffundieren kann.

Es gibt also ein Fülle von Überlegungen anzustellen bei der Dosierung von Medikamenten bei kritischen Intensivpatienten mit multiplem Organversagen. Diese Fülle von Überlegungen muß sich auf eine ganze Reihe von pharmakokinetischen Größen stützen, die aber nur teilweise bekannt sind. Darüber hinaus ist es dem

Arzt fast unmöglich, alle diese Daten präsent zu haben und am Krankenbett um-
zusetzen.

Das Verständnis der Zusammenhänge zwischen Dosierung, Pharmakokinetik,
Pathophysiologie und Pathobiochemie ist erforderlich, um grob die Richtung der
Änderung der Dosierung bestimmen zu können, und das läuft praktisch immer auf
Dosisreduktion heraus. Noch wichtiger ist es, zu wissen, wo man was nachlesen
kann, um irrige Interpretation zu vermeiden. Häufig ist es so, daß Therapiefehler
dem Medikament selbst und nicht seiner falschen Dosierung angelastet werden.
Man muß deshalb fragen, wie dieses Expertenwissen dem tätigen Arzt auf der
Intensivstation verfügbar gemacht werden kann. Neben Spezial- und Übersichtsar-
tikeln, wie sie in der beigefügten Literaturliste aufgeführt sind, stelle ich mir für die
Zukunft vor, daß man auf der Intensivstation oder wo sonst auch immer in einer
Anästhesieabteilung ein Expertensystem zur Verfügung hat.

Literatur

1. Bailie GR, Cockshott ID, Douglas EJ, Bowles BJ (1992) Pharmacokinetics of propofol during
   and after long term continuous infusion for maintenance of sedation in ICU patients. Br J
   Anaesth 68: 486–491
2. Bass NM, Williams RL (1988) Guide to drug dosage in hepatic disease. Clin Pharmacokinet
   15: 396–420
3. Bennet WM (1988) Guide to drug dosage in renal failure. Clin Pharmacokinet 15: 326–354
4. Bruno R, Iliadis MC, Lacarelle B et al. (1992) Evaluation of Bayesian estimation in comparison to NONMEM for population pharmacokinetic data analysis: application to pefloxacin in
   intensive care unit patients. J Pharmacokinet Biopharm 20: 653–669
5. Fernandez de Gatta MM, Fruns I, Dominguez Gil A (1994) Individualizing vancomycin dosing regimens: an evaluation of two pharmacokinetic dosing programs in critically ill patients. Pharmacotherapy 14: 196–201
6. Katz R, Kelly HW (1993) Pharmacokinetics of continuous infusions of fentanyl in critically ill
   children. Crit Care Med 21: 995–1000
7. Kroh UF, Lennartz H (1991) Arzneimittel auf der Intensivstation – Notwendigkeit der Dosisanpassung bei Organversagen. Klin Wochenschr 69: 24–31
8. Krupp A, Leuwer M, Schmidt H, Eberhardt B (1990) Der Einfluss der kontinuierlichen arteriovenösen Hämofiltration auf die Pharmakokinetik von Azlocillin bei anurischen Patienten.
   Anaesthesist 39: 275–278
9. Lacarelle B, Pisano P, Gauthier T et al. (1994) Abbott PKS system: a new version for applied
   pharmacokinetics including Bayesian estimation. Int J Biomed Comput 36: 127–130
10. Radke J (1992) Analgosedierung des Intensivpatienten. Anaesthesist 41: 793–808
11. Reetze Bonorden P, Bohler J, Keller E (1993) Drug dosage in patients during continuous renal
    replacement therapy. Pharmacokinetic and therapeutic considerations. Clin Pharmacokinet
    24: 362–379

Indikation für gerinnungsaktive Blutprodukte

H. TROBISCH

In der folgenden Übersichtsarbeit werden die unter anästhesiologischen und intensivmedizinischen Gesichtspunkten wichtigsten gerinnungsaktiven Blutprodukte und ihre Indikationen vorgestellt. Es handelt sich um gefrorenes Frischplasma, Thrombozytenkonzentrate, PPSB-, Faktor-VII-, recFaktor-VIIa-, Faktor-IX- und Protein-C-Konzentrate, Faktor-VIII- und v.-Willebrand-Faktor-Konzentrate, Faktor-XIII-Konzentrate, Fibrinogenkonzentrate und Antithrombin-III-Konzentrate.

Da bis auf die recombinanten Faktorenhochkonzentrate der Faktoren VIIa und VIII allen Produkten ein, wenn auch nur geringes, Restrisiko anhaftet, Viren transmittieren zu können, muß jeder Arzt, der diese Produkte therapeutisch nutzen will, in jedem Einzelfall eine Risiko-Nutzen-Abwägung vornehmen.

Insbesondere halte ich es für unabdingbar, sich vor Einsatz derartiger Produkte über die Zuverlässigkeit des Herstellers, die Art des Herstellungsprozesses, die Qualitätskriterien und die imminenten Produktrisiken nicht viralen Ursprungs sowie über zu verabreichende Dosen und Dosisintervalle sachkundig zu machen. Des weiteren wäre es wünschenswert, wenn nicht nur die Indikation zur Verabreichung gerinnungsaktiver Blutprodukte, sondern auch ihre Effizienz in vivo durch geeignete laborchemische Methoden überwacht würde.

Leider werden heute noch vielerorts besonders Frischplasma oder PPSB ohne gezielte Indikation oder nachgewiesene Defekte im Gerinnungssystem unter der Vorstellung , es handle sich bei diesen Präparaten um universell anwendbare Hämostyptika, verabreicht. Hierdurch entsteht nicht nur ein unnötiger, teilweise extrem hoher Kostenfaktor für die Krankenhäuser, sondern es werden Patienten auch unnötig gefährdet.

Gefrorenes Frischplasma GFP

Gefrorenes Frischplasma wird in der Regel aus einer einzelnen Blutspende hergestellt. Dabei kann es sich um eine Vollblutspende handeln, oder es kann durch Plasmapherese gewonnen werden. Aus einer Vollblutspende sind bis zu 270 ml Frischplasma = 1 Einheit, aus einer Plasmapheresespende etwa 600 ml = 3 Einheiten Plasma zu gewinnen. Als Antikoagulanzien dienen Citrat-Phosphat-Dextrose-Adenin- oder Adenin-Dextrose-Citratpufferlösung.

Um die lagerungslabilen Gerinnungsfaktoren V und VIII in ihrer Aktivität voll zu erhalten, muß die Vollblutspende frühestens 1 h, spätestens jedoch 4h nach der Spende durch Zentrifugation aufgetrennt werden. Danach müssen die Frischplasmen bei −70 °C solange eingefroren werden, bis die Plasmakerntemperatur −40 °C erreicht hat; ein Vorgang, der ca. 45–50 min dauert. Danach wird das Plasma in Schutzkartons bei −30 °C weiter gelagert.

Es hat dann eine Laufzeit von 12 Monaten. Wird es dagegen bei −40 °C oder tiefer gelagert, hat es eine Laufzeit von 2 Jahren. Seit dem 01.07.1995 werden sämtliche in der Bundesrepublik hergestellten gerinnungsaktiven Frischplasmen einer Quarantänelagerung von 6 Monaten unterzogen. Nach Ablauf dieser Frist muß der

Spender erneut klinisch und laborchemisch untersucht werden, mit dem Ziel, virale Infektionen des Spenders, die zum Zeitpunkt der Spende noch nicht erkennbar waren, aufzudecken. Erst wenn sämtliche Qualitätskriterien erfüllt sind, darf das Frischplasma in Verkehr gebracht werden. Durch diese Maßnahme wird die in der Bundesrepublik übliche Laufzeit von 1 Jahr auf weniger als 6 Monate begrenzt; es sei denn, daß die transfusionsmedizinische Einheit und der Anwender garantieren können, die Plasmen bei –40 °C zu lagern und während des Transportes die Kühlkette aufrecht zu erhalten.

Gerinnungsaktives Frischplasma enthält u.a. die Proenzyme von Blutgerinnung und Fibrinolyse sowie deren physiologischen Inhibitoren in einem nativen Zustand.

Indikationen

– Notfallbehandlung einer klinisch relevanten Blutungsneigung oder einer manifesten Blutung bei komplexen Störung des Hämostasesystems,
– Verlustkoagulopathie,
– Substitution der sehr seltenen angeborene Faktor-V- oder XI-Mängel,
– die thrombotisch-thrombozytopenische Purpura (TTP),
– die Austauschtransfusion.

Dosierung

Diese richtet sich nach dem klinischen Bild und ggf. den Ergebnissen der gerinnungsphysiologischen Untersuchungen.

Die Faustregel zur Dosierung von GFP lautet: 1 ml gerinnungsaktives Frischplasma/kg KG appliziert erhöht den Faktorengehalt um etwa 0,5–1%.

Bei der Notfallbehandlung werden initial bis zu 15 ml GFP/kg KG verabreicht. Bei der Verlustkoagulopathie sollte spätestens ab der Gabe des 4. Erythrozytenkonzentrates je 1 gerinnungsaktives Frischplasma mittransfundiert werden.

Bei angeborenen Faktor-V-Mangel sind Aktivitäten von 15% der Norm bei Spontanblutungen, bei Operationen mindestens 20% erforderlich. Um diese Spiegel zu erreichen, müssen alle 12 h 20 ml gerinnungsaktives Frischplasma/kg KG infundiert werden.

Bei angeborenem Faktor-XI-Mangel werden bei Blutungen oder chirurgischen Eingriffen Aktivitäten von >20% angestrebt. Hierzu ist die Gabe von 10–15 ml gerinnungsaktiven Frischplasmas/kg KG erforderlich. Da Faktor XI eine sehr lange Halbwertszeit besitzt, können die Plasmainfusionen in Abständen von 24–48 h gegeben werden.

Bei der thrombotisch-thrombozytopenischen Purpura wird eine Initialdosis von 30 ml/kg KG gerinnungsaktives Frischplasma empfohlen. Die darauf folgende Austauschtransfusion muß so eingerichtet werden, daß 3–4 l Plasma pro Tag ausgetauscht werden.

Bei der chronischen thrombotisch-thrombozytopenischer Purpura sollen 10 ml gerinnungsaktives Frischplasma/kg KG in 3wöchigen Abständen infundiert werden.

Gerinnungsaktives Frischplasma sollte, wenn es die klinische Situation zuläßt, möglichst schnell infundiert werden, um seine hämostyptische Wirkung voll entfalten zu können. Beim Erwachsenen ist deswegen initial die Gabe von mindestens 600–800 ml GFP erforderlich.

Unerwünschte Wirkungen einer Frischplasmatherapie können Volumenbelastung, insbesondere bei akutem Herzversagen sein. Bei Übertragung großer Mengen Plasma in sehr kurzer Zeit kann es zur Citratintoxikation kommen, die besonders bei Leberfunktionsstörungen zu Schock, Azidose und Hypotermie führen kann.

Seltener sind anaphylaktoide Reaktionen beschrieben worden. Schließlich kann bei Vorliegen granulozytenspezifischer Antikörper im Spenderplasma eine transfusionsinduzierte akute Lungeninsuffizienz (TRALI-Syndrom) auftreten.

Thrombozytenkonzentrate

Eine Reihe nach unterschiedlichen Verfahren hergestellte Produkte werden von den transfusionsmedizinischen Einrichtungen angeboten:
- *Einzelspender-Thrombozytenkonzentrat* wird aus dem „Buffy coat" (leukozyten- und thrombozytenhaltige Schicht zwischen Plasma und Erythrozytensediment) einer Vollblutspende hergestellt. Es enthält $1-5 \cdot 10^{10}$ Blutplättchen in 50–80 ml Plasma. Der Leukozytengehalt beträgt in der Regel $2 \cdot 10^8$ bis $5 \cdot 10^9$/Einheit. Des weiteren sind diese Konzentrate in der Regel mit $1-5 \cdot 10^8$ Erythrozyten kontaminiert. Diese Produkte dürfen nur mit speziellen leukozyten- und erythrozytendepletierenden Filtern eingesetzt werden, da sie in hohem Maße immunogen sind. Sie sind blutgruppengleich zu verordnen, insbesondere ist auf Rh-Kompatibilität zu achten. Bei der Filtration ist mit einem Plättchenverlust bis zu 25 % zu rechnen, ferner kommt es zu unerwünschten Aktivierungen der Blutplättchen durch die Filtermatrix.
- *Poolthrombozyten* werden durch Zusammenführen von 4–8 blutgruppenkompatiblen Einzelspender-Thrombozytenkonzentraten hergestellt. Es gelten die gleichen Kautelen bei der Anwendung wie für Einzelspender-Thrombozytenkonzentrate. Damit ist jedoch ein bis zu 8fach höheres Immunisierungs- und Infektionsrisiko verbunden.
- *Thrombozytapharese-Thrombozytenkonzentrat*, auch Thrombozytenhochkonzentrat genannt, enthält $2-5 \cdot 10^{11}$ Blutplättchen eines einzelnen Spenders in ca. 300 ml stabilisiertem Frischplasma sowie in Abhängigkeit vom Herstellungsverfahren weniger als $1 \cdot 10^6$ Leukozyten und – bei sehr gut hergestellten Präparation – keine Erythrozyten. Auch aus Thrombozytenhochkonzentraten kann durch Filtration eine Reduktion des Leukozytengehalts auf weniger als $1 \cdot 10^4$/Präparat erreicht werden. Allerdings ist auch hier zu berücksichtigen, daß es durch die Filtrationsmaßnahmen zu einem ca. 25 %igen Verlust der Blutplättchen sowie zu einer unerwünschten Aktivierung kommen kann.

Es gehört zu den Qualitätskriterien von Thrombozytenkonzentraten, daß eine ausreichend große Zahl funktionsfähiger und im Kreislauf des Patienten überlebensfähiger Thrombozyten enthalten ist. Vor der Transfusion eines Thrombozytenkonzentrates muß man sich davon überzeugen, daß das Präparat seine typische Trübheit aufweist und keine Zeichen thrombozytärer Aggregatbildung. Deswegen dürfen Präparate mit fehlender Opaleszenz und/oder erkennbarer Aggregatbildung nicht transfundiert werden.

Thrombozytenkonzentrate dürfen während der Lagerung nicht unter Temperaturen von 22 ± 2 °C abgekühlt werden. Unter gar keinen Umständen dürfen Thrombozyten bei 4 °C gelagert werden, sie sterben dann innerhalb weniger Stunden ab. Thrombozytenkonzentrate werden in Blutbeuteln aus gaspermissiblen Folien geliefert. Durch ständige Agitation kommt es zu einem Gasaustausch durch die Blutbeutelfolie hindurch, so daß die Thrombozyten eine ausreichende O_2-Versorgung erhalten und andererseits CO_2 durch die Beutelfolie abdiffundieren kann. Trotzdem verschiebt sich während der 5tägigen Lagerzeit der pH-Wert in den leicht sauren Bereich.

Nach Transfusion einer guten Thrombozytenpräparation findet sich der größte Teil der Blutplättchen im Blut wieder. Die Wiederfindungsrate beträgt um 70%. Etwa 30% der Blutplättchen werden nach der Transfusion sofort in der Milz retiniert. Die Wiederfindungsrate ist im hohen Maße abhängig von der Krankheit des Empfängers. So kann z.B. bei einer DIC, Sepsis oder Alloimmunisierung die Wiederfindungsrate deutlich verschlechtert sein. Allerdings kann eine mangelhafte Wiederfindungsrate auch Ausdruck einer ungenügenden Plättchenpräparation durch den Hersteller sein.

Durch Apharese herstellte Thrombozytenhochkonzentrate haben eine Laufzeit von 5 Tagen. Thrombozyten, die in einem offenen Blutbeutelsystem gewonnen wurden oder Pool-Thrombozytenkonzentrate müssen dagegen 12 h nach der Herstellung verbraucht worden sein, da anderenfalls mit bakteriellem Wachstum in den Konzentraten zu rechnen ist.

Indikationen

Die Thrombozytopenie, die nach starkem Blutverlust oder nach Massivtransfusion auftritt, ist dann Indikation zur Gabe von Thrombozytenhochkonzentraten, wenn mehr als das 1,5fache des Blutvolumens ausgetauscht wurde und die Thrombozytenzahl unter 50000/µl abgesunken ist.

Die disseminierte intravasale Coagulation (DIC) ist in jedem Fall Indikation zur Gabe von Thrombozytenkonzentraten, wenn eine manifeste Blutung besteht, die thrombozytär bedingt ist. Es ist jedoch unbedingt dafür Sorge zu tragen, daß die Ursache der DIC wirksam behandelt wird.

Besteht eine Thrombozytopenie von 50000 und weniger Thrombozyten/µl und sollen Organbiopsien, rückenmarknahe Anästhesien oder Operationen durchgeführt werden, ist die Gabe von Thrombozytenhochkonzentraten zwingend indiziert. Dabei sind Plättchenzahlen von 100 000–120 000/µl anzustreben.

Bei Operationen am Gehirn oder Auge ist bereits eine Thrombozytentransfusion bei Thrombozytenzahlen um 80000/µl indiziert.

Die heparininduzierte Thrombozytopenie Typ II ist primär keine Indikation zur Gabe von Thrombozytenhochkonzentraten. Diese Erkrankung ist gekennzeichnet durch das Auftreten von Antikörpern, die gegen den Plättchenfaktor-4-Heparinkomplex gerichtet sind und eine intravasale Aktivierung der Blutplättchen bewirken können. Erst nach Absetzen des Heparins, Beseitigung eventueller Gefäßverschlüsse sowie Stabilisierung des Gerinnungssystems, kann die Gabe von Thrombozytenkonzentraten bei unstillbaren Blutungen in wenigen Einzelfällen erforderlich sein.

PROTHROMPLEX S-TIM 4
PPSB-Konzentrat

- **Hohe Wirksamkeit und Sicherheit durch 10 Jahre klinische Anwendung dokumentiert**

- **IQ-PCR-Sicherheitsprüfung: Plasmapools und Inprozeß-Kontrollen**

AT III
thermoinaktiviert

Intelligente Technologien im Dienste der Therapiesicherheit

Basisinformation (Stand: Februar 1996)

PROTHROMPLEX S-TIM 4 /200/600 PPSB-Konzentrat

Zusammensetzung: 1 Fl. mit Trockensubstanz enthält: Faktor II 200 / 600 I.E., Faktor VII 170 / 500 I.E., Faktor IX 200 / 600 I.E. Faktor X 200 / 600 I.E., Heparin nicht mehr als 85/250 I.E., Antithrombin III 5–10/15–30 I.E. Hilfsstoffe: Natriumchlorid, Natriummonohydrogenphosphat, Natriumcitrat. **Anwendungsgebiete:** Blutungen und Blutungsneigung bei erworbenen/angeborenen Gerinnungsstörungen infolge von kombiniertem oder isoliertem Mangel der Faktoren II, VII, IX und/oder X. **Gegenanzeigen:** Wenn der Verdacht oder der Nachweis einer Verbrauchskoagulopathie (disseminierte intravasale Gerinnung) vorliegt, darf PROTHROMPLEX S-TIM 4 erst nach Unterbrechung der zugrunde liegenden Umsatzstörung angewendet werden. Bekannte Heparin-Allergie. Aktueller oder aus der Vorgeschichte bekannter allergisch bedingter Abfall der Blutplättchen (Thrombozytopenie Typ II) auf Heparin. Thrombosegefahr, Angina pectoris, Herzinfarkt (relative Kontraindikationen). Es ist nicht bekannt ob die Verabreichung von PROTHROMPLEX S-TIM 4 während der Schwangerschaft und der Stillzeit negative Auswirkungen auf Mutter und Kind haben kann. Aus diesem Grund ist während der Schwangerschaft und Stillzeit eine strenge Indikationsstellung geboten. **Nebenwirkungen:** Sehr selten werden im Zusammenhang mit PROTHROMPLEX S-TIM 4 Nebenwirkungen beobachtet. Zu diesen Nebenwirkungen zählen u.a. Blutdruckabfall, Atemnot, urtikarielles Exanthem (juckender Hautausschlag) und Übelkeit bzw. Brechreiz. Auch ist das Auftreten einer hypotonen Kreislaufreaktion bis hin zum Schock nicht ausgeschlossen. Zeigen sich solche Reaktionen während der Injektion, so ist diese abzubrechen. Leichtere Reaktionen können mit Antihistaminika beherrscht werden. Die Behandlung schwerer hypotoner Kreislaufreaktionen folgt den Regeln der modernen Schocktherapie. Bei Patienten mit Überempfindlichkeit gegenüber Plasmaderivaten kann es angezeigt sein, Antihistaminika vorbeugend zu verabreichen. Im Laufe der Behandlung mit PROTHROMPLEX S-TIM 4 ist bei Patienten mit angeborenem Faktor IX-Mangel (Hämophilie B) die Entstehung zirkulierender Hemmkörper mit konsekutiver Inaktivierung des Gerinnungsfaktors IX möglich. Nach Gabe von Prothrombinkomplex-Präparaten können, insbesondere bei hoher Dosierung und/oder thrombosegefährdeten Patienten, thromboembolische Ereignisse auftreten. Aufgrund des Heparingehaltes von PROTHROMPLEX S-TIM 4 kann selten ein allergisch bedingter schneller Abfall der Blutplättchen (Thrombozytopenie Typ II) mit Werten deutlich unter 100.000 / µl oder auf weniger als 50 % des Ausgangswertes beobachtet werden. Bei Patienten ohne vorbestehende Überempfindlichkeit gegen Heparin beginnt der Abfall der Zahl der Blutplättchen in der Regel 6 - 14 Tage nach Behandlungsbeginn. Bei Patienten mit Überempfindlichkeit gegen Heparin tritt dieser Abfall unter Umständen innerhalb von Stunden auf. Diese schwere Form der Verminderung der Blutplättchenzahl kann verbunden sein mit Blutpfropfbildung (arteriellen und venösen Thrombosen/Thromboembolien), Gerinnungssteigerung (Verbrauchskoagulopathie), zum Teil Absterben von Hautgewebe (Hautnekrosen) an der Injektionsstelle, flohstichartigen Blutungen (Petechien) und Teerstuhl (Meläna). Bei Patienten, bei denen die genannten allergischen Reaktionen auftreten, muß PROTHROMPLEX S-TIM 4 sofort abgesetzt werden. Bei ihnen darf auch in Zukunft kein Heparin-haltiges Arzneimittel mehr angewendet werden. Wegen der genannten gelegentlich auftretenden ungünstigen Wirkung des Heparins auf die Thrombozyten muß deren Zahl, insbesondere zu Beginn der Behandlung mit diesem Arzneimittel, engmaschig kontrolliert werden. Bei der Anwendung von aus menschlichem Blut hergestellten Arzneimitteln ist die Übertragung von Infektionserkrankungen durch Übertragung von Erregern - auch bislang unbekannter Natur - nicht völlig unwahrscheinlich. Dies gilt z.B. für die Non A/Non B-Hepatitis. Das Präparat wird aus gepooltem humanem Plasma hergestellt. Alle zur Produktion verwendeten Plasmen sind GPT-kontrolliert sowie HBs-Antigen-, Anti-HIV-1-, Anti-HIV-2- und Anti-HCV-negativ. Zusätzlich werden bei der Herstellung die Präparate einer virusinaktivierenden Dampfbehandlung unterzogen, deren Effektivität durch die Inaktivierung von experimentell zugesetztem HIV-1 und HIV-2 überprüft wurde. Nach dem derzeitigen Stand der Wissenschaft kann deshalb das Risiko der Übertragung von Erregern des Immundefektsyndroms (AIDS) mit an Sicherheit grenzender Wahrscheinlichkeit ausgeschlossen werden. Bei klinischen Studien zur Infektionssicherheit mit nach dem S-TIM 4-Verfahren behandelten Präparaten ist kein Fall einer Übertragung von Virushepatitis oder einer HIV-Infektion aufgetreten. **Hinweis:** Zur Vermeidung thromboembolischer Komplikationen wird jede Charge von PROTHROMPLEX S-TIM 4 in verschiedenen Testsystemen auf Abwesenheit aktivierter Gerinnungsfaktoren untersucht. **Wechselwirkungen:** Pharmakologische Wechselwirkungen mit anderen Mitteln sind bisher nicht bekannt geworden. Um die Wirksamkeit und Verträglichkeit des Präparates nicht zu beeinträchtigen, darf PROTHROMPLEX S-TIM 4, wie alle Faktorenkonzentrate, nicht mit anderen Arzneimitteln gemischt werden. Gegebenenfalls empfiehlt es sich, einen gemeinsamen venösen Zugang vor und nach der Anwendung von PROTHROMPLEX S-TIM 4 mit einer geeigneten Lösung, z.B. physiologischer Kochsalzlösung, zu spülen.

Basisinformation (Stand Februar 1996)

AT III 500/1000 THERMOINAKTIVIERT

Zusammensetzung: Trockensubstanz mit 500/1000 I.E. Antithrombin III. Hilfsstoffe: Natriumchlorid, Natriumcitrat, Heparin, Natriummonohydrogenphosphat, Ammoniumsulfat, Trometamol, Glucose **Anwendungsgebiete:** Nachgewiesener Antithrombin III-Mangel, verbunden mit akuten Makrothrombosen, Mikrothrombosen oder besonderen Thromboembolierisiken. **Gegenanzeigen:** Aktueller oder aus der Vorgeschichte bekannter allergisch bedingter Abfall der Blutplättchen (Thrombozytopenie Typ II) auf Heparin. **Nebenwirkungen:** Obwohl bisher bei der klinischen Anwendung von AT III THERMOINAKTIVIERT keine entsprechenden Beobachtungen gemacht wurden, können Nebenwirkungen wie urtikarielles Exanthem, Übelkeit bzw. Brechreiz, Atemnot, Blutdruckabfall und anaphylaktischer Schock nicht grundsätzlich ausgeschlossen werden. Zeigen sich solche Reaktionen während der Injektion, so ist diese abzubrechen. Leichtere Reaktionen können mit Antihistaminika beherrscht werden. Die Behandlung schwerer hypotoner Kreislaufreaktionen folgt den Regeln der modernen Schocktherapie. Aufgrund des Heparingehaltes von AT III THERMOINAKTIVIERT kann selten ein allergisch bedingter schneller Abfall der Blutplättchen (Thrombozytopenie Typ II) mit Werten deutlich unter 100.000 / µl oder auf weniger als 50 % des Ausgangswertes beobachtet werden. Bei Patienten ohne vorbestehende Überempfindlichkeit gegen Heparin beginnt der Abfall der Zahl der Blutplättchen in der Regel 6 - 14 Tage nach Behandlungsbeginn. Bei Patienten mit Überempfindlichkeit gegen Heparin tritt dieser Abfall unter Umständen innerhalb von Stunden auf. Diese schwere Form der Verminderung der Blutplättchenzahl kann verbunden sein mit Blutpfropfbildung (arteriellen und venösen Thrombosen/Thromboembolien), Gerinnungssteigerung (Verbrauchskoagulopathie), zum Teil Absterben von Hautgewebe (Hautnekrosen) an der Injektionsstelle, flohstichartigen Blutungen (Petechien) und Teerstuhl (Meläna). Bei Patienten, bei denen die genannten allergischen Reaktionen auftreten, muß AT III THERMOINAKTIVIERT sofort abgesetzt werden. Bei ihnen darf auch in Zukunft kein Heparin-haltiges Arzneimittel mehr angewendet werden. Wegen der genannten gelegentlich auftretenden ungünstigen Wirkung des Heparins auf die Thrombozyten muß deren Zahl, insbesondere zu Beginn der Behandlung mit diesem Arzneimittel, engmaschig kontrolliert werden. Nach dem derzeitigen Stand des Wissens und der Technik ist generell für Inhibitorenkonzentrate das Übertragungsrisiko aller bekannten wie auch unbekannten, aus Humanplasma stammenden Viren nicht mit absoluter Sicherheit auszuschließen. Durch sorgfältige Spender- und Plasmaselektion und durch die Hitzebehandlung der Präparate in flüssiger Form wird das Risiko der Übertragung von Virushepatitiden mit hoher Wahrscheinlichkeit eliminiert. Eine Übertragung von HIV ist ausgeschlossen. Eine klinische Infektionssicherheitsstudie mit AT III THERMOINAKTIVIERT mit nach ICTH-Kriterien nachuntersuchten Patienten hat keine Anzeichen einer produktbezogenen Übertragung einer Virushepatitis (Hepatitis B, Hepatitis Non A/Non B, Hepatitis C) oder einer HIV-Infektion ergeben. **Wechselwirkung mit anderen Mitteln:** Da Antithrombin III ein Cofaktor von Heparin ist, wird bei einer kombinierten Therapie die Wirkung von Heparin durch Antithrombin III verstärkt. Dies muß bei der Dosierung von Heparin berücksichtigt werden, um Blutungen zu vermeiden. Bei einer Kombinationstherapie mit Heparin wird daher eine regelmäßige Kontrolle der PTT (partiellen Thromboplastinzeit) bzw. Thrombinzeit und eine entsprechende Anpassung der Heparin-Dosierung empfohlen.

IMMUNO GMBH, Im Breitspiel 13, 69126 Heidelberg, Telefon: 06221/397–0

Um die Thrombozytenzahl um 20 000–30 000/µl bei einem nicht immunisierten Erwachsenen Patienten anzuheben, benötigt man 6–8 Einzelspender-Thrombozytenkonzentrate oder ein Zytapheresekonzentrat. Thrombozytenkonzentrate sollten unmittelbar, sobald sie beim behandelnden Arzt eingetroffen sind, dem Patienten verabreicht werden. Die Transfusion erfolgt durch ein normales Transfusionsgerät mit einem 170-µm-Filter oder über ein spezielles Thrombozytentransfusionsbesteck, das einen geringeren Thrombozytenverlust verursacht.

Patienten, die keine Antikörper gegen das Zytomegalievirus entwickelt haben, sollten nur mit solchen Thrombozytenkonzentraten behandelt werden, die von seronegativen Spendern stammen oder aber durch Filtration leukozytendepletiert worden sind.

Wichtig ist, daß bei unklarer Ursache einer Thrombozytopenie alle diagnostischen Maßnahmen genutzt werden, um insbesondere solche Thrombozytopenien aufzudecken, die durch Autoantikörper (ITP) bedingt sind.

PPSB (Prothrombinkonzentrat)

Prothrombinkonzentrate werden aus großen kryopräzipitatarmen Plasmapools durch Ionenaustauschchromatographie in Kombination mit verschiedenen Fällungsverfahren isoliert. Sie enthalten die Zymogene des Prothrombins, der Faktoren VII, IX und X sowie die Proteine C und S. Da PPSB-Konzentrate nur bezogen auf den Faktor-IX-Gehalt standardisiert sind, können die Aktivitäten von Faktor II, VII, X und Protein C und S in unterschiedlichem Ausmaß von den physiologischen Verhältnissen, die im Plasma vorliegen, abweichen. So betragen in der Regel die Gehälter an Prothrombin und Faktor X das Doppelte der Faktor-IX-Aktivität, dagegen kann der Faktor-VII-Gehalt weniger als 20 % der Faktor-IX-Aktivität betragen. Die Gehälter an Protein C und S sind dagegen noch größeren Schwankungen unterworfen. Es gibt Konzentrate, die überhaupt keine Protein-S-Aktivität enthalten.

Verantwortungsbewußte Hersteller bemühen sich, durch Zusatz unterschiedlicher Proteaseninhibitoren während der Aufarbeitungsschritte eine Aktivierung der Prothrombinkomplexfaktoren zu vermeiden. Trotzdem enthalten PPSB-Präparate auch zum gegenwärtigen Zeitpunkt noch Restmengen aktivierter Gerinnungsfaktoren, wie z.B. Thrombin, Faktor Xa, Faktor VIIa und das aktivierte Protein C.

Um diese unerwünschten, und für den Empfänger von PPSB-Konzentraten potentiell gefährlichen Enzyme, zu inaktivieren, wird von einigen Herstellern den Präparaten Heparin oder Heparin in Kombination mit Antithrombin III zugesetzt. Enthält das Produkt jedoch kein Antithrombin III, so ist der Zusatz von Heparin eine sinnlose Maßnahme. Erst der Komplex aus Antithrombin III und Heparin kann in beschränktem Umfang Thrombin und Faktor Xa in vitro inaktivieren, jedoch nicht Faktor VIIa und das aktivierte Protein C. Eigene Untersuchungen belegen jedoch, daß trotz des Zusatzes von Antithrombin-III-Heparin-Komplex freie proteolytische Aktivitäten von Thrombin oder FXa in PPSB-Präparaten nachweisbar sind.

Bei der Auswahl von PPSB-Präparaten hat sich der Anwender in jedem Falle sachkundig zu machen, welche Maßnahmen der Hersteller des Produktes ergriffen hat, um die Anwesenheit aktivierter Gerinnungsenzyme und Inhibitoren zu minimieren, und wieviel Heparin/ml PPSB dem Produkt zugesetzt wurde. Dieses Faktum ist besonders bei einer eventuellen PPSB-Therapie beim HIT-II-Syndrom zu berücksichtigen.

Die Gerinnungsfaktoren Prothrombin, VII, IX und X sind Prokoagulatoren, Protein C und S wirken dagegen inhibitorisch. Alle sechs Proteine werden in Gegenwart einer ausreichenden Vitamin-K-Konzentration in den Hepatozyten synthetisiert.

Bei der Verabreichung von PPSB-Konzentraten ist neben den individuellen Faktorengehältern des Produktes auch die Halbwertszeit der Gerinnungsfaktoren bzw. Inhibitoren zu berücksichtigen. Die Halbwertszeiten betragen für

Prothrombin   48–60 h,
Faktor VII   1,5–6 h,
Faktor IX   20–24 h,
Faktor X   24–48 h,
Protein C   1,5–6 h,
Protein S   24–48 h.

Bei ausgeprägter kataboler Stoffwechsellage, bei schweren Leberzellschäden und disseminierter intravasaler Gerinnung können die obengenannten Halbwertszeiten deutlich kürzer sein.

Indikationen

PPSB wird heute bei *den sehr seltenen angeborenen Mängeln* von Prothrombin und Faktor X eingesetzt. Die Hämophilie B und der angeborene Faktor-VII-Mangel werden nur noch mit hochgereinigten Einzelfaktorenkonzentraten behandelt. In Situationen, in denen kein Faktor-VII- oder Faktor-XI-Konzentrat zur Verfügung steht, ist ausnahmsweise die Gabe von PPSB indiziert.

Bei *den erworbenen Prothrombin-Komplexfaktoren-Mängeln* handelt es sich in der Regel um multifaktorielle Synthesedefizite:

– bei Überdosierung oraler Antikoagulanzien vom Cumarintyp oder Abbruch einer Therapie mit oralen Antikoagulanzien in Notfallsituationen,
– bei schweren Leberererkrankungen sowie während und nach Lebertransplantationen,
– bei Vitamin-K-Mangelzuständen (z.B. unter hochdosierter antibiotischer Therapie mit lebensbedrohlicher Blutung),
– bei bedrohlichen Blutungen bei Neugeborenen oder Säuglingen mit schwerem Vitamin-K-Mangel.

Dosierung

Hohe initiale Dosierungen von 40 und mehr E/kg KG sind angezeigt bei bedrohlichen bzw. ausgedehnten Blutungen (z.B. Hirnblutung, Zugenbiß, retroperitonealen Blutungen, gastrointestinale Blutung, Operationen mit großen Wundflächen und/oder Blutungsgefahr auch bei Tonsillektomie).

Niedrige initiale Dosierung von maximal 20 E/kg KG sind angezeigt bei kleineren Haut- und Muskelblutungen, Nasenblutungen, Hämaturie (**Cave:** Thrombenbildung in den ableitenden Harnwegen) und Operationen mit kleinen Wundflächen (z.B. Zahnextraktion, Herniotomie).

Als Faustregel gilt, daß 1 E PPSB/kg KG appliziert die Aktivitäten der Faktoren VII und IX um 0,25 bis maximal 1 %, der Faktoren II und X um 0,5–1,5 % anhebt.

– Thromboembolische Zwischenfälle (DIC, Thrombosen, Myokardinfarkte, Hirn-
  infarkte) können durch PPSB-Konzentrate mit erhöhter herstellungsbedingter
  Thrombogenizität ausgelöst werden.

Es ist deswegen ratsam, die zu verabreichende Dosis PPSB möglichst langsam und
in kleinen Portionen intravenös zu verabreichen. *Eine schnell injizierte Bolusgabe
gilt als absoluter Kunstfehler.*

Faktor-VII-Konzentrate

Faktor-VII-Konzentrate werden, wie PPSB, aus kryopräzipitatarmen Plasmapools
gewonnen. Bei der Isolierung des Gerinnungsfaktors müssen Inhibitoren eingesetzt werden, um eine spontane Aktivierung des Faktors während der Produktion
zu vermeiden.

Die Indikation für Faktor-VII-Konzentrate ist der angeborene homozygote Faktor-VII-Mangel. Nur bei Restaktivitäten <10 % ist bei Verletzungen und Operationen die Applikation dieses Konzentrates indiziert. Anzustreben sind Spiegel zwischen 20 und 30 %.

Es ist jedoch darauf hinzuweisen, daß auch homozygote Anlageträger des Fak-
tor-VII-Mangels größere Operationen ohne jegliche Substitution von PPSB- oder
Faktor-VII-Konzentrat und ohne gesteigerte Blutungsneigung überstehen können.
Deswegen ist über die Indikation zur Gabe dieses Faktorenkonzentrates im Einzelfall zu entscheiden.

Rekombinanter Faktor VIIa (recFVIIa)

Durch Einschleusen des menschlichen Faktor-VII-Gens in Tierzellkulturen gelingt
die Produktion rekombinanten menschlichen Faktors VII. Dieser wird nach der
Sekretion aus den Zellen aus dem Kulturmedium isoliert, hochgereinigt und dann
aktiviert.

Das Produkt ist indiziert bei der Hemmkörperhämophilie A oder B. Intravenös
applizierter Faktor VIIa entfaltet nur dann seine prokoagulatorischen Aktivitäten,
wenn er auf seinen Kofaktor, das Gewebsthromboplastin (Faktor III) trifft. Erst
wenn dieser Komplex gebildet werden kann, ist eine gezielte Aktivierung des Faktor X zu Xa möglich. Durch die Verabreichung von Faktor VIIa bei der Hemmkörperhämophilie umgeht man das durch Immunglobuline blockierte endogene Gerinnungssystem. Auf diesem Wege kann in sehr eleganter Weise eine Blutung zum
Stillstand gebracht werden.

Hemmkörper gegen den Faktor VIII treten nicht nur bei Hämophilen auf, sie
sind auch im Verlaufe von Autoimmunerkrankungen zu beobachten und verursachen nicht selten unstillbare Blutungen.

Rekombinanter Faktor VIIa befindet sich derzeit noch in der klinischen Erprobung und ist derzeit für den speziellen klinischen Einsatz nur auf Anforderung
vom Hersteller verfügbar.

Faktor IX

Faktor-IX-Konzentrate werden ebenso wie PPSB aus kryopräzipitatarmen Plasmapools durch Affinitäts- oder Ionenaustauscherchromatographie gewonnen. Faktor-IX-Konzentrate enthalten ausschließlich diesen Faktor und keine anderen Begleitproteine. Sie sind nicht thrombogen. Faktor-IX-Konzentrate dienen der akuten oder chronischen Behandlung der Hämophilie B.

Bei Operationen mit großen Wundflächen und/oder hoher Blutungsgefahr einschließlich der Tonsillektomie sind Initialdosen von 50–80 E/kg KG erforderlich. Bei Operationen mit kleineren Wundflächen (z.B. Zahnextraktion, Herniotomie) 25–40 E/kg KG.

Protein C

Dieses zum Prothrombinkomplex gehörende Protein wird ebenfalls aus kryopräzipitatarmen Plasma durch chromatographische Verfahren isoliert. Das Protein C ist der wichtigste Inhibitor des plasmatischen Gerinnungssystems. Nach seiner Aktivierung durch das thrombomodulingebundene Thrombin entsteht das Protein Ca, das zusammen mit dem Protein S – seinem nicht enzymatisch wirksamen Cofaktor – die aktivierten Gerinnungsfaktoren V und VIII „abschaltet". Durch diesen proteolytischen Angriff werden der Faktor-X- und der Prothrombinaktivator zerstört.

Patienten mit angeborenem Protein-C-Mangel leiden ein Leben lang unter thromboembolischen Ereignissen. Eine Substitutionstherapie mit dem in klinischer Erprobung befindlichen Protein-C-Konzentrat kann bei angeborenen Defekten im Falle einer akuten Thrombose indiziert sein.

Ob erworbene Protein-C-Mängel, die in der Regel mit weiteren Defekten der Prothrombinkomplexfaktoren einhergehen eine Indikation für ein Protein-C-Konzentrat sind, ist derzeit noch nicht zu entscheiden. Auch sind die Dosisfindungsstudien zum gegenwärtigen Zeitpunkt noch nicht abgeschlossen.

Faktor-VIII- und Faktor-VIII-v.-Willebrand-Konzentrate

Faktor-VIII- und v.-Willebrand-Faktor-Konzentrate werden aus Kryopräzipitaten mittels Affinitäts- oder Ionenaustauscher-Chromatographie in Kombination mit verschiedenen Fällungsverfahren hergestellt. Daneben gibt es hochgereinigte Konzentrate von rekombinantem Faktor VIII. Mit diesen Konzentraten kann jedoch ein Morbus v. Willebrand Jürgens nicht behandelt werden.

Während die Willebrand-Erkrankung durch einen mukokutanen Blutungstyp gekennzeichnet ist, und beide Geschlechter gleichermaßen betroffen sind, ist die Hämophilie A als rezessiv X-chromosomal vererbtes Leiden nur beim männlichen Geschlecht zu finden. Der Blutungstyp ist im Gegensatz zum Morbus v. Willebrand Jürgens durch Gelenkblutung, Muskelblutung, Hirnblutungen und Nierenblutungen gekennzeichnet. Die Willebrand-Erkrankung tritt in sehr unterschiedlichen Schweregraden auf und hat eine Prävalenz von 1:100 in der Normalbevölkerung. Dagegen ist die Prävalenz der Hämophilie A mit 1:10 000 Knabengeburten deutlich seltener.

Bei bedrohlichen Blutungen ist in Abhängigkeit vom Schweregrad der Erkrankung ein Spiegel von mindestens 50 bis maximal 80 % bei beiden Erkrankungen anzustreben. Um die Blutungen möglichst rasch zum Stillstand zu bekommen, werden Faktor-VIII/Faktor-VIII-v.-Willebrand-Konzentrate in großen Einzeldosen in möglichst kurzer Zeit injiziert.

Erworbene Faktor-VIII-Mängel werden durch aktiviertes Protein C oder Plasmin ausgelöst. Ferner können im Laufe von Autoimmunerkrankungen Autoantikörper gegen den Faktor VIII gebildet werden (Hemmkörper), die zu erheblichen Blutungen prädisponieren. Hier ist jedoch nicht die Gabe von Faktor-VIII-Konzentraten indiziert, sondern die von rekombinantem Faktor VIIa.

Faktor-XIII-Konzentrate

Faktor XIII wird aus großen Plasmapools isoliert. Das einzige in Deutschland kommerziell hergestellte Konzentrat enthält sowohl die Untereinheit A, das ist das Zymogen des Faktors, sowie die Untereinheit B, dem Trägerprotein des Zymogens. Faktor XIII, auch fibrinstabilisierender Faktor genannt, wird durch Thrombin in eine aktivierte Transglutaminase überführt. Diese vernetzt die Fibrinfasern durch Knüpfen sogenannter Isopeptidbindungen quer. Das so entstandene unlösliche Fibrin ist mechanisch sehr stabil und damit vor vorzeitiger Auflösung durch Plasmin geschützt.

Faktor-XIII-Mangelzustände können angeboren in hetero- und homozygoter Form auftreten. Es handelt sich hierbei um ein sehr seltenes Erbleiden. Dagegen sind erworbene Faktor-XIII-Mängel nicht selten Ursache für unstillbare Blutungen oder Wundheilungsstörungen.

Von großer Bedeutung ist der Einsatz von Faktor-XIII-Konzentraten bei Schwerstverbrannten. Hier kommt es in der Frühphase zu erheblichen Faktor-XIII-Mängeln und damit verbunden schwersten Blutungen, besonders nach Nekrosenabtragung. Auch ist die Einheilungsrate von Hauttransplantaten bei Verbrannten unter Substitution mit Faktor-XIII-Konzentrat deutlich besser als ohne Substitution.

Aktivitäten >80 % sind bei den Patienten anzustreben.

Fibrinogen

Fibrinogen wird aus Kryopräzipitaten (Plasma-Fraktion der kälteunlöslichen Proteine) hergestellt und enthält mehr als 80 % gerinnbares Eiweiß.

Die Gabe von Fibrinogen ist zur Stillung oder Verhütung von Blutungen bei den angeborenen A- oder Dysfibrinogenämien indiziert. Auch erworbenen Hypo- bzw. Afibrinogenämien, die im Verlaufe von Fruchtwasserembolien infolge Hyperfibrinolyse auftreten, sind eine Indikation zur Gabe von Fibrinogenkonzentrat, um eine unstillbare uterine Blutung nach einer Entbindung zu stillen.

Während einer DIC ist die Applikation von Fibrinogen kontraindiziert.

Als Initialdosis sind beim Erwachsenen 3–5 g Fibrinogen in möglichst kurzer Zeit zu applizieren. Eine Kontrolle der Wirksamkeit sollte in jedem Fall durch geeignete Labormethoden durchgeführt werden.

Antithrombinkonzentrat

Humane Antithrombin-III-Konzentrate werden aus großen Plasmapools mittels Affinitäts- oder Ionenaustauscher-Chromatographie und ggf. weiteren Reinigungsschritten hergestellt. Antithrombin ist ein wichtiger Inhibitor des Thrombins und

SIEMENS

Neue Optionen für optimale Therapie

Den Moment, an dem die spontane Reaktion Ihres Patienten einsetzt, möchten Sie sehen. **Servo Screen 390** macht dies möglich. Als leistungsstarker, kompakter Computer liefert Servo Screen 390 eindeutige und exakte Echtzeit- und Trenddaten, die Ihnen bei Ihrer Entscheidung helfen.

Das intuitive Anwenderinterface ist einfach und gibt Ihnen, was Sie brauchen und wie Sie es brauchen. Kurven, Zahlen, Trends in einer Darstellungsform, die für Ihre Bedürfnisse optimiert werden kann. Selbst umfassende Referenzdateien können zur Durchsicht aufgerufen werden.

Hinzu kommt der **Servo Ultra Nebulizer 345** mit der exakten Medikamentendosierung. Ohne Veränderung Ihrer Ventilationsparameter.

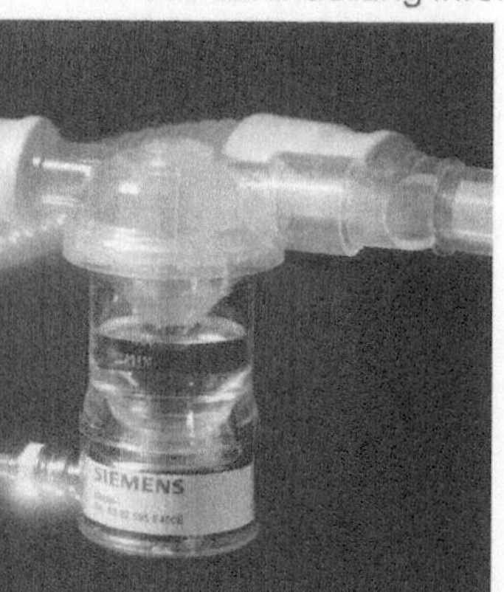

Er führt das Medikament mit extrem stabiler Teilchengröße zu, was die Ablagerung verbessert. Die damit erzielte effizientere Medikamentengabe optimiert den therapeutischen Erfolg, reduziert unnützen Medikamentenverbrauch und senkt die Kosten der Intensivpflege.

Interessiert? Ein Fax genügt: (0 91 31) 84-53 16. Siemens AG, Medizinische Technik, LDE EV Henkestraße 127, 91052 Erlangen

Servo Ventilator 300 von Siemens – jeder Atemzug ist Therapie

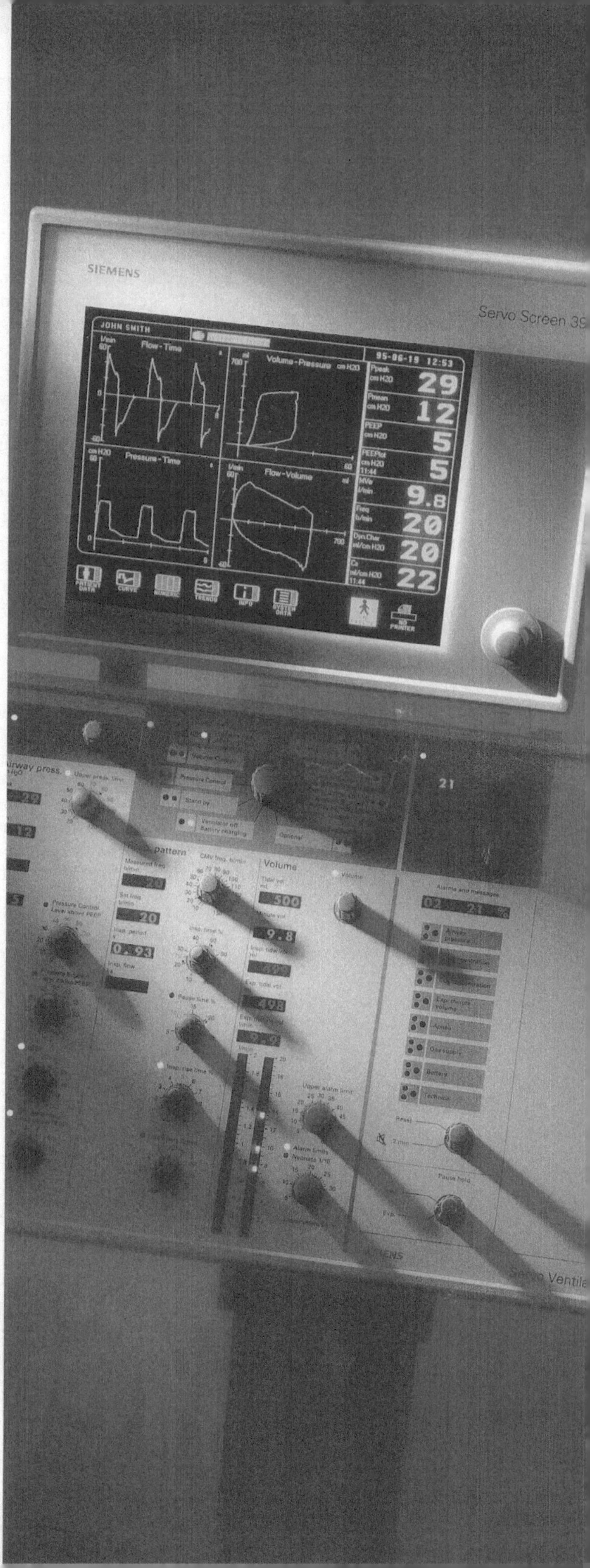

des aktivierten Faktors X. Antithrombin wird in der Leber synthetisiert. Zu seiner Synthese ist kein Vitamin K erforderlich. Es wird nach der Sekretion ins Plasma zu den Endothelzellen transportiert und hier an das endotheständige Heparan- bzw. Dermatansulfat gebunden. Das in der Zirkulation befindliche Antithrombin III befindet sich damit auf seiner Transportstrecke. Ob dem im Plasma befindlichen Antithrombin III ohne Aktivierung durch Heparin eine inhibierende Wirkung z.B. bei einer DIC zukommt, muß mit äußerster Skepsis betrachtet werden. Der Antithrombin-III-Heparinkomplex dagegen ist einer der wirksamsten Inhibitoren des Thrombins und Faktor Xa, sofern dieses in freier Form im Plasma zirkuliert.

Antithrombin-III-Mängel können angeboren sein und sind ein Leben lang mit thromboembolischen Komplikationen vergesellschaftet.

Erworbene Antithrombin-III-Defekte treten insbesondere bei schweren Leberparenchymschäden oder im Verlaufe einer DIC auf. Bei nachgewiesenem erworbenen Antithrombin-III-Mangel kann ein therapeutischer Substitutionsversuch durchgeführt werden, wenn eindeutig ein Mißverhältnis zwischen den Prokoagulatoren II und X und dem Antithrombin III vorliegt. Handelt es sich dagegen um gleichsinnig erniedrigte Mängel an Faktor II, X und Antithrombin III, wie sie z.B. im Verlaufe einer Dilution auftreten, ist die Gabe von Antithrombin-III-Konzentrat nicht indiziert. In Zweifelsfällen sind spezielle hämostaseologische Untersuchungen zum Nachweis der intravasalen Aktivierung der Blutgerinnung erforderlich (z.B. Bestimmung des Prothrombin-Fragmentes F1.2 und des TAT-Komplexes).

Die Substitutionstherapie zielt darauf ab, Antithrombin-III-Aktivitäten kontinuierlich >80 % im Patienten aufrecht zu erhalten. Die Therapie kann beendet werden, wenn erhöhte Spiegel des Prothrombinfragmentes F 1.2 sich normalisiert haben. Ein Anstieg der TAT-Komplexe während einer Antithrombintherapie ist ein Maß für die Effizienz der Therapie.

Für alle vorstehend genannten gerinnungsaktiven Blutprodukte gilt die 2seitige Chargendokumentationspflicht. Es muß sowohl von der abgebenden Stelle (z.B. Apotheke) und der anwendenden Stelle (z.B. Intensivstation, OP) dokumentiert werden, welches Produkt welchem Patienten verabreicht wurde. Diese Maßnahme ist zwingend erforderlich, um bei Look-back-Verfahren in möglichst kurzer Zeit die betroffenen Empfänger des Blutproduktes ermitteln zu können.

Diese Chargendokumentation ist Pflicht. Es ist zu erwarten, daß im neuen Transfusionsgesetz eine nicht durchgeführte Chargendokumentation einen Straftatsbestand darstellt.

Erst- und Frühversorgung Schwerbrandverletzter

S. Lönnecker

1000–1500 Schwerbrandverletzte werden jährlich in den Intensivstationen der deutschen Brandverletztenzentren behandelt. Bezogen auf die Gesamtzahl aller traumatischen Notfälle sind schwere Brandverletzungen somit eher seltene Verletzungen. Mangelnde Erfahrung in der Versorgung dieser Patienten und ihre frühe Verlegung in spezialisierte Behandlungszentren führt verständlicherweise zu Unsicherheiten in der Primärtherapie. Die fachgerechte Erstversorgung aber ist ein entscheidender Faktor für die Prognose der Patienten.

Nach den Empfehlungen des Hauptverbandes der gewerblichen Berufsgenossenschaften werden folgende Diagnosen als eine „schwere Brandverletzung" definiert:

1. Verbrennungen III. Grades des Gesichtes, der Hände, der Füße oder mit sonstiger komplizierender Lokalisation,
2. Verbrennungen II. Grades über 20 % der Körperoberfläche (KOF),
3. Verbrennungen III. Grades über 10 % der KOF,
4. Verbrennungen in Kombination mit einem Inhalationstrauma,
5. Verbrennungen durch Hochspannungsstrom,
6. Verbrennungen im Rahmen eines Polytraumas.

Derartig verletzte Patienten sollten in spezialisierten Einheiten, den sog. Schwerbrandverletztenzentren, behandelt werden. Die Erst- und Frühversorgung aus anästhesiologischer Sicht umfaßt den Zeitraum von der Verletzung bis zur Übernahme in eines dieser Zentren.

Diagnostik

Ziel der Diagnostik ist das Ausmaß der Brandverletzung zu bestimmen und Begleitverletzungen zu erkennen, nach denen immer gefahndet werden muß. Die Brandverletzung wird beschrieben durch die Verletzungstiefe in der Haut und durch ihre flächenhafte Ausdehnung. Klassischerweise unterscheiden wir 3 Grade der Verbrennung. Die folgenden klinischen Merkmale sollen eine grobe Orientierungshilfe in der Erstdiagnostik darstellen:

Verbrennungstiefe Klinisches Merkmal
Grad I: – wegdrückbare Rötung, keine Blasenbildung
Grad II: – Blasenbildung, bzw. feuchter Wundgrund, sehr schmerzhaft
Grad III: – trockener Wundgrund, nicht blutend bei tiefer Inzision,
                 Schmerzempfindung aufgehoben, Haare und Nägel fallen aus

Von einigen Autoren wird eine über das Hautniveau und die Subkutis reichende, Muskulatur und Knochen mitbetreffende Brandverletzung, als IV.gradig bezeichnet. Die Differenzierung zwischen einer sehr oberflächlichen Schädigung (I.gradig) und einer tieferen Brandverletzung sollte jedem möglich sein. Die Unterscheidung zwischen einer II.gradigen und einer III.gradigen Brandverletzung hingegen, deren

Übergänge fließend sind, stellt oft genug sogar den erfahrenen Chirurgen vor eine schwierige Aufgabe [4].

Die flächenhafte Ausdehnung der Wunde erfassen wir nach der „Neunerregel" (Wallace). Hierbei wird die Oberfläche bestimmter Körperabschnitte mit je 9% der Gesamtkörperoberfläche angegeben. Eine schnelle orientierende Abschätzung ist bei allen Altersstufen mit Hilfe der Handflächenregel möglich. Die Handfläche einschließlich der Fingerbeugeseite des Patienten entspricht ca. 1% seiner Körperoberfläche.

Therapie

Zu den Erstmaßnahmen, die eigentlich in den Bereich der Laienhilfe gehören, ist die sog. Kaltwassertherapie zu nennen. Kühlen, idealerweise mit Wasser von 15–20 °C, soll die Temperatur in der Wunde rasch senken. Dies führt zu einer Reduktion des lokalen Stoffwechsels und geringerer Freisetzung von Mediatoren. Wir alle wissen, daß das Kühlen einer Brandwunde eine Verminderung der Schmerzen bewirkt. Schmerzreduktion ist nicht nur angenehm für den Patienten, sondern auch ein wesentlicher Faktor der Schocktherapie. Einig ist man sich, daß mit der Kaltwassertherapie sofort nach dem Trauma begonnen werden sollte. Unterschiedlich empfohlen wird die Dauer ihrer Anwendung. Einige Autoren beschreiben, durch Kühlen der Brandverletzung bis zu einer Stunde, geringere Ödeme und eine Begrenzung der Verletzungsausdehnung (sog. Nachbrenneffekte). Dagegen halten andere Autoren lediglich eine wenige Minuten anhaltende Kühlung für gerechtfertigt. Von allen wird die Gefahr einer generalisierten Unterkühlung gesehen, die wegen ihrer unerwünschten systemischen Nebenwirkungen, unbedingt vermieden werden muß. Besonders bei Kindern, die eine deutlich geringere Kältetoleranz besitzen, gilt es diese zeitliche Begrenzung, zu beachten. Durch wärmendes Abdecken nichtverbrannter Körperteile soll der Patient vor unnötigen Wärmeverlust geschützt werden [4, 21].

Die ersten ärztlichen Maßnahmen dienen der Sicherung freier Atemwege und einer ausreichenden Oxygenation. Ateminsuffiziente oder bewußtlose Patienten müssen sofort intubiert und mit reinem Sauerstoff beatmet werden.

Aber auch bei tiefen Verbrennungen im Gesicht und Halsbereich oder zirkulären Verbrennungen am Thorax muß immer an eine rechtzeitige Intubation gedacht werden. Massive Schwellungen im Bereich der oberen Luftwege können innerhalb weniger Stunden zur bedrohlichen Obstruktion führen und eine Intubation unmöglich machen. Ist ein Patient intubiert, muß die Tubuslage engmaschig, kontrolliert werden. Besonders bei Brandverletzungen im Gesicht und im Halsbereich ist die Fixierung deutlich erschwert, so daß Tubusdislokationen leicht möglich sind. Sollte präklinisch keine Indikation zur Intubation und Beatmung gestellt werden, so sollte jeder brandverletzte Patient eine O_2-Insufflation, z. B. über eine Nasensonde, solange erhalten, bis objektive klinische Daten über die Oxygenierung vorliegen.

Zum klinischen Aufnahmestatus und zur Verlaufskontrolle der Patienten gehören arterielle Blutgasanalysen mit Bestimmung von CO-Hb und Met-Hb. Jeder intubierte Patient sollte zum Ausschluß eines Inhalationstraumas nach Aufnahme im Krankenhaus diagnostisch bronchoskopiert werden (s. unten).

Direkte und indirekte Wirkungen des Verbrennungstraumas führen zu erheblichen Flüssigkeitsverlusten und Flüssigkeitsverschiebungen. Die Flüssigkeitsverluste entstehen durch Transsudation und Evaporation über die Wundfläche. Auf diesem Wege gehen dem Organismus auch große Mengen an Eiweißen und zellulären Bestandteilen des immunologischen Systems bis zum endgültigen Wundverschluß verloren.

Flüssigkeitsverschiebungen, die erhebliche Ödeme zur Folge haben, sind nur in der ersten Traumafolge lokal begrenzt. An der Entstehung und Unterhaltung des Ödems sind viele unterschiedliche Faktoren beteiligt:

1. Thermische Bewegung und mechanische Zerreißung führt zur Zerstörung der Kompartimentierung.
2. Änderung der Reaktionsgeschwindigkeit biochemischer Reaktionen und Carriersystemen auf zellulärer Ebene führt u. a. zur Störung der Na/K-Pumpe und damit zum intrazellulären Ödem.
3. Freisetzung von Mediatoren aus Granula, besonders polymorphkerniger Granulozyten.
4. Eine zelltoxische Wirkung durch thermische Zerfallsprodukte höhermolekularer Substanzen wird diskutiert.

Folge dieser Prozesse ist eine vorübergehende kapilläre Permeabilitätserhöhung für Moleküle bis über 1 Mio. Dalton, welche zusammen mit einer steigenden interstitiellen Compliance zu einem massiven interstitiellen Ödem führt. Endothelödem und Hämokonzentration fördern die lokale Hypoperfusion [18].

Sind diese Pathomechanismen initial auch nur lokal begrenzt, so führen Brandwunden von mehr als ca. 20 % der Körperoberfläche zu einer generalisierten Störung im gesamten Organismus, die als Verbrennungskrankheit bezeichnet wird. Man geht davon aus, daß es sich um eine mediatoreninduzierte Allgemeinreaktion handelt, die dem Begriff des „systemic inflammatory response syndrome" (SIRS) entspricht.

Schon kurze Zeit nach einem Verbrennungtrauma kann es zu einem schweren hypovolämischen Schock kommen, der einer bilanzierten Infusionstherapie bedarf. Als Besonderheit des Verbrennungsschocks ist zu beachten, daß nach primärem Flüssigkeitsverlust keine Normalisierung eintritt, sondern fortlaufende Verluste die Verletzung aggravieren. Eine Anämie durch Zerstörung von Erythrozyten wird durch Flüssigkeitsverlust und Hämatokritanstieg verdeckt [11]. Die Folge sind Störungen in verschiedenen Organen auf dem Boden von Minderperfusion und konsekutiver Hypoxie. Der protrahierte Verbrennungsschock mündet frühzeitig ohne adäquate Therapie im multiplen Organversagen und begünstigt bei primärem Überleben die Entstehung einer Sepsis durch verminderte Reaktionsfähigkeit des Abwehrsystems [2, 18].

Aufgabe einer präklinischen und klinischen Infusionstherapie ist die kapilläre Minderperfusion zu vermeiden und den Besonderheiten der Pathophysiologie der Verbrennungskrankheit Rechnung zu tragen.

Die Behandlung des hypovolämischen Schocks erfolgt durch eine schematisierte und bilanzierte Infusionstherapie. Verschiedene Behandlungskonzepte werden diskutiert [1, 13, 14, 23–25]. Eine umfangreiche Übersicht über die verschiedenen Konzepte gab Arturson in seiner Veröffentlichung 1991 [2].

Neuere Untersuchungen über die präklinische und auch klinische Schockbehandlung von Schwerbrandverletzten mit hypertoner Kochsalzlösung haben noch nicht zu einer Empfehlung für die klinische Praxis geführt [5, 14, 16].

Auch die Behandlung mit kolloidalen Plasmaersatzstoffen, wie Dextrane, Gelatine, Hydroxyäthylstärke oder Humanalbumine in der Frühphase der Therapie ist umstritten und wird von vielen Autoren abgelehnt [5, 7, 13, 15, 24, 25]. Sequestrierung der Ersatzlösungen in das Verbrennungsödem führen zu einer Verlängerung der Ödemphase durch Ablagerung im Interstitium. In einer 1983 veröffentlichten Studie wurde eine signifikant höhere Letalität der mit Kolloiden behandelten Patienten festgestellt [10].

International anerkannt und weitverbreitet angewandt ist die Schockbehandlung nach der „Parkland-Formel" (Baxter). Dieser liegt die alleinige Infusion von Ringer-Laktat zugrunde:

Parkland-Formel:
4 ml Ringer-Laktat × Prozent verbrannte KOF × kg
(*KOF* Körperoberfläche, *kg* Körpermasse in Kilogramm)

Von dem errechneten Volumen wird die erste Hälfte in den ersten 8 h, die zweite Hälfte gleichmäßig in den weiteren 16 h nach Trauma infundiert. Das wesentliche Ziel ist, ein Urinstundenvolumen von 1–1,5 ml/kg zu erreichen. Ein Sistieren der Diurese muß durch Erhöhen des Infusionsvolumens beantwortet werden. Eine höhere Diurese ist Zeichen einer iatrogenen Hyperhydratation, die bei verzögerter Therapie frühzeitig in einem pulmonalen Versagen münden kann. Laborkontrollen mit Erfassung von Blutbild, Serumelektrolyten, Gerinnungsparametern, Serumgesamteiweiß und Kreatinin müssen engmaschig durchgeführt werden. Ungefähr 18–36 h nach dem Trauma zeigt sich die Normalisierung der Kapillarpermeabilität im sinkenden Hämatokrit bei konstantem Infusionsvolumen. In der Regel ist von diesem Zeitpunkt an die Flüssigkeitszufuhr unter Beachtung einer ausreichenden Diurese reduzierbar. Zeitgleich können nun Plasmaverluste großzügig durch „fresh froozen plasma" ersetzt werden und dadurch der abgefallene kolloidosmotische Druck angemessen angehoben werden.

Bei einer beachtlichen Zahl eigener, sedierter und beatmeter Patienten ließ sich unter korrekter Anwendung der Parkland Formel keine ausreichende Diurese und Kreislaufstabilisierung erreichen. Hämodynamische Messung über Pulmonalarterienkatheter zeigten bei allen Patienten die Werte einer hyperdynamen Kreislaufsituation mit deutlich erniedrigten peripheren arteriellen Widerständen. Durch kontinuierliche Zufuhr von Dopamin und Noradrenalin in niedriger Dosierung ließen sich die Kreislaufparameter schnell stabilisieren [6].

— *Präklinisches Management:*
  Bei großflächigen Verbrennungen können Venenzugänge durchaus durch verbrannte Haut gelegt werden, da diese erst im weiteren Verlauf superinfiziert werden.
— *Erwachsene:*
  Die Infusionstherapie wird über einen großlumigen periphervenösen Venenzugang eingeleitet. Da eine genaue Berechnung des zu infundierenden Volumens nur schwer möglich ist, sollte 1 l Ringer-Laktatlösung je Stunde infundiert werden.
— *Kinder:*
  Alternativ kann bei Kindern ein intraossärer Zugangsweg gewählt werden. Als Infusionsvolumen sind 10–15 ml/kg KG je Stunde angemessen.

Wundversorgung

Die präklinische Wundversorgung besteht in einer keimarmen Wundabdeckung mit Verbandtüchern oder Metallinefolie. Die Kaltwassertherapie, die immer zu einer konsekutiven Verunreinigung der Wunde führt, steht nicht im Widerspruch zu dieser Forderung. Die hierdurch erworbene Keimbesiedelung ist durch die klinische Wundbehandlung mit modernen antimikrobiellen Substanzen von untergeordneter Bedeutung. Im Rahmen der klinischen Erstversorgung sind neben einer Ganzkörperreinigung die allgemeinen Richtlinien der chirurgischen Wundversorgung, unter Berücksichtigung der besonderen Maßnahmen bei ausgedehnten Brandverletzungen, zu beachten [4].

Analgesie/Anästhesie

Insbesondere II.gradige Brandverletzungen sind sehr schmerzhaft. Die Patienten benötigen eine angemessene regelmäßige Analgetikatherapie, bei der auf Opiate meist nicht verzichtet werden kann. Bewährt haben sich Kombinationen von Pethidin und Promethazin oder auch Ketamin mit Diazepam in niedriger Dosierung. Der besseren Steuerbarkeit wegen sollten Analgetika und Sedativa während der Schockphase nur intravenös verabreicht werden. Vor unangemessen hohen Dosen muß besonders in der präklinischen Versorgung dringend gewarnt werden. Eine hierdurch provozierte zentrale Atemdepression, kombiniert mit einer großzügigen Infusionstherapie, kann schnell zu einer iatrogenen respiratorischen Insuffizienz führen.

Bei ausgedehnten Brandwunden wird die klinische Erstbehandlung häufig in Allgemeinanästhesie durchgeführt. Grundsätzlich sind alle modernen Anästhesieverfahren anwendbar. Depolarisierende Muskelrelaxanzien sind bei Brandverletzten kontraindiziert, da sie zu massiven Kaliumfreisetzungen mit lebensbedrohlichen Herzrhythmusstörungen führen können [16].

Bei entsprechend lokalisierten Verletzungen sind, unter Beachtung der bekannten Kontraindikationen, natürlich auch Regionalanästhesieverfahren durchführbar. Einer angemessenen Volumensubstitution muß bei diesen Verfahren aber immer eine besondere Aufmerksamkeit geschenkt werden.

Adjuvante Therapie

Antibiotika sollten nur nach strenger Indikationsstellung und vorliegenden bakteriologischen Befunden verabreicht werden. Ob die Beeinflussung von Mediatoren durch Pharmaka, wie z.B. Antiphlogistika oder Antioxidanzien, sich günstig auf das Ödem oder die Verbrennungskrankheit auswirkt, ist zweifelhaft. Kortikosteroide sind wegen ihrer immunsuppressiven Nebenwirkung kontraindiziert. Eine Oligurie ist nicht mit Diuretika zu therapieren, sondern durch Erhöhen des Infusionsvolumens. Die wichtigste diuresefördernde Maßnahme ist die Anhebung des arteriellen Mitteldrucks zur Verbesserung der Nierenperfusion.

Vorerkrankungen

Selbstverständlich müssen Vorerkrankungen im Rahmen der Behandlung berücksichtigt werden und ihren Einfluß auf das Behandlungskonzept nehmen. Eine gründliche Anamneseerhebung, soweit dies primär möglich ist, ist hierfür Voraussetzung. Indikation und Kontraindikation vorbestehender Medikation finden unter Berücksichtigung dieser besonderen Verletzung ihre Beachtung. Insbesondere beim Status asthmaticus wird auf die Gabe von Kortikosteroiden aus vitaler Indikation nicht verzichtet werden können, obgleich deren negative Auswirkungen auf den Verlauf der Verbrennungskrankheit bekannt sind.

Tabelle 1. Toxische Rauchgaskomponenten. [Aus: Voeltz P (1995) Inhalationstrauma. Unfallchirurg 98:187–192]

Gas	Material	Wirkung
CO	Alle organische Stoffe	Gewebshypoxie Koma
CO_2	Alle organische Stoffe	Narkose Azidose
NO_2	Tapeten, Holz, Zelluloid	Bronchialreizung Benommenheit Lungenödem
$COCl_2/HCl$	PVC, z.B. Kabelisolationen	Trachebronchitis Bronchiolitis
HCN	Wolle, Seide, Polyurethan	Gewebshypoxie Koma
Benzene	Petrochemische Kunststoffe	Atemwegsirritation Pneumonitis Koma
Aldehyde	Holz, Baumwolle, Papier	Schleimhautreizung Trachebronchitis Bronchiolitis Pneumonitis

Begleitverletzungen

Inhalationstrauma

Häufigste Begleitverletzung bei Brandverletzten ist das Inhalationstrauma. Die In-
zidenz im eigenen Patientengut der Brandverletztenintensivstation der letzten 3
Jahre betrug ca. 40 %. Der Einfluß auf die Morbidität und Letalität ist immens.
Seine Letalität wird mit ungefähr 60 % angegeben.

Das Inhalationstrauma bei Brandverletzten entsteht in den meisten Fällen durch
das Einatmen von Rauch. Selten führt allein die Inhalation heißer Luft oder heißen
Dampfes zu Verletzungen der Atemwege. Rauch beinhaltet Wärme, Gase und Partikel in variabler Zusammensetzung. Die Schwere des Schadens ist abhängig von
der Höhe der Temperatur und der chemischen Zusammensetzung des Rauchs einerseits, der Tiefe und Dauer der Inhalation andererseits. Die thermische Komponente führt zu einer Schädigung der oberen Luftwege, die nur selten über die
Carina hinausreicht. Ein erhebliches Ödem der Schleimhaut und sogar ihre vollständige Zerstörung können aber die Folge sein. Gase und Rauchpartikel bewirken
eine chemischen Schädigung der Atemwege und des Lungenparenchyms und führen zu einer primär abakteriellen Entzündung. Den Patienten droht eine respiratorische Insuffizienz, die häufig erst nach einigen Stunden manifest wird. Rauchgase
können zusätzlich zu einer systemischen Intoxikation führen [8, 22]. Die Haupt-
komponenten und ihre Wirkung sind in Tabelle 1 zusammengefaßt.

Die Diagnose eines Inhalationstraumas ist präklinisch manchmal schwer zu stellen.
Eine ausführliche Anamneseerhebung über den Unfallhergang gibt erste Hinweise.
Bei Brandverletzungen im Gesichtsbereich ist immer nach einem Inhalationstrauma zu fahnden. Inspektion der Naseneingänge und des Rachens gehören zur ersten
orientierenden Untersuchung. Rußpartikel im Rachen oder eine starke Rötung von
Rachen und Kehlkopfeingang machen ein Inhalationstrauma wahrscheinlich. Hei-
serkeit oder inspiratorischer Stridor spricht für eine thermische Schädigung der

150

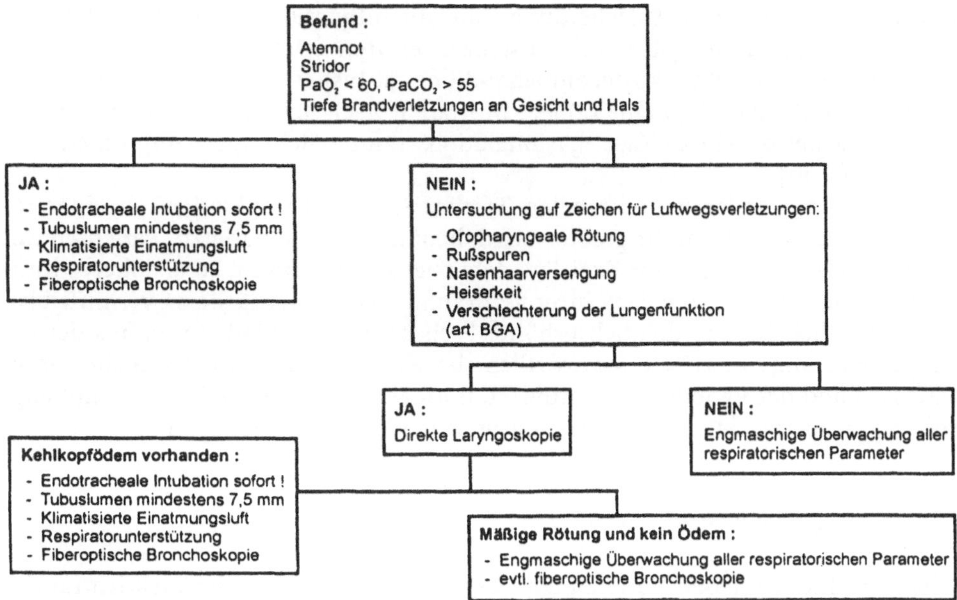

Abb.1. Inhalationstrauma. Indikation zur Intubation und Beatmung. [Aus: Voeltz P (1995) Inhalationstrauma. Unfallchirurg 98: 187192]

oberen Luftwege. Husten mit rußigem Auswurf ist beweisend für eine Rauchinhalation. Ein unauffälliger Auskultationsbefund, ein normales Röntgenbild und unauffällige arterielle Blutgasanalyse schließen das Inhalationstrauma nicht aus. Lediglich ein normaler fiberoptischer Bronchoskopiebefund schließt sicher eine Rauchinhalation aus. Aus dem optischen Eindruck der ersten Bronchoskopie läßt sich bei einem Inhalationstrauma kein Rückschluß auf den weiteren Krankheitsverlauf herleiten.

War der Patient primär bewußtlos, ist entweder von einer toxischen Schädigung durch Rauchgase oder einer Hypoxie durch Sauerstoffmangel auszugehen. Vor allem Brände in geschlossenen Räumen führen zu einem O_2-Mangel, der für einen Großteil der primär letalen Ausgänge verantwortlich ist. Eine Rauchgasintoxikation ist durch Kohlendioxid, Kohlenmonoxid oder Blausäureverbindungen möglich. Eine Sicherung der Diagnose ist nur unter klinischen Bedingungen möglich. CO_2 und CO-Hb können mittels arterieller Blutgasanalyse und direkter Oxymetrie rasch bestimmt werden. Steht ein Gerät zur COHb-Messung nicht zur Verfügung muß eine anhaltende metabolische Azidose an das Vorliegen einer CO-Intoxikation denken lassen. Blausäurevergiftungen sind äußerst selten. Ihre klinische Relevanz ist schwer einschätzbar, da Laboruntersuchungen zu ihrem Nachweis routinemäßig nicht durchgeführt werden. Eine spezifischen Therapie scheint aber nur selten indiziert zu sein [3, 22].

Eine *spezifische Therapie* des Inhalationstraumas ist nicht bekannt. Eine Senkung seiner Letalität ist lediglich durch eine frühzeitige maschinell unterstützte Beatmung und Stabilisierung der Kreislaufverhältnisse in umfangreichen Studien belegt. Liegen daher anamnestische oder klinische Hinweise für ein Inhalationstrauma vor, sollte schon präklinisch die endotracheale Intubation und Beatmung mit PEEP durchgeführt werden [6, 16]. Da eine CO-Intoxikation nie sicher ausgeschlossen werden kann, wird die Beatmung mit reinem Sauerstoff (F_IO_2=1,0) durchgeführt, bis objektive Daten durch eine arterielle Blutgasanalyse vorliegen. Wird eine Hyperkapnie vermutet oder ist sie nachgewiesen, wird der Patient bis zur Normalisierung des arteriellen pCO_2 hyperventiliert. Ein pragmatisch orientiertes Flußdiagramm als Entscheidungshilfe zur Intubation und Beatmung bei einem Inhalationstrauma gab Voeltz in seiner Veröffentlichung ([22], Abb 1).

Der Nutzen einer Kortikosteroidbehandlung ist bisher nicht sicher nachgewiesen. Einige Autoren sehen eine höhere Mortalität nach ihrer Anwendung. Ihr Einsatz kann daher bei einem Rauchgasinhalationstrauma nicht mehr empfohlen werden [5, 8, 17, 20].

Während bei anderen pulmonalen Traumen oder Erkrankungen zu einer restriktiven Flüssigkeitszufuhr geraten wird, benötigen brandverletzte Patienten mit einem Inhalationstrauma zur Kreislaufstabilisierung ein um ca. 40 % höheres Infusionsvolumen, als es allein nach ihrer verbrannten Hautoberfläche zu vermuten ist. Wahrscheinlich ist eine deutlich erhöhte Freisetzung von Mediatoren aus der geschädigten Lunge hierfür verantwortlich. Ist ein Inhalationstrauma nicht ausgeschlossen und der Patient nicht intubiert, muß eine stationäre Aufnahme mit engmaschiger Überwachung seiner respiratorischen Parameter erfolgen.

Traumatologische Begleitverletzungen

Selbstverständlich haben Verletzungen der Körperhöhlen, wie Schädelhirntrauma, Thoraxtrauma oder Abdominaltrauma eine Behandlungspriorität gegenüber der Versorgung einer Brandverletzung [19]. In der präklinischen Versorgung wird man bei größeren Blutverlusten nicht ohne den Einsatz von Plasmaersatzstoffen auskommen können. Im klinischen Bereich dagegen müssen Blutverluste frühzeitig isovolämisch durch Erythrozytenkonzentrate und Frischplasmen ersetzt werden.

Der Hochspannungsunfall

Üblicherweise werden Unfälle mit einer Stromspannung über 1000 V als Hochspannungsunfälle bezeichnet. Unterschieden werden Lichtbogenunfälle, bei denen es zu einem kurzfristigen Lichtblitz mit sehr hoher thermischer Energie kommt, und den Unfällen, bei denen der Körper Teil des Stromkreises gewesen ist. Lichtbogenunfälle sind allein thermische Verletzungen. Ist aber der Strom durch den Körper geflossen, erkennbar an unübersehbaren Stromeintritts- und Stromaustrittsstellen, ist von einem völlig anderen Verletzungsmuster auszugehen. Erhebliche Zerstörungen aller im Stromfluß gelegenen Gewebe können die Folge sein. Umfangreich betroffen ist meistens die Muskulatur. Der Schaden entspricht dem eines Crushsyndroms. Problematisch ist, daß das Ausmaß der Verletzung durch äußere Inspektion nicht erfaßt werden kann [12]. Der massiven Freisetzung von Myoglobin mit seiner potentiell nephrotoxischen Wirkung muß durch frühzeitige konsequente Therapie begegnet werden. Eine Erhöhung der Infusionstherapie auf das 1,5- bis 2fache der Parkland-Formel, Alkalisierung des Harns, Diuresesteigerung mittels Mannitol, Steigerung der Nierenperfusion durch Dopamin und ein ausreichender arterieller Mitteldruck sind neben einer frühzeitigen radikalen chirurgischen Sanierung wesentliche Maßnahmen zur Verhinderung eines drohenden akuten Nierenversagens.

Der Notarzt muß die Gefahr dieser Verletzung erkennen und durch eine angemessene Infusionstherapie (ca. 1,5–2 l/h beim Erwachsenen) die vorgenannte Therapie einleiten.

Transportmanagement

Nach dem Sicherstellen der Vitalfunktionen darf der Primärtransport in ein Krankenhaus nicht durch zeitaufwendige Bemühungen um eine aufnahmebereites Brandverletztenzentrum oder der Organisation eines aufwendigen Transportes dorthin verzögert werden. Jeder Brandverletzte sollte daher in das nächste Versorgungskrankenhaus mit einer chirurgischen Notaufnahme transportiert werden [21]. Hierdurch werden die Primärrettungsmittel zeitlich deutlich entlastet, das Verletzungsausmaß unter günstigeren klinischen Bedingungen frühzeitig erfaßbar und eine schnelle Therapieanpassung möglich. Relevante Begleitverletzungen werden wegen der imponierenden Brandverletzungen häufig erst in der Klinik erkannt. Eine von ihnen ausgehende vitale Bedrohung könnte bei einem zeitaufwendigen Primärtransport zu fatalen Folgen führen.

Über die zentrale Anlaufstelle für die Vermittlung von Betten für Schwerbrandverletzte für das Bundesgebiet kann in Hamburg jederzeit das nächste aufnahmefähige Brandverletztenzentrum erfragt werden, und zwar unter der
Telefonnummer: **040-2882-3998** oder **3999** (neu ab 15.02.1996)

Durch direkten Kontakt zwischen der verlegenden und der übernehmenden Abteilung kann das weitere Vorgehen abgesprochen werden.

Der Transport Schwerbrandverletzter erfolgt üblicherweise mit einem arztbesetzten Rettungsmittel. Auf dem Transport müssen die kontinuierliche Monitorüberwachung und die Fortsetzung der eingeleiteten Behandlung sichergestellt sein.

Literatur

1. Aharoni A, Abramovici D, Weinberger M, Moscona R, Hirshowitz B (1989) Burn resuscitation with a low-volume plasma regimen-analysis of mortality. Burns 15: 230–232
2. Arturson G (1991) Initial fluid resuscitation. Anaesth Intens Notfallmed 37: 11–42
3. Barillo DJ, Goode R, Esch V (1994) Cyanide poisoning in victims of fire: analysis of 364 cases and review of the literature. J Burn Care 15: 46–57
4. Bisgwa F, Pitzler D, Partecke BD (1995) Die Erstversorgung des schwerbrandverletzten Patienten aus chirurgischer Sicht. Unfallchirurg 98:180–183
5. Deitch EA (1990) The management of burns. N Engl J Med 323: 1249–1253
6. Demling RH (1985) Burns. N Engl J Med 313: 1389–1396
7. Demling RH, Way LW (1991) Burns and other thermal injuries. In: Way LW (ed) Current surgical diagnosis and traetment, 9th edn. Lange Medical Books, Appleton & Lange, East Norwalk/CT, pp 235–249
8. Demling RH (1993) Smoke inhalation injury. New Horizons 1: 422–434
9. Dries DJ, Waxman K (1991) Adequate resuscitation of burn patients may not be measured by urine output and vital signs. Crit Care Med 19: 327–329
10. Goodwin CW, Dorethy J, Lam V, Pruitt BA (1983) Randomized trial of efficacy of cristalloid and colloid resuscitation on hemodynamic response and lung water following thermal injury. Ann Surg 197: 520–529
11. Guo Z, Sheng Z, Wang D et al (1989) The use of blood in burn shock. J Burn Care 10: 226–240
12. Hülsbergen-Krüger S, Pitzler D, Partecke BD (1995) Hochspannungsunfälle, Besonderheiten und Behandlung. Unfallchirurg 98: 218–223
13. Lechleuthner A, Schmidt-Barbo A, Bouillon B, German G, Holzki J (1992) Flüssigkeitstherapie bei Verbrennungen, Verätzungen und Stromunfällen. Notfallmedizin 18: 325–332
14. Monafo WW, Chuntrasakul C, Ayvazian V (1973) Hypertonic sodium solutions in the treatment of burn shock. Am J Surg 126: 778–783
15. Mühlbauer W, Sautter R (1993) Neue Aspekte der Behandlung von Verbrennungen. Notarzt 9:20–23
16. Partridge BL (1990) Burns. In: Katz J, Benumof JL, Kadis LB (eds) Anaesthesia and uncommon diseases, 3rd edn. Saunders, Philadelphia, pp 786–791
17. Robinson N, Hudson L, Rum M (1982) Steroid therapy following isolated smoke inhalation injury. J Trauma 22: 876–880

18. Schmidt KH (1986) Die Verbrennungskrankheit - pathophysio logische, biochemische und immunologische Aspekte. Wehrmed Monatsschr 2: 45–54

19 Schultz JH, Schmidt HGK, Queitsch C, Jürgens C, Bisgwa F (1995) Die Behandlung schwerer Begleitverletzungen beim Verbrennungspatienten. Unfallchirurg 98: 224–228

20. Sharar SR, Heimbach DM (1991) Inhalation injury: Current concepts and controversies. Advanc Trauma Crit Care 6: 213 230

21. Steen M., Wresch KP (1989) Präklinische Versorgung von Schwerbrandverletzten durch den Notarzt. Notarzt 5: 147–150

22. Voeltz P (1995) Inhalationstrauma. Unfallchirurg 98: 187 192

23. Waters LM, Christensen MA, Sato RM (1989) Hetastarch: An alternative colloid in burn shock management. J Burn Care 10: 11–15

24. Zellner PR, Lehmköster A (1987) Die richtige Infusions therapie bei Verbrennungen. Notfallmedizin 13: 603–613

25. Zellweger G (1986) Volumen- und Eiweißersatz. Möglichkeiten und Grenzen der Verbrennungsbehandlung. Wehrmed Monatsschr 2: 63–65

Anästhesie bei Kindern mit angeborenem Herzfehler

H. W. Striebel, S. Toussaint

Inzidenz angeborener Herzfehler

Die Inzidenz angeborener Herzfehler wird mit ca. 9 pro 1000 Lebendgeburten angegeben [8]. Mehr als 100 verschiedene kongenitale Herzfehler sind bekannt, allerdings machen die in Tabelle 1 aufgeführten sechs Herzfehler fast 80% aller angeborenen Herzfehler aus.

Tabelle 1. Die häufigsten angeborenen Herzfehler

Herzfehler	Prozentualer Anteil
Ventrikelseptumdefekt	28%
Vorhofseptumdefekt	
vom Secundumtyp	10%
vom Primumtyp	3%
persistierender Ductus arteriosus Botalli	10%
Fallot-Tetralogie	10%
Pulmonalstenose	10%
Aortenstenose	7%

Unterteilung der Herzfehler

Herzfehler können in die folgenden 3 Gruppen unterteilt werden:

Herzfehler mit Behinderung des Blutflusses (= Druckbelastung), z. B.
- Pulmonalstenose,
- Aortenstenose.

Shuntvitien, z. B.
- Herzfehler mit Links-rechts-Shunt (= azyanotische Vitien),
- Herzfehler mit Rechts-links-Shunt (= zyanotische Vitien).

Kombinierte Herzfehler (= Druckbelastung plus Shunt), z. B.
- Fallot-Tetralogie.

Herzfehler mit Behinderung des Blutflusses (= Druckbelastung)

Pulmonalstenose

Bei einer Pulmonalstenose handelt es sich in ca. 90% der Fälle um eine valvuläre und in ca. 10% um eine infundibuläre Stenose. Infundibuläre Stenosen können in ihrem Ausmaß variabel sein. Häufig ist eine Pulmonalstenose mit einem Vorhof-septumdefekt oder einem Ventrikelseptumdefekt kombiniert. Von einer schweren (operationswürdigen) Pulmonalstenose wird normalerweise gesprochen, wenn der Druckgradient größer als ca. 50 mm Hg ist. Bei einer schweren Pulmonalstenose kommt es zu einer Hypertrophie von rechtem Vorhof und Ventrikel, es kann auch eine Rechtsherzinsuffizienz auftreten.

Aortenstenose

Eine Aortenstenose kann subvalvulär (hypertrophe Kardiomyopathie), valvulär oder supravalvulär lokalisiert sein. Aufgrund der Druckbelastung kommt es zu einer linksventrikulären Hypertrophie. Die Patienten sind meist bis ins Erwachsenenalter symptomlos. Bei einer hochgradigen Aortenstenose können bei Anstrengung Synkopen auftreten, da es hierbei zu einer peripheren Vasodilatation kommt, das durch die Stenose limitierte Herzminutenvolumen aber nicht entsprechend gesteigert werden kann.

Nur subvalvuläre Stenosen können medikamentös (mit β-Blockern) erfolgreich therapiert werden. Hochgradige valvuläre und supravalvuläre Stenosen werden operativ behandelt.

Shuntvitien

Shuntvitien können in Herzfehler mit einem Links-rechts-Shunt oder einem Rechts-links-Shunt unterteilt werden.

Herzfehler mit Links-rechts-Shunt (= azyanotische Vitien)

Die wichtigsten angeborenen Herzfehler mit einem Links-rechts-Shunt sind:

- Ventrikelseptumdefekt (VSD),
- Vorhofseptumdefekt (ASD) vom Sekundumtyp,
- Vorhofseptumdefekt (ASD) vom Primumtyp,
- persistierender Ductus arteriosus Botalli.

Folge eines großen Links-rechts-Shunts ist eine vermehrte Lungendurchblutung. Symptome sind Tachypnoe, rezidivierende pulmonale Infekte oder eventuell ein Lungenödem. Zeichen eines gleichzeitig verminderten systemischen Blutflusses können eine verminderte Belastbarkeit, eine Wachstumsverzögerung sowie eine geringere Infektresistenz sein.

Bei einem länger bestehenden erhöhten pulmonalen Blutfluß droht eine Hypertrophie vor allem der Gefäßmedia in den Pulmonalarteriolen und dadurch eine Gefäßverengung mit Anstieg des pulmonalvaskulären Widerstandes. Wenn der pulmonalvaskuläre Widerstand ansteigt, nimmt hierdurch die Größe des Links-rechts-Shunts ab, eventuell kann es zu einer *Shuntumkehr* mit Rechts-links-Shunt kommen (Eisenmenger-Reaktion). Dadurch nimmt der pulmonale Blutfluß unter das normale Maß ab. Es kommt zu Hypoxämie (Zyanose), Rechtsherzhypertrophie, eventuell zu Rechtsherzinsuffizienz. Die Prognose des Krankheitsbildes ist dann schlecht. Daher muß stets eine operative Korrektur angestrebt werden, bevor sich eine fixierte pulmonalvaskuläre Hypertension ausgebildet hat. Liegt eine Eisenmenger-Reaktion vor, dann kann ein Herzfehler nicht mehr operativ korrigiert werden.

Ventrikelseptumdefekt

Der Ventrikelseptumdefekt (VSD) ist der häufigste angeborene Herzfehler. Patienten mit einem kleinen VSD haben normalerweise keine Beschwerden. Sie weisen jedoch ein lautes pansystolisches Geräusch auf. Etwa 25 % dieser VSD verschließen sich spontan. Bei einem schweren Ventrikelseptumdefekt beträgt der pulmonale Blutfluß aufgrund des Links-rechts-Shunts ein Mehrfaches des systemischen Blutflusses. Bei diesen Kindern droht bereits in den ersten Lebenswochen aufgrund der vermehrten Belastung des linken Ventrikels eine Herzinsuffizienz.

Vorhofseptumdefekt vom Sekundumtyp

Ein Vorhofseptumdefekt (Atrium-Septum-Defekt, ASD) vom Sekundumtyp ist meist im Zentrum des Vorhofseptums lokalisiert. Ein isolierter ASD vom Sekundumtyp wird normalerweise gut toleriert (geringes Shuntvolumen aufgrund des niedrigen Druckgradienten) und oft erst im 2. oder 3. Lebensjahrzehnt klinisch manifest.

Vorhofseptumdefekt vom Primumtyp

Bei einem Vorhofseptumdefekt vom Primumtyp (Endokardkissendefekt) handelt es sich um einen Defekt, der tief im Bereich des Vorhofseptums lokalisiert ist und meist auch die Mitralklappe und die Trikuspidalklappe mit erfaßt. Etwa 50 % der Patienten haben daher auch eine Mitralinsuffizienz. Dieser Herzfehler wird meist schon im Säuglingsalter oder frühen Kindesalter symptomatisch. Öfters kann operativ keine ausreichende Suffizienz der Mitral- und Trikuspidalklappe erreicht werden. Eventuell können auch noch Jahre nach der operativen Korrektur Reizleitungsstörungen (aufgrund von Vernarbungen mit Beeinträchtigung des Reizleitungssystems) auftreten.

Persistierender Ductus arteriosus Botalli

Wenn sich der Ductus arteriosus Botalli nicht kurz nach der Geburt verschließt, dann bildet sich ein Links-rechts-Shunt von der Aorta zur A. pulmonalis aus. Das Ausmaß des Shunts ist abhängig vom systemischen und pulmonalvaskulären Widerstand sowie von Durchmesser und Länge des Ductus arteriosus Botalli. Von einem großen Shunt wird gesprochen, wenn die Lungendurchblutung mehr als 3mal so groß ist wie die systemische Durchblutung. Durch die Gabe von Indomethacin kann ein persistierender Ductus arteriosus Botalli häufig zum Verschluß gebracht werden [1]. Die operative Therapie besteht in der Ligatur des Ductus arteriosus Botalli.

Herzfehler mit Rechts-links-Shunt (= zyanotische Vitien)

Ein Rechts-links-Shunt ist zumeist Spätfolge eines längerbestehenden Links-rechts-Shunts mit vermehrter Lungendurchblutung, mit reaktiver Erhöhung des pulmonalvaskulären Widerstandes und Shuntumkehr (Eisenmenger-Reaktion; s. oben). Aufgrund des Rechts-links-Shunts liegt eine Hypoxämie (zentrale Zyanose) vor.

Wenn perioperativ der pulmonalvaskuläre Widerstand akut weiter ansteigt, dann nimmt der Rechts-links-Shunt zu. Es drohen eine Verstärkung der Hypoxämie sowie eine Azidose, evtl. eine Rechtsherzinsuffizienz. Da eine Steigerung des pulmonalvaskulären Widerstandes bedrohlich schnell und massiv auftreten kann, ist es wichtig, bei der Narkoseführung von Patienten mit einem Rechts-links-Shunt darauf zu achten, die nachstehend aufgeführten Trigger zu vermeiden.

Erhöhung des PVR durch:
- Hypoxie,
- Hyperkapnie,
- Azidose (respiratorisch oder metabolisch),
- Überblähung der Lunge,
- hoher Hämatokrit (erhöhte Viskosität),
- Streß/Schmerz.

Hypovolämie und periphere Vasodilatation sind ebenfalls zu vermeiden. Auch durch die Anwendung eines hohen PEEP nimmt der pulmonale Gefäßwiderstand und eventuell der Rechts-links-Shunt zu.

Zur Erniedrigung des pulmonalvaskulären Widerstandes kommen perioperativ folgende Maßnahmen in Frage:

Erniedrigung des PVR durch:
- Gabe von 100 % Sauerstoff,
- Hypokapnie,
- Alkalose,
- normale FRC,
- Erniedrigung des Hämatokrits (Aderlaß),
- Blockade sympathischer Stimuli.

Kombinierte Herzfehler (= Druckbelastung plus Shunt)

Ein typisches Beispiel für ein kombiniertes Herzvitium ist die Fallot-Tetralogie.

Fallot-Tetralogie

Die Fallot-Tetralogie ist charakterisiert durch einen VSD, eine über der pulmonalen Ausflußbahn reitende Aorta, eine Stenose im Bereich der Pulmonalisausflußbahn sowie eine Rechtsherzhypertrophie. Da diese Kinder eine meist muskuläre Obstruktion des rechtsventrikulären Ausflußtraktes haben, kommt es zu einem Rechts-links-Shunt mit Hypoxämie. Bei einer Zunahme der Kontraktilität nimmt die variable muskuläre Pulmonalstenose und damit auch der Rechts-links-Shunt zu. Auch wenn der systemische Gefäßwiderstand sinkt (z.B. bei körperlicher Belastung), nimmt der Rechts-links-Shunt zu.

Der P_aO_2 ist bei diesen Kindern auch bei Atmung von 100 % Sauerstoff meist unter 50 mm Hg. Etwa 35 % der Kinder mit einer Fallot-Tetralogie können eine akute Verschlimmerung der Zyanose entwickeln („hypercyanotic attacks", „hypercyanotic spells"). Diese manchmal lebensbedrohlichen Attacken treten insbesondere beim Schreien oder bei körperlicher Anstrengung auf, oft aber auch ohne erkennbaren Anlaß. Ursache ist meist ein Spasmus im Bereich der pulmonalen Ausflußbahn z.B. aufgrund einer Zunahme der myokardialen Kontraktilität.

Operativ wird initial eine palliative Korrektur durchgeführt. Es wird eine Anastomose zwischen einer großen Arterie des Systemkreislaufs und der A. pulmonalis, zumeist in Form eines Balock-Taussig-Shunts, angelegt. Ein Balock-Taussig-Shunt wird als End-zu-Seit-Anastomose zwischen der A. subclavia und der A. pulmonalis vorgenommen und stellt einen „künstlichen Ductus arteriosus Botalli" dar. Dadurch wird die Lungendurchblutung gesteigert und der P_aO_2 steigt an. Im Alter von 3–6 Jahren wird dann meistens die endgültige operative Korrektur vorgenommen.

Narkoseführung bei Kindern mit angeborenem Herzfehler

Anamnese

Wenn bei einem Kind mit einem angeborenen Herzfehler eine Narkose durchgeführt werden soll, dann muß geklärt werden, ob es sich um ein Kind mit unkorrigiertem oder mit anatomisch, physiologisch bzw. palliativ korrigiertem Herzfehler handelt. Bei einer anatomischen Korrektur wird die normale Anatomie wieder (weitgehend) hergestellt (z.B. Verschluß eines VSD). Von einer physiologischen Korrektur wird gesprochen, wenn beispielsweise bei einer Transposition der großen Gefäße (die Aorta entspringt hierbei aus dem rechten und die A. pulmonalis aus dem linken Ventrikel) das Blut durch eine Korrekturoperation auf Vorhofebene umgeleitet wird, so daß das venöse Blut der Hohlvenen in den linken Vorhof und das pulmonalvenöse Blut in den rechten Vorhof umgeleitet wird (Mustard-Operation). Unter Palliativoperationen werden vor allem Shuntanlagen (z.B. ein Balock-Taussig-Shunt; s. oben) oder eine Drosselung einer verstärkten Lungendurchblutung (durch Einschnürung [„banding"] der A. pulmonalis) verstanden. Selbst Patienten, bei denen eine vollständige Korrekturoperation durchgeführt wurde, können noch kardiovaskuläre Probleme wie Rhythmusstörungen, Ventrikelfunktionsstörungen, Klappenstenosen, Klappeninsuffizienzen oder eine pulmonalvaskuläre Hypertension haben.

Bei der präoperativen Visite muß sich der Anästhesist ein genaues Bild von dem angeborenen Herzfehler sowie dessen pathophysiologischen Auswirkungen machen. Auch sollte er sich genau über eventuell durchgeführte kardiochirurgische Maßnahmen informieren und eine genaue Vorstellung von den dadurch bedingten Verhältnissen haben. Ist das Kind in der Betreuung eines Kardiologen, so sollte ggf. dieser konsultiert werden, falls nicht ausführliche Unterlagen vorliegen. Bezüglich der Anamnese interessieren insbesondere:

- Einschränkung der körperlichen Belastbarkeit?
- Entwicklungs-/Wachstumsverzögerung? Fütterungsprobleme?
- Frühere/jetzige Medikation?
- Frühere/aktuelle Herzinsuffizienz?
- Zeitlicher Verlauf der Erkrankung?
- Herzrhythmusstörungen?
- Zyanose/hyperzyanotische Attacken?
- Lungenfunktion/pulmonale Infekte?

Körperliche Untersuchung

Bei der körperlichen Untersuchung sind Entwicklungs- und Ernährungszustand, Hautfarbe, Atemfrequenz, Atemmuster, Größe der Leber sowie Pulsqualität und Blutdruck (an allen vier Extremitäten) zu beurteilen. Bei Kindern, die einen palliativen Shunt zwischen A. subclavia und A. pulmonalis haben, ist oft auf der Seite der anastomosierten A. subclavia kein peripherer Armpuls nachweisbar. Besteht ein Rechts-links-Shunt, dann können neben einer Zyanose auch Trommelschlegelfinger vorliegen. Eine vergrößerte Leber oder periphere Ödeme können Zeichen einer Rechtsherzinsuffizienz sein. Feuchte Rasselgeräusche über der Lunge sind Zeichen einer Linksherzinsuffizienz. Aus dem Auskultationsbefund des Herzens kann nicht immer auf das zugrundeliegende Vitium rückgeschlossen werden.

Apparative Untersuchungen

Sämtliche apparativen Untersuchungergebnisse wie z.B. EKG-Ableitungen (Hypertrophiezeichen? Rhythmusstörungen?), Echokardiographie- und Herzkatheteruntersuchung (Größe des pulmonalen Blutflusses? Pulmonalvaskuläre Hypertension? Druckgradient über der rechts- oder linksventrikulären Ausflußbahn?), Blutgasanalysen und der Kalium- (Diuretikatherapie, Digitalistherapie?) und Hämatokritwert (Polyglobulie?) sind zu überprüfen.

Prämedikation

Kinder mit einem angeborenen Herzfehler sollten ausreichend prämediziert werden. Liegt z.B. ein Rechts-links-Shunt vor, dann kann es durch Angst und Streß in der präoperativen Phase zu einer Zunahme des Shunts und einer Verschlechterung der Oxygenierung kommen. Eine übermäßige Sedierung mit Atemdepression oder Abfall des peripheren Widerstands muß allerdings sicher vermieden werden. Empfehlenswert ist es, bei diesen Kindern präoperativ auf die voraussichtliche Punktionsstelle EMLA-Creme auftragen, um eine möglichst streßarme Venenpunktion (ohne Gefahr der kardiopulmonalen Dekompensation) zu gewährleisten. Um Schreien und Streß zu vermeiden, sollte beispielsweise auf eine schmerzhafte intramuskuläre Prämedikation verzichtet werden. Meist wird eine rektale oder orale Prämedikation mit Midazolam durchgeführt.

Einleitung und Aufrechterhaltung der Narkose

Folgende Überwachungsmaßnahmen sind unabdingbar:

- präkordiales Stethoskop,
- Pulsoxymetrie,
- oszillometrische Blutdruckmessung,
- Kapnometrie,
- EKG,
- Temperaturmessung.

Nur in relativ seltenen Fällen (mit instabilen kardiovaskulären Verhältnissen oder bei sehr großen operativen Eingriffen) ist eine direkte arterielle Druckmessung zur genauen Blutdruckkontrolle und/oder wiederholten Abnahme von arteriellen Blutgasproben, ein zentraler Venenkatheter zur Beurteilung des ZVD und zur herznahen Gabe von vasoaktiven Medikamenten, ein Pulmonaliskatheter oder Dauerkatheter notwendig.

Die Kapnometrie ist bei Kindern mit einem zyanotischen Herzfehler meist fehlerbehaftet. Es wird ein im Mittel deutlich zu niedriger endexspiratorischer CO_2-Wert gemessen [2], da ein Teil des Blutes über einen Rechts-links-Shunt die Lunge (und damit die Abatmung von CO_2) umgeht und eine relativ große Totraumventilation vorliegt. Bei azyanotischen angeborenen Herzfehlern korrelieren dagegen die arterielle und endexspiratorische CO_2-Konzentration gut.

Wichtigstes Ziel bei der Narkoseführung ist, daß das Shuntvolumen, die myokardiale Kontraktilität sowie der systemische und pulmonalvaskuläre Widerstand nicht negativ beeinflußt werden. Bei diesen Risikokindern empfiehlt es sich, normalerweise eine Intubationsnarkose durchzuführen. Bei der kontrollierten Beatmung können der P_aCO_2 sowie auch der pulmonalvaskuläre Widerstand und der pulmonale Blutfluß am besten kontrolliert werden.

160

Welche Narkosemedikamente sind bei Kindern
mit angeborenem Herzfehler besonders geeignet?

Ketamin

Ketamin (1–2 mg/kg KG i.v. oder 5–7 mg/kg KG i.m.) kann z. B. bei Vorliegen eines Rechts-links-Shunts oder auch bei Kindern mit einer Herzinsuffizienz oft mit Vorteil eingesetzt werden.

Studien bei Erwachsenen haben zwar gezeigt, daß Ketamin den pulmonalvaskulären Gefäßwiderstand erhöhen kann, dies scheint jedoch dadurch bedingt zu sein, daß in diesen Studien Ketamin bei spontan atmende Erwachsenen untersucht wurde [6]. Der unter Ketamin auftretende atemdepressive Effekt mit Anstieg des P_aCO_2 und Abfall von P_aO_2 und pH-Wert scheint entscheidende Ursache für diesen ketaminbedingten Anstieg des pulmonalvaskulären Widerstandes zu sein [6].

Hickey et al. sahen unter 2 mg/kg KG Ketamin intravenös bei Kindern mit Herzfehlern (bei denen eine ketaminbedingte Atemdepression mit Hyperkapnie und Hypoxie verhindert wurde) keinen Anstieg des pulmonalvaskulären Widerstandes, unabhängig davon, ob er vorher normal oder erhöht war [6]. In dieser Studie kam es unter Ketamin auch zu keiner signifikanten Veränderung von Herzfrequenz, rechts- oder linksatrialem Druck, mittlerem arteriellem bzw. pulmonalarteriellem Druck, Herzminutenvolumen oder Gefäßwiderstand im System- oder Pulmonalkreislauf.

Volatile Anästhestika

Da volatile Anästhetika eine myokarddepressive Wirkung haben sowie häufiger zu Bradykardie und Hypotension im Systemkreislauf führen können, werden sie von vielen Anästhesisten bei den meisten schweren Herzfehlern möglichst vermieden. Insbesondere Kinder mit beispielsweise einer schweren Aortenstenose können unter Gabe eines (negativ-inotropen) volatilen Anästhetikums leicht dekompensieren. Bei einem zyanotischen Herzfehler mit Rechts-links-Shunt und verminderter Lungendurchblutung kann ein starker Abfall des systemischen Gefäßwiderstandes durch Gabe eines höherdosierten volatilen Anästhetikums sehr nachteilig sein und zu einer Shuntzunahme mit Verstärkung der Zyanose führen.

Dennoch können auch volatile Anästhetika bei den meisten Kindern mit einem Herzvitium eingesetzt werden. Entscheidend ist, daß mit einer relativ niedrigen Konzentration des volatilen Anästhestikums begonnen wird und die Dosierung streng nach Wirkung titriert wird. Sinnvoll ist es, zumindest zusätzlich ein Opioid zu verabreichen, um so die notwendige Dosierung des volatilen Anästhetikums zu minimieren.

Lachgas

Wird bei Erwachsenen mit stark erhöhtem pulmonalvaskulärem Widerstand (PVR) Lachgas verabreicht, dann steigt der PVR deutlich an [11]. In einer Studie von Hickey et al. kam es dagegen bei Kindern (mit vorher normalem oder erhöhtem PVR) unter Gabe von 50% Lachgas zu keinem signifikanten Anstieg des PVR [7]. Durch die Gabe von 50% Lachgas kam es jedoch in beiden Gruppen zu einem signifikanten Abfall von Herzfrequenz (jeweils um 9%), mittlerem arteriellem Druck (jeweils um 12%) und Herzindex (jeweils um 13%). Das Ausmaß dieser hämodynamischen Veränderungen scheint normalerweise nicht klinisch relevant zu sein. Bei schwerst herzkranken Kindern (die z.B. eine medikamentöse Blutdruckunterstützung benötigen) könnten diese hämodynamischen Veränderungen im Systemkreislauf evtl. relevant werden und gegen den Einsatz von Lachgas sprechen [7]. Auch bei herzkranken Erwachsenen konnte gezeigt werden, daß Lachgas, insbesondere wenn zusätzlich ein Opioid verabreicht wurde, myokarddepressiv wirkt und zu einem Abfall von Herzindex und arteriellem Druck führt.

Opioide

Opioide wie Fentanyl und Sufentanil weisen eine bemerkenswerte kardiovaskuläre Stabilität auf, sowohl was den systemischen als auch den pulmonalen Kreislauf betrifft. Bei schwerkranken Kindern mit einem Herzvitium wird daher meist eine (zumindest zusätzliche) Opioidgabe durchgeführt.

Barbiturate

Bei Kindern mit einer deutlich eingeschränkten myokardialen Reserve werden Barbiturate wegen ihrer myokarddepressiven Wirkung meist vermieden. Bei mäßig schwerem Herzfehler werden sie jedoch in reduzierter Dosis meist gut toleriert, sofern das Kind nicht hypovolämisch ist.

Benzodiazepine

Benzodiazepine wie Midazolam werden oft zur rektalen oder oralen Prämedikation oder bei längeren Eingriffen zur Narkoseeinleitung bzw. Narkoseunterhaltung verwendet. Die hämodynamischen Parameter bleiben stabil.

Welche Narkoseverfahren sind bei Kindern mit angeborenem Herzfehler besonders geeignet?

Zur Narkoseeinleitung und -aufrechterhaltung bei beispielsweise einer Fallot-Tetralogie wird sehr häufig Ketamin in Kombination mit einem Opioid, evtl. auch einem Benzodiazepin, verwendet. Die Gabe eines volatilen Anästhetikums (Halothan) wird bei Kindern mit einem Rechts-links-Shunt von vielen Autoren vermieden, da eine halothanbedingte Verminderung der myokardialen Kontraktilität und eine periphere Vasodilatation mit Hypotension und Zunahme des Rechts-links-Shunts befürchtet werden. Allerdings belegen nicht alle Studien diese Befürchtung. Greeley et al. [5] verabreichten zur Narkoseeinleitung bei zyanotischen Kindern mit Rechts-links-Shunt entweder 6 mg/kgKG Ketanest intramuskulär (und 100 % Sauerstoff) oder 70 % Lachgas in Kombination mit Sauerstoff und steigenden Halothankonzentrationen. Die arterielle O_2-Sättigung unterschied sich in den beiden Gruppen nicht, obwohl es unter Halothan zu einem signifikanten Abfall des mittleren arteriellen Druckes kam. Dies mag u. a. dadurch bedingt sein, daß unter Halothan der O_2-Bedarf abfällt und daß es bei Patienten mit einer dynamischen Pulmonalstenose (bei Fallot-Tetralogie) aufgrund der negativ-inotropen Wirkung des Halothans zu einer Verminderung der Pulmonalstenose und einer Zunahme der Lungendurchblutung kommt [5].

In einer Untersuchung von Laishley et al. [9] wurden bei Kindern mit einem Rechts-links-Shunt unterschiedliche Narkoseeinleitungsverfahren verglichen: Thiopental (5,7 ± 0, 5 mg/kg KG), Fentanyl (42,1 ± 8,0 µg/kg KG), Ketamin (2,1 ± 0,4 mg/kg KG), Thiopental plus Fentanyl (3,7 ± 0,5 mg/kg KG plus 6,2 ± 1,

1 μg/kg KG) bzw. Halothan (0,5-2,0 Vol.-%). Während der Einleitung wurde kontinuierlich die arterielle O_2-Sättigung gemessen, um eine Zunahme des Rechtslinks-Shunts mit einem Abfall der arteriellen O_2-Sättigung erfassen zu können [9]. Die 5 Therapiegruppen unterschieden sich nicht signifikant in der arteriellen O_2-Sättigung, es kam in keiner Gruppe zu einem Abfall der O_2-Sättigung.

Mehrere Studien bestätigen also die klinische Erfahrung, daß auch bei Kindern mit einem Herzfehler die altbekannte Tatsache gilt: Es ist meist weniger wichtig, welche Medikamente verwendet werden, sondern vor allem entscheidend, wie sie eingesetzt werden. Es können meistens verschiedenste Narkoseverfahren eingesetzt werden, wenn sorgfältig darauf geachtet wird, daß die Dosierung an individuellem Bedarf, an Wirkungen und Nebenwirkungen orientiert wird.

Häufige Probleme bei Kindern mit angeborenem Herzfehler

Bei Kindern mit angeborenem Herzfehler sind v. a. folgende, häufiger auftretende Probleme zu beachten:

Endokarditisrisiko

Bei den meisten Kindern mit angeborenem Herzfehler ist aufgrund eines erhöhten Endokarditisrisikos eine Endokarditisprophylaxe durchzuführen. Die von der American Heart Association angegebenen Empfehlungen sind in den folgenden Übersichten dargestellt [4].

Empfehlung einer Endokarditisprophylaxe bei folgenden anatomischen Gegebenheiten:

- bei den meisten angeborenen Herzfehlern,
  Ausnahmen:
  - isolierter ASD vom Sekundumtyp,
  - Zustand nach Verschluß eines ASD vom Sekundumtyp, VSD oder persistierender Ductus arteriosus Botalli (falls der Verschluß älter als 6 Monate ist und ohne Residuen verheilte),
  - Mitralklappenprolaps ohne Regurgitation,
  - funktionelles Herzgeräusch;
- künstliche Herzklappen;
- Shunts oder Conduits zwischen System- und Pulmonalkreislauf;
- Mitralklappenprolaps mit Regurgitation;
- hypertrophe Kardiomyopathie;
- bereits stattgehabte Endokarditis.

Empfehlung einer Endokarditisprophylaxe bei folgenden Eingriffen:

- alle Operationen im Bereich der intestinalen oder respiratorischen Schleimhaut,
- Tonsillektomie/Adenotomie;
- starre Bronchoskopie (nicht jedoch bei einer endotrachealen Intubation);
- Manipulationen an den Zähnen die zu Gingiva-/Schleimhautblutungen führen;
- Dilatationen von Urethra oder Ösophagus;
- Operationen im harnableitenden System oder eine Katheterisierung, falls eine Infektion vorliegt;
- Inzision und Drainage von infiziertem Gewebe.

Prophylaxe bei zahnärztlichen Eingriffen sowie Eingriffen im Mund und oberen Respirationstrakt

Standardprophylaxe (oral):
- Amoxicillin 50 mg/kg KG (bis maximal 3,0 g) oral 1h vor dem Eingriff; 6h später die halbe Dosis wiederholen;
- Patienten mit Penicillinallergie oder Patienten, die unter einer dauernden Penicillinprophylaxe stehen: Erythromycin 20 mg/kg KG (bis maximal 1 g) oral 2h vor dem Eingriff; 6h später die halbe Dosis wiederholen;
- Patienten mit einer Penicillin- und Erythromycinallergie: Clindamycin 10 mg/kg KG (bis maximal 300 mg) oral 1h vor dem Eingriff; 6h später die halbe Dosis wiederholen.

Alternative Prophylaxe (i.m. oder vorzugsweise i.v.):
- Ampicillin 50 mg/kg KG (bis maximal 2,0 g) i.v. oder i.m. 30 min vor dem Eingriff; 6h später die halbe Dosis wiederholen;
- Patienten mit einer Penicillinallergie, die keine orale Medikation (Erythromycin) einnehmen können: Clindamycin 10 mg/kg KG (bis maximal 300 mg) i.v. 30 min vor dem Eingriff; 6h später die halbe Dosis wiederholen;
- Patienten mit hohem Endokarditisrisiko (künstliche Herzklappe, frühere Endokarditis, operativ angelegter Shunt oder Conduit zwischen System- und Pulmonalkreislauf): Ampicillin 50 mg/kg KG (bis maximal 2,0 g) plus Gentamycin 1,5 mg/kg KG (bis maximal 80 mg) i.v. oder i.m. 30 min vor dem Eingriff; 8h später diese Dosis wiederholen;
- Patienten mit hohem Endokarditisrisiko (künstliche Herzklappe, frühere Endokarditis, operativ angelegter Shunt oder Conduit zwischen System- und Pulmonalkreislauf), aber einer Allergie auf Penicilline: Vancomycin 20 mg/kg KG (bis 1 g) i.v. (langsam über 1h) 1 h vor dem Eingriff.

Prophylaxe für Eingriffe am Urogenital- oder Gastrointestinalsystem

- Ampicillin 50 mg/kg KG (bis maximal 2,0 g) plus Gentamycin 1,5 mg/kg KG (bis maximal 80 mg) i.v. oder i.m. 30 min vor dem Eingriff; Amoxicillin 25 mg/kg KG (bis maximal 1,5 g) oral 6h nach der Initialdosis oder alternativ 8h später die parenterale Dosis wiederholen;
- Patienten mit Allergie auf Penicilline: Vancomycin 20 mg/kg KG (bis 1 g) i.v. (über 1h) 1h vor dem Eingriff plus Gentamycin 1,5 mg/kg KG (bis maximal 80 mg). Diese Dosis kann 8h später wiederholt werden;
- Patienten mit einem geringen Risiko können alternativ Amoxicillin 50 mg/kg KG (bis maximal 3,0 g) oral 1h vor dem Eingriff erhalten. 6h später die halbe Dosis wiederholen.

Falls möglich, sollte perioperativ eine intravenöse Endokarditisprophylaxe vorgezogen werden.

Paradoxe Embolie

Da bei einem Rechts-links-Shunt das Filtersystem der Lunge zum Teil umgangen wird, können bei diesen Patienten Thromben oder sonstiges Fremdmaterial wie z.B. Luftblasen oder bakterielle Keime direkt ins arterielle System gelangen und so zu Thrombosierungen von Arterien des Systemkreislaufs mit zerebralen Insulten oder Niereninfarkten und zu Hirnabszessen führen. Es sind daher entsprechende Vorsichtsmaßnahmen zu ergreifen, um z.B. auch die Injektion kleinster Luftmengen zu vermeiden. In Ausnahmefällen kann es auch bei Vorliegen eines Links-rechts-Shunts (z.B. während eines Valsalva-Manövers, wie es bei der Narkoseeinleitung bei einem schreienden oder hustenden Kind der Fall sein kann) zu einer paradoxen Embolie kommen.

Änderung eines Links-rechts-Shunts

Bei Vorliegen eines Links-rechts-Shunts kann ein stärkerer Anstieg des systemischen Gefäßwiderstandes zu einer Shuntzunahme führen und ist daher zu vermeiden. Die Gabe eines volatilen Anästhetikums (mit Erniedrigung des systemischen Gefäßwiderstands) wird von diesen Patienten gut toleriert. Eine Steigerung des pulmonalvaskulären Widerstandes (z.B. durch eine PEEP-Beatmung) drosselt die Lungendurchblutung und vermindert den Links-rechts-Shunt.

Liegt ein Links-rechts-Shunt vor, so ist die An- und Abflutung von Inhalationsanästhetika nur wenig beschleunigt [12]. Der Wirkungsbeginn intravenös verabreichter Medikamente ist nur leicht verzögert.

Änderung eines Rechts-links-Shunts

Liegt ein Rechts-links-Shunt vor, dann ist die An- und Abflutung von Inhalationsanästhetika verzögert, da der pulmonalvaskuläre Blutfluß erniedrigt und damit auch die Aufnahme volatiler Anästhetika in der Lunge ins Blut vermindert ist [12]. Intravenös injizierte Medikamente fluten bei einem Rechts-links-Shunt relativ schnell und in hoher Konzentration an den Erfolgsorganen an. Daher ist auf eine langsame und niedrig dosierte Injektion zu achten.

Perioperative Faktoren, die den pulmonalvaskulären Widerstand und damit einen Rechts-links-Shunt beeinflussen können, wurden bereits in der vorangegangenen Übersicht beschrieben; nachfolgend sind die wichtigsten Maßnahmen dargestellt, die im Falle einer akuten perioperativen Zunahme eines Rechts-links-Shunts ergriffen werden können.

Senkung des pulmonalen Gefäßwiderstandes
- Gabe von 100 % Sauerstoff;
- Hyperventilation;
- Gabe negativ-inotroper Substanzen (z.B. β-Blocker), falls es sich um eine Zyanoseattacke im Rahmen einer Fallot-Tetralogie mit spastischer Obstruktion der pulmonalen Ausflußbahn handelt.

Erhöhung des systemischen Gefäßwiderstandes
- Vasokonstriktiva;
- manuelle Kompression der Aorta abdominalis.

Verminderung des O_2-Bedarfs
- Sedierung;
- Allgemeinanästhesie;
- Relaxation.

Je kleiner das Rechts-links-Shuntvolumen ist, desto leichter kann durch eine Steigerung der inspiratorischen O_2-Gabe der arterielle P_aO_2 erhöht werden. Falls der Rechts-links-Shunt jedoch mehr als ca. 35 % des Herzminutenvolumens beträgt, kann durch eine Steigerung der inspiratorischen O_2-Konzentration die arterielle O_2-Sättigung nicht mehr wesentlich erhöht werden [10].

Polyglobulie

Patienten mit einer chronischen Hypoxämie weisen eine kompensatorische Polyglobulie auf. Dadurch wird die O_2-Transportkapazität des Blutes erhöht und die O_2-Versorgung des Gewebes bei einem erniedrigten O_2-Partialdruck verbessert. Falls der Hämatokrit allerdings über 60% ansteigt, wird die O_2-Versorgung des Gewebes verschlechtert, da es hierdurch zu einer deutlichen Zunahme der Blutviskosität kommt. Bei Kindern mit einem Hämatokritwert von > 60–65% drohen vor allem zerebrale oder renale Thrombosen. Dieses Problem ist insbesondere dann erhöht, wenn die Kinder dehydriert sind. Daher ist es wichtig, daß während der präoperativen Nüchternheit eine adäquate intravenöse Flüssigkeitssubstitution durchgeführt wird. Gegebenenfalls sollte mit dem Kardiologen diskutiert werden, ob präoperativ eine Hämodilution sinnvoll ist.

Gerinnungsstörungen

Kinder mit einem zyanotischen Herzvitium haben häufig Blutgerinnungsstörungen. Vor allem bei Patienten mit einem hohen Hämatokrit (> 60%) können beispielsweise die PTT verlängert und der Quickwert erniedrigt sein [3]. Außerdem kann eine Thrombozytopenie vorliegen. Auch einzelne Gerinnungsfaktoren wie beispielsweise Faktor VII oder IX können in ihrer Konzentration vermindert sein [3]. Die Ursache dieser Gerinnungsstörung ist nicht genau bekannt.

Zyanotische Kinder, die einen Hämatokrit über ca. 60% haben, können von einem präoperativen Aderlaß profitieren, falls eine entsprechende Volumensubstitution (zumeist mit FFP) vorgenommen wird. Dadurch kann das Risiko von Thrombosen und einer Thrombozytopenie vermindert werden.

Herzinsuffizienz

Aufgrund einer Druck- oder Volumenüberlastung eines Ventrikels kann sich eine Herzinsuffizienz entwickeln. Die häufigste Ursache für eine Herzinsuffizienz bei Kindern ist ein Links-rechts-Shunt mit linksventrikulärer Volumenüberlastung (vor allem aufgrund eines großen Ventrikelseptumdefektes oder perisitierenden Ductus arteriosus Botalli). Ein durch eine Linksherzinsuffizienz bedingtes Lungenödem führt zu einer Verminderung der Lungencompliance und zu einer Zunahme der Atemarbeit. Bei einer Rechtsherzinsuffizienz imponieren meist Hepatosplenomegalie und Ödeme.

Rechtsventrikuläre Ausflußbehinderung

Liegt eine ausgeprägte Pulmonalstenose bei intaktem Ventrikelsystem vor, dann ist ein Anstieg des rechtsventrikulären O_2-Bedarfs (und damit eine Tachykardie und eine Steigerung der myokardialen Kontraktilität) zu vermeiden.

Patienten mit einer Pulmonalstenose sind sehr schwierig mechanisch zu reanimieren, da es bei der Herzdruckmassage meist nicht gelingt, genügend Blut durch die Stenose zu pressen. Herzrhythmusstörungen müssen daher sofort therapiert werden. Es muß stets ein für Kinder ausgerüsteter Defibrillator greifbar sein.

Liegt im Rahmen einer Fallot-Tetralogie eine variable infundibuläre Pulmonalstenose vor, dann muß eine Verstärkung der Stenose vermieden werden. Bei Patienten mit einer Fallot-Tetralogie kann der Rechts-links-Shunt durch Verminderung der myokardialen Kontraktilität und damit der variablen muskulären Pulmonalstenose (z.B. mit β-Blockern) und durch Steigerung des systemischen Gefäßwiderstandes (α-Agonisten oder Einnahme der „Hockerstellung") vermindert werden. Bei der „Hockerstellung" werden die großen Arterien in der Leiste abgeknickt, wodurch der periphere Widerstand ansteigt. Dadurch nimmt der Rechts-links-Shunt ab, der P_aO_2 und die CO_2-Elimination über die Lungen steigen an.

Linksventrikuläre Ausflußbehinderung

Bei Patienten mit einer Aortenstenose ist darauf zu achten, daß sich weder Herzfrequenz noch Blutdruck oder intravasales Volumen zu stark ändern. Ziel muß es sein, die Oxygenierung des Myokards aufrechtzuerhalten sowie eine Myokarddepression zu vermeiden. Ein Anstieg des peripheren Gefäßwiderstandes kann zu einem Abfall des Schlagvolumens führen. Eine Erniedrigung des peripheren Widerstandes kann bei einer valvulären oder subvalvulären Aortenstenose die koronare Durchblutung beeinträchtigen. Eine unzureichende Oxygenierung des Myokards kann zu Kammerflimmern führen. Stets muß ein Defibrillator verfügbar sein. Eine Herzdruckmassage ist bei diesen Patienten wenig effektiv, da es meist nicht gelingt, genügend Blut durch die stenosierte Aortenklappe zu pressen.

Zur Narkoseführung bei einer leichten oder mäßigen Aortenstenose werden meist ein Opioid, Lachgas und eine moderate Dosierung eines volatilen Anästhetikums empfohlen. Bei einer massiven Stenose kann ein gerade noch kompensierter Ventrikel bei Gabe eines (negativ-inotropen) volatilen Anästhetikums leicht dekompensieren. Bei einem (z.B. halothanbedingten) AV-Knoten-Rhythmus entfällt außerdem die wichtige Synchronisierung zwischen Vorhof- und Ventrikelkontraktion.

Postoperative Betreuung

Kinder mit einem angeborenen Herzfehler sollten erst extubiert werden, wenn sie eine suffiziente Spontanatmung haben. Eine unzureichende Ventilation mit drohender Hyperkapnie, Azidose und Hypoxämie wird sehr schlecht toleriert. Postoperativ müssen die arterielle O_2-Sättigung pulsoxymetrisch überwacht und engmaschig der Blutdruck gemessen werden.

Literatur

1. Brash AR, Hickey DE, Graham TP et al. (1981) Pharmacokinetics of indomethacin in the neonate: relation of plasma indomethacin levels to response of the ductus arteriosus. N Engl J Med 305: 62–72
2. Burrows FA (1989) Physiologic dead space, venous admixture, and the arterial to endtidal carbon dioxide difference in infants and children undergoing cardiac surgery. Anesthesiology 70: 219–225
3. Colón-Otero G, Gilchrist GS, Holcomb GR, et al. (1987) Preoperative evaluation of hemostasis in patients with congenital heart disease. Majo Clin Proc 62: 379–385
4. Dajani AS, Bisno AL, Chung KJ et al. (1990) Prevention of bacterial endocarditis. Recommendations by the American Heart Association. JAMA 264: 2919–2922
5. Greeley WJ, Bushman GA, Davis DP, Reves JG (1986) Comparative effects of halothane and ketamine on systemic arterial oxygen saturation in children with cyanotic heart disease. Anesthesiology 65: 666–668
6. Hickey PR, Hansen DD, Cramolini GM et al. (1985) Pulmonary and systemic hemodynamic responses to ketamine in infants with normal and elevated pulmonary vascular resistance. Anesthesiology 62: 287–293

7. Hickey PR, Hansen DD, Strafford M et al. (1986) Pulmonary and systemic hemodynamic effects of nitrous oxide in infants with normal and elevated pulmonary vascular resistance. Anesthesiology 65: 374–378
8. Hoffman JIE, Christianson R (1978) Congenital heart disease in a cohort of 19,502 biths with long-term follow-up. Am J Cardiol 42: 641–647
9. Laishley RS, Burrows FA, Lerman J, Roy WL (1986) Effect of anesthestic induction regimes on oxygen saturation in cyanotic congenital heart disease. Anesthesiology 65: 673–677
10. Lawler PGP, Nunn JF (1984) A reassessment of the validity of the iso-shunt graph. Br J Anaesth 56: 1325–1335
11. Schulte-Sasse U, Hess W, Tarnow J (1982) Pulmonary vascular responses to nitrous oxide in patients with normal and high pulmonary vascular resistance. Anesthesiology 57: 9–13
12. Tanner GE, Angers DG, Barash PG et al. (1985) Effect of left-to-right, mixed right-to-left, and right-to-left shunts on inhalational anesthestic induction in childdren: A computer model. Anesth Analg 64: 101–107

Toxizität von Lokalanästhetika

B. Bachmann-Mennenga

Die sachgemäße Durchführung von Regionalanästhesien stellt für viele operative Eingriffe ein sicheres Betäubungsverfahren dar, welches als alleinige Methode oder in Kombination mit einer Allgemeinanästhesie genutzt wird. Neben einem sicheren Umgang mit den einzelnen Techniken der Regionalanästhesie ist es insbesondere erforderlich, Wirkeigenschaften und Komplikationsmöglichkeiten der unterschiedlichen Lokalanästhetika zu kennen, um entsprechende Gefahren vom Patienten abwenden zu können.

Bei der Applikation von Lokalanästhetika zur Regionalanästhesie befindet sich der Anwender in der besonderen Situation, daß ein Medikament möglichst wirkortnah appliziert werden muß, sein langes Verweilen in dieser Region mit der erwünschten Wirkung eng verknüpft ist und die Aufnahme in den Gesamtorganismus im Sinne der systemischen Resorption nicht Bestandteil der Medikamentenwirkung, sondern Folge der Applikation ist. Die konsekutiven intravasalen Medikamentenkonzentrationen sind somit eine zwangsläufige, aber durchaus nicht erwünschte Folge. Nach heutiger Kenntnis haben Lokalanästhetika zwar prinzipiell einen gleichen Wirkmechanismus an erregbaren Strukturen, doch kann dies im Einzelfall zu sehr gegensätzlichen Effekten führen. Während die Erregungsleitungsblockade im Bereich rückenmarknaher oder peripherer Nerven das erwünschte Ziel darstellt, kann die Blockade erregbarer Strukturen im zentralen Nervensystem oder im Myokard schwerste Zwischenfälle induzieren, die klinisch als generalisierte Krampfanfälle und bradykarde Herzrhythmusstörungen bis hin zur Asystolie imponieren [1]. Zur Erklärung dieser pharmakodynamischen Effekte müssen Erkenntnisse über die Neurokinetik und -dynamik der Lokalanästhetika herangezogen werden.

Die Einführung und Anwendung der Einzelkanalanalyse im Sinne der „patch-clamp-technique" durch die Nobelpreisträger Neher und Sakmann hat in den letzten Jahren vielfältige Möglichkeiten eröffnet, den molekularen Mechanismus der Lokalanästhetikawirkung auf Zellebene zu untersuchen [12]. Nachdem Ende der 8oer Jahre der Arbeitsgruppe um Vogel die Demyelinisierung von Nervenaxonen durch enzymatische Behandlung mit Kollagenase und Protease gelang, konnte insbesondere von diesen Untersuchern mittels der „patch-clamp-technique" gezeigt werden, daß Lokalanästhetika in der Lage sind, substanzspezifisch unterschiedlich ausgeprägt, bestimmte Ionenkanäle zu blockieren [6, 13]. Von besonderem Interesse waren elektrophysiologische Untersuchungen über die blockierende Wirkung von Lokalanästhetika auf die Natriumkanäle, ohne die Aktionspotentiale – und damit auch die Weiterleitung von Biosignalen wie dem Schmerz – nicht erzeugt werden können. Mit der Kenntnis, daß Lokalanästhetika als ionisierte Moleküle an der Innenseite der Zellmembran wirken, nachdem sie zuvor als ungeladene Moleküle die Zellmembran passiert haben, untersuchten Bräu et al. bei ihren „patch-clamp"-Versuchen mittels der sogenannten „inside-out-configuration" (die Innenseite des Membranpatch zeigt in der Pipette nach außen und kann so mit der Testlösung gespült werden) die Wirkungen von Bupivacain und Lidocain [6]. Sie konnten nachweisen, daß es durch die eingesetzten Lokalanästhetika nicht zu einer Veränderung der Leitfähigkeit des einzelnen Natriumkanals kommt, sondern zu einer Verhinderung der Kanalöffnung, des sog. „gating". Letztere ist eine Struktur in Form einer Schleuse, die den Ionenkanal wahrscheinlich nach Maßgabe eines Spannungssensors öffnet oder schließt. Zur Blockade von 50 % der jeweils untersuchten Natriumkanäle erwies sich in den Untersuchungen von Bräu et al. Bupivacain 8mal potenter als Lidocain. Die blockierende Wirkung dieser beiden Lokalanästhetika wurde auch an anderen Ionenkanälen, wie z.B. Kalzium- und verschiedenen Kaliumkanälen nachgewiesen [9, 10, 17].

Besonders erwähnenswert ist in diesem Zusammenhang die im Gegensatz zu Lidocain und anderen Amidlokalanästhetika ausgeprägte Blockade eines speziellen Kaliumkanals durch Bupivacain. Wegen seiner Eigenschaft des schnellen Öffnens und Schließens wurde dieser Kanal als „Flickerkanal" bezeichnet [14]. Er kommt vorwiegend in dünnen, schmerzleitenden Fasern vor und ist an der Generierung des Ruhepotentials beteiligt. Durch seine Blockade kommt es zu einer Depolarisation der Nervenmembran, anschließender verstärkter Inaktivierung des Natriumsystems mit konsekutiver Unterdrückung des Aktionspotentials. Diese, fast bupivacainspezifische, molekulare Eigenschaft der Blockade des Flickerkanals könnte eine wesentliche Erklärung für den Tatbestand der klinisch sehr geschätzten Differentialblockade – Ausschaltung des Schmerzes bei erhaltender Motorik – von Bupivacain sein. Andererseits hat sich auch gezeigt, daß Bupivacain im Gegensatz zu den anderen Amiden insgesamt weniger Kaliumkanäle blockiert, so daß man von einer spezifischeren Bindung bei diesem Lokalanästhetikum ausgehen kann. Bei allem Fortschritt auf molekularer Ebene bleibt allerdings noch unklar, wie letzlich ein Lokalanästhetikummolekül am Rezeptor bindet, wie lange diese Bindung anhält, welcher Teil des Kanalproteins als Rezeptor agiert und wie die gating-Funktion beeinflußt wird.

Aus der Neurophysiologie ist ein weiteres Phänomen bekannt, nämlich daß die Intensität eines Blockes frequenzabhängig ist. Je mehr Aktionspotentiale pro Zeiteinheit ausgelöst werden, desto mehr Kanäle sind offen und dem Angriff der Lokalanästhetikamoleküle ausgesetzt. Dies wird als „use-or frequency-dependent block" bezeichnet [7]. Überträgt man diese Eigenschaft auf das Reizleitungssystem des Herzens, so wird deutlich, daß tachykarde Zustände zu einer Verstärkung des Blockes führen. Die Intensität und das zeitliche Verhalten der Erregungsleitungsblokkade am Herzen sind allerdings zwischen den Lokalanästhetika unterschiedlich und werden im wesentlichen von den physikochemischen Eigenschaften bestimmt. Während Lidocain schnell zum Rezeptor diffundiert und auch wieder schnell von ihm abdissoziiert („fast in – fast out"), vermag das Bupivacainmolekül mit deutlich größerer Lipophilie zwar ebenfalls schnell im Natriumkanal zu binden, dissoziiert aber wegen der hohen Affinität nur langsam ab („fast in – slow out"). Die Erholungsphase ist deshalb schon bei normaler Herzfrequenz im Falle von Bupivacain grenzwertig und verschlechtert sich noch, wenn diese zunimmt. Der Bupivacainblock kumuliert also außerordentlich leicht. Dies entspricht auch der klinischen Erkenntnis, daß mit der intravenösen Gabe von Lidocain ventrikuläre Herzrhythmusstörungen therapiert werden können, wohingegen die versehentliche intravasale Applikation von Bupivacain dosisabhängig eine therapieresistente Asystolie auslösen kann [1]. Clarkson u. Hondeghem konnten diese Phänomene in vitro an Meerschweinchenherzen experimentell untermauern [8].

Es blieb allerdings die Frage offen, inwieweit die unterschiedliche Kardiotoxizität von Bupivacain und Lidocain durch unterschiedliche pharmakokinetische oder pharmakodynamische Effekte bedingt ist. Mazoit et al. konnten zu diesem Problem vor kurzem eine erste Antwort geben [16]. Sie wiesen am Modell eines koronarperfundierten Kaninchenherzens nach, daß myokardialer „uptake" und Verteilungskinetik von Bupivacain und Lidocain vergleichbar sind und somit keine pharmakokinetischen Unterschiede bestehen. Im Falle einer versehentlichen intravasalen Applikation ist die größere Kardiotoxizität von Bupivacain im Vergleich zu Lido-

Tabelle 1. Pharmakokinetische Überlegungen zur maximalen Einzeldosis. (Nach [15])

	Lidocain	Mepivacain	Bupivacain	Etidocain
Vdss [l]	91	84	72	133
ctox [µg/ml]	4–6	5–6	1–4	1–3
Produkt [mg]	364–546	420–504	72–288	133–399
Max. Dos – Adr [mg]	200	300	150	300
Max. Dos + Adr [mg]	500	500	150–225	400

Tabelle 2. Pharmakokinetische Überlegungen zur maximalen Erhaltungsdosis. (Nach [15])

	Lidocain	Mepivacain	Bupivacain	Etidocain
Cltot [/h]]	57	46,8	34,8	66,6
ctox [µg/ml]	4–6	5–6	1–4	1–3
Produkt [mg/h]	228–342	234–281	35–139	67–200
Empfehlung				
für Erhalt [mg/h]	300	240	30	120

cain demnach am ehesten durch unterschiedliche Verhaltensmuster am Rezeptor zu erklären, was die Theorie des „fast-in–fast-out"-Mechanismus im Falle von Lidocain und des „fast-in–slow-out"-Mechanismus im Falle von Bupivacain unterstützt. Die Berichte über schwerste Zwischenfälle nach Lokalanästhetikaapplikation, die in den meisten Fällen auf eine versehentliche intravasale Injektion zurückzuführen waren, lassen sich somit schlüssig begründen. Die Kombination einer sehr hohen Affinität für inaktive Natriumkanäle und einer sehr langsamen Abdissoziationsrate scheint für die größere Kardiotoxizität von Bupivacain und auch Etidocain verantwortlich zu sein, während andererseits das günstige Verhältnis von schneller Rezeptorbindung und schneller Abdissoziation im Falle von Lidocain für die Therapie von Rhythmusstörungen genutzt werden kann.

Die im Deutschen Arzneimittelbuch festgeschriebenen empfohlenen Höchstdosen für Lokalanästhesie haben neben einer ausreichenden tierexperimentellen Basis v.a. auch ihre rationale Begründung in pharmakokinetischen Daten, die am Menschen sowohl in Probandenversuchen als auch in vivo nach Einsatz der verschiedensten Techniken der Regionalanästhsie gewonnen worden sind. Vor allem aus der Verteilungs- und Eliminationskinetik nach intravenöser Applikation der Substanzen lassen sich die Mengen des Lokalanästhetikums herleiten, die bei homogener Verteilung systemisch noch verträglich sind. So stellen die Gesammtmengen das Produkt dar aus der Schwellenkonzentration zur Auslösung unerwünschter systemischer Wirkungen und dem Verteilungsvolumen unter steady-state-Bedingungen (Tabelle 1). Durch den resorptionsmindernden Effekt von Vasokonstriktoren können manche Lokalanästhetika höher dosiert werden.

Während die im Deutschen Arzneimittelbuch genannten Dosierungsempfehlungen für die Bedingungen der einmaligen Applikation gelten, gibt es dort jedoch keine Dosierungsempfehlungen für die heute weit verbreiteten kontinuierlichen bzw. repetitiven Techniken. In ähnlicher Weise wie oben, lassen sich jedoch auch für die wiederholte Gabe von Lokalanästhetika entsprechende Dosierungsempfehlungen auf dem Boden pharmakokinetischer Daten aussprechen. In Analogie zur empfohlenen Höchstdosis bei einmaliger Applikation stellt die Repetitionsdosis pro Zeit das Produkt aus toxischer Schwellenkonzentration und Clearance pro Zeiteinheit dar (Tabelle 2).

In einer Reihe von klinisch orientierten pharmakokinetischen Untersuchungen hat sich aber gezeigt, daß insbesondere die angegebenen Repetitionsdosen der mittellang wirkenden Lokalanästhetika nach diesen Berechnungen etwas zu hoch liegen und bei Langzeitapplikation um ca. 15–20% reduziert werden müssen, damit mögliche toxikologische Auswirkungen ausgeschlossen werden können. Zudem ist zu berücksichtigen, daß zwar alle Amidlokalanästhetika einer hepatischen Metabolisierung unterliegen, doch sind es vor allem die mittellang wirkenden Substanzen, die in ihrer Metabolisierungsrate vom Ausmaß der Leberleistung und hier insbesondere der Leberdurchblutung abhängig sind. So kann z. B. eine verminderte Leberdurchblutung als Folge einer myokardialen Insuffizienz einen ganz erheblichen Einfluß auf die Eliminationsrate von Lidocain nehmen; langwirksame Amidlokalanästhetika, wie z. B. Bupivacain oder Etidocain sind hingegen nicht perfusions- sondern extraktionslimitiert und in ihrer hepatischen Clearance vom Herzminutenvolumen nahezu unabhängig [5].

Die klinische Auswahl von einzelnen Lokalanästhetika bemißt sich insbesondere an den in der täglichen Routine bedeutsamen Kriterien Anschlagzeit und Wirkdauer. Unter diesen Gesichtspunkten sind die mittellang wirkenden Lokalanästhetika Lidocain und Prilocain sowie das langwirksame Bupivacain für viele regionalanästhesiologische Techniken ausgewählte Substanzen. Während Lidocain und Prilocain über eine schnelle Anschlagzeit bei mittlerer Wirkdauer verfügen, imponiert bei Bupivacain die recht lange Wirkdauer bei etwas verzögertem Wirkungseintritt.

Bei repetitiver Anwendung hat sich gezeitgt, daß hoch proteingebundene, lipophile Substanzen wie Bupivacain toxikologisch günstiger zu bewerten sind, als die mittellang wirkenden und weniger hoch proteingebundenen Lokalanästhetika Lidocain oder Prilocain. Während erstere aufgrund ihrer physikochemischen Eigenschaften bei wiederholter Gabe vorwiegend am Wirkort, dem Nerven, kumulieren, tritt die Kumulation bei den mittellang wirkenden Substanzen vorwiegend im Plasma mit entsprechenden systemischen Nebenwirkungen auf.

Die Beachtung von Dosierungsgrenzen bei einzelnen Techniken, auch in bezug auf Gesamtmengen, ist ein Teil des gesamten Behandlungskonzeptes. Dies bedeutet jedoch nicht, daß ein Unterschreiten bestimmter Dosierungen unbedingt Sicherheit für den Patienten beinhaltet (schlecht sitzende Regionalanästhesie mit allen notwendigen Konsequenzen!); andererseits kann im Einzelfall die Überschreitung der empfohlenen Höchstdosis ärztlich begründet und vertretbar sein.

Zur Beschreibung des pharmakokinetischen Profils einer bestimmten Technik der Regionalanästhesie und des dabei möglichen Dosierungsspielraumes bieten die im zentralen Kompartiment zu messenden Gesamtkonzentrationen der jeweiligen Substanz eine wertvolle Hilfe. Hierbei muß jedoch berücksichtigt werden, daß der pharmakologisch aktive und somit auch zu Nebenwirkungen fähige Teil des Medikaments der freie, nicht proteingebundene Anteil ist. Das spezifische Bindungsprotein für Amidlokalanästhetika ist das saure α_1-Glykoprotein, ein Akutphaseprotein von hoher Spezifität bei begrenzter Kapazität. Eine weitaus größere Bindungskapazität für Lokalanästhetika hat Albumin, welches jedoch bei weitem nicht die gleiche Affinität und Spezifität aufweist. Die für Amidlokalanästhetika angegebene substanzspezifische Proteinbindung stellt jedoch keine biologische Konstante dar; vielmehr ist diese Proteinbindung in weiten Grenzen variabel und gilt in dem gemeinhin bekannten Maß nur für die definierten Bedingungen einer Gesamtkonzentration von 2 µg/ml Plasma und nicht näher definierten Werten für Plasma-pH und Plasmatemperatur. Vor allem bei steigenden Gesamtkonzentrationen erschöpft sich die Proteinbindung für die einzelnen Substanzen in unterschiedlichem Ausmaß, so daß der freie, pharmakologisch aktive Teil um ein Mehrfaches ansteigen kann. Einen gleichsinnigen Einfluß auf die Plasmaproteinbindung hat ein sinkender Plasma- bzw. Blut-pH-Wert. Bereits bei pH-Abfällen, welche der Schwankungsbreite klinisch möglicher Situationen entsprechen, treten bei allen Amidlokalanästhetika deutlich nachweisbare Änderungen der Plasmaproteinbindung auf. Bei sinkenden Plasmatemperaturen wird ebenfalls das Amidlokalanästhetikum teilweise aus seiner Bindung freigesetzt. Bei der Anwendung größerer Mengen von Lokalanästhetika ist daher immer auf physiologische Umfeldbedingungen (ausgeglichener Säure-Basen- und Elektrolythaushalt, Normothermie) zu achten. In diesem Zusammenhang ist auf eine Besonderheit hinzuweisen, die klinisch große Bedeutung hat: Während alle anderen Amidlokalanästhetika mit steigender Gesamtkonzentration einen Abfall ihrer Proteinbindung verzeichnen, so ist dies bis in einen hohen Konzentrationsbereich bei Prilocain nicht der Fall [3]. Diese Konstanz im Proteinbindungsverhalten ist sicherlich eine wesentliche Erklärung für die geringe Systemtoxizität von Prilocain im Vergleich zu den anderen Substanzen, die klinisch sehr geschätzt wird. Aus diesem Grunde sollte Prilocain immer das Mittel erster Wahl sein, wenn hohe Einmaldosierungen verabreicht werden müssen. Dies ist unter anderem bei den verschiedenen Plexusblockaden sowie bei Durchführung der intravenösen Regionalanästhesie zu beachten.

Ein wichtiger Aspekt bei Anwendung von Lokalanästhetika ist sicherlich auch die Nutzung vasokonstriktorischer Zusätze. Da Lokalanästhetika lokal vasodilatierende Eigenschaften haben, ist ein entsprechender Zusatz oft sinnvoll. Diese Zusätze haben nicht nur aus pharmakodynamischer Sicht (Wirkungsverlängerung) eine besondere Stellung, sondern auch unter pharmakokinetischen und toxikologischen Aspekten. Ebenso wie die Wirkungsverlängerung durch eine Reduktion der Durchblutung der Vasa nervorum zustande kommt, ist es die Reduktion der lokalen kapillaren Durchblutung, die eine verminderte Resorption vom Injektionsort und damit eine Dämpfung der maximalen Konzentrationen im zentralvenösen und arteriellen Blut bewirkt. Während unter diesen Bedingungen, also einem vasokonstriktorischen Zusatz, ohne Frage ein potentiell toxizitätsmindernder Einfluß zukommt, ist der gleiche Zusatz bei versehentlicher intravasaler Injektion toxizitätserhöhend, da durch die systemische Vasokonstriktion das Gefäßbett und somit der Verteilungsraum für die applizierte Dosis zum Teil beträchtlich eingeengt wird. Besonders problematisch in diesem Zusammenhang ist der Zusatz von Noradrenalin, welches eine überwiegende α-Rezeptoren-stimulierende Wirkung besitzt (maximale Vasokonstriktion!). Im Falle eines Adrenalinzusatzes hat die Tachykardie bei versehentlicher intravasaler Injektion über den Mechanismus der frequenzabhängigen Blockade des schnellen Natriumeinstroms ebenfalls einen toxizitätssteigendern Effekt. Einen möglichen Vorteil bietet der Adrenalinzusatz jedoch durch die vom Patienten sehr schnell verspürte Tachykardie bei intravasaler Injektion auch geringer Mengen, die zudem auch bei kontinuierlicher EKG-Überwachung durch eine sprunghafte Frequenzänderung auffällt. Somit wird dem geeigneten Vasokonstriktorzusatz auch eine Indikatorfunktion zugeschrieben.

Die Gefahr einer versehentlichen intravasalen Applikation von Lokalanästhetika ist insbesondere bei Infiltrationsanästhesien in stark vaskularisierte Gebiete groß. Dazu gehört in erster Linie der Kopf-Hals-Bereich und somit sind die Fachdisziplinen der Zahnheilkunde, der Ophthalmologie sowie der HNO primär betroffen. Bei Injektionen im Kopfbereich können zentralnervöse Nebenwirkungen der Lokalanästhetika außer über systemische Blutspiegel auch über zwei weitere Mechanismen ausgelöst werden: Drysdale konnte 1984 an Leichen zeigen, daß bei der Retrobulbäranästhesie Lokalanästhetikum in den subduralen Raum des Nervus opticus gelangen kann und somit einen direkten Weg zum ZNS hat mit entsprechend hohen lokalen Konzentrationen [11].

Aldrete beschreibt den Mechanismus des „reverse arterial blood flow" [2]. Dabei kommt es durch einen hohen Injektionsdruck zu einer Flußumkehr in den kleinen arteriellen Kopfgefäßen, was beim geringen intrazerebralen Blutvolumen, selbst nach Injektion kleinster Volumina, kurzfristig zu sehr hohen Konzentrationen des Lokalanästhetikums im Gehirn führt, die dann krampfauslösend wirken können.

Aus diesem Grunde sollte der Einsatz von Bupivacain in diesen Bereichen nur nach kritischer Indikationsstellung erfolgen, da trotz sorgfältigster Injektionstechnik eine intravasale Applikation nie auszuschließen ist. Deshalb ist die Injektion von Lokalanästhetika in allen Fällen langsam und fraktioniert durchzuführen, zumal es keine Technik gibt, bei der die Injektionsgeschwingkeit eine entscheidende Bedeutung für den Blockadeerfolg hätte. Nur unter der langsamen Injektion bekommt der Patient auch Gelegenheit, Symptome zu entwickeln, die auf systemische Nebenwirkungen hindeuten können. In diesem Sinne kann der Patient sein eigener Monitor sein und eine weitere Zufuhr des Lokalanästhetikums kann verhindert werden. Die Konsequenz der relativ häufigen intravasalen Fehlinjektionen von Lokalanästhetika im Kopf-Hals-Bereich kann jedoch nicht sein, auf diese Techniken gänzlich zu verzichten, sondern es sollten Umfeldbedingungen geschaffen werden, die ein Optimum an Überwachung und möglicher Notfallintervention beim Patienten gewährleisten. Hieraus ergibt sich für bestimmte operative Bereiche die Notwendigkeit und besondere Verpflichtung des Anästhesisten zur Wahrnehmung einer „stand-by"-Funktion.

Entscheidend für die erfolgreiche und rechtzeitige Therapie des Lokalanästhetikazwischenfalls ist die Kenntnis der Frühsymptome (periorale Taubheit, Geschmacksirritation, Pupillendilatation, Zittern der Hände, verwaschene Sprache, Müdigkeit), welche bei Nichtbeachtung und weiterer Zufuhr des auslösenden Agens dann zu tonisch-klonischen Krämpfen, Atemstillstand und Herzrhythmusstörungen bis zum Kreislaufversagen führen können.

Ein häufig kontrovers diskutiertes Thema ist die Anwendung von Lokalanästhetika-Mischlösungen. Befürworter solcher Mixturen sehen darin die Möglichkeit zur Beschleunigung der Anschlagzeit verbunden mit einer ausreichend langen Wirkung der Blockade. Abgelehnt wird dagegen der Gebrauch von Mischungen mit den Argumenten der Schaffung unübersichtlicher Wirkbedingungen sowie der Gefahr der Induktion von Medikamenteninteraktionen. Inwieweit eine additive oder synergistische Toxizität resultiert, kann noch nicht abschließend beurteilt werden. Bei der Kombination von Prilocain und Bupivacain scheinen keine nachteiligen Effekte aufzutreten.

Während in den letzten Jahren als technische Neuerungen die kombinierte Spinal-/Epiduralanästhesie sowie die Interpleuralanalgesie in die klinische Routine eingeführt wurden, steht dies bei den Pharmaka mit dem neuen Lokalanästhetikum Ropivacain kurz bevor. Bei diesem langwirkenden Lokalanästhetikum wurde erstmals die Stereoselektivität berücksichtigt. In ersten Untersuchungen zeigte sich, daß das S-Enantiomer deutliche Vorteile gegenüber seinen optischen Varianten aufweist. Tier- und inzwischen auch humanexperimentelle Studien haben gezeigt, daß die akute intravenöse Toxizität von Ropivacain wesentlich geringer ist, als die der anderen langwirkenden Amide, insbesondere der von Bupivacain [18, 19].

Gründe hierfür sind zum einen die relativ niedrige Lipophilie, zum anderen aber auch das Verhalten von Ropivacain am Natriumkanal. Die Abdissoziation vom Rezeptor, die bei Lidocain recht schnell, bei Buipivacain deutlich verzögert erfolgt, nimmt bei Ropivacain eine Mittelstellung ein, was dazu führte, daß man diesen molekularen Mechanismus als „fast in - intermediate out" beschrieb. Dies wird auch durch eine Untersuchung von Reiz et al. bestätigt [18]. Diese Arbeitsgruppe konnte nachweisen, daß die konzentrationsabhängige Verlängerung der QRS-Zeit bei Lidocain am kürzesten, bei Bupivacain am längsten ist, während sich Ropivcain zwischen beiden Substanzen darstellt. Bereits Ende der 8oer Jahre wurde berichtet, daß Ropivacain ebenso wie Bupivacain in der Lage ist, eine selektive Blockade von A_δ- und C-Fasern zu bewirken [4].

In eigenen Untersuchungen konnte festgestellt werden, daß das Proteinbindungsverhalten von Ropivacain weitgehend dem des Bupivacains entspricht. So

174

waren keine Unterschiede bezüglich der Einflüsse von Gesamtkonzentration, Temperatur und pH-Wert im Erwachsenenblut, bei Schwangeren sowie Neonaten zwischen Bupivacain und Ropivacain darzustellen. Erst kürzlich publizierte die Arbeitsgruppe um van Kleef, daß im klinischen Vergleich zwischen Ropivacain und Bupivacain nach epiduraler Gabe zur peripartalen Schmerzreduktion Neonaten, deren Mütter Ropivacain erhalten hatten, in den ersten postpartalen Stunden ein günstigeres neurologisches outcome aufwiesen („adaptive capacity score") als die Neonaten in der Vergleichsgruppe [20]. Da diese Untersuchung noch an kleinen Fallzahlen erfolgte, sind sicherlich weitere Studien notwendig, um den Stellenwert dieser Aussage zu festigen. Trotzdem ist festzuhalten, daß aufgrund der geringen Systemtoxizität und der Möglichkeit zur Differentialblockade Ropivacain eine interessante und vielversprechende Substanz darstellt, die in den nächsten Jahren, insbesondere im Rahmen der geburtshilflichen Anästhesie, zu einer Ablösung von Bupivacain führen könnte.

Literatur

1. Albright GA (1979) Cardiac arrest following regional anesthesia with etidocain or bupivacaine. Anesthesiology 51: 285–287
2. Aldrete JA (1984) Reverse arterial blood flow: a mechanism for neurotoxicity from local anesthetics. In: Wüst HJ, Stanton-Hicks MDA, Zindler M (Hrsg) Neue Aspekte der Regionalanästhesie und Intensivmedizin 158. Springer, Heidelberg Berlin New York, S 62–67
3. Bachmann-Mennenga B, Biscoping J, Sinning E, Hempelmann G (1990) Protein binding of prilocaine in human plasma: influence of concentration, pH_and temperature. Acta Anaesthesiol Scand 34: 311–314
4. Bader AM, Datta S, Flanagan H, Covino BG (1989) Comparison of bupivacaine- and ropivacaine-induced conduction blockade in the isolated rabbit vagus nerve. Anesth Analg 68: 724–727
5. Biscoping J, Kling D, von Bormann B, Hehrlein F, Hempelmann G (1985) Vergleichende Untersuchungen zur Dosisanpassung der intraoperativen Lidocain-Therapie bei herzinsuffizienten Patienten. Anästh Intensivther Notfallmed 20: 136–138
6. Bräu M, Vogel W, Hempelmann G (1992) Wie blockieren Lokalanästhetika den Schmerz ? Spiegel der Forschung. Wissenschaftsmagazin der Universität Gießen 1: 33–36
7. Clarkson CW, Hondeghem LM (1985) Evidence for a specific receptor site for lidocaine, quinidine, and bupivacaine associated with cardiac sodium channels in guinea pig ventricular myocardium. Circ Res 56: 496–506
8. Clarkson CW, Hondeghem LM (1985) Mechanism for bupivacaine depression of cardiac conduction: fast block of sodium channels during the action potential with slow recovery from block during diastole. Anesthesiology 62: 396–405
9. Courtney KR, Kendig JJ (1988) Bupivacaine is an effective potassium channel blocker in heart. Biochem Biophys Acta 939: 163–166
10. Coyle DE, Speralakis N (1987) Bupivacaine and lidocaine blockade of calcium-mediated slow action potentials in guinea-pig ventricular muscle. J Pharmacol Exp Ther 242: 1001–1005
11. Drysdale DB (1984) Experimental subdural retrobulbar injection of anesthetic. Ann Ophthalmol 16: 716–718
12. Hamill OP, Marty A, Neher E, Sakmann B, Sigworth FJ (1981) Improved patch-clamp-techniques for high-resolution current recording from cells and cell-free membrane patches. Pflügers Arch 391: 85–100
13. Jonas P, Bräu M, Hermsteiner M, Vogel W (1989) Single-channel recording in myelinated nerve fibers reveals one type of Na channel but different K channels. Proc Natl Acad Sci USA 86: 7238–7242
14. Koh DS, Jonas P, Bräu M, Vogel WA (1992) TEA-insensitive flickering potassium channel active around the resting potential in myelinated nerve. J Membrane Biol 130: 149–162
15. Lehmann KA (1986) Pharmakokinetische und dynamische Aspekte bei der repetetiven Anwendung von Lokalanästhetika. In: Hempelmann G, Biscoping J (Hrsg) Regionalanästhesiologische Aspekte 1, Kontinuierliche Verfahren der Regionalanästhesie. Astra Chemicals

16. Mazoit JX, Orhant EE, Boico O, Kantelip JP, Samii K (1993) Myocardial uptake of bupivacaine: I. Pharmacokinetics and pharmacodynamics of lidocaine and bupivacaine in the isolated perfused rabbit heart. Anesth Analg 77: 469–476
17. Möller RA, Covino BG (1988) Cardiac electrophysiologic effects of lidocaine and bupivacaine. Anesth Analg 67: 107–114
18. Reiz S, Häggmark S, Johansson J, Nath S (1989) Cardiotoxicity of ropivacaine – a new amide local anaesthetic. Acta Anaesthesiol Scand 33: 93–98
19. Rutten AJ, Nancarrow C, Mather LE (1989) Hemodynamic and central nervous system effects of lidocaine, bupivacaine and ropivacaine in sheep. Anesth Analg 69: 291–299
20. Stienstra R, Jonker TA, Bourdrez P, Kuijpers JC, van Kleef JW, Lundberg U (1995) Ropivacaine 0.25 % versus bupivacaine 0.25 % for continuous epidural analgesia in labor: a double-blind comparison. Anesth Analg 80: 285–289

Opioide und Relaxanzien im Kindesalter

T. Beushausen, J. M. Strauss

Sowohl Opioide als auch Relaxanzien sind zu festen Bestandteilen der modernen Anästhesie geworden. Auch wenn beide häufig gemeinsam eingesetzt werden, erscheint den Autoren eine getrennte Betrachtung ihrer pharmakologischen und kinetischen Eigenschaften angebracht.

Opioide

Opioide sind heute Standardmedikamente zur intra- und perioperativen Schmerzbehandlung und bei chronischen, z.B. tumorbedingten Schmerzzuständen im Kindesalter. Der Terminus „Opioid" bezeichnet eine Gruppe von Substanzen mit morphinartiger Wirkung inklusive der zu den Peptiden gehörigen natürlichen Endorphinen und Enkephalinen, sowie den synthetischen Opioiden unterschiedlicher chemischer Stoffklassen, während „Opiat" die Phenanthrenalkaloide Morphin und Kodein bezeichnet [82]. Opioide haben heute einen festen Platz in der kinderanästhesiologischen Praxis für die peri- und intraoperative Schmerztherapie sowie in der pädiatrischen Intensivmedizin, obwohl es eine gewisse Diskrepanz zwischen der erfolgreichen, breiten klinischen Anwendung der verschiedenen Substanzen und dem Forschungsstand hinsichtlich ihrer Wirkmechanismen, Pharmakokinetik und -dynamik insbesondere im Kleinkind- und Säuglingsalter zu geben scheint. Bekannte und neuere Forschungsergebnisse, Charakteristika verschiedener Substanzen sowie ihre Indikationen und Differentialindikationen sollen dargestellt werden.

Pharmakodynamik

Für die Kinderanästhesie ist v.a. interessant, wann und wie die ontogenetische Entwicklung abläuft, und wann mit quasi „normalen" (= bekannten erwachsenen) Reaktionen gerechnet werden kann.

Ein rezeptorgebundener Wirkmechanismus wurde bereits in der 50iger Jahren postuliert, 1973 experimentell nachgewiesen [108]. Inzwischen wurden die Rezeptorensubklassen geklont, ihre Aminosäuresequenz aufgeklärt [8], die Verteilung im Körper Erwachsener mit Hilfe der Photonenemissionstomographie charakterisiert [129].

Substanz P kann bereits in der 8.–10. Gestationswoche in Hinterhornzellen nachgewiesen werden [26], Enkephalin erscheint ungefähr in der 12.–14. Gestationswoche [27], stimulationsfähige endorphinerge Zellen wurden in der fetalen Hypophyse ab der 20. Gestationswoche nachgewiesen [80]. Endogene Opioide werden bei der Geburt freigesetzt, deutlich erhöhte Werte finden sich bei fetaler Asphyxie und Infektion [59]. Die Kenntnisse über die Verteilung von Opioidrezeptoren stammt aus tierexperimentellen Untersuchungen an Ratten mit allen Vorbehalten hinsichtlich der Übertragbarkeit auf den menschlichen Fetus: während die Anzahl der μ-

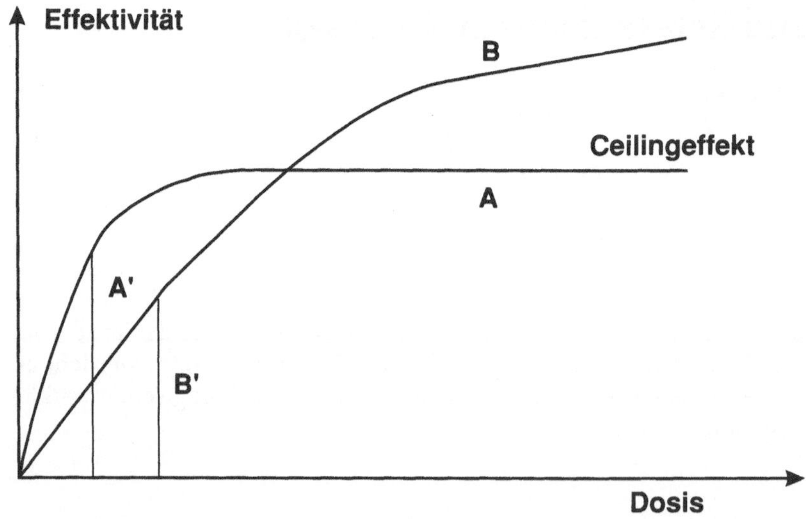

Abb. 1. Schematische Darstellung der Dosis-Wirkungs-Beziehung zweier Opioide im Vergleich: Substanz *A* ist potenter als *B*, weil die pro Dosis erzielbare Wirkung größer ist (*A*'> *B*'). B hat dagegen eine größere Effekivität, weil insgesamt eine größere *Maximal*wirkung erzielt werden kann, da A einen niedrigeren Ceilingeffekt zeigt, so wie er für Partialagonisten typisch ist (Mod. nach Lehmann [75]).

Rezeptoren nach der Geburt weitgehend konstant bleibt, nimmt die Zahl der δ-Rezeptoren noch erheblich zu [41, 79]. Supraspinale μ_1- und spinale μ_2- sowie δ-Rezeptoren vermitteln die analgetische Wirkung der Opioide, während die μ_2-Rezeptoren des Hirnstamms für die Atemdepression verantwortlich sind [107]. Möglicherweise erklärt diese relative Reife der Analgesie *und* Atemdepression vermittelnden μ-Rezeptoren bei noch relativer Unreife der für die analgetische Wirkung auch wichtigen δ-Rezeptoren die Beobachtung, daß nach einer analgetischen Opioidgabe bei Früh- und Neugeborenen vor einer zufriedenstellenden Analgesie eine deutliche atemdepressorische Reaktion eintritt. Die Verteilung der μ-Rezeptoren erklärt auch, warum bei allen μ-wirksamen Substanzen Analgesie und Atemdepression untrennbar miteinander verbunden sind. Jenseits des Neugeborenenalters unterscheidet sich das Verhalten von Säuglingen kaum noch, nach 3–6 Lebensmonaten (nach eigenen Beobachtungen ab einem Körpergewicht von 5kg) gar nicht mehr von den Reaktionen älterer Individuen [103, 124]. Über die zeitliche Entwicklung und Verteilung von κ- und σ-Rezeptoren beim Feten ist bisher nichts bekannt.

Wie alle rezeptorgebundenen Arzneimittelwirkungen unterliegt auch die Wirkung der Opioide einer Sättigungskinetik mit einem Ceilingeffekt, der allerdings von Substanz zu Substanz und von Patient zu Patient variiert [4].

Opioide werden im Vergleich untereinander häufig durch die Begriffe analgetische „Effektivität" und „Potenz" charakterisiert. Diese Begriffe sind nicht identisch [75]: die Potenz beschreibt den Effekt einer Einzeldosis, die Effektivität den auch mit Wiederholungsdosen zu erreichenden Maximaleffekt. Während ersterer die Wirkstärke beschreibt, ist letzterer davon abhängig, wann alle Rezeptoren besetzt sind und ein Ceilingeffekt eintritt (Abb. 1)

Die chronische Verabreichung von Opioiden führt zur *Toleranz*, d.h. bei längerem Gebrauch (bei Fentanyl schon nach wenigen Tagen Dauerinfusion) muß die Dosis gesteigert werden, um einen anhaltenden Effekt zu erzielen. *Abhängigkeit* beschreibt das Auftreten eines Entzugssyndroms nach längerer Opioidverabrei-

178

chung, wenn diese beendet wird. Sie kann bereits nach einer Woche auftreten [14, 70, 97]. Weder Toleranz noch Abhängigkeit sind originäre Eigenschaften der Opioide, sondern sie begegnen uns bei einer Reihe von häufig benutzten Medikamenten. Auch die einfachen Strategien der toleranzangepaßten Dosissteigerung bzw. der schrittweisen Dosisreduktion zur Vermeidung von unangenehmen Entzugssymptomen sind vertraut und nicht an sich negativ, so daß sie auf keinen Fall dazu führen sollten, Kindern zur Schmerzbehandlung notwendige Opioide vorzuenthalten [124], allerdings ist ein zumindestens innerhalb einer Klinik weitgehend standardisiertes Entwöhnungsschema zu fordern [24]. *Sucht* ist ein zunächst psychodynamisches Phänomen, daß den Gebrauch von Opioiden unabhängig von Schmerzen charakterisiert. Das Risiko durch die Verabreichung von Opioiden zur Schmerzbehandlung eine Sucht zu induzieren, scheint sehr gering zu sein: in einer Nachuntersuchung aus den USA von 11000 (!) Patienten, die Opioide zur Analgesie erhalten hatten, zeigten nur 4 anschließend ein Suchtverhalten [112]. Die Furcht vor einer Suchtentwicklung erscheint für pädiatrische Patienten, insbesondere wenn sie nur intra- und/oder perioperativ behandelt werden, unbegründet.

Die bekannten erwünschten Eigenschaften – Analgesie, Anxiolyse, Unterdrückung der metabolischen Streßantwort –, die unerwünschten – Dysphorie, Nausea und Erbrechen, Harnretention, Spasmus des Oddi-Sphinkter – sowie die je nach Patient und Behandlungsziel erwünschten/unerwünschten – Atem- und Kreislaufdepression, Euphorie, Sedation, Obstipation und antitussiver Effekt – sollen nicht detailliert dargestellt werden. Einige beim Umgang mit Säuglingen und älteren Kindern wichtige Aspekte seien jedoch in Erinnerung gerufen.

Metabolische Streßantwort

Sowohl die intra- als auch postoperative metabolische Streßantwort [33] kann mit Opioiden bei Kindern aller Altersstufen effektiv unterdrückt werden [5, 6]. Es wurde außerdem gezeigt, daß dies den Krankheitsverlauf bei schwerkranken Säuglingen positiv beeinflußt [3, 6]. Entgegen weitverbreiteter Meinung benötigen gerade Schwerkranke und auch hinsichtlich ihrer metabolischen Stabilität empfindliche Neu- und Frühgeborene eine ausreichende Analgesie, weil sie durch eine starke Streßantwort besonders gefährdet sind [111]. Inhalationsanästhetika allein können diese Streßantwort nicht suffizient unterdrücken [10, 96]. Schon eine scheinbar harmlose, aber signifikante Hyperglykämie kann u.U. deletäre Folgen haben [20].

Kardiovaskuläres System

Wenn Morphin oder Fentanyl gesunden Patienten verabreicht werden, führen sie regelmäßig zu Tachykardie und einer vermehrten kardialen Kontraktilität über eine Stimulation sympathischer Reflexbahnen. Bei einem schon erhöhten Sympathikotonus, wie unter Schmerzen, senken Opioide den Blutdruck über eine zentrale Sympathikolyse [4]. Bei primär kardiovaskulär stabilen Frühgeborenen bleibt diese Stabilität nach analgetischen Opioiddosen erhalten und die dopplersonographisch gemessene Hirndurchblutung ändert sich nicht [67]. Zumindest bei reifen Neugeborenen wird die Herzfrequenz schon durch den Baroreflex moduliert. Fentanyl kann diesen unterdrücken, so daß wegen des frequenzabhängigen Herzzeitvolumens in dieser Altersgruppe ein Blutdruckabfall nach Opioiden sorgfältig evaluiert werden muß [99]. Die häufig zu beobachtende Bradykardie nach Bolusinjektionen von höheren Opioiddosen ist Ausdruck einer durch Opioidrezeptoren in den Kerngebieten des N. vagus ausgelösten „Vagotonie" [4]. Sie kann bei Neu- und Frühgeborenen durch die Vorgabe von Atropin verhindert werden.

Histaminausschüttung ist eine Eigenschaft aller Opioide, sie ist nach Morphin jedoch besonders ausgeprägt [118]. Nach kardiochirurgischen Eingriffen kann die Unterdrückung der sympathischen Reflexbahn für den Patienten positiv genutzt werden, indem streßbedingte Arrhythmien und Blutdruckspitzen bei verminderter linksventrikulärer Auswurfleistung etc. verhindert werden, und damit die Ergebnisse signifikant verbessert werden können [139].

Atemdepression

Die mit der analgetischen Eigenschaft der Opioide (und der Potenz der jeweiligen Substanz) untrennbar verbundene dosis- (!) und altersabhängige Atemdepression [57] (s. oben) ist bei der perioperativen Schmerztherapie fast immer unerwünscht. Intraoperativ ist sie für längere Eingriffe mit kontrollierter mechanischer Beatmung eher vorteilhaft. Die mögliche Verlängerung der Ausleitungs- oder postoperativen Überwachungszeit nach der intraoperativen Verabreichung von Opioiden könnte nachteilig gewertet werden [21, 51]. In der postoperativen Intensivmedizin verbessert eine ausreichende Opioidmedikation bei mechanischer Beatmung die Synchronisation zwischen Patient und Gerät mit entsprechender Reduktion von Streß [64] und Atemarbeit [65]. Der pulmonale Gefäßwiderstand wird herabgesetzt [58] und auf den Einsatz von Relaxanzien kann bei sinnvollem Einsatz von Opioden fast immer verzichtet werden [14]. Eine signifikante Thoraxrigidität wird nur sehr selten beobachtet [65].

Gastrointestinale Symptome

Postoperative Übelkeit und Erbrechen haben einen multifaktoriellen bis heute nicht vollends geklärten Ursprung. Es scheint im Vergleich zu nichtsteroidalen antiinflammatorischen Analgetika nach Opioidanalgesie eine höhere Inzidenz von Nausea und Erbrechen zu geben [Morphin + Alfentanil > Morphin > Fentanyl > Alfentanil] [23, 84]. Bei längerer Anwendung können Übelkeit, Erbrechen und auch ileusartige Beschwerden erhebliche Probleme verursachen, die gelegentlich sogar den Abbruch einer eigentlich notwendigen Therapie erzwingen. Bei sehr unreifen Frühgeburten hat die chronische Anwendung von Morphin zur Analgosedierung zu einer erhöhten Inzidenz von Darmtransportstörungen und Darmperforationen geführt [100].
Harnretention und Pruritus sind meist nur nach periduraler Gabe von Opioiden ein störendes Problem [135].

Pharmakokinetik

Physiologisch-anatomische Eigenschaften, die Aufnahme und Verteilung sowie den Metabolismus von Medikamenten bestimmen, verändern sich im Laufe des Wachstums v.a. in den ersten Lebensjahren. Die Besonderheiten von Pharmakokinetik und Pharmakodynamik im Kindesalter sind an anderer Stelle detailliert dargestellt [40, 83, 115].
Nach Injektion eines Pharmakons wird dieses rasch im Blut (zentrales Kompartiment) verteilt (α-Phase). Parallel dazu setzt ein langsamer verlaufender Eliminationsvorgang, die sog. β-Phase ein. Die beiden Vorgänge werden heute mit Zwei- oder Dreikompartimentmodellen beschrieben. Wichtige Kenngrößen sind die Halbwertszeit $t_{1/2\beta}$ (Maß für die Elimination der Substanz), das Gesamtverteilungsvolumen im *Steady state* (Vd_{ss}) und die totale Clearance (Cl). Vd_{ss} bezeichnet das Volumen, das initial mit der Wirksubstanz gefüllt werden muß, um eine Wirkkon-

zentration zu erzielen. Die Clearance bestimmt, mit welcher Geschwindigkeit die Substanz aus dem Verteilungsraum eliminiert wird. Mit ihr kann berechnet werden, wie hoch eine kontinuierliche Zufuhr für die Aufrechterhaltung konstanter Blutspiegel sein muß.

Der relative Wassergehalt des Neugeborenen ist größer als der Erwachsener, das Verteilungsvolumen für hydrophile Medikamente entsprechend größer. Die Fettdepots entwickeln sich erst nach der Geburt im ersten Lebensjahr, der Plasmaproteingehalt ist erniedrigt mit entsprechender Verminderung der Plasmaproteinbindung von Substanzen und relativ erhöhter freier Wirkstofffraktion.

Bei Geburt sind die meisten enzymatischer Systeme zwar vorhanden aber nur sehr selten ausgereift, so daß die Metabolisierung körpereigener und -fremder Stoffe meist verlangsamt abläuft. Für die Opioide sind das v. a. die Phase-I-Reaktionen, aromatische Hydroxylierung (Fentanyl), O- (Kodein) und N-Dealkylierung (Morphin, Fentanyl, Kodein) und N-Oxidation (Pethidin, Morphin), Phase-II-Reaktion, Glukoronidierung (Morphin, Fentanyl, Naloxon) in der Leber [134]. Es können sowohl wirksame (Morphin-6-Glucoronid, Norpethidin) als auch unwirksame Metaboliten (Morphin-3-Glucoronid) entstehen. Die Metabolisierung ist u. U. direkt vom hepatischen Blutfluß abhängig, so daß bei Operationen mit erhöhtem intrabdominellen Druck (Omphalocele u. ä.) die Wirkdauer von z. B. Fentanyl verlängert ist [71].

Die Nierenfunktion reift „dissoziiert": Während die glomeruläre Filtration nach dem ersten Lebensmonat Erwachsenenwerte erreicht und dann sogar überschreitet, ist die tubuläre Sekretionsrate während des ganzen 1. Lebensjahres vermindert. Die Clearance glomerulär filtrierter Substanzen kann also beschleunigt sein, die sezernierter Stoffe ist verlangsamt. Für die Opioide spielt das nur eine untergeordnete Rolle, weil bei gesunden Kindern nur zwischen 0,2 % (Alfentanil) und < 10 % (Morphin) unverändert über die Niere ausgeschieden werden [103]. Bei unreifen, kranken Frühgeborenen (< 32. Gestationswoche) wurden allerdings bis zu 81,2 % im Urin gefunden. Dies ist besonders ausgeprägt, wenn keine Metabolite gebildet werden können [16]. Die Elimination von Pethidin ist unmittelbar postnatal wegen einer erniedrigten renalen Perfusion des Neugeborenen verlängert [60].

Die Anpassung der Eliminationsprozesse ist nach dem 1.(spätestens 6.) Lebensmonat weitgehend abgeschlossen, so daß anschließend gegenüber Erwachsenen eine ähnliche oder sogar höhere Gesamtkörperclearance bestimmt wird, die meist mit Ende des ersten Lebensjahres (Morphin-Sulfat 2. Lebensjahr [87]) Erwachsenenwerten angeglichen ist, während die Verteilungsräume aufgrund der spezifischen Körperproportionen noch anhaltend verändert sein können (s. Tabelle 1 und 2).

Sowohl pharmakodynamische als auch pharmakokinetische Prozesse sind wesentlich abhängig vom gewählten Applikationsweg. Für die verschiedenen therapeutisch anzuwendenden Opioide stehen Präparate zur enteralen, transmukösen und auch parenteralen Applikation zur Verfügung. Die orale und rektale Verabreichung weisen meist sehr große interindividuelle Unterschiede in der Resorption und damit der Bioverfügbarkeit auf. Während die Resorption nach oraler Gabe von Methadon und Pethidin bei 50 % liegt, ist sie für Fentanyl vernachlässigbar gering. Fentanyl und Buprenorphin werden sehr gut über die oralen Schleimhäute resorbiert [7, 42, 103]. Die Wirkspiegel nach subkutaner und auch intramuskulärer Gabe sind stark von der lokalen Durchblutung abhängig und deshalb nur bei normalen Kreislaufverhältnissen zulässig. Kontinuierliche subkutane Medikation bei (nicht erkannter) eingeschränkter Kreislauffunktion hat nach Wiederherstellung normaler Perfusionsverhältnisse lebensbedrohliche Atemstillstände verursacht [145]. Auch bei Kindern ist sowohl die peridurale [76] als auch die intrathekale [73, 101] Applikation von Opioiden möglich und praktikabel. Die intermittierende oder kontinuierliche i.v.-Gabe ist wegen des schnellen Eintritts sowohl der erwünschten als auch unerwünschten Wirkungen sehr verläßlich.

Tabelle 1. Summarische Zusammenstellung der in der Literatur verfügbaren, nach Lebensalter der untersuchten Patienten geordneten pharmakokinetischen Daten nach i.v.-Gabe von *Morphin, Fentanyl, Alfentanil, Sufentanil* und *Pethidin. Cl* Totale Body-Clearance, *Vdss* Verteilungsvolumen im *Steady state*, $t_{1/2}\beta$ Eliminationshalbwertszeit. (Nach [103], wo auch alle Quellenangaben zu finden sind)

Alter	Cl $[\mathrm{ml} \cdot \mathrm{kg}^{-1} \cdot \mathrm{min}^{-1}]$	V_{dss} [l/kg]	$T_{1/2\beta}$ [h]
Morphin			
1–7 Tage			
Frühgeborene	2,7–9,6	2,0	7,4–10,6
Reifgeborene	2,3–20,0	1,3–2,1	6,7–13,9
1 Wochen–2 Monate	7,4–9,0	1,8	4,1–5,4
2–12 Monate	11,4–33,5	2,0	1,2–4,5
1–6 Jahre	6,2–56,2	1,1–3,8	0,8–1,2
7 Jahre	6,7–25,7	3,4	3,3
Erwachsene	12,0–34,0	1,1–2,1	3,0–5,0
Fentanyl			
1–7 Tage			
Frühgeborene	12,1		17,7
Reifgeborene	9,0–28,0	3,1–7,9	3,1–7,9
1 Wochen–2 Monate	22,4	8,3	5,4
2–12 Monate	18,1–30,6	2,3–4,5	1,1–3,9
1–6 Jahre	11,5–12,8	1,4–3,1	2,4–4,1
7 Jahre	7,1	1,9	3,5
Erwachsene	12,0–15,0		3,6–4,4
Alfentanil			
1–7 Tage			
Frühgeborene	0,9–2,9	0,3–0,8	5,4–8,8
Reifgeborene	1,7	0,8	5,5
1–12 Monate	8,2–11,5	0,5–0,6	0,8–1,3
1–6 Jahre	4,7–11,1	0,2–0,6	0,7–1,4
7 Jahre	8,2	0,5	0,7
Erwachsene	5,4–8,3		1,2–1,6
Sufentanil			
1–7 Tage	4,2	2,7	10,6
1 Woche–2 Monate	6,7–17,0	3,4–4,2	3,6–12,3
2–12 Monate	21,5–27,5		0,9–2,0
1–6 Jahre	16,9–30,5	2,7–3,1	0,9–3,6
7 Jahre	12,8–16,4	1,3–2,8	1,3–3,5
Erwachsene	12,7	1,7	2,7
Pethidin			
1–7 Tage			
Frühgeborene	3,5	8,8	11,9
Reifgeborene	7,2	5,6	10,7–22,7
1 Woche–2 Monate	9,7	8,0	8,2
3–18 Monate		5,0	2,3
5,5 Jahre	10,4	2,8	3,0
Erwachsene	10,0–12,0	3,0–4,0	3,1–4,4

Tabelle 2. Nach Lebensalter geordnete summarische Zusammenstellung der in der Literatur verfügbaren, nach Lebensalter der Patienten geordneten pharmkokinetischen Daten nach intravenöser Gabe von *Buprenorphin, Methadon* und *Pentazocin. Cl* Totale Body-Clearance, *Vd*$_{ss}$ Verteilungsvolumen im *Steady-state*, $t_{1/2}\beta$ Eliminationshalbwertszeit. (Nach ([43])

Alter	Cl [ml · kg-1 · min-1]	Vd$_{ss}$ [l/kg]	$t_{1/2}\beta$
Buprenorphin			
5–8 Jahre	60,0	3,2	1,0
Erwachsene	13,0–19,0	1,0–3,0	2,0–3,0
Methadon			
1–18 Jahre	5,4	7,1	19,2
Erwachsene	3,0	6,0	35
Pentazocin			
4–9 Jahre	21,8	4,0	3,0
Erwachsene	19,0		2,0–3,0

Morphin

Morphin ist nach wie vor das Standardopioid, seine Wirkstärke (= 1) wird als Vergleichsgröße für alle anderen Substanzen herangezogen. Die orale Bioverfügbarkeit liegt wegen einer ungenügenden Resorption und eines ausgeprägten First-pass-Effektes nur bei 20–30%. Bei chronischen Schmerzen kann eine spezielle oral zu verabreichende „*Timed-release*"-Präparation angewendet werden.

— *Intravenös:* intermittierend 0,1 mg/kg alle 4–6 h, kontinuierliche Infusion 0,015 (Säuglinge) bis 0,08 mg · kg^{-1}· h^{-1};
— *PCA-Pumpe:* Ladungsdosis 0,1 mg/kg anschließend Patientenbolus 0,02–0,03 mg/kg, Maximaldosis über 4 h 0,3–0,4 mg/kg;
— *Peridural:* Einzeldosis 0,03 (–0,05) mg/kg, kontinuierlich über PDK: 4–10 μg · kg^{-1}·h^{-1};
— *Subkutan:* Dauerinfusion mit 0,02–0,03 mg · kg^{-1} · h^{-1} [86];
— *Oral:* Morphin (*timed-released*) 0,3–0,6 mg/kg alle 12 h [126];
— *Rektal:* wegen unzuverlässiger Resorptionsquote nicht zu empfehlen;
— *Wirkdauer:* nach 0,1 mg/kg i.v. etwa 4 (bis 6) h;
— *Unerwünschte Wirkungen:* Morphin kann zu einer ausgeprägten Histaminausschüttung führen, Juckreiz tritt besonders nach periduraler und kontinuierlicher i.v.-Gabe auf. Lösungsadditive verschiedener Präparate können bei Neugeborenen eine Hyperbilirubinämie verstärken [78].

Kodein

Kodein ist wegen seiner relativ geringen Wirkstärke von 0,1–0,5, die seiner Metabolisierungsrate zu Morphin, dem wohl eigentlich wirksamen Metaboliten, entspricht, als alleiniges Analgetikum nicht geeignet. Es wird heute meist in Kombination mit Paracetamol gegeben.

Sehr gute Resorption nach oraler und rektaler Gabe [72]. Maximaler Wirkungseintritt nach 1–1,5 h. Wirkdauer 3–4 (–6) h. Typische Dosis: 0,5–1 mg/kg p.o. oder s.c./i.m. Die *i.v.-Injektion* ist *kontraindiziert*, weil es durch eine starke Histaminausschüttung zu einer gefährlichen Hypotension und Apnoe kommen kann. Eine subkutane Applikation ist dagegen möglich.

Pethidin (= Meperidin)

Pethidin ist ein synthetischer μ-Agonist, der in seiner Wirkstärke (0,1) deutlich schwächer und in den unerwünschten Wirkungen mit dem Morphin fast identisch ist. Die mittlere Wirkdauer ist mit 3–4h etwas kürzer. Die Resorption aus dem Gastrointestinaltrakt ist gut, die Substanz unterliegt aber auch einem ausgeprägten *First-pass*-Effekt, so daß maximal 50% der gegebenen Dosis den systemischen Kreislauf erreichen. Nach rektaler Applikation von 100 mg sind bei Kindern von 4–13 Jahren Wirkspiegel zwischen 88 und 1050 μg/l ohne Korrelation zum Verhältnis von Dosis zu Körpergewicht gemessen worden [54].

– *Intravenös:* 0,8–1 mg/kg, Wirkdauer 2–3 (–4) h.

Pethidin wird zum aktiven Metaboliten Norpethidin verstoffwechselt. Norpethidin hat eine Eliminationshalbwertszeit von 15–24 h (bei Neugeborenen evtl. noch länger) und hat außerdem eine exzitatorische Wirkung, die bei Neugeborenen zu Krampfanfällen geführt hat [43]. Der immer wieder zitierte Vorteil der geringeren Sphinkteraktivität im Vergleich zum Morphin wird wahrscheinlich überschätzt [126]. Pethidin ist für die Kinderanästhesie leicht entbehrlich.

Methadon

Dieser synthetische μ-Agonist (Wirkstärke etwa 1,5) wird in Deutschland perioperativ nur sehr selten eingesetzt, obwohl er ein vorteilhaftes Wirkprofil besitzt. Im Gegensatz zu Morphin wird es sehr langsam metabolisiert mit entsprechend langer Wirkdauer von 6–8 h (und länger). Methadon wird nach oraler Gabe sehr gut resorbiert (Bioverfügbarkeit bei Erwachsenen 60–95%), so daß i.v.- und orale Gabe fast gleichwertig sind.

– *Intravenös:* Startdosis 3 · 0,1 mg/kg alle 4 h, anschließend 0,1 mg/kg alle 6–8 (–12) h;
– *Oral:* 0,1 mg/kg alle 4–12 h.

Methadon muß sorgfältig individuell titriert werden. Wenn ein Sedationseffekt auftritt, muß das Dosisintervall unbedingt verlängert werden. i.v.-Methadon erzeugt eine stärkere Atemdepression als Morphin, so daß die Patienten anfangs länger überwacht werden müssen [53]. Methadon eignet sich auch zur Behandlung iatrogener Opiatabhängigkeit nach längerer Analgosedierung [133].

Buprenorphin

Buprenorphin ist ein halbsynthetischer Partialagonist. Wirkstärke etwa 10–50. Die Substanz ist wegen seiner guten Resorption nach sublingualer Gabe interessant.

– *Intravenös:* 1,5–3,0 μg/kg;
– *Sublingual:* 2–5 μg/kg;
– *Wirkdauer:* etwa 3 h.

Die analgetische Wirkung einer sublingualen Dosis hält etwa 3h an. Die Clearance von i.v. verabreichtem Buprenorphin ist bei Kindern etwa 3mal so hoch wie bei Erwachsenen. Der atemdepressive Effekt von äquipotenten i.v.-Dosen tritt bei Schulkindern nach Buprenorphin im Vergleich zu Morphin verzögert und verlängert auf, so daß die Patienten nach i.v.-Gabe solange überwacht werden müssen, bis sich die Atemfrequenz stabilisiert hat [104]. Ob der *Ceiling*effekt für Analgesie und Atemdepression synchron verläuft, ist bislang ungeklärt [103].

Pentacozin

Pentacozin ist ein schwacher μ-Antagonist und ein partieller κ- und δ-Agonist. Die pharmakokinetischen Daten unterscheiden sich bei Kindern nur unwesentlich von denen Erwachsener [55]. Obwohl Agonist-/Antagonistsubstanz, kann eine signifikante Atemdepression erzeugt werden. Die Wirkstärke im Vergleich zu Morphin wurde bisher bei Kindern nicht ermittelt (Erwachsene = 0,3), obwohl die Substanz schon lange bei Kindern zur Prämedikation und postoperativen Schmerzbehandlung angewendet wird [116, 138].

– *i.v-Dosis:* 0,3 mg/kg.

Nach i.v-Gabe erzeugt Pentacozin (0,5 mg/kg) eine deutlichere Atemdepression als Morphin (0,1 mg/kg) oder Pethidin (0,67 mg/kg) [116].
Da Pentazocin außerdem deutlich kürzer wirkt als Morphin [106], bietet es für die Anwendung bei Kindern keine Vorteile gegenüber Vergleichssubstanzen.

Piritramid

Piritramid, ein synthetischer μ-Agonist, wird in Deutschland relativ häufig eingesetzt [75], obwohl über das Kindesalter keine pharmakokinetischen/pharmakodynamischen Daten vorliegen. Klinische Studien haben jedoch die Wirksamkeit und Praktikabilität für Kinder belegt [21, 22, 130]. Die Wirkstärke liegt bei 0,7 (Erwachsene). Piritramid ist sehr gut für die PCA im Kindesalter geeignet [130].

– *Intravenös:* 0,1 mg/kg; 0,015–0,03 (–0,1) mg/kg für Neonaten und Säuglinge < 5 kg intermittierend alle 4–6 h mit individueller Titration;
– *Wirkdauer:* 4–6 h;
– *PCA-Pumpe:* Startbolus: 0,1 mg/kg, Folgeboli 0,025 mg/kg. Die Maximaldosis über 4 h beträgt 0,4–0,6 mg/kg.
– *Peridural:* Die peridurale Applikation erfolgt in gleicher Dosis wie Morphin (Einzeldosis 0,03 (–0,05) mg/kg, kontinuierlich über PDK: 4–10 $\mu g \cdot kg^{-1} \cdot h^{-1}$).

Piritramid ist in den eigenen Abteilungen das Opioid der Wahl zur perioperativen Schmerztherapie: nach Verabreichung von mehreren tausend Dosen an Kinder aller Altersstufen wurde von den Autoren in den zurückliegenden Jahren nur 2mal eine Atemdepression beobachtet, die eine Intervention (Maskenbeatmung bis zum Einsatz von Naloxon) notwendig machte. Kinder < 5 kg sollten initial nur etwa ein Drittel der mittleren i.v.-Dosis erhalten. Die Gesamtdosis kann, wenn keine unerwünschten Wirkungen auftreten, innerhalb von 15–20 min auf 0,1 mg/kg gesteigert werden.

Nalbuphin

Nalbuphin ist ein halbsynthetischer μ-Antagonist/κ-Agonist, der in Erwartung geringerer unerwünschter Wirkungen zur postoperativen Schmerzbehandlung bei Kindern eingesetzt wurde [21, 22, 123]. Die Wirkstärke beträgt 0,5–0,8.
– *i.v-Dosis:* 0,1 mg/kg (i.m.: 0,15–0,2 mg/kg [123]).
Intraoperativ wurde Nalbuphin zur analgetischen Supplementation von Inhalationsnarkosen in Dosen von 0,22 (± 0,04) mg/kg eingesetzt [2]. Die Wirkdauer ist kürzer als die von Piritramid [75], nach i.m.-Gabe maximal 3,5 h [123]. Die bisher vorliegenden klinischen Studien erfassen nur kleine Patientenkollektive. Dosisfindungen und pharmakokinetische Daten liegen nicht vor, so daß diese Substanz für die Anwendung bei Kindern noch nicht endgültig bewertet werden kann.

Fentanyl

Fentanyl ist ein fast reiner µ-Agonist mit geringer δ-Rezeptoraffinität und einer Wirkstärke von 100. Fentanyl kann oral, transdermal, transmukös, peridural und parenteral appliziert werden. Die Substanz ist sehr gut lipidlöslich, so daß sie ein großes Verteilungsvolumen hat (s. auch Tabelle 1). Fentanyl führt zu deutlich geringerer Histaminausschüttung als Morphin, die kardiovaskuläre Stabilität bleibt erhalten [58]. Die Ausscheidung erfolgt fast ausschließlich hepatisch [85], so daß bei vermindertem hepatischen Blutfluß, z.B. Operation einer Omphalozele/Gastroschisis, die Wirkdauer deutlich verlängert sein kann [71]. Der atemdepressorische Effekt kann deutlich länger anhalten als die Analgesie, und er kann sich bei Kindern ebenso wie bei Erwachsenen wegen sekundärer Rückverteilungsphänomene noch Stunden nach der Applikation bemerkbar machen. Im Niedrigdosisbereich wird die Wirkung durch Rückverteilung und schnelle Metabolisierung in der Leber rasch beendet, während nach hohen Dosen durch Gewebespeicherung mit verzögerter Rückverteilung anhaltend hohe Wirkdosen zirkulieren [29]. Bei neonatologischen Intensivpatienten wurde eine ausreichende analgetische und sedative Wirkung bei Blutspiegeln von 1,7–2,1 µg/l beobachtet [119]. Die fentanylbedingte Atemdepression ist bei Kindern > 1 Monat ähnlich wie bei Erwachsenen [57]. Bei Früh- und Neugeborenen ist ihre Dauer nicht vorhersagbar verlängert. Bei langsamer Injektion tritt auch in dieser Altersgruppe weder eine Thoraxrigidität [65] noch eine Bradykardie auf. Obwohl Fentanyl bei Kindern für die Prämedikation [42], für diagnostische Eingriffe [146] und als postoperative Dauerinfusion inkl. PCA [13] bei spontanatmenden Patienten verwendet wird, liegen die Hauptindikationen intraoperativ und in der intensivmedizinischen Analgosedierung [14, 69, 70, 119].

— *Intravenös:* Einzelbolus intraop: 3–5 (–10) µg/kg,
  Früh- und Neugeborene: 15–30 µg/kg,
  Dauerinfusion zur perioperativen Schmerztherapie: 0,5–2 (–3) $\mu g \cdot kg^{-1} \cdot h^{-1}$,
  Analgosedierung für Beatmungspatienten: (3–) 5–10 (–15) $\mu g \cdot kg^{-1} \cdot h^{-1}$;
— *Wirkdauer:* (Der analgetischen Wirkung) 15–20 (–35) min, Früh- und Neugeborene: 50–70 min nach einem Einzelbolus;
— *Peridural:* intermittierend: 0,2–0,7 µg/kg, Dauerinfusion in Kombination mit z. B. Bupivacain 0,125 %: 0,2–0,7 $\mu g \cdot kg^{-1} \cdot h^{-1}$;
— *Oral:* Fentanyl-Citrat Lutscher: 15–20 µg/kg.

Trotz seiner analgetischen Potenz sollte Fentanyl bei spontanatmenden Kindern nur sehr zurückhaltend eingesetzt werden, da eben auch die atemdepressorische Potenz sehr ausgeprägt ist. *Es muß eine sehr sorgfältige, lückenlose Patientenüberwachung gewährleistet sein.* Nach längerer Anwendung zur Analgosedierung muß, insbesondere nach Kombination mit Midazolam, mit signifikanten Entzugssymptomen gerechnet werden [14, 24, 69, 133]. Fentanyl ist gut geeignet zur Vervollständigung einer inkompletten periduralen Daueranalgesie mit Lokalanästhetika, weil es geringere opioidtypische unerwünschte Wirkungen (Pruritus, Harnverhalt) als Morphin hat [76].

Alfentanil

Alfentanil ist ein chemischer Abkömmling des Fentanyls mit geringerer Lipidlöslichkeit und einer Wirkstärke von etwa 15. Seine Vorteile liegen in der kurzen Anschlagzeit und Wirkdauer, so daß die Substanz für kurze Eingriffe geeignet ist. In Kombination mit Propofol hat Alfentanil in Deutschland breite Verwendung gefunden. Längere Eingriffe können sowohl für spontanatmende wie für intubierte Patienten mit einer Dauerinfusion durchgeführt werden [29, 51, 114].

186

- *Intravenös:*
  - *Bolus:* Analgesie 5–15 µg/kg, tiefe Sedierung/Analgesie: 20–30 µg/kg [114],
  - *Dauerinfusion:* 20–30 -(40) µg·kg^{-1}· h^{-1} bei Spontanatmung [114]
    120 µg·kg^{-1}·h^{-1} in Kombination mit N$_2$O/O$_2$ als Narkose [51]

Die analgetische Wirkung eines Bolus von 10–20 µ g/kg hält bei Kindern > 3 Monate etwa 8–12 min. Nach herzchirurgischen Eingriffen mit Dauerinfusion von 60 µg · kg^{-1} · h^{-1} konnten die Patienten 20–50 min postoperativ extubiert werden. Die ersten Analgetika wurden nach 1,5–16 h notwendig [31]. Die Pharmakokinetik der Substanz ist weitgehend unabhängig von der Dosis, d.h. wenn eine große Dosis appliziert wird, wird auch der Metabolismus gesteigert [29]. Gleichwohl ist die Clearance bei Früh- und Neugeborenen niedriger als bei Klein- und Schulkindern mit entsprechend verlängerter Halbwertszeit [103] (s. Tabelle 1). Auch bei Patienten mit verminderter Leberperfusion ist die Clearance verzögert.

Sufentanil

Sufentanil, ein µ-Agonist, ist in seinen pharmakokinetischen Eigenschaften dem Fentanyl sehr ähnlich, hat eine Wirkstärke von 500–1000, eine etwas bessere Lipidlöslichkeit und eine kürzere Anschlag- und Wirkzeit [103]. Die ungebundene Fraktion ist direkt abhängig vom Spiegel des α_1-Glykoproteins, an das es gebunden wird, so daß sie bei Neugeborenen und Kleinkindern deutlich höher als bei Schulkindern und Erwachsenen ist. Die Clearance ist bei Neugeborenen geringer als bei älteren Kindern, deren Clearance jedoch gegenüber Schulkindern und Erwachsenen erhöht ist, so daß bei Dauerinfusion höhere Dosen gegeben werden müssen [52]. Es werden keine wirksamen Metabolite gebildet [95].

Sufentanil kann mit zufriedenstellender Wirkung parenteral zur balancierten Anästhesie [10, 52], intranasal [56] und peridural [9] verabreicht werden.

- *Intravenös: Analgesie:* 0,1–0,2 µg/kg, balancierte Anästhesie: 0,5–2 µg/kg, *Anästhesie:* 5–20 µg/kg;
- *Wirkdauer:* 40–60 (–180) min;
- *Peridural:* 0,75 µg/kg in Kombination mit Bupivacain 0,125 % [9];
- *Intranasal:* 2 µg/kg mit anhaltender Analgesie und Sedierung [56].

Sufentanil soll eine ausgeprägte sedierende Komponente haben, so daß es für die Analgosedierung in der Intensivmedizin besonders geeignet sein soll. Protokolle wurden dafür bislang nicht veröffentlicht. Eigene Erfahrungen waren nicht sehr überzeugend. Außer in der Kardioanästhesie hat Sufentanil bisher keinen etablierten Platz in der Kinderanästhesie.

Opioidantagonist: Naloxon

Naloxon ist ein potenter Opioidantagonist mit hoher Rezeptoraffinität. Typischerweise wird er zur Antagonisierung von unerwünschten Opioidwirkungen, z.B. Atemdepression, Juckreiz etc. eingesetzt.

- *Intravenös:* 2 µg/kg als Initialbolus, mit Nachinjektion titrieren (bei Atemdepression alle 1–2 min wiederholen. *Im Notfall ohne i.v.-Zugang auch i.m.*);
  Juckreiz nach periduralen Opioiden: 2 µg/kg als Kurzinfusion über 20 min;
- *Wirkdauer:* 30–40 min. Das liegt deutlich unter der Wirkdauer der meisten Opioide und bedeutet, daß die Patienten auch über die akute Notfallsituation hinaus sehr sorgfältig überwacht werden müssen, damit nicht durch einen Reboundeffekt erneut eine unerwünschte Wirkung auftritt.

Daß auch bei Kindern Schmerzen suffizient behandelt werden müssen, wurde kürzlich erneut zusammenfassend dargestellt [117, 137] und wird heute glücklicherweise nicht mehr in Frage gestellt. Sichere und erprobte Verfahren unter Einbeziehung der Opioide stehen zur Verfügung [19, 81, 98, 130, 137]. Jeder Anästhesist, der Kinder behandelt, sollte sich mit einigen Substanzen so vertraut machen, daß sie rational eingesetzt werden können und den kleinen Patienten nicht aus Unkenntnis oder Unsicherheit vorenthalten werden.

— *Differentialindikation:*
Grundsätzlich sollte den Agonisten vor agonistisch/antagonistisch wirkenden Substanzen der Vorzug gegeben werden. Nur wenn schwächere bis mittelstarke postoperative Schmerzen behandelt werden sollen, können letztere eine Alternative sein.
  — *Prämedikation:* Heute haben Opioide als sedierende Prämedikation keine Indikation mehr, weil geeignetere Substanzen, z.B. Benzodiazepine, zur Verfügung stehen. Präoperativ bestehende Schmerzen müssen adäquat therapiert werden.
  — *Intraoperativ:* Inhalationsanästhetika haben bekanntermaßen geringe analgetische Eigenschaften. Wenn supplementierend keine regionalanästhesiologischen Techniken eingesetzt werden, sollten Opioide angewendet werden. Daß eine Narkoseausleitung länger dauern kann, wenn Opioide eingesetzt werden, sollte kein ernsthafte Kontraindikation sein, ist doch der frühere Atemreiz sehr häufig Ausdruck eines (behandelbaren!) Schmerzstimulus. Fentanyl, Alfentanil und Sufentanil haben hier je nach gewünschter Wirkdauer ihre Stärken, u.a. auch für balancierte Techniken. Soll die Analgesie auch auf die postoperative Phase ausgedehnt werden, bieten sich Piritramid oder Morphin, 20–30 min vor Operationsende verabreicht, an.
  — *Postoperativ:* Es sollten bei wachen Kindern *keine* i.m.-Injektionen von Analgetika durchgeführt werden, da Kinder dann vorhandenen Wundschmerz verleugnen, um einen zusätzlichen Injektionsschmerz zu vermeiden. Gegebenenfalls muß ein vorhandener i.v.-Zugang noch einige Zeit zur Analgetikagabe belassen werden. Analgetika sollten auch nicht „nach Bedarf" verordnet werden, weil das erfahrungsgemäß zu einer Minimierung des Einsatzes führt, sondern sie sollten entsprechend ihrer Wirkdauer regelmäßig, quasi das Wiederauftreten des Schmerzes antizipierend, verordnet und dann individuell titriert werden. Die für einen bestimmten Patienten notwendige Dosis kann deutlich über, seltener auch unter der mittleren Dosis liegen. Für die intermittierende Behandlung bieten sich Piritramid, Morphin oder auch Methadon an, weil sie entsprechend lange Wirkzeiten aufweisen, und die beiden letzteren auch oral gegeben werden können. Für kontinuierliche Infusionen sind Morphin, in der Intensivmedizin auch Fentanyl und Sufentanil geeignet. Für die PCA haben sich Piritramid und Morphin bewährt. Kontinuierliche Periduralanalgesien können mit Fentanyl, Morphin und Piritramid komplettiert werden.
  — *Chronische Schmerzen:* Chronische Schmerzen erfordern einen umfassenden Ansatz, in dem Opioide nur ein Baustein sind, so daß darauf hier nicht näher eingegangen wird.

Bei intermittierender i.v.-Applikation ist keine besondere apparative Überwachung erforderlich, weil unerwünschten Wirkungen – v.a. die Atemdepression – in unmittelbarer zeitlicher Nähe zur Injektion auftreten. Vor und nach der Nachinjektion ist der Sedationsgrad des Patienten, seine Atemfrequenz und Atemtiefe zu beurteilen, und die Dosis oder das Dosierungsintervall entsprechend anzupassen. Sedierungsgrad, Atemfrequenz und Atemtiefe sind auch bei kontinuierlicher Infusion und PCA die Hauptüberwachungsparameter. Diese Daten sollten 2- bis 4stündlich erhoben und dokumentiert werden. Die Pulsoxymetrie kann eine hilfreiche Ergänzung sein. Fentanyl und Sufentanil sollten als Dauerinfusion bei nicht intubierten Patienten nur nach strenger Indikationsstellung im Intensivpflegebereich angewendet werden.

Neuromuskulär blockierende Substanzen

Seit der klinischen Einführung 1942 haben Muskelrelaxanzien innerhalb der Anästhesie und Intensivmedizin weite Verbreitung gefunden. Sie erleichtern die endotracheale Intubation, verbessern die Operationsbedingungen und ermöglichen die Beatmung respiratorischer Risikopatienten.

Relaxanzien führen durch Hemmung der neuromuskulären Impulsübertragung zu einer Lähmung der quergestreiften Skelettmuskulatur. Das betrifft auch die Atemmuskulatur. Deshalb gilt:

– Die Möglichkeit einer künstlichen Beatmung *muß* immer gegeben sein, wenn Relaxanzien eingesetzt werden!
– Relaxanzien dürfen erst eingesetzt werden, wenn sichergestellt wurde, daß ein Patient suffizient mit einer Maske beatmet werden kann!
– Relaxierte Patienten müssen sediert werden!

Physiologie

Mit dem Eintreffen eines Nervenimpulses wird Acetylcholin im präsynaptischen Ende der neuromuskulären Endplatte freigesetzt und diffundiert über den synaptischen Spalt, um die postsynaptischen Rezeptoren zu stimulieren. Zu einer Muskelkontraktion kommt es, wenn sich zwei Acetycholinmoleküle simultan mit den α-Einheiten des Rezeptors verbinden. Damit wird die Öffnung eines Ionenkanals bewirkt, durch den Na^+ und K^+ entlang ihrem Konzentrationsgefälle nach intra- bzw. extrazellulär strömen. Wenn eine ausreichende Anzahl von Rezeptoren stimuliert wurde, kommt es zur Depolarisation der Muskelmembran und die intrazelluläre Kalziumkonzentration steigt. Erst in Gegenwart eines erhöhten intrazellulären Ca^{2+}-Spiegels verkürzen sich die Brücken zwischen den Actin- und Myosinfilamenten und bewirken damit die eigentliche muskuläre Kontraktion. Weil es sich dabei um ein Alles-oder-Nichts-Phänomen handelt, hängt die resultierende Kontraktionskraft von der Anzahl der stimulierten Synapsen und motorischen Einheiten ab. Die muskuläre Kontraktion läßt nach, wenn Kalzium vom sarkoplasmatischen Retikulum aufgenommen wurde.

Der Transmitter Acetylcholin wird nach Freisetzung vom Rezeptor durch das im synaptischen Spalt befindliche Enzym Acetycholinesterase äußerst rasch inaktiviert. Dabei wird Acetylcholin zu Azetat und Cholin hydrolisiert. Die Resynthese von Acetylcholin aus den beiden Spaltprodukten erfolgt durch das Enzym Cholinazetylase in der Synapse.

Tabelle 3. Pharmakodynamische Daten verschiedener Relaxanzien. *NG* Neugeborene, *Sgl* Säuglinge, *K* Kleinkinder und Kinder, *E* Erwachsene. *MaxNMB:* Zeit von Injektion bis zur maximalen neuromuskulären Blockade; *Wirkdauer:* Zeit von Injektion bis Erholung auf 25 % der muskulären Aktivität (T 25); *RecTime:* „recovery time", Erholungszeit zwischen T 25 und T 75

	Alters-gruppe	Dosis [mg/kg]	Max NMB [min]	Wirkdauer [min]	RecTime [min]
Quarternäre Amine					
Succinylcholin	K	1	1	2–3	1
	K	2	0,5–1	3–6	1,6
Benzylisoquinoline					
Atracurium	Sgl	0,5	1–1,5	30	15
	K	0,4	1–2,5	40	16
cis-Atracurium (51W89)	K	0,08	2,5	31	11–16
	E	0,1	4,1	51	18
Doxacurium	K	0,05	5–6	120	40
Mivacurium	Sgl	0,1	2,1		
	K	0,15	1,5–1,8	8–11	4–5
Aminosteroide					
Pancuronium	NG	0,1	2,5	70	
	Sgl	0,07	1,3	30	
	K	0,1	2,1	90	28
	E	0,1	2,5	40–45	
Vecuronium	NG, Sgl	0,07	1,5–2	73	20
	K	0,07	2,4	35	9
	K	0,1	1,5	18–24	8
	K	0,2	1	55	16
	K	0,4	0,7	75	23
	E	0,1	1,5	37	
Pipecuronium	Sgl	0,044	8–10	13	25
	K	0,07	11	39	24
	E				
Rocuronium	Sgl	0,6	0,8–1,5	45	19
	K	0,6	0,8	26	11
	K	0,8	<0,5	32	8,6
	E	0,3	3,1	18	8
	E	0,9	1,2	46	7
ORG9487	K	3,0	0,8	8	4
	E	1,5	1–1,5	8–9	6

Pharmakodynamik

Die Wirkung eines Relaxans wird v. a. durch die Messung der Zeit von der Injektion bis zum Wirkeintritt beschrieben. Dazu wird in der Regel der M. adductor pollicis elektrisch gereizt. Die Stimulation nach dem *Train-of-four*-Verfahren (TOF) ist zum Standard der intraoperativen Überwachung einer Relaxation geworden. Durch Ermüdung der teilrelaxierten Muskulatur kommt es zum typischen „Fading", einer Abnahme der Reizantwort von T_1 nach T_4. Aus dem Verhältnis von letzter zu erster Zuckung ($T_4 : T_1$, *TOF-ratio*) kann der Grad der Relaxation semiquantitativ eingeschätzt werden. Ein Ausgangswert am nicht relaxierten Patienten (T_0) ist nicht erforderlich.

Nach Anwendung von Succinylcholin ist – mit Ausnahme des Phase-II-Blockes – das charakteristische *Fading* nichtdepolarisierender Relaxanzien nicht zu beobachten ($T_4:T_1$ wäre immer 100 %). Die Abschätzung der Relaxationstiefe unter

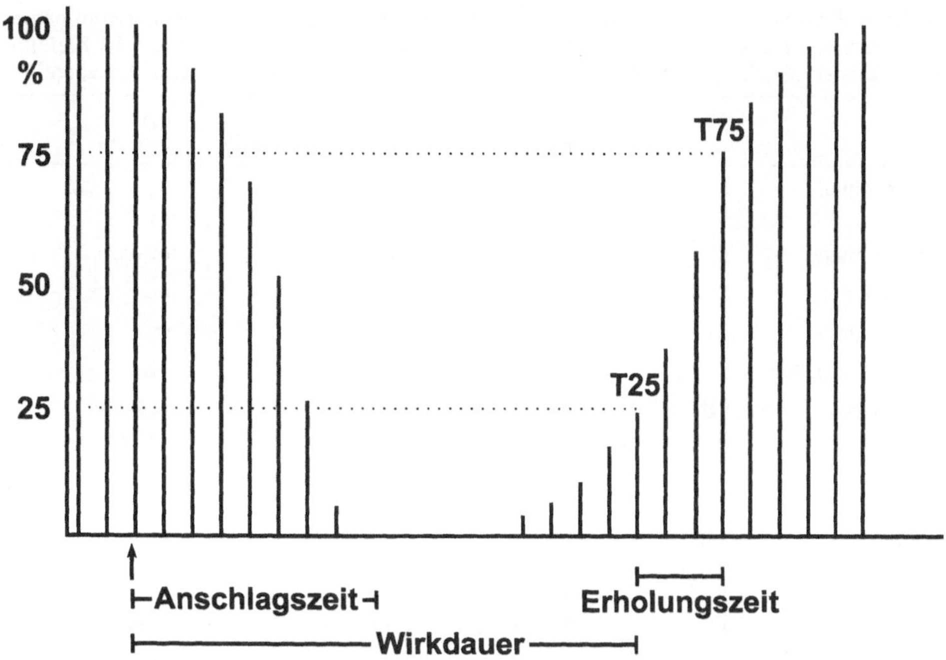

Abb. 2. Zeitintervalle der neuromuskulären Blockade. ↑ = Injektion

Succinylcholin kann deshalb mit dem TOF nicht vorgenommen werden. Dazu muß T_1 (oder T_4) direkt mit T_0 verglichen werden.

Nicht alle Muskelgruppen zeigen dieselbe Empfindlichkeit auf neuromuskulär blockierende Pharmaka wie der M. adductor pollicis. So werden beispielsweise für eine komplette Relaxierung des Zwerchfells höhere Dosen eines Relaxans benötigt als für die Blockade von Pharynx- oder Zungenmuskulatur.

Mit der ED_{95} eines Muskelrelaxans wird die Dosis bezeichnet, mit der eine 95%ige Abnahme der muskulären Aktivität herbeigeführt wird. Um die Zeit bis zu Wirkeintritt zu verkürzen und optimale Intubationsbedingungen zu schaffen, wird in der Praxis häufig die doppelte, seltener auch die 4fache ED_{95} gegeben. Allerdings führt das auch zu einer Zunahme der Wirkdauer (Tabelle 3).

Die Zeitintervalle zwischen der Injektion des Relaxans und den verschiedenen Erholungsstadien der neuromuskulären Übertragung sind Kenngrößen des neuromuskulären Blockadeprofils (Abb. 2). Der Zeitraum von der Injektion eines Relaxans bis zur vollständigen muskulären Blockade ist die *onset time* oder Anschlagszeit. Die Zeit von Injektion bis Erholung von T_1 auf 25 % des Ausgangswertes wird als klinische Wirkdauer (*duration*) bezeichnet. Als Erholungszeit (*recovery time*) wurde schließlich die Zeitspanne zwischen 25 % und 75 % der Zuckungsamplitude (T25 bis T75) akzeptiert.

Pharmakokinetik

Relaxanzien sind gut wasserlösliche Substanzen. Die in Tabelle 4 angegebenen Werte für das Verteilungsvolumen Vd_{ss} entsprechen daher im wesentlichen dem physiologischen Extrazellulärvolumen (um 200 ml/kg). Atracurium hat durch einen hohen Ionisierungsgrad ein vergleichsweise kleines Verteilungsvolumen. Der spontane Abbau in allen Kompartimenten (Hoffmann-Elimination) ist der wesentliche Grund für die verglichen mit anderen Relaxanzien raschere Clearance von Atracurium.

191

Tabelle 4. Pharmakokinetische Daten einiger Muskelrelaxanzien. Vd_{ss} Verteilungsvolumen im *Steady state*, *Cl* Clearance, $t_{1/2\beta}$ Eliminationshalbwertszeit, *E* Erwachsene, *K* Kinder, *KK* Kleinkinder, *Sgl* Kinder. (Nach [1, 11, 17, 18, 28, 34, 36, 39, 44, 50, 62, 63, 88, 91, 122, 125, 132, 136, 142, 144])

	Alter	Vd_{ss} [ml · kg^{-1}]	Cl [ml · kg^{-1} · min^{-1}]	$t_{1/2\beta}$ [min]
Pancuronium	K	203	1,7	103
	E	230	1,6	145
Pipecuronium	E	309–350	2,4–3,0	101–137
Doxacurium	E	220	2,7	100
Mivacurium	E	210	54–95	17
cis-cis-Mivacurium	E	266	5,2	
Atracurium	Sgl	177–210	7,9–9,1	13,6–20
	K	129–139	5,1–6,8	17–19,1
	E	87–160	5,3–6,6	16–20
cis-Atracurium	E	153–159	5,1	30,6
Vecuronium	Sgl	357	5,6	65
	KK	204	6,0	41
	K	320	2,8	123
	E	260–510	3,2–4,6	62–170
Rocuronium	K	224	2,7	46–55
	E	174–207	2,9–3,4	79

Funktionseinbußen von Niere und/oder Leber führen bei einigen Substanzen zu einer Verlängerung der neuromuskulären Blockade. Bei Niereninsuffizienz bleiben Verteilungsvolumen und Verteilungshalbwertszeit ($t_{1/2}\alpha$) weitgehend konstant, während die Clearance sinkt. Das resultiert in einer verlängerten β-Eliminationshalbwertszeit $t_{1/2\beta}$ v.a. für langwirkende Relaxanzien. Der Einfluß von Lebererkrankungen auf die Dauer einer neuromuskulären Blockade ist abhängig von der zugrundeliegenden Erkrankung. Abflußstörungen der Galle führen in Folge einer Zunahme von Vd_{ss} und $t_{1/2\beta}$ zu einer Verlängerung der Clearance von Pancuronium. Hepatozelluläre Prozesse haben einen geringeren Einfluß auf die Clearance, führen aber über einer Zunahme des Verteilungsraumes Vd_{ss} zu einer Verlängerung der Eliminationshalbwertszeit $t_{1/2\beta}$.

Über die renale und biliäre Elimination von Muskelrelaxanzien gibt die Tabelle 5 Auskunft. Succinylcholin und Mivacurium werden über die Plasmacholinesterase abgebaut. Atypische Cholinesterasen können dabei zu einer erheblichen Verlängerung der neuromuskulär blockierenden Wirkung führen. Mit einem *erworbenen* Mangel der Plasma-CHE muß insbesondere bei Lebererkrankungen, Malnutrition, Neostigminbehandlung, Pancuroniumvorbehandlung, Vergiftungen mit Organoinsektiziden, Cyclophosphamid, extrakorporale Zirkulation, Plasmapherese und Urämie gerechnet werden. Auch Doxacurium wird an der Cholinesterase gespalten. Die Umsatzrate beträgt allerdings nur 6 % der Umsatzgeschwindigkeit von Succinylcholin.

Besonderheiten im Kindesalter

Die Myelinisierung motorischer Nerven ist zum Zeitpunkt der Geburt noch unvollständig und nimmt im Laufe des ersten Lebensjahres zu. Damit steigt auch die Leitungsgeschwindigkeit peripherer motorischer Nerven.

Tabelle 5. Renale und biliäre Elimination verschiedener Relaxanzien. (Nach Angaben bei [1, 50, 61, 88, 93] und *[34])

Relaxans	Renal eliminierter Anteil (% der injizierten Dosis)	Biliär eliminierter Anteil (% der injizierten Dosis)
Succinylcholin	< 10	0
Pancuronium	40–80	10–11
Vecuronium	10–20	40
Atracurium	< 10	0
Pipecuronium	40–100	2
Doxacurium	80–100 (24–31)*	0
Mivacurium	0–10	0
Rocuronium	9–33	54
Org9487	?	?

Neugeborene haben über der gesamten Muskelmembran sog. fetale Acetylcholinrezeptoren, die eine erhöhte Empfindlichkeit für Muskelrelaxanzien aufweisen. Das Ruhepotential ist bei Neugeborenen erniedrigt. Die Zahl der freigesetzten Acetylcholinmoleküle auf einen Nervenimpuls ist geringer als bei älteren Kindern oder Erwachsenen. Wiederholte Stimulationen führen zu einer Abnahme des verfügbaren Acetylcholins. Die Unreife der neuromuskulären Funktion äußert sich bei hochfrequenter Stimulation in einer eingeschränkten Kontraktionskraft [30].

Der Extrazellulärraum (EZR)beträgt bei Neugeborenen etwa 45 % des Körpergewichtes, nach dem ersten Lebensjahr aber nur noch 22 %. Frühgeborene haben einen EZR von 60 % des Körpergewichtes. Entsprechend dem größeren EZR ist bei Früh- und Neugeborenen auch das Verteilungsvolumen für wasserlösliche Pharmaka erhöht. Schließlich ist die Leberfunktion bei Neugeborenen noch eingeschränkt. Die Metabolisierung von Muskelrelaxanzien, die in der Leber abgebaut werden, verläuft verlangsamt. Analog beeinflußt die bei Neugeborenen eingeschränkte Filtrationsrate die Elimination entsprechender Pharmaka. Die soeben genannten Reifungsprozesse sind mit dem 2. Lebensjahr weitgehend abgeschlossen. Eine Dosisanpassung von Muskelrelaxanzien ist bis zu dem Alter deshalb unerläßlich (Tabelle 6).

Neben den Verteilungsvolumina und der Clearance nehmen noch andere Faktoren Einfluß auf den Verlauf und Grad einer neuromuskulären Blockade.

– Neugeborene haben eine geringere Proteinbindung vieler Medikamente. Die Menge an ungebundener, also freier Wirksubstanz ist damit erhöht und muß in Form einer Dosisreduktion berücksichtigt werden. *Eine Verminderung der*

Tabelle 6. Altersabhängigkeit der Effektivdosen (ED$_{95}$) verschiedener Muskelrelaxanzien Alle Angaben in µg/kg. Für die Narkoseeinleitung wird in der Regel die zweifache ED$_{95}$ gewählt. (Verändert und ergänzt nach [46, 48, 90, 91, 93, 122, 125])

	Neugeborene	Säuglinge	Kinder	Erwachsene
Succinylcholin	620	729	420	290
Atracurium	120	156–241	170–350	110–280
cis-Atracurium	?	?	41	50
Vecuronium	47	42–47	56–81	27–56
Pancuronium	50	55–66	52–93	50–70
Doxacurium	?	?	27–32	14–19
Pipecuronium	46	33–48	47–79	42–59
Mivacurium	60(?)	85–130	89–139	58–120
Rocuronium	300	387	300	285
Org9487	?	?	1500	1150 (ED$_{90}$)

Proteinbindung von 99 % auf 98 % bedeutet eine Verdoppelung der ungebunden Fraktion! Die Anschlagszeit und die Intensität der neuromuskulären Blockade sind umgekehrt proportional zur Proteinbindung eines Relaxans: weil die Intubationsdosis von Rocuronium 6mal höher ist als die von Vecuronium, und die freie (nicht proteingebundene) Plasmafraktion von Rocuronium 3mal so hoch (28 %) ist wie die von Vecuronium (9 %), kann am Rezeptor eine 18mal höhere Konzentration von Rocuronium erwartet werden. Dies erklärt die rasche Anschlagszeit einer Einzeldosis von Rocuronium [28].

- Volatile Anästhetika potenzieren den Effekt von nichtdepolarisierenden Relaxanzien bei Erwachsenen und Kindern. Beispielsweise beträgt bei Kindern die ED_{95} von Vecuronium unter balancierter Anästhesie 67,4 µg/kg, unter Halothannarkose 40,9 µg/kg und unter Sevofluran nur noch 33,5 µg/kg [131]. Sevofluran senkt gegenüber Halothan die Anschlagszeit nach 0,2 mg/kg Mivacurium von 2,4 min (*Hal*) auf 1,8 min (*Sev*) [68]. Gleichzeitig steigt die Wirkdauer von 19 min (*Hal*) auf 24 min (*Sev*). Die Dosierung neuromuskulär blockierender Substanzen muß deshalb dem jeweiligen Anästhesieverfahren angepaßt werden.

- Hypotherme Zustände, in die Neugeborene und Säuglinge rasch geraten können, führen zu einer Verlängerung der Anschlagszeit und Wirkdauer von Muskelrelaxanzien.

- Das große Herzzeitvolumen bei Neugeborenen und Säuglingen ist Ursache für eine raschere Verteilung injizierter Substanzen. Für Muskelrelaxanzien resultiert daraus eine raschere Anschlagszeit als bei älteren Kindern oder Erwachsenen. Entsprechend muß bei Vorliegen kardialer Shunts mit einer Abnahme der „onset time" gerechnet werden.

- Die Behandlung mit Aminoglykosidantibiotika führt zu einer Verstärkung der neuromuskulären Blockade.

- Auch Imbalanzen im Elektrolythaushalt beeinflussen den Effekt von Muskelrelaxanzien. Erhöhte Mg^{2+}- und erniedrigte Ca^{2+}-Konzentrationen hemmen die Freisetzung von Acetylcholin und führen zu einer Verstärkung der neuromuskulären Blockade. Das Ruhepotential wird in seiner Höhe von dem intra-/extrazellulären Gradienten von Na^+ und K^+ bestimmt. Eine (extrazelluläre) Hypokaliämie erhöht und eine Hyperkaliämie vermindert das Ruhepotential. Eine erhöhtes Ruhepotential führt nach Anwendung nichtdepolarisierender Relaxanzien zu einer Verstärkung der neuromuskulären Blockade.

- Metabolische und respiratorische Azidosen verstärken eine neuromuskuläre Blockade. Inwieweit das über einen extra-/intrazellulären K^+/H^+-Ionenaustausch erfolgt, ist unklar.

Succinylcholin

1951 wurde Succinylcholin als ein kurzwirksames, depolarisierendes Relaxans in die Klinik eingeführt. Heute wird die Verwendung von Succinylcholin für elektive Eingriffe vor dem Hintergrund seiner Nebenwirkungen (Tabelle 7) kontrovers diskutiert. Succinylcholin kann zu einer massiven Kaliumfreisetzung führen. Die dadurch verursachten Herzstillstände weisen eine schlechte Prognose auf, die Mortalität liegt bei 40–50 %. Mit einem akuten Anstieg des Serumkalium muß v.a. bei Muskeldystrophie, Myotonie, Verbrennungskrankheit, Polytrauma, schwerer abdomineller Infektion, Immobilisation und neurologischer Erkankung mit Lähmung gerechnet werden. Succinylcholin ist ferner ein potenter Trigger für die maligne Hyperthermie. Da Muskelerkrankungen erst zwischen dem 2. und 5. Lebensjahr klinisch manifest werden, bedeutet eine diesbezüglich „leere Anamnese" keineswegs, daß die Kinder gesund sind. Kontraindikationen für die Anwendung von Succinylcholin finden sich in der Übersicht weiter unten.

194

Tabelle 7. Dosierung von Succinylcholin. (Nach [40])

	Alter	Dosis (mg/kg)
Intravenös	< 1 Jahr	2–3
	> 1 Jahr	1,5
Intramuskulär	< 6 Jahre	4–5
	> 6 Jahre	3

Der rasche Eintritt der neuromuskulären Blockade nach Injektion von Succinylcholin verkürzt die Zeit zwischen Narkoseeinleitung und Intubation. Bei nicht nüchternen Patienten wird damit das Risiko einer Aspiration von Mageninhalt gesenkt. Die ED_{95} beträgt altersabhängig etwa 0,6–1 mg/kg. Für die Narkoseeinleitung werden zwischen 1 und 2 mg/kg verwendet. Darunter tritt eine vollständige Blockade der neuromuskulären Übertragung nach etwa 40–60 s ein. Die Relaxation nach einer einmaligen Injektion dauert mehr als 6 min. Unerwünschte Muskelfaszikulationen können durch Präkurarisierung mit einer geringen Dosis eines nichtdepolarisierenden Muskelrelaxans gemildert werden.

Die Präkurarisierung mit nichtdepolarisierenden Relaxanzien führt durch einen partiellen Antagonismus zu Succinylcholin zu einer signifikanten Verlängerung der Anschlagszeit von 0,6 auf bis zu 1,4 min [74]. Atracurium und Vecuronium verkürzen darüber hinaus die Dauer der motorischen Blockade durch Succinylcholin von 6 auf 3,5 min [74]. Mehrfache Gaben von Succinylcholin sind wegen der Gefahr einer massiven Kaliumfreisetzung und einer Bradykardie, die nach Succinylcholin auch unabhängig von einem erhöhten Kalium auftreten kann, unbedingt zu vermeiden.

Mehrfach wiederholte Gaben und überhöhte Dosen von Succinylcholin können in einen Phase-II-Block führen. Die depolarisierte Muskelmembran stellt ihr Ruhepotential trotz der Anwesenheit des depolarisierenden Agens langsam wieder her. Der Rezeptor bleibt aber über eine längere Zeit refraktär. Dieser Dualblock kann mit Edrophonium oder Neostigmin nur unzureichend antagonisiert werden.

Succinylcholin verteilt sich rasch im EZR. Diesem Umstand muß bei Säuglingen und Kindern durch eine höhere Dosis Rechnung getragen werden (Tabellen 6 und 7). Succinylcholin wird rasch durch die Plasmacholinesterase (CHE) gespalten. Bei atypischer CHE oder Fehlen des Enzyms muß mit einer verlängerten Wirkdauer gerechnet werden (Inzidenz 1:2500). Bei Vorliegen einer neuromuskulären Blockade durch eine atypische CHE (Succinylcholin, Mivacurium) muß die Indikation zur Nachbeatmung (und Sedierung) großzügig gestellt werden. Die Transfusion von Blut, Plasma [12] oder CHE ist heute obsolet.

Nebenwirkungen von Succinylcholin
- Trigger der Malignen Hyperthermie,
- Rhabdomyolyse, Hyperkaliämie,
- Bradykardie, Arrhythmie, Asystolie,
- Erhöhung des intraokulären Druckes,
- Masseterspasmus,
- Muskelschmerzen.

Kontraindikationen für Succinylcholin
- Muskeldystrophien,
- Myotonien,
- Lähmungen größerer Muskelgruppen,
- Verbrennungen,

- Hyperkaliämie,
- maligne Hyperthermie,
- CHE-Mangel, atypische CHE,
- Sepsis,
- Niereninsuffizienz,
- Tetanus,
- Glaukom, Bulbusverletzungen.

Für die Verwendung von Succinylcholin ist nach heutigem Kenntnisstand eine strenge Indikationsstellung angezeigt. Gültige Indikationen sind die Einleitung nicht nüchterner Patienten sowie die Behandlung des perioperativen, lebensbedrohlichen Laryngospasmus.

Pancuronium

Pancuronium ist ein nichtdepolarisierendes steroidales Relaxans von langer Wirkdauer. Die ED_{95} liegt bei Kindern zwischen 50 µg/kg (unter Halothan) und 90 µg/kg (Fentanyl-Lachgas). In der klinischen Routine wird eine Dosis von 0,1 mg/kg für die Intubation gewählt. Darunter kommt es nach 2,5 min zu einer vollständigen neuromuskulären Blockade. Bei Neugeborenen muß mit einer Wirkdauer von mehr als 1 h gerechnet werden. Die Plasmaclearance von Pancuronium beträgt bei Kindern im Mittel 1,7 ml·kg^{-1}·min^{-1}, der Verteilungsraum (Vd_{ss}) etwa 200 ml/kg [88].

Nach Injektion von Pancuronium kann es bedingt durch eine Blockade vegetativer Ganglien im Sinne einer sympathischen Stimulation sowie einer partiellen Vagolyse zu Tachykardie und Blutdruckanstieg kommen. Daneben setzt Pancuronium aus adrenergen Nervenendigungen Noradrenalin frei und hemmt dessen Wiederaufnahme. Die Nebenwirkung kann durch Zugabe eines Opioids abgeschwächt werden.

Als langwirkende Substanz wird Pancuronium in der Kinderanästhesie nur noch selten eingesetzt. Der hepatische Abbau ist von geringfügiger Bedeutung, auch wenn dabei neuromuskulär blockierende Produkte entstehen (3-Desacetyl- bzw. 17-Desacetyl-Pancuronium). Pancuronium wird hauptsächlich unverändert über die Nieren eliminiert. Pancuronium hemmt die CHE und kann zur Verlängerung einer neuromuskulären Blockade durch Succinylcholin führen.

Vecuronium

ED_{95} und Wirkdauer von Vecuronium sind altersabhängig unterschiedlich [37, 89, 94]. Unter Anästhesie mit Fentanyl und Lachgas beträgt die ED_{95} für Säuglinge und Jugendliche 50 µg/kg, für Kleinkinder aber 80 µg/kg [89, 94]. Eine Dosis von 0,1 mg/kg führt bei Neugeborenen und Säuglingen zu einer Blockadedauer von etwa 60 min, bei Kleinkindern 18 min und bei Jugendlichen etwa 40 min [89, 94].

Im Gegensatz zu Pancuronium erhält Vecuronium die hämodynamische Stabilität ausgezeichnet. Es besitzt keine ganglienblockierenden Eigenschaften und setzt kein Histamin frei. Für einen raschen Wirkeintritt kann die Dosis zur Narkoseeinleitung bis auf 0,4 mg/kg gesteigert werden, ohne daß mit nennenswerten Nebenwirkungen gerechnet werden muß. Die Steigerung der Dosis von 0,1 mg/kg Vecuronium auf 0,4 mg/kg verkürzt die Zeit bis zum Eintritt der neuromuskulären Blockade von etwa 2 min auf 40 s [128]. Allerdings muß damit auch eine erhebliche Zunahme der Wirkdauer (von 24 auf 75 min!) in Kauf genommen werden (Tabelle 3).

Vecuronium wird hauptsächlich von der Leber aufgenommen und über die Gallenwege eliminiert. Intrahepatisch erfolgt eine Desacetylierung zu vier verschiedenen Abbauprodukten. Etwa 10–20% der unveränderten Substanz werden renal ausgeschieden. Bei eingeschränkter Nierenfunktion und hohen Konzentrationen des aktiven Metaboliten 3-Desacetylvecuronium (v.a. nach Dauerinfusionen von Vecuronium) muß mit einer verlängerten Wirkdauer gerechnet werden. Eine anhaltende motorische Blockade kann mit einem Nervenstimulator dokumentiert werden. Sowohl die Serumclearance (Kinder 2,8 ml · kg^{-1} · min^{-1}, Erwachsene 3,2 ml · kg^{-1} · min^{-1}) als auch das Verteilungsvolumen (Vdss) von Vecuronium (Kinder 320 ml/ kg, Erwachsene 510 ml/kg) sind altersabhängig [88].

Pipecuronium

Wie Vecuronium ist auch Pipecuronium frei von kardiovaskulären Nebenwirkungen [121]. Die ED$_{95}$ zeigt eine deutliche Abhängigkeit von Anästhesieverfahren und Alter. Sie beträgt für Kleinkinder unter Fentanyl-Lachgas-Narkose 80 µg/kg [110], unter einer Halothan-Lachgas-Anästhesie nur noch 50 µg/kg [121]. Für Säuglinge wurde die ED$_{95}$ unter Halothananästhesie mit 35 µg/kg bestimmt [110]. Unter Narkose mit Alfentanil-Lachgas oder Ketamin-Lachgas liegt die ED$_{95}$ erwartungsgemäß in allen Altersgruppen etwas höher [113]. Vergleichende Untersuchungen in verschiedenen Altersgruppen haben Sarner et al. vorgenommen [121]. Demnach beträgt die ED$_{95}$ bei Säuglingen (3–6 Monate) 33 µg/kg, bei älteren Säuglingen 38 µg/kg, bei Kindern zwischen 1 und 3 Jahren 47 µg/kg und bei älteren Kindern schließlich 49 µg/kg. Die „*recovery time*" war in allen Altersgruppen (bei einer hohen Standardabweichung von 9,6 min) mit 27,1 min gleich.

Pipecuronium wird zu einem großen Teil renal eliminiert. Bei eingeschränkter Nierenfunktion und erhöhter Dosis muß deshalb mit einer Wirkverlängerung gerechnet werden. Pipecuronium ist zur Zeit in Deutschland noch nicht zugelassen.

Doxacurium

Bei Doxacurium handelt es sich um eine hochpotente, langwirkende Substanz ohne bekannte kardiovaskuläre Nebenwirkungen. Die ED$_{95}$ beträgt für Kinder unter Halothananästhesie etwa 30 µg/kg [120]. Doxacurium wird über die Plasmacholinesterase hydrolysiert und unverändert renal ausgeschieden.

Zu einem vollständigen Wirkeintritt (nach 0,05 mg/kg) kommt es bei Erwachsenen nach etwa 6 min. Die Wirkdauer beträgt ca. 120 min, die Erholungszeit etwa 40 min. Ähnliche Ergebnisse erbrachte die Untersuchung der Substanz bei Kindern. Damit eignet sich Doxacurium für sehr langdauernde Eingriffe, die für eine postoperative Beatmung vorgesehen sind. Die Substanz ist in Deutschland noch nicht zugelassen.

Mivacurium

Mivacurium wird durch Spaltung an der Plasmacholinesterase inaktiviert. Der Abbau erfolgt allerdings langsamer als der von Succinylcholin. Bei Patienten mit atypischer CHE (s. oben) muß mit einer erheblich verlängerten Wirkdauer gerechnet werden [15, 38, 47, 109]. Eine deutliche Zunahme der Dauer einer neuromuskulären Blockade nach 1,5 mg/kg Mivacurium wurde während Nieren- (+ 60%) und Lebertransplantationen (+ 200%) gemessen [66].

Die ED$_{95}$ von Mivacurium unter Halothananästhesie ist für Säuglinge und Kinder annähernd identisch und beträgt 85 bzw. 95 µg/kg [143]. Unter Opiat-Lachgas-Narkose liegt die ED$_{95}$ mit 110–130 µg/kg erwartungsgemäß höher [93]. Die *„onset time"* ist mit 1,5–2,4 min (doppelte ED$_{95}$) etwas kürzer als bei Vecuronium [68]. Die Erholung bis auf eine 25%ige Zuckungsamplitude nach Injektion von 0,2 mg/kg ist mit 8–11 min vergleichsweise kurz. Die Erholungszeit beträgt nach dieser Dosis etwa 4 min. Verglichen mit Halothan wurden bei Kindern unter Sevofluran für Mivacurium kürzere Anschlags- und verlängerte Erholungszeiten gemessen. Die klinische Wirkdauer von Mivacurium war indessen nicht signifikant beeinträchtigt [68]. Die intramuskuläre Injektion von Mivacurium (250–800 µg/kg) führt erst nach mehr als 15 min zu akzeptablen Intubationsbedingungen und ist deshalb – anders als bei Succinylcholin – keine Alternative zur intravenösen Gabe [25].

Bei einer normalen CHE-Aktivität kumuliert Mivacurium nicht. Im Hinblick auf die kurze Wirkdauer bietet sich deshalb der Einsatz über eine kontinuierliche Infusion an. Für die Aufrechterhaltung einer kompletten neuromuskulären Blockade werden bei Kindern unter balancierter Anästhesie 0,8–1,0 mg · kg^{-1} · h^{-1} und unter Halothan-Narkose 0,6–0,7 mg · kg^{-1} · h^{-1} benötigt [17, 32, 44, 45, 91, 93].

Wie bei den anderen Substanzen der Benzylisoquinolingruppe kann es zu einer Histaminausschüttung kommen. Klinisch äußerst sich das in flüchtigen kutanen Reaktionen mit leichten Blutdruckabfällen.

Atracurium

Dieses Relaxans wird zum größten Teil durch eine spontane hydrolytische Spaltung (Hoffmann-Elimination) im Serum zu unwirksamen Metaboliten abgebaut. Ein kleinerer Teil wird auch über eine enzymatische Hydrolyse metabolisiert. Ein Produkt aus diesem Abbau, Laudanosin, wird vorwiegend renal eliminiert und kann bei Niereninsuffizienz unter Dauerinfusion von Atracurium kumulieren [127]. Im Tierversuch konnte für Laudanosin eine epileptische Potenz nachgewiesen werden [35]. Bei Patienten mit renaler Dysfunktion wurden unter Dauerinfusion von Atracurium indessen keine bedenklichen Laudanosinkonzentrationen beobachtet [77]. Atracurium wird – als einziges Relaxans – bei Säuglingen rascher eliminiert als bei Kleinkindern oder Erwachsenen [18, 36]. Sowohl das Verteilungsvolumen als auch die Plasmaclearance sind für Atracurium bei Säuglingen größer als bei Kleinkindern.

Die ED$_{95}$ (unter Fentanyl-Lachgas-Narkose) beträgt für Säuglinge 0,22 mg/kg, für Kleinkinder 0,3 mg/kg. Nach Injektion von 0,5 mg/kg tritt eine vollständige muskuläre Blockade bei Säuglingen und Kleinkindern nach 0,9–1,5 min auf. Säuglinge erholen sich rascher als Kleinkinder. Die spontane Erholung bis auf 95 % der muskulären Aktivität dauert bei Säuglingen im Mittel 32, bei Kleinkindern 40 min. Die Wirkdauer ist praktisch unabhängig von Alter, Leber- und Nierenfunktion. Sowohl Verteilungsraum als auch Clearance sind für Atracurium bei Säuglingen größer als bei Kleinkindern.

Eine durch Atracurium verursachte Histaminfreisetzung kann sich klinisch in flüchtigen Erythemen und leichten Blutdruckabfällen äußern [49]. Bei rascher Injektion können über der betroffenen Vene vorübergehend Quaddeln auftreten.

cis-Atracurium (51W89)

Atracurium ist ein Gemisch aus 10 Isomeren mit jeweils unterschiedlicher Wirkung auf die neuromuskuläre Übertragung. Für die relaxierende Wirkung ist v. a. das (R)-cis-(R)-cis-Isomer verantwortlich. Erste Untersuchungen mit dem isolierten

Isomer (51W89) liegen inzwischen vor [62, 92, 141]. Die unter 51W89 gemessenen Laudanosinkonzentrationen betrugen weniger als 20% der unter dem Razemat ermittelten Konzentrationen [141]. Obwohl die Eliminationshalbwertszeit des Isomers mit 30,6 min deutlich größer ist als für Atracurium (20,1 min) unterscheidet sich der „recovery index" nicht signifikant von Atracurium (16 vs. 15 min). Die ED_{95} des Isomers liegt für Kinder bei 41 µg/kg [92]. Meretoja et al. ermittelten bei Kindern nach der doppelten ED_{95} (0,08 mg/kg) eine Anschlagszeit 2,5 min, eine Wirkdauer von 31 sowie eine Erholungszeit von 11,1 min [92]. Negative Einflüsse auf Blutdruck und Herzfrequenz wurden dabei nicht beobachtet.

Rocuronium

Rocuronium (Org 9426) ist ein steroidales, nichtdepolarisierendes Relaxans und chemisch mit Vecuronium verwandt. Die ED_{95} beträgt 0,3 mg/kg. Die Injektion der doppelten ED_{95} führt zu einem leichten Anstieg der Herzfrequenz [102]. Eine Histaminfreisetzung ist bislang nicht bekannt.

Nach Injektion der doppelten ED_{95}, also 0,6 mg/kg, tritt eine komplette neuromuskuläre Blockade bereits nach 49 s (Säuglinge) bis 80 s (Kleinkinder)ein [144]. Eine Steigerung der Dosis auf 0,8 mg/kg führt bereits nach 28 s zur vollen Relaxation [102].

Die Erholung von einer einzelnen Gabe auf 25% der muskulären Funktion (T25) dauert bei Säuglingen mit 45 min fast doppelt so lange wie bei Kleinkindern (26 min).

Oris et al. konnten an Erwachsenen zeigen, daß volatile Anästhetika den muskelrelaxierenden Effekt von 0,5 mg/kg Rocuronium deutlich potenzieren können. Die Wirkdauer einer Einzeldosis von 0,5 mg/kg Rocuronium betrug unter Enfluran mit durchschnittlich 42 min doppelt so lange wie unter totaler intravenöser Anästhesie (21 min). Die „onset time" dauerte in dieser Untersuchung 2–4 min [105].

Durch den raschen Wirkeintritt bei einer mittleren Wirkdauer stellt Rocuronium bereits heute eine geeignete Alternative zu Succinylcholin für die Einleitung aspirationsgefährdeter Patienten dar. Von Nachteil ist die relativ lange Wirkdauer bei Säuglingen. Die Substanz ist seit kurzer Zeit auch in Deutschland zugelassen.

Org9487

Org9487 ist ein kurzwirksames, nichtdepolarisierendes Relaxans der Steroidgruppe mit einer Eliminationshalbwertszeit von 88 min [141]. Wie Rocuronium hat auch Org9487 eine geringe relaxierende Potenz. Die ED_{95} beträgt nach ersten Untersuchungen bei Kindern zwischen 1 und 12 Jahren 1,5 mg/kg unter Fentanyl-Lachgas-Anästhesie und liegt damit um 30% höher als die ED_{90} von Erwachsenen. Bei Erwachsenen wurde in Halothan- und Isoflurananästhesie nach einer Dosis von 1,5 mg/kg eine vollständige Blockade bereits nach 1,4 min beobachtet [140, 141]. Die „recovery time" betrug 6,1 und die Wirkdauer 8–9 min. Bei Kindern ist unter balancierter Anästhesie nach maximaler Dosis (2–2,5 mg/kg) mit einer vollständigen Blockade bereits nach 0,8 min zu rechnen. Die Wirkdauer bis zur vollständigen Erholung nach dieser Dosis betrug im Mittel 8 min, die „recovery time" (25–75 %) 4 min. Damit liegt die „onset time" von Org9487 im Bereich der Anschlagszeit von Succinylcholin. Die Wirkdauer ist mit maximal 9 min auch für kürzeste chirurgische Eingriffe ausreichend.

Org9487 eignet sich möglicherweise noch besser als Mivacurium dazu, Succinylcholin eines Tages aus der klinischen Anwendung zu verdrängen. Endgültige Studien und eine Zulassung der Substanz stehen jedoch noch aus.

Tabelle 3 kann entnommen werden, nach welcher Zeit eine neuromuskuläre Blokkade aufgehoben ist. Im Einzelfall muß aber mit davon erheblich abweichenden Zeiten gerechnet werden. Die orientierende Überprüfung der Relaxationstiefe mit einem Nervenstimulator erleichtert die Entscheidung zur Extubation oder medikamentösen Aufhebung der neuromuskulären Blockade mit einem Antagonisten.

Die beiden klinisch üblichen Antagonisten sind Parasympathomimetika und führen zu einer unerwünschten Zunahme der Speichelsekretion und einer Bradykardie. Die Zugabe eines Anticholinergikums ist deshalb obligat. Eine Bronchokonstriktion wird selten klinisch relevant.

Neostigmin wird in einer Dosis von 0,05–0,07 mg/kg intravenös verwendet. Gleichzeitig werden 0,02 mg/kg Atropin oder 0,01 mg/kg Glykopyrrolat injiziert, um Speichelsekretion und Bradykardie zu unterdrücken. Bis zur vollen Wirkung vergehen allerdings etwa 10 min. Wegen des langsamen Wirkeintritts kann Atropin bei Bedarf auch nach dem Antagonisten injiziert werden.

Edrophonium wird in einer Dosierung von 0,5–1,0 mg/kg (zusammen mit 0,01 mg/kg Atropin) gegeben und zeichnet sich gegenüber Neostigmin durch einen rascheren Wirkeintritt aus. Die volle Wirkung besteht bereits nach 3 min. Wegen des raschen Wirkeintritts sollte Atropin vor oder zusammen mit dem Antagonisten injiziert werden.

Vor der Extubation muß die Wiederherstellung der normalen Muskelkraft sichergestellt sein. Ältere Kinder können den Kopf heben, Neugeborene und Säuglinge sollten die Beine spontan von der Unterlage abheben können. *Eine normale Zwerchfellmotorik, also eine ausreichende Spontanatmung, bedeutet nicht, daß ein Kind nach der Extubation ohne Hilfe die Atemwege freihalten kann!* Auch wenn der „train-of-four" 4 gleichstarke Kontraktionen (T 1 bis T 4) hervorruft, können noch 70 % der neuromuskulären Rezeptoren mit einem Relaxans besetzt sein [50].

Langwirkende Muskelrelaxanzien sollten nicht antagonisiert werden. Die Gefahr eines Reboundphänomens ist groß. In diesem Fall ist es besser, die Zeit bis zur spontanen Erholung der neuromuskulären Funktion abzuwarten.

Literatur

Hinweis: Das Literaturverzeichnis ist ein Auszug aus dem 146 Quellen umfassenden Gesamtverzeichnis, das bei den Autoren angefordert werden kann.

4. Anand KJ, Carr DB (1989) The neuroanatomy, neurophysiology, and neurochemistry of pain, stress, and analgesia in newborns and children. Pediatr Clin North Am 36: 795–822
29. Coté CJ (1993) Practical pharmacology of anesthetic agents, narcotics, and sedatives. In: Coté CJ, Ryan JF, Todres ID, Goudsouzian N (eds) A practice of anesthesia for infants and children. Saunders, Philadelphia
40. Frei FJ, Jonmarker C, Werner O (1994) Anästhetika. In: Frei FJ, Jonmarker C, Werner O (Hrsg) Kinderanästhesie. Springer, Berlin Heidelberg New York Tokyo, S 117–142
41. Freye E (1995) Besonderheiten der Opioidanwendung bei Kindern und Neugeborenen. In: Freye E (Hrsg) Opioide in der Medizin. Springer, Berlin Heidelberg New York Tokyo, S 209–217
46. Goudsouzian NG (1993) Muscle relaxants in children. In: Coté CJ (ed) A practice of anesthesia for infants and children. Saunders, Philadelphia, pp 151–170
50. Gronert BJ, Brandom BW (1994) Neuromuscular blocking drugs in infants and children. Ped Clin North Am 41: 73–91
61. Hunter JM (1995) New neuromuscular blocking drugs. N Engl J Med 332: 1691–1699
72. Koren G, Maurice L (1989) Pediatric uses of opioids. Ped Clin North Am 36: 1141–1156
75. Lehmann KA (1990) Opiate in der Kinderanästhesie. Anaesthesist 39: 195–204

82. Martin WR (1984) Pharmacology of opioids. Pharm Review 35: 285–323
103. Olkkola KT, Hamunen K (1995) Clinical pharmacokinetics and pharmacodynamics of opioid analgesics in infants and children. Clin Pharmacokinet 28: 385–404
124. Schechter NL (1989) The undertreatment of pain in children: an overview. Pediatr Clin North Am 36: 781–794
126. Shannon M, Berde CB (1989) Pharmacologic management of pain in children and adolescents. Ped Clin North Am 36: 855–871
135. Tyler DC (1994) Pharmacology of pain management. Ped Clin North Am 41: 59–71

Der Anästhesist auf dem schmalen Pfad
zwischen Unglück und Unrecht –
Aufklärungs- und Behandlungsfehler in der Anästhesie

E. Biermann

Kurz nach Christi Geburt konnte sich Caius Plinius Secundus in seiner *Historia naturalis* noch über die ungeahndeten Fehler der Ärzte beschweren [1]:

> „Außerdem ist kein Gesetz vorhanden, welches die Unwissenheit bestraft ..., sie lernen durch unsere Gefahren und machen ihre Versuche auf Leben und Tod; nur der Arzt geht ungestraft dafür aus, wenn er einen Menschen umgebracht hat.“

Diese Aussagen sind nicht mehr gültig. Vielmehr gilt, was Opderbecke 1985 feststellte: „Anästhesisten leben gefährlich – im Hinblick auf das forensische Risiko ihrer Tätigkeit“ [2].

Wir finden in den letzten Jahren eine auf den ersten Blick paradoxe Situation: Die Fortschritte in der Medizin, nicht zuletzt der Anästhesiologie, haben das medizinische Risiko für den Patienten drastisch gesenkt. Doch das forensische Risiko für die beteiligten Ärzte sowie den Krankenhausträger ist drastisch gestiegen. Diese Entwicklung hat aber einen ganz plausiblen Grund: Aus schicksalhaften Risiken hat der Fortschritt der Medizin weithin beherrschbare gemacht. Dies allerdings um den Preis immer strengerer Anforderungen an den Leistungsstandard. Je differenzierter die Leistungsanforderungen, desto schwieriger wird deren Umsetzung in der Praxis. Spezialisierung und Subspezialisierung erfordern zudem erhöhte Anstrengungen zur Sicherung der Kommunikation, der Kooperation und eines ordnungsgemäßen Informations- und Kommunikationsflusses.

In den letzten Jahren finden wir einen enormen Anstieg an Arzthaftpflichtprozessen mit einer deutlichen Erhöhung der durchschnittlichen Schadensumme. Nach Angaben von Haftpflichtversicherern werden im Bereich der gesamten Medizin jährlich 10 000 neue Schadenmeldungen erhoben, in 10 % kommt es zur Klage, hiervon wiederum in 25 % zur vollständigen Verurteilung des Arztes bzw. des Krankenhausträgers.

Einige Zahlen zum Ausmaß der Schadenentwicklung im Zehnjahreszeitraum 1981 bis 1991 bei der Winterthur-Versicherung [3]:

— Anästhesie von DM 9.500,- auf DM 11.600,–
— Innere Medizin von DM 4.200,- auf DM 13.700,–
— Urologie von DM 7.300,- auf DM 14.700,–
— Allgemeinmedizin von DM 3.700,- auf DM 22.200,–

Die sog. schwierigen Fächer:

— Orthopädie von DM 12.100,- auf DM 17.200,–
— Chirurgie von DM 21.000,- auf DM 26.300,–
— Gynäkologie von DM 12.000,- auf DM 73.000,–

Diese hohen Aufwendungen schlagen sich in den Prämien für die Fachrichtungen nieder.

Gerade Pädiatrie und Geburtshilfe sind ganz besonders sensible Bereiche.

Beispiel (aus [3])

> Bei einem schwer brandverletzten Kind mußten Hauttransplantationen vorgenommen werden. Während der Operation kam es zu einem Narkosezwischenfall, der zu einer O_2-Unterversorgung führte. Die Haftung der beteiligten Anästhesistin wurde bejaht. Neben Schmerzensgeldbeträgen, Ersatz von Heilungskosten und anderen Aufwendungen sprach das Gericht einen Schadenersatz für monatliche Pflegeleistungen für die erforderliche 24stündige Betreuung des Kindes in 3 Schichten in Höhe von knapp DM 20.000,- pro Monat zu. Allein hierfür waren also jährlich DM 240.000,- aufzubringen und nach der geschätzten Lebenserwartung ergab sich ein Schaden von weit über 4,0 Mio. DM. Liegt die versicherte Deckungssumme niedriger, so müssen die beteiligten Ärzte und der Krankenhausträger von der ersten Rate an mit zahlen.

Eventuell haben die betroffenen Ärzte arbeitsrechtliche Freistellungsansprüche gegen den Krankenhausträger. Diese Problematik kann hier nicht näher dargestellt werden.

Strafverteidiger geben an, daß jährlich mit ca. 3000 neuen strafrechtlichen Ermittlungsverfahren bei geschätzten 7 Mio. Eingriffen im Bereich der Medizin zu rechnen ist. Die Verurteilungsquote liegt jedoch deutlich unter 5 %.

Die Arzt-Patienten-Beziehung ist Spiegelbild gesellschaftlicher Anschauungen und Verhältnisse. Die Erfolge der Medizin haben eine gestiegene Anspruchshaltung des Patienten zur Konsequenz. Diese sind weniger bereit, Fehlschläge als Schicksalsschläge hinzunehmen, so daß der Anästhesist bei Komplikationen und Zwischenfällen oft auf einem schmalen Grat zwischen Unglück und Unrecht zu balancieren scheint.

Haftungsgrundlagen

Der „Anästhesiezwischenfall" ist als solcher zunächst wertneutral, selbst ein Behandlungsmißerfolg wird, anders als man vielfach meint, von der Rechtsprechung nicht ohne weiteres mit dem Behandlungsfehler gleichgesetzt und führt nicht zwingend zu forensischen Konsequenzen.

Die Rechtsprechung erkennt an, daß mit Rücksicht auf die biologischen Unwägbarkeiten die Eigengesetzlichkeiten des lebenden Organismus allein aus einer Komplikation oder einem Mißerfolg nicht schon auf einen Behandlungsfehler geschlossen werden darf. Es gilt folgender Grundsatz: Der indizierte und lege artis durchgeführte Heileingriff, in den der Patient wirksam eingewilligt hat, ist und bleibt rechtmäßig, auch wenn er mißlingt.

Damit sind aber die beiden Rechtmäßigkeitsvoraussetzungen bereits angesprochen. Es muß sich um einen

– indizierten und lege artis durchgeführten Heileingriff handeln und
– der Patient muß in den Eingriff wirksam eingewilligt haben.

Behandlungsfehler

Aus der Voraussetzung, daß der Eingriff indiziert und lege artis durchgeführt werden muß, folgt unmittelbar, daß der Anästhesist bei einem Zwischenfall nur dann haftet, wenn dieser zu einer Schädigung des Patienten geführt hat und diese Schädigung auf einer schuldhaften Fehlleistung des Anästhesisten beruht.

Von einer schuldhaften Fehlleistung sprechen die Juristen dann, wenn der Arzt die in der konkreten Situation gebotene Sorgfalt verletzt hat. Dabei reicht schon leichte Fahrlässigkeit. Die in der Medizin, speziell in der Anästhesie geltenden

Sorgfaltspflichten setzt jedoch das Gericht nicht aus eigenem Gutdünken fest, sondern die Rechtsprechung stellt ab auf die Leistungs- und Sorgfaltsstandards der jeweiligen Fachgebiete im Zeitpunkt der Behandlung. Hierzu befragt das Gericht in der Regel Sachverständige, die diese Frage wiederum nach den Standards des jeweiligen Fachgebietes zu beurteilen haben.

Bei den möglichen Pflichtverletzungen lassen sich 3 Gruppen bilden:

1. Der Behandlungsfehler im engeren Sinne, d. h. ein Verstoß gegen die im Zeitpunkt der Behandlung gebotenen Leistungs- und Sorgfaltsstands

Mangelnde Voruntersuchung

In der Anästhesie kann hierzu gehören etwa die mangelnde Voruntersuchung.

Beispiel (aus [4])

Ein Anästhesist unterläßt es, ein von ihm als Risikopatienten eingestuftes Kind trotz der auf eine diabetische Stoffwechsellage hindeutenden Symptome wie Azetongeruch in der Ausatemluft, starke Austrocknung, Müdigkeit, Apathie, Untergewicht, nicht altersgemäß entsprechende Entwicklung, auf zugrundeliegende Störungen zu untersuchen und narkotisiert das schwerkranke Kind, wobei er wie das Gericht beschreibt, „es während der Narkose unterließ, Sauerstoff mittels Maske oder Atemrohr zuzuführen". Postoperativ fiel das Kind in ein diabetisches Koma mit tödlichem Ausgang.

In 1. Instanz wurde der Anästhesist wegen fahrlässiger Tötung zu 9 Monaten Freiheitsstrafe, in 2. Instanz vom Landgericht zu einer Geldstrafe von DM 24.000,- verurteilt.

Mangelnde Vorbereitung

Es gehören dazu Fehler bei der Vorbereitung des Betäubungsverfahrens, dazu zählt z.B. auch die nicht erfolgte Funktionsprüfung des Anästhesieequipments vor Inbetriebnahme: So hatte die Rechtsprechung [5] einen Fall zu entscheiden, in dem es durch Fabrikationsfehler oder Alterungserscheinungen zu einer Tubushernie kam. Hier wurde den Beteiligten zur Last gelegt, den Tubus entweder selbst oder durch qualifizierte Pflegekräfte nicht ausreichend geprüft zu haben.

Lagerungsschaden

Es gehören hierzu Fehler bei der Lagerung: Der Anästhesist ist nach den interdisziplinären Abkommen für die Lagerung der Extremitäten zuständig, die er zur Applikation von Anästhetika benötigt. Allerdings konzidiert die Rechtsprechung, daß es u.U. extrem seltene, mit vertretbarem wirtschaftlichem Aufwand nicht feststellbare Anomalien geben kann, die einen Lagerungsschaden als schicksalshaft darstellen [6].

Auswahl und Durchführung des Anästhesieverfahrens

Es gehören hierzu Fehler bei der Auswahl und Durchführung des Betäubungsverfahrens, z.B. bei der Einleitung einer Intubationsnarkose, etwa dadurch, daß keine Vorsichtsmaßnahmen gegen die Regurgitation von Magensaft bei gastrointestinal Erkrankten getroffen werden [7]; hierzu zählen die Fälle der Fehlintubationen in den Ösophagus, zumindest dann, wenn keine sichere Lagekontrolle durchgeführt wurde [8].

Fehler bei Neben- und Folgeeingriffen

Es gehören hierzu Fehler z.B. bei der Bluttransfusion, für die intraoperativ der Anästhesist zuständig ist: etwa die Fehltransfusion, aber auch die Überfüllung des Blutkreislaufs mit Blutersatzstoffen. In einem konkreten Fall wurden einem 22 kg schweren Kind 1300 ml Blutersatzstoffe in weniger als 45 min verabreicht [9] – mit der Folge eines fulminanten Lungenödems.

Mangelhafte Patientenüberwachung

Überwachungsfehler können auftreten: sei es bei der Einleitung – in einem Fall blieb ein Patient im Einleitungsraum unbeobachtet, während der Anästhesist im OP tätig war, es kam zu einem Atemstillstand mit deletären Folgen – sei es in der postoperativen Phase [10]. Die Rechtsprechung hatte sich zudem mit einem Fall zu beschäftigen, in dem eine erneute Sedierung in der postoperativen Phase vom Anästhesisten durchgeführt wurde, ohne vorherige Abklärung der Atemkomplikationen, wodurch es infolge einer Überdosierung zu einem tödlichen Atemstillstand kam [11].

Postoperative Überwachung bei fehlendem Aufwachraum

Besonders gravierend sind Mängel in der postoperativen Überwachung, insbesondere dann, wenn ein Aufwachraum fehlt und der Patient für die Aufwachphase nicht auf einer Intensiveinheit überwacht werden kann, sondern auf die Bettenstation verlegt wird.

Prinzipiell endet die unmittelbare Verantwortung des Anästhesisten für den Patienten, wenn dieser nach dem Eingriff an die Bettenstation abgegeben wird. Dann werden für die weitere Überwachung und Therapie der bettenführende Arzt und sein Personal verantwortlich – so z.B. entschieden für den Fall [12], daß ein zentraler Venenkatheter intraoperativ vom Anästhesisten gelegt, noch Tage später vom Operateur auf der Bettenstation weiter verwendet wurde. Infolge unzureichender Überwachung (dort wurde die Entkoppelung des Infusionssystems nicht bemerkt) kam es zu einem tödlichen Entblutungsschock. Die Verantwortung für die Weiterverwendung des Infusionssystems auf der Bettenstation traf nur den bettenführenden Arzt. Entsprechendes gilt für die postoperative Schmerztherapie; hier sind, unter Beachtung der personellen Möglichkeiten der Anästhesieabteilung, abweichende Vereinbarungen vor Ort mit den Operateuren denkbar [13].

Problematisch ist jedoch der Fall, daß ein Patient, etwa weil ein anästhesiologisch betreuter Aufwachraum fehlt – und dies ist nach einer jüngst vom BDA durchgeführten Erhebung bei über 20% aller Krankenhäuser noch der Fall [14] –, postoperativ unmittelbar auf die Bettenstation verlegt werden muß zu einem Zeitpunkt, in dem die Wirkungen des Anästhesieverfahrens noch nicht abgeklungen sind. Die unmittelbare postoperative bzw. postanästhesiologische Phase ist die für den Patienten kritischste, wie tragische Zwischenfälle beweisen.

Bei einem dreijährigen Patienten wird eine Ohrmuschelkorrektur vorgenommen. Der Anästhesist überwacht den Patienten nach dem Eingriff zunächst vor dem OP und übergibt den
kleinen Patienten, als dieser aufzuwachen beginnt, zwei erfahrenen Krankenschwestern mit
der Anweisung, ihn im speziellen Überwachungsraum der HNO-Station für Frischoperierte
weiter zu überwachen. Die Schwestern geben den Auftrag aber an eine andere Pflegekraft
weiter, die unzureichend ausgebildet ist und auf eine schwerwiegende Komplikation erst
aufmerksam wird, als sich das Kind blau verfärbt. Der aus dem OP in einem anderen Stock-
werk herbeigerufene Anästhesist konnte trotz sachgemäßer Wiederbelebung einen schweren
Hirnschaden, der schließlich zum Tod des Patienten führte, nicht vermeiden.

Mit der Übergabe an die Schwestern bzw. der Verlegung auf die Bettenstation
findet zwar im Prinzip ein Wechsel der Verantwortung vom Aufgabenbereich des
Anästhesisten an den des Operateurs statt. Dies ist aber fachlich und forensisch
besonders problematisch, weil die Bettenstation nun auch die Verantwortung für
die postanästhesiologische Überwachung im Hinblick auf die Vitalfunktionen des
Patienten übernimmt.

Man muß den Anästhesisten deshalb für verpflichtet halten, daß er dem Pflegepersonal der Bettenstation die erforderlichen Anweisungen erteilt oder den auf der
Bettenstation tätigen Arzt informiert, wenn wegen zu befürchtender, unerwünschter Anästhetikanachwirkungen noch besondere Maßnahmen, z.B. auch eine weitere Medikation, erforderlich ist. Die Durchführung der angeordneten Maßnahmen
hat indes der bettenführende Arzt zu verantworten.

Fehlt ein Aufwachraum, so muß geprüft werden, ob der Patient kurzfristig in der
Intensivstation überwacht werden kann oder auf der Bettenstation eine kompeten-
te Sitzwache zur Verfügung steht. BDA und DGAI fordern seit Jahren dringend die
Einrichtung von Aufwacheinheiten, in denen der Patient unter Verantwortung des
Anästhesisten solange verbleibt, wie noch mit anästhesiebedingten Nachwirkungen
gerechnet werden muß.

Zurück zum Beispielsfall: In 1.Instanz wurden vom Strafgericht sowohl der HNO-
Arzt als auch der Anästhesist wegen fahrlässiger Tötung verurteilt. Der Anästhesist
legte Berufung ein und wurde in 2. Instanz mit der Begründung freigesprochen, die
Verantwortung für die Überwachung der Vitalfunktionen sei mit der Verlegung
des Patienten auf den Arzt der Bettenstation und die diesem unterstellten Pflegekräfte übergegangen. Der Anästhesist wurde freigesprochen, weil er den Schwestern, die den Patienten übernahmen, alle erforderlichen fachlichen Anweisungen
zur weiteren Überwachung des Patienten schriftlich gegeben hatte.

Verurteilt wurde der bettenführende Operateur, wobei das Berufungsgericht
keinen Zweifel daran ließ, daß die unmittelbare Verantwortung für den Zwischenfall auch die Krankenschwester traf, die die Überwachung des Patienten von ihren
Kolleginnen übernommen hatte.

2. Zu den Behandlungsfehlern im weiteren Sinne gehören aber auch Mängel in der Organisation der Patientenversorgung/in der interdisziplinären Kooperation und Kommunikation

Einsatzzeiten im Rufdienst

Etwa im Fall einer, wie die Rechtsprechung festgestellt hat, „fehlenden Narkosebe-
reitschaft als Organisationsverschulden". Hier wurde nicht dafür gesorgt, daß Rufdienst leistende Ärzte innerhalb der erforderlichen Einsatzzeiten, von maximal
20 min [16], innerhalb der Geburtshilfe nach jüngster Entschließung der Geburts-
helfer maximal 10 min [17], zur Verfügung stehen.

Kooperationsfehler

Es gehören hierzu Mängel in der interdisziplinären ärztlichen Zusammenarbeit im Rahmen der horizontalen Arbeitsteilung, d. h. der Aufgaben- und Verantwortungsteilung auf die mit-, nach- und nebeneinander handelnden Fachvertreter bzw. Fachabteilungen; diese Aufteilung ist durch partnerschaftliche Gleichordnung und Weisungsfreiheit gekennzeichnet und von der auf hierarchischem Prinzip beruhenden vertikalen Arbeitsteilung innerhalb einer Fachabteilung oder im Verhältnis Arzt/Heilhilfspersonal zu unterscheiden [18]. In der horizontalen Arbeitsteilung gelten der Grundsatz der strikten Arbeitsteilung und der Vertrauensgrundsatz, die modifiziert auch im Rahmen der vertikalen Arbeitsteilung zur Anwendung kommen.

Grundsatz strikter Arbeitsteilung

Der Grundsatz strikter Arbeitsteilung besagt, daß jeder Fachvertreter eigenverantwortlich und frei von Weisungen fremder Fachvertreter tätig wird. Diese Eigenverantwortung führt rechtlich aber auch zur Eigenhaftung.

Vertrauensgrundsatz

Ergänzt wird der Grundsatz strikter Arbeitsteilung durch den Vertrauensgrundsatz. Jeder der an der Behandlung beteiligten Fachvertreter darf sich grundsätzlich darauf verlassen, daß der jeweilig andere seine Aufgaben mit der gebotenen Sorgfalt erfüllt.

Grenzen des Vertrauens sind dort erreicht, wo der andere Partner, sei es wegen Überforderung, Übermüdung o. ä. seinen Aufgaben erkennbar nicht mehr gewachsen ist oder offensichtlich willkürlich handelt. Dann muß auch der an sich nicht zuständige Fachvertreter tätig werden und den Patienten nach bestem Vermögen vor Schädigungen bewahren.

Unterhalb dieser Grenze bleibt es bei der Haftung des Fachvertreters für die Aufgaben, die er in der interdisziplinären Kooperation durchzuführen hat. Welche dies sind, ergibt sich u. a. aus dem Inhalt der Weiterbildung und/oder der konkreten Festlegung der Aufgaben, etwa in interdisziplinären Vereinbarungen oder konkreten Absprachen vor Ort. Nach allgemeinen Grundsätzen sind die von den Fachgebieten getroffenen interdisziplinären Vereinbarungen subsidiär zu den vor Ort getroffenen Absprachen.

Beispiel zur Arbeitsteilung und den rechtlichen Konsequenzen

Ein Radiologe wertet ein Röntgenbild falsch aus, im konkreten Fall wurde ein Knochenbruch übersehen und blieb unbehandelt. Die Verantwortung hierfür trägt der Radiologe, nicht etwa der mit der ärztlich-organisatorischen Leitung der interdisziplinären operativen Intensivstation betraute Anästhesist [19].

Kommunikationsmängel

Es gehören hierzu Kommunikations- und Informationsmängel. So etwa der Fall, daß der Operateur dem Anästhesisten den Befund einer Darmlähmung bei einem Patienten nicht mitteilt, der Anästhesist unterläßt bei der Einleitung der Narkose die bei gastrointestinal Erkrankten gebotenen Vorsichtsmaßregeln, es kommt zu einer massiven Aspiration, an deren Folgen der Patient letztlich verstirbt. Hierfür trug die Verantwortung der Operateur, nicht der Anästhesist [20].

208

In Zukunft ist insbesondere bei ambulanten Operationen, etwa als Institutsleistung des Krankenhauses, mit erheblichen, auch forensisch bedeutsamen Kommunikationsanforderungen zwischen Krankenhaus, Krankenhausärzten und niedergelassenen Kollegen zu rechnen [21].

Ein weiteres, prolematisches Beispiel für Mängel in der horizontalen Arbeitsteilung, speziell für einen negativen Kompetenzkonflikt, bei dem jeder der Beteiligten den anderen Fachvertreter für zuständig hielt aber keiner handelte, hatte der Bundesgerichtshof (BGH) 1991 zu entscheiden [22]:

Beispiel

Ein Patient, der regelmäßig ein Kortisolpräparat einnehmen mußte, erhielt dies weder vor noch während einer verhältnismäßig lange dauernden Operation mit erheblichen Blutverlusten. Der Patient verstarb postoperativ.

Zu klären war, welchen Ärzten das Unterlassen der Medikation zuzurechnen war, den HNO-Operateuren oder den Anästhesisten. Während das Oberlandesgericht beide verurteilte, wies der BGH das Urteil gegen die Operateure ab.

Sowohl prä- wie auch intraoperativ war es seiner Auffassung nach allein Aufgabe des Anästhesisten, die vitalen Funktionen des Patienten aufzurechtzuerhalten und zu überwachen. Dazu gehöre auch die entsprechende Kortisolmedikation.

Postoperativ war die Aufgabenteilung unklar. Daß der Patient mit Rückverlegung auf die Krankenstation wieder in die Obhut des jeweiligen Stationsarztes entlassen wird, bedeutet nach Auffassung des BGH nicht ohne weiteres, daß

„nunmehr stets der dortige Stationsarzt sofort wieder für die Medikation zuständig wird. Vielmehr wird in der Regel vom Anästhesisten angeordnet, welche Medikamente der Patient im Anschluß an die Operation erhalten soll."

Wie die Aufgabenverteilung im Krankenhaus aber konkret geregelt war und ob und ab welchem Zeitpunkt auch bei evtl. fortdauernder Zuständigkeit der Anästhesisten die Operateure verpflichtet waren, die Kortisolmedikation zu überprüfen oder durchzuführen, konnte der BGH anhand der unzureichenden Feststellungen des OLG selbst nicht beurteilen, er wies das Verfahren deshalb zur erneuten Entscheidung an das OLG zurück.

3. Zu Behandlungsfehlern im weiteren Sinne gehören auch die Aufsichts-, Überwachungs- und Delegationsfehler im Rahmen vertikaler Arbeitsteilung

Im Bereich der vertikalen Arbeitsteilung, die gekennzeichnet ist vom hierarchischen Prinzip, also der fachlichen Über- und Unterordnung, etwa im Verhältnis Chefarzt/nachgeordnete Ärzte oder Arzt/Heilhilfspersonal, gelten der Grundsatz strikter Arbeitsteilung und der Vertrauensgrundsatz nur modifiziert. Im Einzelfall muß sich der Arzt ein Bild von den Kenntnissen und Fertigkeiten desjenigen verschaffen, den er für bestimmte Aufgaben einsetzt. Er darf allerdings darauf vertrauen, daß das Personal die in einer staatlich geregelten Aus- oder Weiterbildung und in einer Prüfung nachgewiesenen Kenntnisse und Fertigkeiten besitzt. Bei einem Facharzt, speziell einem Oberarzt, wird sich die Überprüfung auf Stichproben beschränken können; die Kontrolle und Aufsicht über einen Noch-nicht-Facharzt muß entsprechend engmaschiger sein.

Die Rechtsprechung steht auf dem Standpunkt, daß der Patient Anspruch auf eine Behandlung hat, die jederzeit, auch außerhalb der Regeldienstzeiten, dem Standard eines erfahrenen Facharztes zu genügen hat. Anders als ein mißverständlich formulierter Leitsatz eines BGH-Urteils von 1992 [23] andeutete, ist Facharztstandard ein Qualitätsmaßstab. Es kommt nicht auf die formelle Facharztanerkennung, sondern auf die konkrete Aufgabe und die Kenntnisse und Fertigkeiten des Arztes an. Der aufsichtführende Arzt hat die Fähigkeiten pflichtgemäß zu beurteilen, bei einem Zwischenfall wird er die von ihm vorgesehenen Kontrollen und die daraus gewonnenen Erkenntnisse belegen müssen. Der aufsichtsführende Arzt wird wegen Organisationsverschuldens haften, wenn er wußte, daß der eingeteilte Arzt seinen Aufgaben nicht gewachsen ist, oder daran zweifelte.

Hinsichtlich des aufsichtführenden Arztes verlangt die Rechtsprechung allerdings die formelle Facharztanerkennung [24], denn nur der Facharzt habe die erforderliche Autorität gegenüber dem Nichtfacharzt, die erforderlich ist, um den Facharztstandard zu gewährleisten.

Neben dem aufsichtführenden bzw. dem leitenden Arzt haftet bei Zwischenfällen, die auf mangelhafter Qualifikation beruhen, auch der Krankenhausträger wegen sog. Organisationsverschuldens.

Quasi ein Musterbeispiel für einen typischen Anästhesiezwischenfall hatte das OLG Köln zu entscheiden [25]:

Beispiel

Bei einer Abrasio leitet die diensthabende Anästhesistin ohne abgeschlossene Weiterbildung mit einem zweiten Anästhesisten eine Intubationsnarkose ein. Die Intubation wird ohne Sicht auf die Stimmritze durchgeführt, bei der Belüftungskontrolle wird eine ösophageale Intubation festgestellt. Die Patientin wird extubiert, die Anästhesistin unternimmt einen 2. Intubationsversuch, der mißlingt. Die Patientin wird erneut beatmet. Nun läßt die Anästhesistin von der Intensivstation einen weiteren Assistenzarzt herbeirufen. Dieser nimmt einen weiteren erfolglosen Intubationsversuch vor. Erst nach dem 4. Versuch gelingt die Intubation anscheinend. Doch wird die Patientin nach wenigen Minuten lippenzyanotisch, nach 10 min bradykard, es kommt zu einem Herz-Kreislauf-Stillstand; durchgeführte Reanimationsmaßnahmen führen zu keiner Besserung. Erst jetzt läßt die Anästhesistin die diensthabende Oberärztin herbeirufen, die nach ca. 7 min erscheint, eine ösophageale Lage des Tubus feststellt und anweist, neben dem im Ösophagus liegenden Tubus nun einen weiteren in die Trachea einzuführen. Die Intubation gelingt, die Patientin stabilisiert sich zunächst, doch wird später auf der Intensivstation ein irreversibler, hypoxischer Hirnschaden festgestellt, der später zum Tod führt.

Ehemann und Sohn der verstorbenen Patientin verklagen den Chefarzt der Anästhesieabteilung, den Krankenhausträger und die diensthabende Anästhesistin, mit Ausnahme des Chefarztes – dies nur aufgrund beamtenrechtlicher Besonderheiten – mit Erfolg.

Gegen die diensthabende Anästhesistin wurde zudem ein Strafverfahren eingeleitet, das mit einem Strafbefehl, einem abgekürzten, schriftlichen Gerichtsverfahren, über DM 15.000,- endete.

Die Anästhesistin haftet wegen Übernahmeverschuldens, Krankenhausträger und leitender Arzt wegen Organisationsverschuldens. Letzteres kann durchaus auch zu strafrechtlichen Konsequenzen für den Krankenhausträger und den leitenden Arzt führen.

Verbotene ärztliche Eigenmacht

Bei dem Behandlungsfehler geht es um die Haftung für Risiken, die bei Einhaltung der gebotenen Sorgfalt beherrschbar und vermeidbar gewesen wären.

Anders ist es bei dem zweiten großen Haftungskomplex, der Haftung für die sog. „verbotene ärztliche Eigenmacht". Damit meint der Jurist die Haftung für Einwilligungs- und Aufklärungsfehler. Die Rechtsprechung geht seit nunmehr über 100 Jahren davon aus, daß jeder ärztliche Eingriff eine tatbestandsmäßige Körperverletzung ist. Der ärztliche Eingriff ist in der Regel nur gerechtfertigt, wenn eine Einwilligung des Patienten vorliegt.

Das für die Entscheidung des Patienten notwendige Wissen über den Verlauf
und die Risiken des Eingriffs muß der Arzt dem Patienten im Rahmen der Aufklärung vermitteln. Fehlt eine wirksame Einwilligung des Patienten – meist infolge
von Aufklärungsfehlern –, dann handelt es sich bei der ärztlichen Maßnahme um
eine rechtswidrige Körperverletzung, dies selbst dann, wenn der Eingriff indiziert
war und lege artis erfolgreich durchgeführt worden ist. Es kann also zur ärztlichen
Haftung, insbesondere zu strafrechtlichen Konsequenzen kommen, ohne daß ein
Anästhesiezwischenfall im eigentlichen Sinne vorgelegen hat. Der Sache nach wird
die Aufklärungspflichtverletzung zu einer Art Gefährdungshaftung, es verwischen
sich die Grenzen zwischen Unrecht und Unglück.

Erst recht kann ein Anästhesiezwischenfall zur Haftung führen, wenn zugleich
Einwilligungsmängel vorliegen, dies selbst dann, wenn Risiken zum Tragen kommen, die auch bei Einhaltung der gebotenen Sorgfalt nicht sicher beherrschbar
sind, in die der Patient aber mangels wirksamer Einwilligung (meist infolge von
Aufklärungsfehlern, also weil er darüber nicht informiert wurde) nicht eingewilligt
hat.

Grundsätze zur Einwilligung

Wer willigt in welcher Form ein?

Der volljährige, willens- und einsichtsfähige Patient willigt selbst in die Behandlung ein. Diese Einwilligung kann ausdrücklich oder stillschweigend erklärt werden, es genügt auch die mündliche oder die Einwilligung durch schlüssiges Verhalten. Die Schriftform (die Unterschrift des Patienten unter die Einwilligungsformel)
ist zur Wirksamkeit der Einwilligung nicht erforderlich, aus Beweissicherungs-
gründen ist sie aber dringend zu empfehlen.

Ist der Patient selbst nicht fähig, eine sachgerechte Entscheidung über den Eingriff zu treffen, weil er nicht ansprechbar oder weil er nicht in der Lage ist, Wesen
Bedeutung und Tragweite des Eingriffs zu erfassen und seinen Willen hiernach zu
bestimmen, so entscheidet an seiner Stelle der Personensorgeberechtigte.

Bei Kindern bis zu 14 Jahren kann generell davon ausgegangen werden, daß
ihnen die erforderliche Einsichtsfähigkeit fehlt; bei 14- bis 18jährigen ist dies in
jedem Einzelfall vom Arzt zu prüfen. Es kommt darauf an, ob der Minderjährige
die psychosoziale Reife hat, die für und gegen den konkreten Eingriff sprechenden
Gründe sachgerecht abzuwägen und eigenverantwortlich zu entscheiden.

Bei nicht einsichtsfähigen Kindern und Minderjährigen entscheiden an deren
Stelle in der Regel die Eltern. Grundsätzlich bedarf es der Einwilligung beider Eltern, doch kann ein Elternteil den anderen vertreten. Bei Routinefällen kann der
Arzt eine solche Ermächtigung des erschienenen Elternteils annehmen, vor schwereren Eingriffen ist beim erschienenen Elternteil nachzufragen, ob dieser im Ein-
verständnis mit dem nicht erschienenen handelt. Bei aufschiebbaren Eingriffen
schwerer Art mit nicht unbedeutenden Risiken sollte sich der Arzt grundsätzlich
der Einwilligung beider Elternteile vergewissern, er kann hier nicht ohne weiteres
davon ausgehen, daß ein Elternteil von dem anderen ermächtigt ist, eine derart
weitreichende Einwilligung zu erteilen [26].

Ist ein Volljähriger nicht in der Lage, selbst eine valide Einwilligungserklärung
abzugeben, so entscheidet bei einem entmündigten Erwachsenen der Vormund,
ansonsten muß – etwa für den bewußtlosen Patienten – vom Vormundschaftsgericht (Amtsgericht) ein Betreuer bestellt werden. Das geht in dringenden Fällen
fernmündlich.

Reicht in Eilfällen die Zeit nicht, um eine Entscheidung der Personensorgeberechtigten – einschließlich evtl. des Betreuers – herbeizuführen, so ist der mutmaßliche Wille des Patienten maßgebend. Diesen hat der Arzt zu ermitteln. Die nicht

personensorgeberechtigten Angehörigen des Patients können an dessen Stelle die
Einwilligung nicht erteilen; sie sind lediglich Auskunftspersonen, die Hinweise auf
den mutmaßlichen Willen des Patienten geben können.

Solange keine eindeutigen gegenteiligen Erklärungen des Patienten vorliegen, ist
davon auszugehen, daß der Patient auch in nahezu aussichtslosen Situationen einem Rettungsversuch zustimmt („in dubio pro vita").

Der Grundsatz, daß ein Eingriff nur zulässig ist, wenn der Patient vorher eingewilligt hat oder seine mutmaßliche Einwilligung anzunehmen ist, führt umgekehrt
dazu, daß die Entscheidung eines einwilligungsfähigen und vollinformierten Patienten, der eine dringend notwendige Behandlung oder einzelne Behandlungsmaß-
nahmen ablehnt, für den Arzt auch dann verbindlich ist, wenn die Ablehnung
irrational oder für den Arzt nicht nachvollziehbar ist. Lehnt der Patient im Vollbe-
sitz seiner geistigen Kräfte und in Kenntnis der Tragweite seiner Entscheidung
einen lebensrettenden Eingriff, etwa aus religiösen oder weltanschaulichen Gründen, ab, so muß er unterbleiben.

Der Patient kann seine Einwilligung auch limitieren, er kann zu einzelnen Maßnahmen seine Zustimmung verweigern. Er kann seine Einwilligung in die Behand-
lungsmaßnahmen auch jederzeit widerrufen.

Grundsätze zur ärztlichen Aufklärungspflicht

Mit dem Erfordernis der Einwilligung korrespondiert die ärztliche Pflicht zur Aufklärung. Die Aufklärung dient dazu, dem Patienten das erforderliche Entschei-
dungswissen zu vermitteln. Entscheiden anstelle des Patienten die Eltern oder der
Betreuer bzw. das Vormundschaftsgericht, sind diese aufzuklären.

Die Anforderungen an den Umfang der Aufklärungspflicht sind um so geringer,
je dringlicher und notwendiger der Eingriff ist. Umgekehrt sind sie um so strenger
bei diagnostischen Eingriffen, die nicht Voraussetzung einer dringlichen Therapie
sind, besonders streng bei rein kosmetischen Eingriffen ohne therapeutischen
Wert.

Allgemeine und eingriffsspezifische, typische Risiken

Die Rechtsprechung fordert keine Aufklärung über die allgemeinen Risiken des
Eingriffs, weil sie davon ausgeht, daß jeder Patient sie kennt (z.B. Infektionen,
Embolien).

Aufzuklären ist allerdings über die Thromboemboliegefahr und eine evtl. medikamentöse Prophylaxe dann, wenn das Risiko bei gewissen, speziellen Eingriffen
deutlich erhöht ist. Dies betrifft in aller Regel die Aufklärung durch den Operateur.

Die Rechtsprechung fordert indes eine detaillierte Aufklärung über die eingriffsspezifischen, typischen Risiken der Behandlung, die dem Patienten unbekannt sind
und die, wenn sie sich verwirklichen, den Patienten in seiner Lebensführung nachhaltig beeinträchtigen. Solche eingriffsspezifischen, typischen Risiken bedürfen
selbst dann der Aufklärung, wenn sie extrem selten sind. Die Komplikationsdichte
spielt als Abgrenzungskriterium heute nahezu keine Rolle mehr.

In einzelnen Fällen mag es zweifelhaft sein, ob es sich um ein allgemeines – nicht
aufklärungsbedürftiges – oder eingriffsspezifisches, typisches – dann aufklärungsbedürftiges – Risiko handelt.

Beispiele

– Das allgemeine Narkoserisiko hat der BGH als Musterbeispiel für ein Risiko genannt, welches keiner Aufklärung bedarf [27].

– Das Risiko des Herzstillstandes, obwohl es bei allen Anästhesieverfahren besteht und demnach ein allgemeines Anästhesierisiko ist, soll nach Auffassung der Rechtsprechung hingegen aufklärungspflichtig sein [28].
– Im Periduralkatheter-Urteil vertrat der BGH die Auffassung, das Risiko der Querschnittslähmung sei ein für dieser Art der Anästhesie typisches und deshalb aufklärungsbedürftiges Risiko [29].
– Das Lähmungsrisiko bei einer axillären Plexusanästhesie bedarf nach Auffassung des OLG Düsseldorf hingegen nicht der Aufklärung [30].

Angesichts unsicherer Grenzziehung aufgrund der gegenwärtigen Rechtsprechung empfiehlt es sich, gerade bei methodenspezifischen Risiken mit der Aufklärung nicht restriktiv zu verfahren.

Alternativaufklärung

Aufzuklären ist auch über die Behandlungsalternativen, jedenfalls dann, wenn es zwei gleich indizierte Maßnahmen mit deutlich unterschiedlichen Risiken und Belastungen für den Patienten gibt. Also etwa über die Leitungsanästhesie anstelle der Narkose. Bei der Leitungsanästhesie muß vorsorglich darüber aufgeklärt werden, daß in eine Narkose übergeleitet werden muß, falls die Leitungsanästhesie „nicht sitzt".

Aufklärung über Neben- und Folgeeingriffe

Die Aufklärung hat sich nicht nur auf den Haupteingriff als solchen, sondern auch auf Neben- und Folgeeingriff zu beziehen. *Signifikantes Beispiel:* Das viel diskutierte Urteil des BGH über die Aufklärungspflicht bei Fremdbluttransfusionen und, wenn im konkreten Fall indiziert, die fremdblutsparenden Alternativen [31].

Zeitpunkt der Aufklärung

Die Rechtsprechung hat stets betont, daß eine frühzeitige Aufklärung des Patienten vor der Operation erfolgen müsse; der Arzt müsse dem Patienten zur Wahrung freier Selbstbestimmung eine angemessene Frist zur ruhigen Überlegung einräumen. Nach einer Faustregel galt, daß zumindest eine Nacht zwischen Aufklärung und Eingriff liegen muß.
Die neuere Rechtsprechung unterscheidet in zwei Urteilen deutlich zwischen der Aufklärung bei ambulanten und bei stationären Eingriffen.
Bei stationären Eingriffen fordert der BGH [32], daß der Patient über den operativen Eingriff spätestens am Vortag aufzuklären ist. Gemeint sein dürfte, daß zumindest 24 h zwischen Aufklärung und Eingriff liegen sollten.
In demselben Urteil hält der BGH eine Aufklärung über die Anästhesie noch am Vorabend des Eingriffs für ausreichend, da der Patient in der Regel noch in der Lage sein wird, normale Narkoserisiken abzuschätzen und zwischen den unterschiedlichen Risiken ihm alternativ vorgeschlagener Narkoseverfahren abzuwägen. Anders kann es allerdings sein, wenn das Anästhesierisiko das eigentliche Eingriffsrisiko darstellt.
Bei ambulanten Eingriffen macht der BGH in einem jüngeren Urteil Zugeständnisse [33]: Er sieht die Einwilligung und die (vorausgegangene) Aufklärung auch noch am Tag des Eingriffs jedenfalls bei normalen, nicht schwerwiegenden operativen Eingriffen noch als rechtzeitig an. Auch dann muß dem Patienten aber in

jedem Fall ausreichend Zeit zur Abwägung verbleiben, und es muß ihm vermittelt werden, daß die Einwilligung von ihm nicht nur als reine Formalie erwartet wird. Die Aufklärung über die Anästhesie spricht der BGH in diesem Urteil nicht ausdrücklich an, man kann aber davon ausgehen, daß die Aufklärung über die Anästhesie am Eingriffstag selbst bei schwereren operativen Eingriffen erfolgen kann, über die der Operateur rechtzeitig, also spätestens am Vortag, aufgeklärt hat. Anders auch hier, wenn ein über das bei ambulanten Eingriffen normale Maß hinaus erhöhtes Anästhesierisiko vorliegt.

Form von Einwilligung und Aufklärung

Um einem Mißverständnis zu begegnen: Weder die Einwilligung noch die Aufklärung bedarf, um rechtswirksam zu sein, einer bestimmten Form. Sie ist stillschweigend, mündlich oder schriftlich wirksam. Die Schriftform ist keine Wirksamkeitsvoraussetzung, aber aus Gründen der Beweissicherung dringlich zu fordern.

Aufgabenverteilung bei der Aufklärung

Die Aufgabenteilung bei der Aufklärung folgt den Grundsätzen der strikten Arbeitsteilung und dem Vertrauensgrundsatz: Operateur und Anästhesist haben die Pflicht, den Patienten jeweils aus der Sicht ihres Fachgebietes aufzuklären. Das schließt nicht aus, daß ein Operateur die Aufklärung über das Anästhesieverfahren übernimmt. Doch gilt auch für die Aufklärung der „Facharztstandard", d.h., der aufklärende Arzt muß in der Lage sein, Anfragen des Patienten zum Verfahren sachgerecht und kompetent zu beantworten und auch Hinweise zu möglichen Alternativen zu geben. Im Ergebnis ist diese Art der fachübergreifenden Aufklärung forensisch problematisch.

Zum Verhältnis Behandlungsfehler und Aufklärungspflichtverletzung

Die forensische Bedeutung der Aufklärungspflichtverletzung ist außerordentlich groß. Im Zivilprozeß hat die Aufklärungspflichtverletzung dann, wenn ein Behandlungsfehler unerweislich bleibt, den Charakter eines Auffangtatbestands zu Lasten des Arztes bekommen. Es handelt sich hier quasi um eine Art der Gefährdungshaftung, denn es wird u.U. für die Verwirklichung von Risiken gehaftet, die auch bei Einhaltung der gebotenen Sorgfalt nicht sicher beherrschbar sind.

Es kann sich im Haftpflichtprozeß folgende typische Situation ergeben: Der Anästhesist wird von einem Patienten wegen eines sog. Kunstfehlers zivilrechtlich in Anspruch genommen. Er verteidigt sich damit, daß er die Auffassung vertritt, es liege gar kein Behandlungsfehler vor, sondern es handle sich um ein immanentes, bei größter Sorgfalt nicht sicher vermeidbares Risiko. *Beispiel:* Herzstillstand bei Narkosen, Lähmungserscheinungen bei Leitungsanästhesien. Damit bietet er dem Patienten aber nun das Stichwort für die sog. „Aufklärungsrüge". Der Patient behauptet nun, dann sei eine Aufklärung über dieses Risiko erforderlich gewesen.

Der Anästhesist hat dagegen zwei Verteidigungsmöglichkeiten:
Er kann sich zunächst darauf berufen, das Risiko habe der Aufklärung nicht bedurft. Angesichts der sich verschärfenden Rechtsprechung zur ärztlichen Aufklärung – *Beispiel:* Aufklärung über HIV-Risiko bei Fremdbluttransfusion – bleiben immer ungewisse Grenzen; diese Verteidigung ist damit höchst unsicher.

Verteidigt sich der Arzt hingegen auf die zweite Weise mit dem Hinweis, er habe auf dieses Risiko hingewiesen, dann muß er dies beweisen. Der ärztliche Eingriff ist in der Regel nur rechtmäßig, wenn der Patient wirksam in ihn eingewilligt hat. Die Einwilligung und die Aufklärung muß der Arzt beweisen. Da sich weder Patient noch Ärzte noch Pflegepersonal in den oft lange dauernden Prozessen Jahre nach der Behandlung noch an Einzelheiten der Aufklärung erinnern können, gerät der Arzt seinerseits in evidente Beweisnot, wenn er keine sorgfältige Dokumentation über den konkreten Inhalt der Aufklärung vorweisen kann. Pauschale Formulierungen, in denen der Patient bestätigt, er sei über alle maßgeblichen Umstände aufgeklärt worden, beweisen die Aufklärung über das in Streit stehende Risiko meist gerade nicht. Sie sind im Prozeß deshalb überwiegend wertlos.

Für den Anästhesisten hat die Haftung wegen Aufklärungsmangel allerdings eher eine untergeordnete Bedeutung. Dies liegt zu einem sehr großen Teil an der sorgfältigen Dokumentation der Aufklärung durch die von Weißauer entwickelten, vom Berufsverband Deutscher Anästhesisten im Einvernehmen mit der DGAI empfohlenen Aufklärungs- und Anamnesebögen, die mittlerweile in neuer Form und in einem neuen Verlag herausgegeben werden [34]. Es darf sich aber nicht um eine reine Formularaufklärung handeln, die Bögen bereiten das unerläßliche Aufklärungsgespräch mit dem Arzt nur vor und lassen Raum für individuelle Notizen über Besonderheiten des Einzelfalls. Dieser Raum sollte auch genutzt werden.

Zivil- und strafrechtliche Haftung

Bei den möglichen forensischen Konsequenzen sind zwei Bereiche strikt zu unterscheiden: die zivil- und die strafrechtliche Haftung.

Zivilrechtliche Haftung

Ein zivilrechtlicher Haftpflichtprozeß wird meist eingeleitet durch den Patienten oder die Hinterbliebenen, vertreten durch einen Rechtsanwalt, die Schadenersatzansprüche gegen Arzt und/oder Krankenhausträger, u. U. auch das beteiligte Pflegepersonal, wegen fehlerhafter ärztlicher Behandlung erheben.

Ziel des Verfahrens ist ein finanzieller Ausgleich. Der Patient will einen Ersatz seines Schadens. Im Vordergrund steht meist das sog. Schmerzensgeld.

Warum wird in erster Linie Schmerzensgeld verlangt? Andere Schadenpositionen, etwa Aufwendungen für ärztliche Leistungen, für weitere Krankenhausleistungen, für die Gehaltsfortzahlung usw., werden zunächst von Krankenkassen/privaten Krankenversicherungen oder vom Arbeitgeber getragen. Soweit diese Leistungen erbracht haben, gehen eventuelle Schadenersatzansprüche des Patienten auf die Krankenkasse/private Versicherung oder den Arbeitgeber über (§ 116 SGB V). Das gilt jedoch nicht für den Schmerzensgeldanspruch, dieser verbleibt dem Patienten.

In dem Zivilverfahren, das meist vor dem Landgericht beginnt, ist der Patient als Partei Herr des Verfahrens; er kann eine einmal erhobene Klage zurücknehmen, was er insbesondere dann tun wird, wenn seine Forderung etwa durch Zahlung der Haftpflichtversicherung befriedigt ist.

Ein Hinweis an dieser Stelle: Nach § 66 SGB V können die Krankenkassen ihre Mitglieder, d.h. die Patienten, bei der Verfolgung von Schadenersatzansprüchen infolge von Behandlungsfehlern unterstützen. Dies kann zu recht denkwürdigen Konsequenzen führen. Kann der Krankenhausträger aufgrund wirtschaftlicher Engpässe, die letztlich darauf beruhen, daß die Kassen die für die Patientenversorgung notwendigen Mittel nicht zur Verfügung stellen, etwa die Anästhesieabteilung nicht ausreichend mit Fachärzten besetzen, und kommt es durch den Einsatz eines nicht ausreichend qualifizierten Anästhesisten zu einem Zwischenfall, der zur Haftung führt, so unterstützt u.U. die Krankenkasse den Patienten bei der Verfolgung von Ansprüchen, die ihren Grund im eigenen „Fehlverhalten" der Kasse hat.

Der Kreis schließt sich dann allerdings wieder, denn im Pflegesatz bezahlt die Kasse dem Krankenhausträger wiederum die Haftpflichtversicherungsprämien, die höher sein müssen als der Schadensbedarf. Mittelbar „versichern" sich so die Kassenpatienten mit ihren eigenen Beiträgen, die sie an die Kassen leisten, gegen Leistungsdefizite [35].

Verfahrensdauer

Regulierungszeiten von 1–2 Jahre vor Klageerhebung dürfen noch eher als kurz angesehen werden, die Arzthaftpflichtprozesse vor Gericht können sich dann noch einmal erheblich hinziehen. Wird im Zivilverfahren übermäßig taktiert und der Patient ungebührlich lange hingehalten, so reagiert dieser oft damit, daß er auf die zweite, vom Zivilverfahren völlig unabhängige Schiene umsteigt und eine Strafanzeige gegen den bzw. die behandelnden Ärzte stellt, in der Hoffnung, hier zunächst auf Staatskosten eine Klärung des Sachverhaltes zu erreichen. Tatsächlich erzielt er aber oft nur eine erhebliche Verzögerung in der Sachverhaltsaufklärung und der zivilrechtlichen Regulierung.

Strafrechtliches Ermittlungsverfahren

Erfährt die Staatsanwaltschaft von Tatsachen, die den Verdacht einer strafbaren Handlung – fahrlässige Körperverletzung, fahrlässige Tötung oder unterlassene Hilfeleistung – ergeben, so muß sie von Amts wegen ermitteln. Ob die Staatsanwaltschaft die Kenntnis aus der Tageszeitung, aus Hinweisen vom Pflegepersonal oder durch Anzeige des geschädigten Patienten oder des Rechtsanwalts erhält oder auch durch Abgabe der Akten des Zivilgerichts an die Staatsanwaltschaft, ist belanglos. Bei den Ermittlungen bedient sich die Staaatsanwaltschaft der Kriminalpolizei.

Im Gegensatz zum Zivilverfahren geht es beim strafrechtlichen Ermittlungsverfahren nicht um einen finanziellen Ausgleich, sondern es steht der Strafanspruch des Staates im Vordergrund. Herr des Verfahrens ist hier nicht der geschädigte Patient, sondern die Staatsanwaltschaft bzw. später das Strafgericht. Das strafrechtliche Ermittlungsverfahren ist dem Einfluß des Patienten weithin entzogen. Selbst wenn der Patient seine Anzeige oder einen Strafantrag zurücknimmt, kann die Staatsanwaltschaft unter bestimmten Umständen weiter gegen die Ärzte ermitteln.

Während der Arzt im Zivilverfahren meist nicht persönlich vor Gericht erscheinen muß, sondern die Abwicklung von der Haftpflichtversicherung übernommen wird, ist dies im Strafverfahren in der Regel anders. Die Rechtsschutzversicherung des Berufsverbandes übernimmt zwar die Kosten des Verfahrens, nicht aber Geldstrafen oder Geldbußen. Insgesamt ist das Strafverfahren, insbesondere wegen der damit verbundenen Prangerwirkung und des öffentlichen Interesses der Medien für Arzt und Krankenhaus meist sehr belastend.

Zivil- und strafrechtliche Haftung stehen völlig unabhängig nebeneinander. Es gibt keine Bindung des Zivilgerichts an ein strafrechtliches Urteil oder umgekehrt. Es kann durchaus sein, daß der angeklagte Arzt im Strafverfahren freigesprochen, im Zivilverfahren aber verurteilt wird. Dies liegt nicht zuletzt an den verschiedenen Beweisregeln. Bei Strafverfahren gilt „in dubio pro reo". Kann insbesondere der Ursachenzusammenhang zwischen ärztlichem Fehlverhalten und dem Schaden des Patienten nicht sicher nachgewiesen werden, so wird der Arzt freigesprochen.

Im Zivilverfahren kann dies völlig anders sein, insbesondere dann, wenn die Rechtsprechung die Beweislast z.B. bezüglich des Ursachenzusammenhangs zwischen Behandlungsfehler und Schaden, die ursprünglich beim Patienten liegt, zu Lasten des Arztes umkehrt. Dies geschieht nach der Rechtsprechung insbesondere bei groben Behandlungsfehlern.

Beispiel: Wird ein unzureichend qualifizierter Anästhesist eingesetzt, wird die Rechtsprechung in der Regel die Beweislast umkehren. Anästhesist und Krankenhausträger müssen nun nachweisen, daß der Schaden nicht auf der mangelhaften Qualifikation beruht. Ein solcher Beweis wird sich in der Regel nicht führen lassen, d.h. das Zivilverfahren geht verloren, auch wenn ungeklärt bleibt, ob etwa der Einsatz des Anfängers überhaupt ursächlich für den Schaden des Patienten war.

Ähnliches gilt bei Dokumentationsmängeln, die die Aufklärung des Sachverhalts erschweren. Die Rechtsprechung geht grundsätzlich davon aus, daß nicht dokumentierte Maßnahmen nicht durchgeführt wurden.

Nebenverfahren

Die Folgen eines Zwischenfalls beschränken sich allerdings nicht auf das zivil- und strafrechtliche Verfahren. Es kann sich ein berufsgerichtliches Vefahren anschließen; u.U. wird zusätzlich die nach Landesrecht für die Erteilung der Approbation zuständigen Behörde aktiv, und dem niedergelassenen und an der Versorgung gesetzlich versicherter Patienten teilnehmenden Vertragsarzt droht noch ein Disziplinarverfahren und/oder u.U. der Entzug der Kassenzulassung.

Literatur

1. Nach Mallach HJ, Weiser A (1992) Der sog. Kunstfehler. In: Berg S (Hrsg) Unerwartete Todesfälle in Klinik und Praxis, 245
2. Opderbecke HW (1985) Der Anästhesiezwischenfall aus anästhesiologischer Sicht. Anästh Intensivmed, 432
3. Kochs B (1995) Ärztliche Haftung aus der Sicht des Versicherers. Z Ärztl Fortbild, 579
4. LG Saarbrücken, MedR 1988, 193; dazu: Weißauer W, Opderbecke HW(1990) Die Beurteilung der Narkosefähigkeit durch anästhesiologische Voruntersuchungen. Anästh Intensivmed, 62
5. BGH VersR 1975, 952
6. Vgl. „Halsrippen-Urteil", BGH, VersR 75, 469; Thoracic-outlet-Syndrom, hierzu Fallbericht T. Peterson/H. Wissing: Lagerungsschäden bei Patienten mit unbekanntem „Thoracic-outlet-Syndrome", AINS 1995, 516; BGH, VersR 1995, 539
7. OLG Köln, Arzthaftpflichtrechtsprechung (AHRS) 2320/30
8. OLG Bamberg, AHRS 2320/32; dazu jetzt: Schmucker P (1989/1995) Qualitätssicherung in der Anästhesiologie. Fortschreibung der Richtlinien der Deutschen Gesellschaft für Anästhesiologie und Intensivmedizin und des Berufsverbandes Deutscher Anästhesisten (Anästh Intensivmed 30/1989: 307–314). Anästh Intensivmed 1995, 250
9. OLG Hamm, AHRS 2320/26
10. KG Berlin, AHRS 3010/18
11. LG Osnabrück in: Ratajczak T, Stegers C-M (1989) Medizin-Haftpflichtschäden, RN 518
12. BGH NJW 1994, 1400
13. Vereinbarung zur postoperativen Schmerztherapie, siehe Anästh Intensivmed 1993, 28:
14. Siehe Götz E et al. (1995) Umfrage zur Situation der Anästhesiologie in Deutschland. Anästh Intensivmed, 218
15. LG Aurich, Urteil vom 21.11.1989 (II 22/89)
16. Entschließung zum Bereitschaftsdienst und zur Rufbereitschaft in der Anästhesie und in der Chirurgie. Anästh Intensivmed 1988, 56
17. Mindestanforderungen an prozessuale, strukturelle und organisatorische Voraussetzungen für geburtshilfliche Abteilungen. Der Frauenarzt 1995, 27

18. Biermann E (1995) Haftung bei Zusammenarbeit von Ärzten verschiedener Gebiete aus juristischer Sicht. Z Ärztl Fortbild, 626
19. OLG Düsseldorf, VersR 1989, 191
20. BGH NJW 1980, 649
21. Ulsenheimer K (1994) Rechtspflichten des Operateurs vor und nach ambulanten Operationen. Ambulant Operieren, 175
22. BGH MedR 1991, 198
23. Weißauer W, Opderbecke HW (1993) Facharztqualität versus formelle Facharztqualifikation (Anmerkungen zu einem Urteil des BGH vom 10.03.1992). MedR, 1; dieselben: Eine erneute Entscheidung des BGH zur „Facharztqualität", Anmerkungen zum Urteil vom 15.06.1993 (VI ZR 175/92). MedR 1993, 447
24. Steffen E (1995) Der sog. Facharztstatus aus der Sicht der Rechtsprechung des BGH. Z Ärztl Fortbild, 595
25. OLG Köln, VersR 1989, 372
26. Sog. „Dreistufentheorie", siehe BGH, NJW 1988, 2946
27. Vgl. BGH, NJW 1973, 556
28. OLG Karlsruhe, MedR 1985, 79
29. BGH, NJW 1974, 1422; dazu Weißauer W (1974) Aufklärungspflicht bei Periduralanästhesie. Anästhesiologische Informationen, 230
30. OLG Düsseldorf, AHRS 4230/7
31. Weißauer W, Opderbecke HW (1992) Die präoperative Patientenaufklärung über Transfusionsrisiken medico-legale Überlegungen zu einer BGH-Entscheidung, MedR, 307; dieselben: Die medico-legale Bedeutung der BGH-Entscheidung zur Aufklärungspflicht bei Bluttransfusionen, Anästh Intensivmed 1993, 241
32. BGH MedR 1992, 277
33. BGH, MedR 1995, 20; Weißauer W, Biermann E (1994) Zum Zeitpunkt der Aufklärung vor ambulanten Eingriffen. Anästh Intensivmed, 585
34. Landauer B, Weißauer W (1994) Neue Aufklärungs- und Anamnesebögen. Anpassung an die medizinische und forensische Entwicklung. Anästh Intensivmed, 253. Muster der Aufklärungsbögen können angefordert werden bei DIO-med Aktiv Druck & Verlag GmbH, An der Lohwiese 8, 97500 Ebelsbach, Tel.: 09522-279, Fax: 09522-7673
35. Weißauer W (1990) Das medizinische und forensische Risiko. Anästh Intensivmed, 205

Deutsche Akademie für Anästhesiologische Fortbildung

BEWERTUNGSBOGEN

zum 22. Kurs zur Weiter- und Fortbildung für Anästhesisten am
22. und 23. Juni 1996 in Nürnberg

Referent: B. von Bormann

Thema: Perioperative Anämie – Wo sind die Grenzen für Hämoglobingehalt und Hämatokrit?

Wir bitten um Ihr Urteil!

Mit der Bewertung helfen Sie uns, den Wert künftiger Kurse für Ihre klinische Tätigkeit weiter zu verbessern.

Benoten Sie bitte alle nachstehend aufgeführten Kriterien
(beste Note 1; schlechteste Note 6).

1. Einhaltung des Themas .... __________

2. Rhetorik des Referenten .... __________

3. Didaktischer Aufbau des Vortrages .... __________

4. Qualität der Diapositive .... __________

5. Herausarbeiten der wichtigsten Punkte .... __________

6. Bezug des Vortrages zur Klinik .... __________

7. Das Thema sollte bei einem späteren Kurs
   wiederholt werden .... ja ☐ nein ☐

8. Der Referent sollte erneut eingeladen werden .... ja ☐ nein ☐

Ich bin im _____ Jahr der Weiterbildung zum Arzt für Anästhesie.

Ich bin Arzt für Anästhesie seit ________________

Ich bin Chefarzt für Anästhesie seit ________________

Ich bin kein Anästhesist, sondern ________________

Bitte benutzen Sie die Rückseite des Bogens für weitere Kommentare, Vorschläge und Kritik.

Das ausgefüllte Blatt geben Sie bitte gleich hier ab oder schicken es an:

Prof. Dr. R. Purschke
St. Johannes-Hospital Dortmund
Johannesstraße 9–11, 44137 Dortmund

Deutsche Akademie für Anästhesiologische Fortbildung

BEWERTUNGSBOGEN

zum 22. Kurs zur Weiter- und Fortbildung für Anästhesisten am
22. und 23. Juni 1996 in Hamburg

Referent: E. Freye

Thema: Opioide und NSAIDs in der Schmerztherapie

Wir bitten um Ihr Urteil!

Mit der Bewertung helfen Sie uns, den Wert künftiger Kurse für Ihre klinische Tätigkeit weiter zu verbessern.

Benoten Sie bitte alle nachstehend aufgeführten Kriterien
(beste Note 1; schlechteste Note 6).

1. Einhaltung des Themas .... __________

2. Rhetorik des Referenten .... __________

3. Didaktischer Aufbau des Vortrages .... __________

4. Qualität der Diapositive .... __________

5. Herausarbeiten der wichtigsten Punkte .... __________

6. Bezug des Vortrages zur Klinik .... __________

7. Das Thema sollte bei einem späteren Kurs
   wiederholt werden .... ja ☐ nein ☐

8. Der Referent sollte erneut eingeladen werden .... ja ☐ nein ☐

Ich bin im ____ Jahr der Weiterbildung zum Arzt für Anästhesie.

Ich bin Arzt für Anästhesie seit ______________

Ich bin Chefarzt für Anästhesie seit ______________

Ich bin kein Anästhesist, sondern ______________

Bitte benutzen Sie die Rückseite des Bogens für weitere Kommentare, Vorschläge und Kritik.

Das ausgefüllte Blatt geben Sie bitte gleich hier ab oder schicken es an:

Prof. Dr. R. Purschke
St. Johannes-Hospital Dortmund
Johannesstraße 9–11, 44137 Dortmund

Deutsche Akademie für Anästhesiologische Fortbildung

BEWERTUNGSBOGEN

zum 22. Kurs zur Weiter- und Fortbildung für Anästhesisten am
22. und 23. Juni 1996 in Hamburg

Referent: J.-P. A. H. Jantzen

Thema: Anästhesie bei Patienten mit Schädel-Hirn-Trauma

Wir bitten um Ihr Urteil!

Mit der Bewertung helfen Sie uns, den Wert künftiger Kurse für Ihre klinische Tätigkeit weiter zu verbessern.

Benoten Sie bitte alle nachstehend aufgeführten Kriterien
(beste Note 1; schlechteste Note 6).

1. Einhaltung des Themas .... ____________

2. Rhetorik des Referenten .... ____________

3. Didaktischer Aufbau des Vortrages .... ____________

4. Qualität der Diapositive .... ____________

5. Herausarbeiten der wichtigsten Punkte .... ____________

6. Bezug des Vortrages zur Klinik .... ____________

7. Das Thema sollte bei einem späteren Kurs
   wiederholt werden .... ja ☐ nein ☐

8. Der Referent sollte erneut eingeladen werden .... ja ☐ nein ☐

Ich bin im ____ Jahr der Weiterbildung zum Arzt für Anästhesie.

Ich bin Arzt für Anästhesie seit ________________

Ich bin Chefarzt für Anästhesie seit ________________

Ich bin kein Anästhesist, sondern ________________

Bitte benutzen Sie die Rückseite des Bogens für weitere Kommentare, Vorschläge und Kritik.

Das ausgefüllte Blatt geben Sie bitte gleich hier ab oder schicken es an:

Prof. Dr. R. Purschke
St. Johannes-Hospital Dortmund
Johannesstraße 9–11, 44137 Dortmund

Deutsche Akademie für Anästhesiologische Fortbildung

BEWERTUNGSBOGEN

zum 22. Kurs zur Weiter- und Fortbildung für Anästhesisten am
22. und 23. Juni 1996 in Hamburg

Referent: B. Mainzer

Thema: Anästhesie für gefäßchirurgische Eingriffe

Wir bitten um Ihr Urteil!

Mit der Bewertung helfen Sie uns, den Wert künftiger Kurse für Ihre klinische Tätigkeit weiter zu verbessern.

Benoten Sie bitte alle nachstehend aufgeführten Kriterien
(beste Note 1; schlechteste Note 6).

1. Einhaltung des Themas . . . . ____________

2. Rhetorik des Referenten . . . . ____________

3. Didaktischer Aufbau des Vortrages . . . . ____________

4. Qualität der Diapositive . . . . ____________

5. Herausarbeiten der wichtigsten Punkte . . . . ____________

6. Bezug des Vortrages zur Klinik . . . . ____________

7. Das Thema sollte bei einem späteren Kurs
   wiederholt werden . . . . ja ☐ nein ☐

8. Der Referent sollte erneut eingeladen werden . . . . ja ☐ nein ☐

Ich bin im _____ Jahr der Weiterbildung zum Arzt für Anästhesie.

Ich bin Arzt für Anästhesie seit _______________

Ich bin Chefarzt für Anästhesie seit _______________

Ich bin kein Anästhesist, sondern _______________

Bitte benutzen Sie die Rückseite des Bogens für weitere Kommentare, Vorschläge und Kritik.

Das ausgefüllte Blatt geben Sie bitte gleich hier ab oder schicken es an:

Prof. Dr. R. Purschke
St. Johannes-Hospital Dortmund
Johannesstraße 9–11, 44137 Dortmund

Deutsche Akademie für Anästhesiologische Fortbildung

BEWERTUNGSBOGEN

zum 22. Kurs zur Weiter- und Fortbildung für Anästhesisten am
22. und 23. Juni 1996 in Hamburg

Referent: H. Mang

Thema: Intraoperative pulmonale Komplikationen

Wir bitten um Ihr Urteil!

Mit der Bewertung helfen Sie uns, den Wert künftiger Kurse für Ihre klinische Tätigkeit weiter zu verbessern.

Benoten Sie bitte alle nachstehend aufgeführten Kriterien
(beste Note 1; schlechteste Note 6).

1. Einhaltung des Themas .... ___________

2. Rhetorik des Referenten .... ___________

3. Didaktischer Aufbau des Vortrages .... ___________

4. Qualität der Diapositive .... ___________

5. Herausarbeiten der wichtigsten Punkte .... ___________

6. Bezug des Vortrages zur Klinik .... ___________

7. Das Thema sollte bei einem späteren Kurs
   wiederholt werden .... ja ☐ nein ☐

8. Der Referent sollte erneut eingeladen werden .... ja ☐ nein ☐

Ich bin im _____ Jahr der Weiterbildung zum Arzt für Anästhesie.

Ich bin Arzt für Anästhesie seit _______________

Ich bin Chefarzt für Anästhesie seit _______________

Ich bin kein Anästhesist, sondern _______________

Bitte benutzen Sie die Rückseite des Bogens für weitere Kommentare, Vorschläge und Kritik.

Das ausgefüllte Blatt geben Sie bitte gleich hier ab oder schicken es an:

Prof. Dr. R. Purschke
St. Johannes-Hospital Dortmund
Johannesstraße 9–11, 44137 Dortmund

Deutsche Akademie für Anästhesiologische Fortbildung

BEWERTUNGSBOGEN

zum 22. Kurs zur Weiter- und Fortbildung für Anästhesisten am
22. und 23. Juni 1996 in Hamburg

Referent: J. Rathgeber

Thema: Nutzen und Gefahren des Pulmonalarterienkatheters

Wir bitten um Ihr Urteil!

Mit der Bewertung helfen Sie uns, den Wert künftiger Kurse für Ihre klinische Tätigkeit weiter zu verbessern.

Benoten Sie bitte alle nachstehend aufgeführten Kriterien
(beste Note 1; schlechteste Note 6).

1. Einhaltung des Themas . . . .   __________

2. Rhetorik des Referenten . . . .   __________

3. Didaktischer Aufbau des Vortrages . . . .   __________

4. Qualität der Diapositive . . . .   __________

5. Herausarbeiten der wichtigsten Punkte . . . .   __________

6. Bezug des Vortrages zur Klinik . . . .   __________

7. Das Thema sollte bei einem späteren Kurs
   wiederholt werden . . . .   ja ☐   nein ☐

8. Der Referent sollte erneut eingeladen werden . . . .   ja ☐   nein ☐

Ich bin im _____ Jahr der Weiterbildung zum Arzt für Anästhesie.

Ich bin Arzt für Anästhesie seit   _______________

Ich bin Chefarzt für Anästhesie seit   _______________

Ich bin kein Anästhesist, sondern   _______________

Bitte benutzen Sie die Rückseite des Bogens für weitere Kommentare, Vorschläge und Kritik.

Das ausgefüllte Blatt geben Sie bitte gleich hier ab oder schicken es an:

> Prof. Dr. R. Purschke
> St. Johannes-Hospital Dortmund
> Johannesstraße 9–11, 44137 Dortmund

Deutsche Akademie für Anästhesiologische Fortbildung

BEWERTUNGSBOGEN

zum 22. Kurs zur Weiter- und Fortbildung für Anästhesisten am
22. und 23. Juni 1996 in Hamburg

Referent: C. Maier

Thema: Perioperative Regionalanalgesie – Stellenwert, Differentialindikation,
Durchführung

Wir bitten um Ihr Urteil!

Mit der Bewertung helfen Sie uns, den Wert künftiger Kurse für Ihre klinische Tätigkeit weiter zu verbessern.

Benoten Sie bitte alle nachstehend aufgeführten Kriterien
(beste Note 1; schlechteste Note 6).

1. Einhaltung des Themas . . . .   ___________

2. Rhetorik des Referenten . . . .   ___________

3. Didaktischer Aufbau des Vortrages . . . .   ___________

4. Qualität der Diapositive . . . .   ___________

5. Herausarbeiten der wichtigsten Punkte . . . .   ___________

6. Bezug des Vortrages zur Klinik . . . .   ___________

7. Das Thema sollte bei einem späteren Kurs
   wiederholt werden . . . .   ja ☐   nein ☐

8. Der Referent sollte erneut eingeladen werden . . . .   ja ☐   nein ☐

Ich bin im _____ Jahr der Weiterbildung zum Arzt für Anästhesie.

Ich bin Arzt für Anästhesie seit   _______________

Ich bin Chefarzt für Anästhesie seit   _______________

Ich bin kein Anästhesist, sondern   _______________

Bitte benutzen Sie die Rückseite des Bogens für weitere Kommentare, Vorschläge
und Kritik.

Das ausgefüllte Blatt geben Sie bitte gleich hier ab oder schicken es an:

Prof. Dr. R. Purschke
St. Johannes-Hospital Dortmund
Johannesstraße 9–11, 44137 Dortmund

Deutsche Akademie für Anästhesiologische Fortbildung

BEWERTUNGSBOGEN

zum 22. Kurs zur Weiter- und Fortbildung für Anästhesisten am
22. und 23. Juni 1996 in Nürnberg

Referent: H. A. Adams

Thema: Analgesie- und Anästhesieverfahren im Rettungsdienst

Wir bitten um Ihr Urteil!

Mit der Bewertung helfen Sie uns, den Wert künftiger Kurse für Ihre klinische Tätigkeit weiter zu verbessern.

Benoten Sie bitte alle nachstehend aufgeführten Kriterien
(beste Note 1; schlechteste Note 6).

1. Einhaltung des Themas .... __________

2. Rhetorik des Referenten .... __________

3. Didaktischer Aufbau des Vortrages .... __________

4. Qualität der Diapositive .... __________

5. Herausarbeiten der wichtigsten Punkte .... __________

6. Bezug des Vortrages zur Klinik .... __________

7. Das Thema sollte bei einem späteren Kurs
   wiederholt werden .... ja ☐ nein ☐

8. Der Referent sollte erneut eingeladen werden .... ja ☐ nein ☐

Ich bin im ____ Jahr der Weiterbildung zum Arzt für Anästhesie.

Ich bin Arzt für Anästhesie seit _______________

Ich bin Chefarzt für Anästhesie seit _______________

Ich bin kein Anästhesist, sondern _______________

Bitte benutzen Sie die Rückseite des Bogens für weitere Kommentare, Vorschläge und Kritik.

Das ausgefüllte Blatt geben Sie bitte gleich hier ab oder schicken es an:

Prof. Dr. R. Purschke
St. Johannes-Hospital Dortmund
Johannesstraße 9–11, 44137 Dortmund

Deutsche Akademie für Anästhesiologische Fortbildung

BEWERTUNGSBOGEN

zum 22. Kurs zur Weiter- und Fortbildung für Anästhesisten am
22. und 23. Juni 1996 in Nürnberg

Referent: S. Zielmann

Thema: Therapie der Durchgangssyndrome

Wir bitten um Ihr Urteil!

Mit der Bewertung helfen Sie uns, den Wert künftiger Kurse für Ihre klinische Tätigkeit weiter zu verbessern.

Benoten Sie bitte alle nachstehend aufgeführten Kriterien
(beste Note 1; schlechteste Note 6).

1. Einhaltung des Themas .... ____________

2. Rhetorik des Referenten .... ____________

3. Didaktischer Aufbau des Vortrages .... ____________

4. Qualität der Diapositive .... ____________

5. Herausarbeiten der wichtigsten Punkte .... ____________

6. Bezug des Vortrages zur Klinik .... ____________

7. Das Thema sollte bei einem späteren Kurs
   wiederholt werden .... ja ☐   nein ☐

8. Der Referent sollte erneut eingeladen werden .... ja ☐   nein ☐

Ich bin im _____ Jahr der Weiterbildung zum Arzt für Anästhesie.

Ich bin Arzt für Anästhesie seit ________________

Ich bin Chefarzt für Anästhesie seit ________________

Ich bin kein Anästhesist, sondern ________________

Bitte benutzen Sie die Rückseite des Bogens für weitere Kommentare, Vorschläge und Kritik.

Das ausgefüllte Blatt geben Sie bitte gleich hier ab oder schicken es an:

> Prof. Dr. R. Purschke
> St. Johannes-Hospital Dortmund
> Johannesstraße 9–11, 44137 Dortmund

Deutsche Akademie für Anästhesiologische Fortbildung

BEWERTUNGSBOGEN

zum 22. Kurs zur Weiter- und Fortbildung für Anästhesisten am
22. und 23. Juni 1996 in Nürnberg

Referent: R. Scherer

Thema: Das heparininduzierte thrombozytopenisch-thrombotische Syndrom

Wir bitten um Ihr Urteil!

Mit der Bewertung helfen Sie uns, den Wert künftiger Kurse für Ihre klinische Tätigkeit weiter zu verbessern.

Benoten Sie bitte alle nachstehend aufgeführten Kriterien
(beste Note 1; schlechteste Note 6).

1. Einhaltung des Themas . . . .   _____________

2. Rhetorik des Referenten . . . .   _____________

3. Didaktischer Aufbau des Vortrages . . . .   _____________

4. Qualität der Diapositive . . . .   _____________

5. Herausarbeiten der wichtigsten Punkte . . . .   _____________

6. Bezug des Vortrages zur Klinik . . . .   _____________

7. Das Thema sollte bei einem späteren Kurs
   wiederholt werden . . . .   ja ☐   nein ☐

8. Der Referent sollte erneut eingeladen werden . . . .   ja ☐   nein ☐

Ich bin im _____ Jahr der Weiterbildung zum Arzt für Anästhesie.

Ich bin Arzt für Anästhesie seit   ________________

Ich bin Chefarzt für Anästhesie seit   ________________

Ich bin kein Anästhesist, sondern   ________________

Bitte benutzen Sie die Rückseite des Bogens für weitere Kommentare, Vorschläge und Kritik.

Das ausgefüllte Blatt geben Sie bitte gleich hier ab oder schicken es an:

> Prof. Dr. R. Purschke
> St. Johannes-Hospital Dortmund
> Johannesstraße 9–11, 44137 Dortmund

Deutsche Akademie für Anästhesiologische Fortbildung

BEWERTUNGSBOGEN

zum 22. Kurs zur Weiter- und Fortbildung für Anästhesisten am
22. und 23. Juni 1996 in Nürnberg

Referent: Thea Schirop

Thema: Perioperative Therapie beim Diabetes mellitus

Wir bitten um Ihr Urteil!

Mit der Bewertung helfen Sie uns, den Wert künftiger Kurse für Ihre klinische Tätigkeit weiter zu verbessern.

Benoten Sie bitte alle nachstehend aufgeführten Kriterien
(beste Note 1; schlechteste Note 6).

1. Einhaltung des Themas .... ___________

2. Rhetorik des Referenten .... ___________

3. Didaktischer Aufbau des Vortrages .... ___________

4. Qualität der Diapositive .... ___________

5. Herausarbeiten der wichtigsten Punkte .... ___________

6. Bezug des Vortrages zur Klinik .... ___________

7. Das Thema sollte bei einem späteren Kurs
   wiederholt werden .... ja ☐   nein ☐

8. Der Referent sollte erneut eingeladen werden .... ja ☐   nein ☐

Ich bin im _____ Jahr der Weiterbildung zum Arzt für Anästhesie.

Ich bin Arzt für Anästhesie seit   _______________

Ich bin Chefarzt für Anästhesie seit   _______________

Ich bin kein Anästhesist, sondern   _______________

Bitte benutzen Sie die Rückseite des Bogens für weitere Kommentare, Vorschläge und Kritik.

Das ausgefüllte Blatt geben Sie bitte gleich hier ab oder schicken es an:

> Prof. Dr. R. Purschke
> St. Johannes-Hospital Dortmund
> Johannesstraße 9–11, 44137 Dortmund

Deutsche Akademie für Anästhesiologische Fortbildung

BEWERTUNGSBOGEN

zum 22. Kurs zur Weiter- und Fortbildung für Anästhesisten am
22. und 23. Juni 1996 in Nürnberg

Referent: C. Busse

Thema: Aktuelle Aspekte der kardio-pulmonal-cerebralen Reanimation

Wir bitten um Ihr Urteil!

Mit der Bewertung helfen Sie uns, den Wert künftiger Kurse für Ihre klinische Tätigkeit weiter zu verbessern.

Benoten Sie bitte alle nachstehend aufgeführten Kriterien
(beste Note 1; schlechteste Note 6).

1. Einhaltung des Themas . . . . _____________

2. Rhetorik des Referenten . . . . _____________

3. Didaktischer Aufbau des Vortrages . . . . _____________

4. Qualität der Diapositive . . . . _____________

5. Herausarbeiten der wichtigsten Punkte . . . . _____________

6. Bezug des Vortrages zur Klinik . . . . _____________

7. Das Thema sollte bei einem späteren Kurs
   wiederholt werden . . . . ja ☐ nein ☐

8. Der Referent sollte erneut eingeladen werden . . . . ja ☐ nein ☐

Ich bin im _____ Jahr der Weiterbildung zum Arzt für Anästhesie.

Ich bin Arzt für Anästhesie seit   _______________

Ich bin Chefarzt für Anästhesie seit   _______________

Ich bin kein Anästhesist, sondern   _______________

Bitte benutzen Sie die Rückseite des Bogens für weitere Kommentare, Vorschläge
und Kritik.

Das ausgefüllte Blatt geben Sie bitte gleich hier ab oder schicken es an:

> Prof. Dr. R. Purschke
> St. Johannes-Hospital Dortmund
> Johannesstraße 9–11, 44137 Dortmund

Deutsche Akademie für Anästhesiologische Fortbildung

BEWERTUNGSBOGEN

zum 22. Kurs zur Weiter- und Fortbildung für Anästhesisten am
22. und 23. Juni 1996 in Nürnberg

Referent: H. Schwilden

Thema: Pharmakokinetische Besonderheiten bei kritischen Intensivpatienten

Wir bitten um Ihr Urteil!

Mit der Bewertung helfen Sie uns, den Wert künftiger Kurse für Ihre klinische Tätigkeit weiter zu verbessern.

Benoten Sie bitte alle nachstehend aufgeführten Kriterien
(beste Note 1; schlechteste Note 6).

1. Einhaltung des Themas .... ___________

2. Rhetorik des Referenten .... ___________

3. Didaktischer Aufbau des Vortrages .... ___________

4. Qualität der Diapositive .... ___________

5. Herausarbeiten der wichtigsten Punkte .... ___________

6. Bezug des Vortrages zur Klinik .... ___________

7. Das Thema sollte bei einem späteren Kurs
   wiederholt werden .... ja ☐ nein ☐

8. Der Referent sollte erneut eingeladen werden .... ja ☐ nein ☐

Ich bin im ____ Jahr der Weiterbildung zum Arzt für Anästhesie.

Ich bin Arzt für Anästhesie seit   _______________

Ich bin Chefarzt für Anästhesie seit   _______________

Ich bin kein Anästhesist, sondern   _______________

Bitte benutzen Sie die Rückseite des Bogens für weitere Kommentare, Vorschläge und Kritik.

Das ausgefüllte Blatt geben Sie bitte gleich hier ab oder schicken es an:

Prof. Dr. R. Purschke
St. Johannes-Hospital Dortmund
Johannesstraße 9–11, 44137 Dortmund

Deutsche Akademie für Anästhesiologische Fortbildung

BEWERTUNGSBOGEN

zum 22. Kurs zur Weiter- und Fortbildung für Anästhesisten am
22. und 23. Juni 1996 in Nürnberg

Referent: H. Trobisch

Thema: Indikation für gerinnungsaktive Blutprodukte

Wir bitten um Ihr Urteil!

Mit der Bewertung helfen Sie uns, den Wert künftiger Kurse für Ihre klinische Tätigkeit weiter zu verbessern.

Benoten Sie bitte alle nachstehend aufgeführten Kriterien
(beste Note 1; schlechteste Note 6).

1. Einhaltung des Themas .... ___________

2. Rhetorik des Referenten .... ___________

3. Didaktischer Aufbau des Vortrages .... ___________

4. Qualität der Diapositive .... ___________

5. Herausarbeiten der wichtigsten Punkte .... ___________

6. Bezug des Vortrages zur Klinik .... ___________

7. Das Thema sollte bei einem späteren Kurs
   wiederholt werden .... ja ☐ nein ☐

8. Der Referent sollte erneut eingeladen werden .... ja ☐ nein ☐

Ich bin im ____ Jahr der Weiterbildung zum Arzt für Anästhesie.

Ich bin Arzt für Anästhesie seit _______________

Ich bin Chefarzt für Anästhesie seit _______________

Ich bin kein Anästhesist, sondern _______________

Bitte benutzen Sie die Rückseite des Bogens für weitere Kommentare, Vorschläge und Kritik.

Das ausgefüllte Blatt geben Sie bitte gleich hier ab oder schicken es an:

Prof. Dr. R. Purschke
St. Johannes-Hospital Dortmund
Johannesstraße 9–11, 44137 Dortmund

Deutsche Akademie für Anästhesiologische Fortbildung

BEWERTUNGSBOGEN

zum 22. Kurs zur Weiter- und Fortbildung für Anästhesisten am
22. und 23. Juni 1996 in Nürnberg

Referent: S. Lönnecker

Thema: Erst- und Frühversorgung Schwerbrandverletzter

Wir bitten um Ihr Urteil!

Mit der Bewertung helfen Sie uns, den Wert künftiger Kurse für Ihre klinische Tätigkeit weiter zu verbessern.

Benoten Sie bitte alle nachstehend aufgeführten Kriterien
(beste Note 1; schlechteste Note 6).

1. Einhaltung des Themas .... _____________

2. Rhetorik des Referenten .... _____________

3. Didaktischer Aufbau des Vortrages .... _____________

4. Qualität der Diapositive .... _____________

5. Herausarbeiten der wichtigsten Punkte .... _____________

6. Bezug des Vortrages zur Klinik .... _____________

7. Das Thema sollte bei einem späteren Kurs
   wiederholt werden .... ja ☐   nein ☐

8. Der Referent sollte erneut eingeladen werden .... ja ☐   nein ☐

Ich bin im _____ Jahr der Weiterbildung zum Arzt für Anästhesie.

Ich bin Arzt für Anästhesie seit _______________

Ich bin Chefarzt für Anästhesie seit _______________

Ich bin kein Anästhesist, sondern _______________

Bitte benutzen Sie die Rückseite des Bogens für weitere Kommentare, Vorschläge und Kritik.

Das ausgefüllte Blatt geben Sie bitte gleich hier ab oder schicken es an:

> Prof. Dr. R. Purschke
> St. Johannes-Hospital Dortmund
> Johannesstraße 9–11, 44137 Dortmund

Deutsche Akademie für Anästhesiologische Fortbildung

BEWERTUNGSBOGEN

zum 22. Kurs zur Weiter- und Fortbildung für Anästhesisten am
22. und 23. Juni 1996 in Nürnberg

Referent: H. W. Striebel

Thema: Anästhesie bei Kindern mit angeborenem Herzfehler

Wir bitten um Ihr Urteil!

Mit der Bewertung helfen Sie uns, den Wert künftiger Kurse für Ihre klinische Tätigkeit weiter zu verbessern.

Benoten Sie bitte alle nachstehend aufgeführten Kriterien
(beste Note 1; schlechteste Note 6).

1. Einhaltung des Themas .... __________

2. Rhetorik des Referenten .... __________

3. Didaktischer Aufbau des Vortrages .... __________

4. Qualität der Diapositive .... __________

5. Herausarbeiten der wichtigsten Punkte .... __________

6. Bezug des Vortrages zur Klinik .... __________

7. Das Thema sollte bei einem späteren Kurs
   wiederholt werden .... ja ☐   nein ☐

8. Der Referent sollte erneut eingeladen werden .... ja ☐   nein ☐

Ich bin im ____ Jahr der Weiterbildung zum Arzt für Anästhesie.

Ich bin Arzt für Anästhesie seit _______________

Ich bin Chefarzt für Anästhesie seit _______________

Ich bin kein Anästhesist, sondern _______________

Bitte benutzen Sie die Rückseite des Bogens für weitere Kommentare, Vorschläge und Kritik.

Das ausgefüllte Blatt geben Sie bitte gleich hier ab oder schicken es an:

Prof. Dr. R. Purschke
St. Johannes-Hospital Dortmund
Johannesstraße 9–11, 44137 Dortmund

Deutsche Akademie für Anästhesiologische Fortbildung

BEWERTUNGSBOGEN

zum 22. Kurs zur Weiter- und Fortbildung für Anästhesisten am
22. und 23. Juni 1996 in Nürnberg

Referent: B. Bachmann-Mennenga

Thema: Toxizität von Lokalanästhesie

Wir bitten um Ihr Urteil!

Mit der Bewertung helfen Sie uns, den Wert künftiger Kurse für Ihre klinische Tätigkeit weiter zu verbessern.

Benoten Sie bitte alle nachstehend aufgeführten Kriterien
(beste Note 1; schlechteste Note 6).

1. Einhaltung des Themas .... __________

2. Rhetorik des Referenten .... __________

3. Didaktischer Aufbau des Vortrages .... __________

4. Qualität der Diapositive .... __________

5. Herausarbeiten der wichtigsten Punkte .... __________

6. Bezug des Vortrages zur Klinik .... __________

7. Das Thema sollte bei einem späteren Kurs
   wiederholt werden .... ja ☐   nein ☐

8. Der Referent sollte erneut eingeladen werden .... ja ☐   nein ☐

Ich bin im _____ Jahr der Weiterbildung zum Arzt für Anästhesie.

Ich bin Arzt für Anästhesie seit ______________

Ich bin Chefarzt für Anästhesie seit ______________

Ich bin kein Anästhesist, sondern ______________

Bitte benutzen Sie die Rückseite des Bogens für weitere Kommentare, Vorschläge und Kritik.

Das ausgefüllte Blatt geben Sie bitte gleich hier ab oder schicken es an:

> Prof. Dr. R. Purschke
> St. Johannes-Hospital Dortmund
> Johannesstraße 9–11, 44137 Dortmund

Deutsche Akademie für Anästhesiologische Fortbildung

BEWERTUNGSBOGEN

zum 22. Kurs zur Weiter- und Fortbildung für Anästhesisten am
22. und 23. Juni 1996 in Nürnberg

Referent: T. Beushausen

Thema: Opioide und Relaxanzien im Kindesalter

Wir bitten um Ihr Urteil!

Mit der Bewertung helfen Sie uns, den Wert künftiger Kurse für Ihre klinische Tätigkeit weiter zu verbessern.

Benoten Sie bitte alle nachstehend aufgeführten Kriterien
(beste Note 1; schlechteste Note 6).

1. Einhaltung des Themas .... __________

2. Rhetorik des Referenten .... __________

3. Didaktischer Aufbau des Vortrages .... __________

4. Qualität der Diapositive .... __________

5. Herausarbeiten der wichtigsten Punkte .... __________

6. Bezug des Vortrages zur Klinik .... __________

7. Das Thema sollte bei einem späteren Kurs
    wiederholt werden .... ja ☐ nein ☐

8. Der Referent sollte erneut eingeladen werden .... ja ☐ nein ☐

Ich bin im ____ Jahr der Weiterbildung zum Arzt für Anästhesie.

Ich bin Arzt für Anästhesie seit ______________

Ich bin Chefarzt für Anästhesie seit ______________

Ich bin kein Anästhesist, sondern ______________

Bitte benutzen Sie die Rückseite des Bogens für weitere Kommentare, Vorschläge und Kritik.

Das ausgefüllte Blatt geben Sie bitte gleich hier ab oder schicken es an:

Prof. Dr. R. Purschke
St. Johannes-Hospital Dortmund
Johannesstraße 9–11, 44137 Dortmund

Deutsche Akademie für Anästhesiologische Fortbildung

BEWERTUNGSBOGEN

zum 22. Kurs zur Weiter- und Fortbildung für Anästhesisten am
22. und 23. Juni 1996 in Nürnberg

Referent: E. Biermann

Thema: Der Anästhesist auf dem schmalen Pfad zwischen Unglück und
Unrecht – Aufklärungs- und Behandlungsfehler in der Anästhesie

Wir bitten um Ihr Urteil!

Mit der Bewertung helfen Sie uns, den Wert künftiger Kurse für Ihre klinische Tätigkeit weiter zu verbessern.

Benoten Sie bitte alle nachstehend aufgeführten Kriterien
(beste Note 1; schlechteste Note 6).

1. Einhaltung des Themas .... _____________

2. Rhetorik des Referenten .... _____________

3. Didaktischer Aufbau des Vortrages .... _____________

4. Qualität der Diapositive .... _____________

5. Herausarbeiten der wichtigsten Punkte .... _____________

6. Bezug des Vortrages zur Klinik .... _____________

7. Das Thema sollte bei einem späteren Kurs
   wiederholt werden .... ja ☐   nein ☐

8. Der Referent sollte erneut eingeladen werden .... ja ☐   nein ☐

Ich bin im _____ Jahr der Weiterbildung zum Arzt für Anästhesie.

Ich bin Arzt für Anästhesie seit _______________

Ich bin Chefarzt für Anästhesie seit _______________

Ich bin kein Anästhesist, sondern _______________

Bitte benutzen Sie die Rückseite des Bogens für weitere Kommentare, Vorschläge und Kritik.

Das ausgefüllte Blatt geben Sie bitte gleich hier ab oder schicken es an:

Prof. Dr. R. Purschke
St. Johannes-Hospital Dortmund
Johannesstraße 9–11, 44137 Dortmund